紙 二千年の歴史

On Paper:
The Everything of Its
Two-Thousand-Year History

Nicholas A. Basbanes
ニコラス・A・バスベインズ

市中芳江
御舩由美子
尾形正弘【訳】

原書房

紙　二千年の歴史　◉　目次

［……］は訳者による注記である。

序　言

私はノンフィクションの書き手として、およそ考えうる限りのあらゆる文脈から書物というものをとらえる研究に人生の大半を捧げてきた。したがって、今の私の研究テーマが言葉の伝達に使われる素材にあると言っても、不思議に思う人はいないはずだ。だが、それを突き詰めた結果、知恵を共有するためのこの歴史ある素材を出発点として、思いがけず広く深い探求の冒険に出ることになった。その旅を通じて私は、いまだにさまざまな物語や考え方に出会い続けているが、どうにもきりがないので、ここでいったんまとめることにしたというのが、本書を執筆するに至った経緯である。私はそれほどこのテーマに引き込まれている。

紙が書写材として有用なのは言うまでもない。だが、それ以上に重要なのは、中国で紙が発明されたことによって印刷が可能になったことである。最初の印刷技術は木を彫った板によるもの、つまり、現在のいわゆる木版印刷（xylography「木に記述する」という意味）だ。八世紀に中国からアラブ世界へ製紙技術が伝わると、間もなく中東は、イスラム教神学者や数学者が思考や算式を記録するのに理想的な紙という手段を得て、知的勢力の中心地となった。スペインを経てヨーロッパに初めて紙が伝わったのは一一世紀の終わり頃のことであり、一三世紀にイタリアに伝わると、同地は後世にルネサンスとして知られることになる運動の揺籃《ようらん》の地となった。そして、ヨーロッパから北米その他の文明世界に紙の製作技術が伝わった。

このさまざまな用途に使える素材がどこまでも広まっていった歴史については、何人もの紙の専門家が、本書巻末に掲載した参考文献のなかであれこれと語ってくれている。本書でも、まずは今やどこにでもある紙がどのように発見され、使われてきたかという歴史を慣例通りに概観し、第一部ではその栄光の歴史の全体像からいくつかのエピソードを取り上げて紹介している。だが、本書の主眼はそこにはない。

歴史以上に私の興味をかきたてるのは、紙が媒体であり、メッセージそのものでもあること、さらに、紙が柔軟性と機能性を兼ね備えた、なくてはならない道具にもなりうることだ。本書の第15章で登場する、レーザー物理学者にして折り紙の達人であるロバート・ラングは「折り紙ではすべてが可能だ」を信条としているが、これは紙自体についてもほぼそのまま当てはまる。紙は軽く、吸水性があり、丈夫でありあまるほどあり、持ち運びができる。折りたたみ、郵便で送り、蠟引きにして防水性を持たせ、火薬や煙草を包み、茶を沸かすこともできる。また私たちは、歴史を記録し、法律を制定し、仕事をし、愛する人と手紙をやり取りし、壁を飾り、身元を証明するときも、紙をふんだんに使ってきた。

純粋に実用面に目を向けると、現代の衛生習慣を紙なしで実践することは考えられない。紙幣として使われれば、人はあらゆる手を尽くしてそれを所有しようとする。知的生産活動の世界では、すべての科学的探求の始まりは言葉にならない脳内のひらめきだが、それは紙の上ではっきりと視覚化されることが多い。物を生み出す道具として使われるときは、革新的な考え方を自由自在にスケッチしたり、思いつきを書き留めたりすることができるし、建築物や機械の設計図を書くこともできる、作曲や詩作にも紙は使われる。一八世紀に「紙革命」がヨーロッパ中で起きると、建築家や技術者は生活風景を様式から手段に至るまで一変させた。なかでも産業革命は、組立工の仕事内容を正確に伝える指示書がなければ、実現したかどうかさえわからない。

コンピューターの時代には、具象世界とはまったく別に存在する見せかけの現実、本物の単なるコピーではなく本物に代わりうる存在を言い表すために「バーチャル」という言葉が使われるようになったが、この「バーチャル」という概念は新しいものでも何でもない。人は何千年も前から自分や自分の周囲の事物をそっくりそのまま描こうとしてきた。数万年前の最後の氷河期に描かれた洞窟壁画はそのひとつだが、芸術性の高さと見事さには今もなお胸を揺さぶられる。紙は、こうした表現の媒体として決して突出した存在ではないが、それでも数世紀にわたってその機能を立派に果たしてきた。

一七世紀の芸術のパトロン、カッシアーノ・ダル・ポッツォは、視覚的知識の包括的なコレクションをつくることを思い立ったとき、多くの傑出した美術家たちに作品を依頼して、植物学、絵画、建築術、地質学、動物学、鳥類学などの分野で七〇〇〇枚の水彩画、素描、版画を蒐集した。現在、主に四つの施設に分散して収蔵されているこのコレクションはほぼ間違いなく世界で最初の視覚的知識のライブラリーであり、現在では「紙の博物館」として知られている。のちの時代に生まれた石版印刷術（リトグラフィー）と写真術（フォトグラフィー）――リトグラフィーは「石に記述する」、フォトグラフィーは「光を用いて記述する」を意味する――でも、実物を写し取った像を広く行き渡らせるための媒体としては紙が選ばれた。

歴史的事件を生み出す力の源として紙が注目を集めることはほとんどないが、程度の差こそあれ、紙がさまざまな場面で一定の役割を果たしてきたことは明らかだ。一八世紀にフランスで初めての有人飛行を成し遂げたモンゴルフィエ兄弟が世界初の熱気球を製作したとき、気球の内側に自家製紙所で製造した紙を何重か裏貼りしたのは有名な話だ。また、アメリカ独立戦争の例もある。一七六五年の印紙法制定がレキシントン・コンコードの戦いにつながったという点で、歴史家たちの意見は一致している。印紙法とは、入植者が植民地に課税するために用いた徴税法のひとつで、日常的に読まれる出版物に対して課されたものだ。それから一世紀後には、イギリス東インド会社に雇われたヒンドゥー教徒とイスラム教徒の傭兵が、獣脂が塗られた紙製薬莢《やっきょう》を口で噛み切るのを拒否した。それをきっかけとして、それぞれセポイの乱、第一次インド独立戦争という血まみれの暴動が起きたことが、今日では知られている。

政治的スキャンダル、国際的事件、世間を騒がせる裁判などでも、紙の文書が事態の展開に重要な役割を果たした事例は数知れない。一九世紀終わりのドレフュス事件では、「明細書」と呼ばれる偽造文書が大きな役割を果たし、アメリカを第一次世界大戦に参戦させたのは「ツィンメルマン電報」だった。一九四〇年代の終わり頃に起きたアルガー・ヒスのスパイ事件では、ウィテカー・チェンバースの悪名高き「かぼちゃ文書」証言によってヒスが有罪とされた。一九五三年のジュリアスとエセル・ローゼンバーグ夫妻の裁判では、核爆発装置のスケッチを盗んだために、ふたりとも電気椅子に送られた。ウォーターゲート事件は、一九七一年にダニエル・エルスバーグがペンタゴン文書を漏洩して引き起こした事件である。さらに、コンピューターの影響が至るところにおよんでいるこの時代、実用化されたばかりのコンピューターでは、データ処理に紙の穿孔《せんこう》テープが使われたという事実や、すべての電子プリンターの元祖と言うべき万能相場受信機［エジソンの発明品］が細い印刷用紙の巻紙を使って金融取り引きをリアルタイムで表示し、ウォール街の取り引きに永遠の革命をもたらしたという事実は、頭の片隅にとどめておいてもいいだろう。

　私たちの世界は紙にあふれているだけではなく、紙にまつわる決まり文句にもあふれている。二〇〇〇年の選挙でジョージ・W・ブッシュはアル・ゴアに「紙一重」の差で勝利した。エンロンの大失敗を招いた不正は「嘘を重ねた《ティシュー》」ものだったし、その後に破綻した脆弱な企業構造は「トランプの家」［日本語の「砂上の楼閣」］に相当する表現」だった。誰かを粉々《パルプ》になるまで叩きのめすとは、ひどい傷を負わせるという意味だ。何かの計画を「立てる《マップ・アウト》」とは、具体的な行動方針を考えることを意味する。私たちは毎日のように「お役所仕事《レッドテープ》」で立ち往生させられ、「書類の山に埋もれる」。「張り子の虎」とは、虚勢を張る見かけ倒しのペテン師のことだ。本書でもそうした常套句を使っていることは喜んで認めよう。「紙くず同然」と言われればそれまでだが、誘惑に抗しきれなかったのだ。ちなみに、この慣用句を前置きとして本書の「額面の価値」という章を書いた。

　本書の第一稿を書き上げたまさにそのとき、ボストン・レッドソックス（父に連れられて一九五三年に初めてフェンウェイ・パークへ行って以来、私が熱狂的に応援しているチーム）が、メジャーリーグ史上最悪の敗退をきっした。二〇一一年のシーズン開始直後から九ゲーム差をつけこのまま独走かと思われていたのに、その貯金を九月のたった一か月で使い果たし、プレーオフを逃してシーズンを終えたのだ。高額年俸のオールスター選手一五人を開幕時のラインナップに揃えていたその年のボストンは、史上最高のチームになるだろうと予想されていただけに、二重にみじめな敗退となった。『スポーツ・イラストレイテッド』などは、レッドソックスは一〇〇勝し、ワールドシリーズではサンフランシスコ・ジャイアンツをさっさと地元に送り返すだろうと予測していたぐらいだ。最大のライバルであるヤンキースの本拠地ニューヨークのベテランスポーツ記者でさえ、レッドソックス優勝の予測に言葉を返せなかったのだ。

　開幕を間近に控えた四月のある日、レッドソックスの高額年俸選手のひとり、J・D・ドリューは、「われわれがワールドシリーズまで進むと誰もが言っているが、それも当然だ」と『ボストン・グローブ』の野球コラムニスト、ダン・ショーネシーに語り、「理屈のうえで《オン・ペーパー》は、われわれはそういうチームなので」と付け加えた。（筋書きはすべて空想上のメモ用紙に書かれていると言わんばかりに）当たり前すぎてそんなことに関心はないとすら聞こえるコメントだった。それを聞いたショーネシーはしばし考え、不思議な予知能力が働いたのか、次のようなコメントを返した。「でも、物事は決して理屈通り《オン・ペーパー》には運ばない」

二〇一二年六月にハノイで開かれた会議で、アメリカの国防長官レオン・パネッタがベトナムの国防大臣フン・クアン・タインに返したものがある。それは、一九六六年に戦死した北ベトナム兵の遺体からアメリカの海兵隊員が持ち帰った、小さなえび茶色の日記だった。タインからパネッタに返されたものもあった。一九六九年に戦死したアメリカ陸軍第一〇一空挺師団の曹長スティーブ・フラハティの遺体から持ち去られていた、私的な手紙の束だ。『ワシントン・ポスト』はこの遺品の交換を評して次のように書いた。ふたつの国が「憎い敵同士」だった過去を乗り越え、ふたつの形見は一瞬にして「アメリカとベトナムの関係進展のシンボル」となったのだ、と。平凡な紙の束が、この交換によって人々の記憶に残る紙の束となったのだった。

本書の執筆に際して私がとった調査方法は実に単純明快だ。それは各章からも明らかだろう。まずはビルマ公路から中国へ入った。話は古代中国に始まるからだ。それから日本へ行った。日本は手漉き和紙職人の人間国宝に会える唯一の地だからだ。その後、（実現までに七か月かかったが）メリーランド州フォート・ミードの国家安全保障局を見学した。そこでは暗号研究者が年間（およそ）一億通もの極秘文書を溶かし、ピザの箱や卵パックのケースにするためにリサイクル工場に送っているからだ。それから、西マサチューセッツのクレインの製紙工場で二日間過ごした。というのは、ウィリー・サットンが言ったという有名な言葉通り「そこに金があるから」――正確に言えば、アメリカの紙幣に使われるすべての紙がそこにあるからだ。「使い捨てできる」ということも紙にとっては重要なテーマなので、コネチカット州キンバリークラークの製紙工場にも行かないわけにはいかない。そこでは毎日、一〇〇万箱近くのクリネックス・ティシューと、やはり一〇〇万ロール近くのキッチンタオルが製造されているのだ。これらをつなぐ糸があるとすれば、それはグレアム・グリーンが賢明にもその小説のひとつで「ヒューマン・ファクター」と呼んだものである。

数年前、イギリスの「紙の歴史家協会（British Association of Paper Historians）」の活動に関する記述のなかに、現在の世界では紙が約二万通りもの商業用途に用いられていて、協会員にとってはどの用途も興味深いとあった。読者の皆さんは安心してほしい。本書でその二万通りの用途すべてについて触れるつもりはない。だが、もしこの記述が正しければ（第17章に登場するペンシルベニアの会社だけでも一〇〇〇種類の商品を出している）、最近ずいぶん話に聞くペーパーレス社会は、言われているほど間近には迫っていないのかもしれない。この点で、かの偉大なファッツ・ウォーラー［アメリカのジャズピアニスト、歌手］の言葉は核心を突いているように思える。

「誰にもわかりはしないよ、そうだろう？」

第1部

詩人の薛濤（せっとう／768～831年）の像。中国で紙をつくった最初の女性。四川省成都市。

第1章

中国の紙漉き工房

そして、この同じカンバルック市に皇帝の造幣局がある。そこで行なわれている作業を見れば、皇帝は錬金術を思うままに操る秘密を知っていると思う人がいるかもしれないが、それもあながち誤りではなかろう。皇帝が紙幣を製造する手順は次の通りだ。まず、クワと呼ばれる木の樹皮を剥ぐ。葉が蚕の餌になるこの木は、あたり一面に生い茂っている。この木の外側の厚い樹皮と樹幹の間にある靭皮《じんぴ》という白く美しい内皮を剥ぎ取る。これを材料にすると、黒ずんではいるが、紙のような薄片ができ上がる。でき上がった薄片をさまざまな大きさに裁断する。

——マルコ・ポーロ『東方見聞録』（一二九八年頃）

紙は強い物質ではあるが、切ることも裂くこともできるという点で、動物の皮や植物の葉といった自然の産物に比肩しうる。ガラスのように砕けることもなく、布のように織られているわけでもないが繊維をもち、だが糸のようにばらけることもなく、自然そのものでほかのどんな人工の産物にも似ておらず、実に非凡だ。そして、人工の産物のうち、ことのほかわれわれが惹かれるのは、最も自然をよく模したもの、あるいは逆に自然を支配し、その成り行きを変える力をもつものだ。

——フランシス・ベーコン『ノヴム・オルガヌム』第二巻・箴言三一（一六二〇年）

約一五〇〇年前に世界をめぐる果てしない旅に乗り出

す以前、製紙技術はそれを所有する者が大切に守った技であり、その応用範囲の広さと実用性の高さから、現代の中国では古代四大発明のひとつとして尊ばれている。フランシス・ベーコンは、著作『ノヴム・オルガヌム』（新機関）のなかで、古代四大発明のうち残り三つの技術史上画期的な発明（火薬、印刷術、磁気コンパス）は、「世界中の事物の様相と状態を変革した。どんな帝国や宗派や星の動きも、人間の営みに対して、これらの機械的な発明以上に大きな力や影響をおよぼしたとは見えないほどである」としている。ベーコンは世界を変革した発明のリストに紙を入れていないが、「技術が非凡なものをつくりだした例」として特筆している。つまり別の言い方をすれば、唯一無二ということである。

だが、ベーコンは最初の紙がどのように生まれたのか、どこから来たのか、過去一〇〇〇年の間にその製法がひとつの国から別の国へどのように伝わったのかについては、何も触れていない。「ありとあらゆる貴重な発見」の起源については、いつも「偶然の機会によって」と言い表すにとどめている。ベーコンが書かなかったことはほかにもある。紙がなくては印刷技術もなかっただろうということだ（一七世紀においても現代と同じぐらいわかりきったことだったので書かなかったのだろう）。学者が紙と印刷技術にまとめて言及し、ともに技術的発展を遂げた事例として挙げることは多い。だがこのふたつのうち、紙は常に、とりわけ文化の伝播におよぼした影響という面では、印刷技術よりも低く評価されてきた。

何世紀にもわたって用いられてきた筆写材としては、石、加工した動物の皮、布、金属板、樹皮、乾燥させた動物の骨、貝殻、陶器片など多くのものがある。インドや東南アジアの一部の地域では、あらゆる知識がヤシの葉やヤシの実の殻に刻まれた。インカ帝国時代のペルーでは、「キープ」という、複雑な結び目をこしらえた細い結縄《けつじょう》によって、穀物の貯蔵量や神秘的な計算を記録した。エジプトでは、アシ科の植物の一種であるパピルスを薄く切ったものからつくられた巻物が、軽く柔軟であったために地中海一帯でもてはやされ、四〇〇〇年にわたってほかに並ぶもののない記録媒体であり続けた。だが、長きにわたって使われたという点では粘土にはかなわない。粘土は中東では水に次いで多い天然資源であり、紀元前三〇〇〇年頃にはこの地域で筆写材としての地位をしっかりと確立していたが、それ以外にもさまざまな用途に使われていた。

古代ギリシア語でメソポタミア（現代の言葉に翻訳すると「ふたつの川の間の土地」という意味になる）と名

付けられた平坦なこの地方は、しばしば「文明のゆりかご」とも「肥沃な三日月地帯」とも呼ばれ、東はチグリス川、西はユーフラテス川を境界としていた。古代には、シュメール人、バビロニア人、アッシリア人、アッカド人、ヒッタイト人、パルティア人、ペルシア人など機知に富む民族が次々にやって来て住みついた。建築材にする石や森がなかったため、豊かな沖積土は生活レベルを向上させるためになくてはならないものとなった。沖積土の粘土は、濡れるとやわらかく曲がるが、高温で焼くと非常に固く、劣化しにくくなる。水とワラを混ぜてつくった煉瓦は、世界最初の都市建設に使われた。陶器職人がこの粘土でつくった容器は、食物の保存や調理に使われた。そして、筆記文字が発達すると、この粘土でつくった小さな湿った板に、アシの尖筆《せんぴつ》や先端を尖らせた棒で絵文字や文字を刻み込んで記録するようになった。窯で焼くか日光で乾燥させると粘土板は非常に耐久性が高くなり、表面に刻まれた文字は消えることなく残った。後世にこの文字を最初に判読した言語学者たちは、この独特の文字を「cuneiform」と呼んだ。ラテン語で「楔形」という意味だ。

粘土板はかさばるものだったが、公文書も粘土板に書かれて使者に託されることが多かった。古代上エジプトのテル・エル・アマルナで一九世紀に発見された外交文書もそのひとつだ。紀元前一三五〇年頃のもので、大半がアッカド語の楔形文字で書かれている。ホメロスが『イリアス』を書くより一〇〇〇年も前に書かれた世界最初の叙事詩『ギルガメシュ神話』も、すべて粘土板の形で私たちの時代まで残されたものだが、その記述からは、メソポタミアの風景がいかに荒涼としていたか、当時の人々がいかに粘土に頼っていたかがうかがわれる。シュメール王ギルガメシュと獰猛な友人エンキドゥの最初の冒険では、ふたりが北のレバノン杉の森へ出かけ、貴重な木を盗む。それをユーフラテス川に浮かべてウルクに運べば、ウルクに堂々たる門を建てることができたからだ。数千年前の時を越えてこの話を伝えたのが粘土板であるという事実に思いを馳せると、マイクロチップ（私たちの共通認識によれば近未来の記録媒体）の核となる部分をなしているのが熱処理されたシリコンであるというのは、二重に意義深いのではないだろうか。シリコンというのは、精製された砂から得られるケイ素だ。そしてケイ素は、化学的に同類の粘土と同じように世界中の土に豊富に含まれるのだ。

紙が発明されるより数世紀前の時代に生きた中国の思想家、墨子（紀元前四七〇～三九一）は「竹と絹に書かれ、金石に彫られ、器に刻まれて後世に伝えられた文字から、われわれは物事を知る」と書いている。これと同じような所感を漏らすことになったのが、五〇〇年後のローマの学者、大プリニウスの名で知られるガイウス・プリニウス・セクンドゥス（西暦二四～七九）だ。大プリニウスは、その記念碑的著作『博物誌』のパピルスについて記した長文のなかで、自らの固い信念に基づいて次のように書いている。「この世に生を受けた人類の文明は、このパピルスという万能の植物に大いに依拠しているし、記憶については確実にパピルスが頼りである」

パピルスはナイル川流域に生い茂る植物であり、その用途は多方面にわたっていた。薬、衣服、履物、家庭用具、舟、食料、綱としても用いられたが、なかでも重要な用途は神殿の装飾である。旧約聖書では、赤子のモーセを逃す籠を編むため用いられた縄というのが、ジェームズ王欽定訳版で bulrush と書かれた植物、すなわちパピルスを撚った縄だった。そして、赤子の命を救うために急場しのぎに編まれたこの籠は、パピルスの茂みに止まり、そこでモーセは安全に守られたのである。紀元前五世紀のギリシアの歴史家ヘロドトスは、パピルスから帆と縄をつくる方法や、この植物の茎の根に近い、筆写材として使われない部分は、焼いて食べることができると書いている。アリストテレスの後継者である逍遥学派《しょうようがくは》のテオプラストスによると、エジプト人は「パピルスの茎を生のまま、あるいはゆでるか焼くかして噛んだ。汁を吸い、髄《ずい》は吐き出した」という。

大プリニウスが『博物誌』のなかで、あるときは農学に、あるときは体系的教育の恩恵に大いに注目していることを考えると、彼が紙をつくるという考えそのものを全面的に歓迎していたのはほぼ疑いようがない。もっとも、彼が歓迎していたのは、人類が成し遂げたことを伝えるという、紙の役割のほんの一端であったかもしれない。何しろ、大プリニウスは常に好奇心旺盛な思想家だった。甥にして伝記作家の小プリニウスによれば、どこに行くにも必ず手押し車いっぱいの巻物を引いていったほど貪欲な読書家だった大プリニウスは、西暦七九年にナポリ湾をローマ艦隊とともに航行していたとき、ヴェスビオス火山の噴火による混乱をじかに見ようとスタビアに向かい、亡くなっているぐらいなのだ。当時、死因は有毒ガスを吸い込んだためと思われたが、心臓発作を起こした可能性のほうが高いと考えられている。

まったくの偶然ではあるが、エジプト以外で最も大量のパピルスの巻物がまとまって残されていたのは、大プリニウスが息を引き取った場所からそれほど遠くは離れていないヘルクラネウムの町だ。ユリウス・カエサルの義父が避暑に使っていた邸宅が灰と化した跡地から、約一七〇〇巻もの巻物が発見されたのである。カエサルの義父、ルキウス・カルプルニウス・ピソの図書室が一八世紀初期に発掘された頃には（炭化した巻物が見つかったこの豪奢な家は現在「ヴィラ・デイ・パピリ」の名で知られている）、かつては神聖な植物とされていたパピルスもエジプトから事実上消え失せて、生活に使われることも、筆写材をつくるために刈り取られることも、過去に果たしていたほかの多くの機能を果たすことも絶えてなくなっていた。

　代わって登場したのが紙だ。紙は一八世紀にはヨーロッパ中の製紙所でつくられ、北米にも製紙所が建ち始めていた。インターネットが過去数十年というわずかな期間で大陸から大陸へ一気に広がったのとは異なり、紙はひとつの国から別の国へと順に伝わっていった。それでも、パラダイムシフトというものがすべてそうであるように、文化を伝達する媒体としての紙の伝播は歴史的な大事件だった。紙は、しなやかで、便利で、安価であり、持ち運びやすく、基本さえ理解できれば製法も簡単なうえ、応用範囲も広く多くの用途に利用できた。

　画期的な技術的躍進（車輪、ガラスの製法、ブロンズや鉄の製錬法の発明）といったものはその起源が知られていないことが多いが、紙の場合は最初につくられたのがいつ頃で、どのように出現したのかについて、現在ではある程度まで確実なことがわかっている。中国の言い伝えによれば、西暦一〇五年、和帝の宮中で道具や武器の製作を任務としていた蔡倫《さいりん》という役人が紙を発明し、その製法の概要を具体的に記述して正式に奏上したのが最初だったという。三〇〇年後、この重大な発明について書いた南朝宋の宮中歴史家、范曄《はんよう》は、蔡倫が「樹皮、麻、ぼろ布、漁網から紙をつくる方法を考案した」と明言しており、その製法はいったん完成すると「天下に広まった」という。

　現在、紙は実際には蔡倫によって製法が奏上される数世紀も前からつくられていたことが、過去数百年の考古学的発見からはっきりと裏付けられている。だが、中国全土の博物館や公共建築物で蔡倫の像が見かけられ、切手にも彼の絵姿が印刷され、何百万人もの学童が畏敬の念を込めて彼の名を口にする。蔡倫以前に紙が存在していたことを示す確かな証拠としては、二〇世紀初頭にイギリスの探検家サー・オーレル・スタインが、中国とヨーロッパを二〇〇〇年近く結んできた隊商のルートであるシルクロードで発掘した品がある。スタインは、敦煌《とんこう》

西暦868年に木版印刷された『金剛般若経』の経巻冒頭の一部分。手漉き紙に印刷された年月日の記載のある世界最古の印刷物。

の千仏洞という洞窟（莫高窟《ばっこうくつ》とも呼ばれる）で五万巻もの巻物と美術品を発見し、持ち帰ったことで知られている。ここはかつて甘粛省《かんしゅくしょう》ゴビ砂漠のオアシスとして栄えた土地だ。

　スタインがイギリスに持ち帰った宝物のひとつに、西暦八六八年に印刷された中国唐王朝の『金剛般若経』がある。ヨハネス・グーテンベルクが可動式の金属活字をヨーロッパで発明するより五〇〇年以上前に印刷されたものであり、年月日が明記された世界最古の印刷物である。スタインはまた、万里の長城の望楼の遺跡でも多くの文字が書かれた紙を発見しているが、この紙は、『金剛般若経』よりさらに七〇〇年以上さかのぼった西暦一五〇年頃のものと考えられている。シカゴ大学の著名な中国歴史研究者である銭存訓《せんそんくん》は、中国の紙の歴史を余すところなく記述した一九八五年刊の労作のなかで、現存する最古の紙は、一九五七年に陝西省《せんせいしょう》の古墓で発見された紀元前一四〇年頃の断片であろうと記している。ほかの場所での発見からも、紙の製法は数世紀かけて発展したことがほぼ確実視されるようになっている。

　おもしろいことに中国の「紙」は、古い辞書の定義によれば「廃物の繊維を薄くのばしたもの」である［銭存訓著『中国古代書籍史――竹帛《ちくはく》に書す』の記述にある「絮《じょ》の一苫《いっせん》」より。「絮」は廃物の絹、「苫」は薄くのばしたものを意味する」。すべての面で正しいとは言えないかもしれないが、この定義を踏まえると、何が紙であり、何が紙でないかの枠組みをある程度イメージできる。繊維の多くは最終製品となったあと使い捨てにされ、廃棄されるのが普通だが、現代の製紙業者の多くは、確かに廃棄処分された古布や回収した古紙をパルプに混ぜている。つまり、紙は再生材料がかなり含まれた最初の工業製品と言えるのだ。紙をもう少し厳密に定義するなら、粉状に砕いたセルロースの断片と水を混ぜてふるいにかけ、平らなフィルム状にのばして乾燥させたものということになるだろう。これなら、薄くのばしたものでもあり、繊維も含まれている。だが、その組成には水も不可欠だ。

ペーパー（paper）という語はパピルス（papyrus）に由来するが、このふたつに共通しているのは、しなやかな触感と、原料を植物に頼っているということぐらいだ。六世紀のローマの政治家にして著述家でもあったカッシオドルスは、パピルスを「人の行ないの忠実な証言者」であり、「忘却の敵」であるとして賛美しているが、物質として冷静に見ると、「緑の植物の雪のように白い髄」以上の何物でもない、とも述べている。もう少し散文的に説明すると、パピルスのシートは、時には高さ二〇フィート以上に成長するパピルスの三角形の断面をもつスポンジのような茎を薄く削ぎ、それを薄層状に並べてできたものだ。切って乾燥させた薄片のうち、筆記用に適したものを二層に重ねるが、二層目は一層目に対して直角に並べる。これを濡らし、圧力をかけて平らなシートにし、端と端を糊付けしたら、ロール状に小さく巻く。

プリニウスによれば、ナイル川の濁った水が薄片と薄片の接着剤として作用するという。だが、現代の植物学では、パピルス自体から放出される化学成分によって薄片が接着し、一枚のシートになると考えられている。この接着作用が働くのは、刈り取られたばかりの茎を使ったときだけであり、パピルスのロールがつくられるのは、この植物が生育する世界のごく一部の地域（しかもたいていは、この植物が刈り取られる川岸一帯）に限られていたからだ。だからこそ、エジプト人はパピルスの輸出を何百年にもわたって一手に握り、他国との交渉でそれを自分たちに有利な取り引き材料とすることができたのである。当時の小アジアの都市国家ペルガモンに対して、パピルスの輸出が停止されたことは有名だ。ヘレニズム時代、この都市にはアレクサンドリアの図書館に匹敵する規模の図書館が建設されていた。パピルスの輸出を止められたことにより、ペルガモンでは代わりにヒツジの皮が使われるようになった。ヒツジの皮を意味する「パーチメント（羊皮紙）」は、「ペルガモンより」を意味するラテン語に由来する。

　中国で最初の紙は、范曄が記しているように、靭皮（樹皮の内側からすくい取ったやわらかい繊維性の内皮）と、古い漁網、ぼろ布、綱をほぐして集めた麻を混ぜたものからつくられた。蔡倫の方法によると、材料をすべて洗って水に浸け、木槌で細かく砕いたあと、きれいな水を入れた桶に入れて激しくかき混ぜ、ほぐされた細かい繊維が水中に漂うようにする。次に、繊維が浮く水をひしゃくですくい、粗布をぴんと張った四角形の竹枠（漉具《すきぐ》）に上から均等に流し入れ、その枠を支柱と支柱の間につるす。

　余分な水分が下に落ち、粗布が乾き始めると、不思議なことに、布の上に残って重なりあった繊維の層が薄い一枚の紙になる。のちには、ひしゃくを使わずに漉具を桶に直接くぐらせるようになる。やがて製法が世界中に広まると、必要に応じて製法に修正が加えられ、ほかの植物（煮たワラ、ゆでたバナナの皮、砕いたクルミの殻、乾燥させた大量の海藻など）が試されるようになった。

　紙の需要が供給能力を上まわると、繊維を求めて木綿や亜麻の古布が積極的に用いられるようになり、今日ではセルロースの含有量が多い樹木が集まる森が伐採されている。だが、最古の紙がつくられた頃から現代に至るまで、製紙工程で絶対に欠かせない三つの基本的要素はまったく変わっていない。それは、きれいな水、セルロース繊維、そして繊維層を形成するための簀《す》［竹ひごなどでつくられた簾《す》］を取り付けた漉具だ。

　最初の紙が入念な実験を重ねてつくられたのか、それとも幸運な偶然から着想を得た誰か（川岸のところどころで植物の断片が集まってくっつき、固まっているのを見て、そこに何らかの可能性を見出した頭のいい職人）によってつくりだされたのかは、想像するよりほかない。だが、中国人が発見したのは（この点に疑いはない）、すべての植物に特有の分子結合の一種であり、現代の化学では水素結合といわれているものである。水素結合とは、簡単に言うと、適度にふやかされ、もつれあったセルロース繊維が互いに磁石のように引き合って結び付くという不思議な自然現象であり、紙のシートが形成される原理である。このプロセスを可能にするのが、セルロースに存在する水酸基（水素原子と酸素原子が構造的に一対になり単体として働く）という化学的単位だ。

　この現象を製紙工程に当てはめると、繊維と水との水素結合は、パルプが乾くにつれて徐々に繊維と繊維の水素結合に置き換わっていく。化学的に定義するなら、紙とは「水分が除去されることにより個々の繊維が結び付きあってできたシート状の物質」だ。水素結合が理路整然と説明されるようになったのは二〇世紀になってからだが、その性質を見抜いた中国人は二〇〇〇年以上前からこの現象を利用し、それ以後、人類はこの現象に頼り続けてきたわけである。

筆写材としての紙が生まれたのは、新たな媒体が待ち望まれていた時代だった。人々は何世紀も前から、さまざまな媒体に経典、文芸作品、書画、事件の記録、官庁文書、商取り引きなどの綿密な記録を残しているが、どの媒体にも、かさばって扱いにくいとか、絹の場合には高価すぎて大量生産できないなどの欠点があった。竹簡《ちくかん》の書籍をつくるには、竹の筒を細い短冊に切り、それを撚り紐で結わえる。中国の漢字を横方向にではなく、上から下へ縦方向に書く伝統は、学者の間で「簡」と呼ばれるこの竹簡の形状から必要に迫られて生まれたものだ。固い表面に文字を刻むには、小刀、棒、鑿《のみ》が使われたが、紀元前二五〇年頃に動物の毛を使った毛筆が使われ始めたことにより、平らな表面に墨で直接書くことができるようになった。紙が生まれたときも、書く道具として真っ先に選ばれたのは筆だった。

竹簡の文書は巨大な倉庫に保管されていたが、倉庫から飛び出さんばかりにぎっしりと詰め込まれ、墨子は、孔子の死後一〇〇年も経っていない頃に、絶対に欠かせないものだけでも「現代の世のなかの学者が所有する書籍は、多すぎて運び切れない」と嘆いていたほどだ。紀元前三世紀に万里の長城の建設を始め、中国の統一を成し遂げたといわれている始皇帝は、毎日一二〇ポンドもの重量になる政府への報告書を読んでいたという。すべて彼の行政判断を求めて運ばれてくるものだった。

史上最も壮大な図書館として、経典が刻まれた七〇〇〇の石碑を収蔵する北京郊外の房山《ほうざん》の石窟（現在は石経山と呼ばれる）が知られている。紙が奏上されてから五〇〇年後の随王朝で六〇五年に建設が始まり、明王朝の一〇九一年まで五世紀以上かけて建設された。碑石に刻まれたのは仏教の経典が一〇五種、すべて合わせて四〇〇万余字におよび、石に刻んだ仏教の聖典として完全な形で今日まで中国に残された唯一のものとなっている。碑石の経典はすべて一揃いの紙の拓本にとられ、現在は北京の広済寺に保存されている。

紙の製法について考えるうえで最も古い著述として忘れてはならないのが、北宋時代の宋王朝の学者、蘇易簡《そいかん》が書道を包括的に論じた一〇世紀の書『文房四譜《ぶんぼうしふ》』である。この書は学者にとって最も大切な四つのもの（筆、墨、硯、紙）について記したものであり、紙に関する部分では過去の逸話や文献について生き生きと伝えている。そのなかで蘇は、大規模な書画に用いる上質紙をつくるときの大がかりな製法を記している。時には長さ五〇フィートにも達したこの紙は、船倉を大きな紙槽《しそう》として、五〇人の工人が協力し、太鼓の合図に従って巨大な漉具をいっせいに上げ、振り動かして漉き上げたらしい。紙質を均等にするため、通常の手法で行なわれていたように、まだ湿った紙を暖めた壁に刷毛で貼り付けて乾かすのではなく、形成された紙葉を炭盆の上で静かに動かしながら炒り干ししたという。

紙は安価で柔軟性に富んでいたことから、扇、傘、灯籠、凧の材料としても理想的であり、身のまわりを衛生的に保つうえでも有用だったため（低品質のわらから使い捨てのトイレットペーパーをつくったのも中国人の発想だ）、たちまち広く流通した。九世紀以降の山岳地帯の兵士たちは、軽くて錆びないという利点のある紙を何層も重ねてつくった甲冑の一種を身に付けていた。ヴェネチアの商人、マルコ・ポーロは、中国人が「ある木の樹皮を材料」に使って「非常によい夏の服」をつくる方法を伝えている。また、葬式で紙の偶像を焼くという風習についても、遺族が「さまざま形を紙から切り出し」（馬、召し使い、ラクダ、鎧《よろい》、そして紙幣の模造品まで）、「それを遺体とともに火にくべてすっかり燃やしてしまう」ようすを記している。

二〇〇七年の秋、私はアメリカ、イギリス、デンマークから集まった紙の歴史研究家たちが中国南西部の辺鄙な一帯を旅する旅行に加わった。二〇〇〇年前に中国の地で人類の豊かな英知が生み出した紙というすばらしい発明品が、当時と変わらない製法でつくられ続けているさまを、自分の目で見たくてたまらなくなったからだ。私たちは、雲南省のビルマ公路から出発した。雲南省は中国の一三億人の人々に農産物を供給する農業地帯であると同時に、鉱物を産する鉱業地帯でもある。ヒマラヤ山脈に抱かれた省都、昆明市は、第二次世界大戦中にアメリカ人パイロットが危険な山々を「ハンプ越え」して、インドの基地から蔣介石の国民党軍に物資を空輸したときの目的地であった。現在、人口六二〇万人の大都会となった亜熱帯地域のこの都市では、ヤナギやツバキ、ツツジ、モクレンの木々が繁華街の道路や街路の両脇を彩り、鮮やかなネオンの看板や車のクラクションが、この新興国の豊かな経済を享受するべく流入してきた人々を歓迎する。そんな人の多くが、ウォルマートのスーパーマーケットで自由な買物を楽しみ、マクドナルドのハンバーガーやケンタッキーのフライドチキンに行列をなす。だが、市外へ出るとがらりと風景が変わり、大気汚染で胸が苦しくなるような市街地の空気は退いて、青い空と息をのむような眺望が広がる。中国の「都市革命」を知る歴史家のひとりは、産業の好況に沸き返るこの国は「かつてない成長と社会変革の時代」を迎えていると言うが、雲南省の山々にはまだまだ古い道がある。その曲がりくねった道を登っていくと、丘陵地帯の棚田が広がり、丁寧に手入れされた農地では水牛を連れた農夫たちが働いている。

　大西洋沿岸で経済の発展が始まり、内陸へ広がっていったアメリカと同じように、中国の工業化も「西へ」、すなわち太平洋沿岸で始まり、着実に中央アジアの国境へ向かって進んでいる。昔、雲南は伝説に残るシルクロード南端の重要な玄関口だった。その土地柄にふさわしく、この地の変化として現在最も目立つのも、大規模な道路網の一角として、山々を掘って工事が進められている近代的な幹線道路だ。間もなくすべてが完成するが、そうすればトレーラートラックが北京からムンバイまで三〇〇〇マイルの高速道路をノンストップで走り抜けることができるようになる。

　オーストリア生まれの植物学者ジョセフ・ロックは、中国南西部の生物を題材とする興味深いエッセイを一九二〇年代から三〇年代にかけて『ナショナル・ジオグラフィック』に寄稿し、なかでも雲南地方の植物、民族、言語を大きく取り上げている。古くから存在する麗江《れいこう》という都市を拠点としてロックが書き綴った牧歌的な風景は、のちに小説家ジェームズ・ヒルトンに影響を与え、彼がヒマラヤの虚構の理想郷シャングリラを登場させた一九三三年の作品『失われた地平線』は、ロックが描いた風景に触発されたものだといわれている。多くの文化が出会う場所でもある雲南は、中国で最も多様化が進んだ省でもあり、ここには納西《ナシ》族、彝《イ》族、白《ペー》族、苗《ミャオ》族、傣《タイ》族、哈尼《ハニ》族など、好奇心をくすぐられる名前を持つ二六もの民族が暮らしている。これは中国政府が把握している五五の少数民族のうちの約半数にのぼる数だ。

　地図で見ると、この省は中国にぶら下がるような位置にあり、面積はフランスに匹敵する。南と南東がラオスとベトナムの国境に接し、西側は全体が、かつてはビルマと呼ばれたミャンマーに接している。北西部の突端はチベットとの国境に接し、北から東にかけては四川省、貴州省、広西チワン族自治区と接する。この省の大半を占める肥沃な雲貴高原には、長江、メコン川、サルウィン川という三つの大きな河川系の支流が流れる。それぞれの支流が走る峡谷の深さは、山頂付近では数千フィートにも達する。石灰岩に濾過される山水が豊富で、紙を製するには理想的な地だ。もうひとつの欠かせない材料であるセルロース繊維も、ありあまるほどの植生が提供してくれる。

中国全土で分布が知られる三万種の高等植物のうち、約一万七〇〇〇種が雲南省で発見されている。このうち一万種ほどは熱帯植物と亜熱帯植物で、その多くが雲南榧樹《ひじゅ》、雲南樟《くすのき》など、この省だけに生育する種である。中国の商務部によると、雲南省には五〇〇〇種近くの薬草（そのうち二〇〇〇種以上が生薬に分類されている）のほか、香辛料となる四〇〇種ほどの植物が栽培されている。雲南省が中国随一の茶の生産地だというのも納得だ。ほかの収入源としては、米、ゴム、砂糖、大豆、トウモロコシ、タバコ、アラビカコーヒーが栽培されている。省の公式花はツバキであり、その標本木が昆明植物園で栽培されている。ここは四〇〇〇種の熱帯植物と亜熱帯植物が生い茂る広大な植物園だ。そして、私たち一行が手漉き紙の製作者に会う旅に出るにあたり、最初に訪れた場所でもある。

私たちを迎え入れ、陸路の雲南省観光の案内役を務めてくれたのは、昆明植物研究所の管開雲《クアンカイユン》教授だ。教授は中国科学院の上級研究員で、一九九九年から二〇〇六年まではこの植物園の園長でもあった。管教授は、多数の研究論文や専門書を執筆している現役の植物学者で、その研究成果により多くの特許を取得し、中国政府からも「目覚ましい功績を挙げた優秀科学者」のひとりとして認められている。雲南で一五〇種類以上の変種があるベゴニアの研究については世界の第一人者として知られる。植物園の目的は、表向きは「経済的価値のある」植物すべてを研究することだそうだ。

「よその地域でどんな種類の植物が使われているかについては、いつでも興味津々ですよ」と、管教授は私たち一行を乗せた田舎道の長距離ドライブで話してくれた。英語が完璧なのは、ニュージーランド大学に留学して植物学の博士号を取得し、その後も研究を進めるため客員研究員としてアメリカにわたったときの努力の賜物だそうだ。「理論的には、どんな植物を使っても紙をつくることはできますからね。繊維の質と量には差がありますが」。管教授が今回の旅に同行してくれた理由はもうひとつある。自分の国で失われつつあると彼自身が考える技の、記録に残されていない実例を、自分の目で見たかったからだそうだ。「消えゆく暮らし方のひとつだと思います。大きな工場で紙が製造されるようになりました。家内工房による製紙は、あと一世代か、せいぜい二世代で永久に消えてしまうでしょう」

旅を手配してくれたのは、マサチューセッツ州ブルックリンで研究に打ち込むイレーヌ・コレッキーだ。このとき、彼女はすでに一九七六年から三五年以上かけて中国、日本、韓国、東南アジア、インドネシア、フィリピン、アフリカ、ヨーロッパの四三か国を四〇回にわたる調査旅行で訪問していた。旅の目的はいつも、世界各地に伝わるその地独特の手漉き紙の製作技術を記録することだ。調査旅行には、常に夫のシドニー・コレッキー博士が同伴する。博士はボストンの医師だったが、すでに引退し、自らも紙の熱狂的信者となって、妻の専属写真家を務めているという。イレーヌはこれまでの旅行で一二本のドキュメンタリービデオを製作し、八報の研究論文を発表した。一九九五年には自宅の隣の馬車置き場を修復し、そこに「紙の歴史・技術研究所（Research Institute of Paper History and Technology）」を設立した。さらに、旅で手に入れた何百もの工芸品、紙の見本、道具を展示するために「紙の万国博物館（International Paper Museum）」も設立した。小さいが内容は充実したギャラリーで、予約すれば誰でも訪問することができる。

旅が始まって二、三日経った頃、イギリスで紙の保存に努めるクリスティン・ハリソンが私たち八人を指して、まるでこれから『カンタベリー物語』の巡礼の旅に出立しようとしている冒険家一行みたいだとジョークを言った。そして、長い田舎道のドライブの間、なぜこんな変わった旅に地球の裏側からやってきたのかを、ひとりひとりが話そうということになった。ハリソンが旅に出ることにしたのは、最近、博士論文を完成させたお祝いだという。論文のテーマは、一八世紀のドイツで先駆者的な研究を残したすばらしい科学者、ヤーコブ・クリスティアン・シェーファー（彼の植物とハチの巣を使った実験で、木のパルプを使った現代の紙の製法に貢献した人物）だ。だが、何よりも今回の旅に彼女を引き付けたのは、友人のイレーヌ・コレッキーとともに紙をめぐる冒険に出かけるというプランだった。

「イレーヌは友人なの。控えめに言っても、彼女は私たちの世代のダード・ハンターだと思うわ」と、ハリソンはさらりと言った。ダード・ハンターは、二〇世紀初めのアメリカ人著述家で、工芸的な出版物を手がけた印刷業者でもある。アメリカで見捨てられた手工芸に再び関心を集め、いわゆるブックアート運動の火付け役を果たしたともいわれる人物だ。ハンターがこの分野における権威的存在となったのは、遠い土地に何度も旅して実地調査を重ね、ありとあらゆる手工芸について一角の見識を持つようになったことが大きい。二〇〇一年、コレツキーは、紙の歴史、ペーパーアート、紙の保存、紙の科学の振興を目的とした国際的組織「フレンズ・オブ・ダード・ハンター」から、生涯をかけて偉大な業績を達成した人物に贈られる「ライフタイム・アチーブメント・アワード」を授与された。

一九五三年に言語学の学位を取得し、成績優秀者に与えられるファイ・ベータ・カッパ賞を受けてコーネル大学を卒業した（ヨーロッパ文学に関するウラジミール・ナボコフの有名な講義を受けたと聞いて、私は言葉が出ないほどうらやましかった）コレツキーが、紙の研究を始めることになったのは、ある偶然の出来事がきっかけだった。「一九七〇年代に、あるプロジェクトに参加したの。娘が中学生だったとき、何か一緒に楽しめることをできないかと思ってね」と彼女は言った。ブルックリンで最初に会ったときだ。そのとき彼女の自宅の屋内庭園も見学させてもらったのだが、植えられていた植物はどれも製紙原料として使えるものばかりで、高さ一〇フィートのパピルスもあった。

「手漉き紙を製作したのだけど、その発想も、工程も、すっかり気に入ってしまったの」とコレツキーは言う。彼女と同じく紙づくりに夢中になった娘のドンナ・コレツキーは、現在ニューヨークのブルックリンで「キャリアージュ・ハウス・ペーパー」という会社を経営し、芸術家が使う手漉き紙や、ドンナの夫のデヴィッド・レイナが設計と製作を手がけるさまざまな製紙用の道具を製造販売している。ドンナは、極東へ調査旅行に出かける母親や、私たちのような同行者のために旅の手配もしてくれた。

昆明を出発した初日は、ほぼ丸一日かけて騰沖《テンチョン》市を目指した。約五〇〇マイル西の山深い田舎町で、高黎貢《カオリーコン》山脈近辺の豊富な温泉群で有名な土地だ。そして、大理《だいり》市で一泊した。ここは古城の城壁がある町で、木綿の絞り染めによる藍染めが知られている。私たちのほとんどがそれをお土産に買った。一行のひとり、アンナ＝グレーテ・リシェルは、もともとはデンマーク国立博物館の紙・織物・皮革部門で研究主任を務め、二〇〇九年には「国際紙の歴史家協会（International Association of Paper Historians）」の会長に選任されたという人物だが、その彼女が、藍染めの布を家に持ち帰ったら、色を定着させるために酢を混ぜた冷たい水で洗うといいのよと教えてくれた。
いよいよ取材にかかったのは、騰沖の郊外にある玉《ユー》泉《クアン》という名の村だった。この名は「ヒスイ色の泉」という意味で、その名の通り、こんこんと湧き出る清らかな地下水は、何世代にもわたる製紙に理想的だったのだ。私たちが訪問するほんの数年前までは紙漉き工房を営む家が数十軒あったのだが、訪れた時点でまだ紙をつくっていたのは、わずか一軒だった。その家では繊維として、木のパルプに、クワ科の楮樹《ちょじゅ》（カジノキまたはコウゾ）の樹皮内層を石灰水で煮て漂白したものを混ぜて使っていた。ウチワサボテンからつくった添加剤（製紙用語で「粘剤」という）を加えるのが、この工房に代々伝わる技法だ。

工房の所有者はドゥアン・ウィン・マオ氏だ。マオ氏は、人民解放軍で長年軍役についていたほかは、この世で生きてきた八五年の人生の大半を、この小さな村で製紙職人として過ごしてきた。マオ氏は英語が一言も話せなかったので、管教授が通訳してくれた。マオ家は代々、この地で六世紀にもわたって紙をつくり続けてきたという。マオ氏の八二歳の奥さんがお茶を入れてくれたり、その間に五六歳の息子さんが、私たちが購入したばかりの紙を束ねてくれたりと、いろいろ親切に気づかってくれた。だが、そこには一抹のほろ苦いさびしさが感じられた。聞けば、翌月には工房を閉めてしまうらしい。投機家に土地の売却を持ちかけられ、応じることにしたのだという。おそらくは、騰沖に増え続けている労働者向けに、新しい共同住宅を建設するのだろう。

工房を閉めるのは、仕事がないからではないという。中国ではまだ何百万人もの人々が、先祖を祀るために昔からの伝統的なしきたりに従って「冥紙《めいし》「紙銭《かみぜに》とも言う」」という小さな供物を燃やす風習を守っていて、その冥紙に使う紙の市場が常にあるのだ。問題は時代と生活様式の変化だった。孫息子がいるのだが、通常なら次世代の後継者となるその孫が家業にまったく興味がないらしい。この日は家にさえいなかった。高給を求めて、私たちがドライブの途中で見た新しい高速道路の建設現場である山に出かけてしまっていたのである。

紙漉き場では、雇われたふたりの女性が、製紙用語で「紙料《しりょう》」と呼ばれる調合パルプを満たした長方形の槽の前でそれぞれ作業に勤《いそ》しんでいた。ひとりの女性が一分で平均三枚の紙を漉き上げる。休みなく漉けば一時間に一八〇枚、一日に一八〇〇枚だ。天井からロープでつり下げられた木枠の漉桁《すきげた》に、蝶番《ちょうつがい》付きの二本の棒で支えられた竹ひごの簀が取り付けられている。いわゆる簀桁《すけた》

騰沖の郊外にある玉泉（ユークアン／ヒスイ色の泉）の工房所有者、ドゥアン・ウィン・マオ

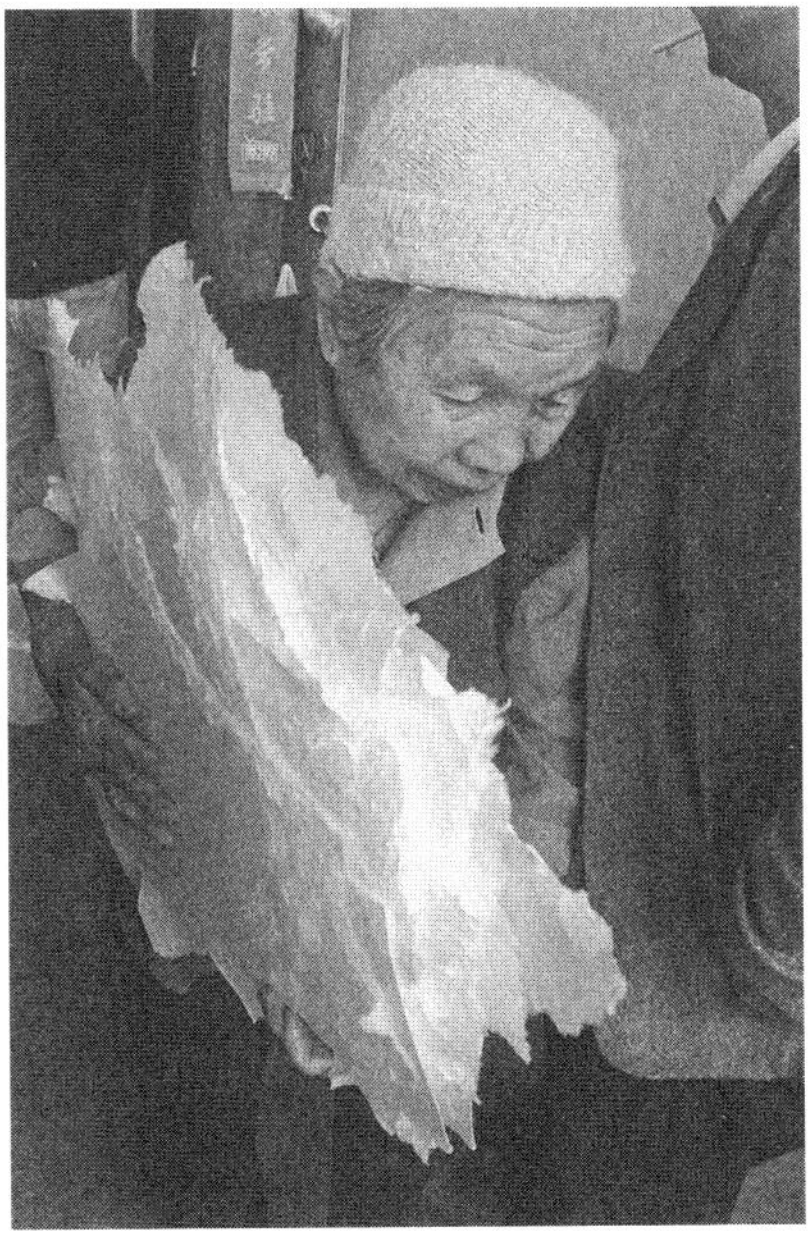

ドゥアン・ウィン・マオの妻

だ。作業を進めるふたりの手元からは静かでリズミカルな水音が聞こえる。これまでに何千人もの紙漉き職人が習得し、こなしてきた見事な動作だ。前後左右に揺らしたあと、水平に動かして、漉き上げたばかりの紙を「紙床《しと》」という湿紙の山に伏せて重ねていく。あとで余分な水分をねじ式プレス機で圧搾して絞り出し、湿った紙は垂直に立てた、温められた板に刷毛で貼って乾燥させる。

次に、玉泉から北東の方角にある、山々に囲まれた古い由緒ある町、麗江に向かった。そこから鶴慶《かくけい》県の軍営《ジュンイン》という遠隔地の村に行くためだ。この村は、イレーヌが一九九四年に初めて訪れて以来、もう一度行きたいと熱

雲南省、龍珠（ロンチュウ）村の紙漉き

望していたところだった。五マイルの急で曲がりくねった山道を登るため、私たちの運転手を務めてくれたスーンは大変な苦労をしてくれた。ひどい雨が降ったあとの山道はタイヤが泥に深く食い込み、崖っぷちの急カーブではぎりぎりの方向転換を強いられた。だが、その甲斐はあった。にぎやかな音を立てて流れる渓流のすぐ上流に巨大な鍋が見えたのだ。音を立てて煮え立つ鍋からは、もうもうと湯気が上がっている。「あの人たち、今、煮ているところよ！」とイレーヌが興奮して叫んだ。鍋で泡を立てて煮えているのは、大量の楮樹の靭皮繊維だということがすぐにわかったのだ。あとで彼女は、旅で靭皮を煮る光景を見たのは、彼女自身も初めてだったと話してくれた。「繊維を煮るのは、普通は月に二日ぐらいなの。だからその現場に行き当たるかどうかは、ほとんど偶然に頼るしかないの。今日は大当たりよ」

紙漉き工房への道を登り始めて間もなく、伝統民族衣装を着たふたりの女性がやって来た。山の上の貯蔵小屋から運んできた楮樹の枝の束を背負っている。ふたりは鍋の近くにたっぷりと溜められた川の水に背中の枝を入れた。枝を水に浸けてやわらかくしてから、次の工程に入るのだ。管教授によると、多くの人が一家総出で季節労働として紙づくりに従事し、野菜をつくって収入を補っているという。彼女たちがきめの細かい紙を行商の仲買人に一山いくらで売ると、仲買人はそれをプーアール茶の塊を包む美しい包装紙として売る。プーアール茶とは、雲南省に生育するチャノキ（学名 *Camellia sinensis*）の雲南大葉種という品種からつくられるお茶だ。

タバコ畑と水田がどこまでも続く長い道のりをドライブし、次にたどりついたのは、高黎貢山脈の山間に紙漉き職人が集まる索家《スオチア》という村だった。家々の屋根には衛星放送の受信用アンテナが取り付けられている。若者たちは携帯電話と明るい色に塗られた小型オートバイに夢中だった。この村では約四五世帯が紙漉き工房を営んでいるそうだ。どの家もやはり楮樹の繊維を使っている。紙はさまざまな明るい色に染められ、主に祭礼で燃やす冥紙や、飾り物をつくるために使われる。漉き上げた紙は煉瓦の壁に平らに貼り付けて天日に干されていた。繊維はすべて古風なホレンダービーター（第3章参照）で処理し、動力はひどくさびついたガソリンエンジンで間に合わせていた。

麗江での最終日には（この麗江という名前は一二五四年にフビライ・ハンが付けたもので「美しい川」を意味する）、東巴《トンパ》紙という、とても丈夫で非常に美しい紙を見せてもらった。この紙は、クサジンチョウゲ（学名 *Stellera Chamaejasme*）というジンチョウゲ科（学名 *Thymelaeaceae*）の植物の皮からつくられている。何百年も持続する防虫効果を持つため、公文書の保存に重宝されているそうだ。管教授によると、この植物には人間に対する毒性もあるほか、家畜に対しては今でもノミ・シラミなどの害虫や寄生虫の駆除剤として用いられているらしい。紙に初めて使われたのは七世紀頃で、この地域に住む納西《ナシ》族という民族が使ったといわれている。納西族の人々の間では、現在でも世界で唯一使い続けられている絵文字だけの文字体系がある。

納西族の言語の象形文字の多くは、合計二七六音を組み合わせる複合語で、読むときは句として読む。動詞と別の品詞の組み合わせだ。それぞれの語彙はひとつひとつ覚えるしかない。納西語については、ジョセフ・ロックが蒐集した手書き文書のすばらしいコレクションがある。全部で三三四二点にのぼるコレクションの文書は、このすばらしく耐久性の高い紙に書かれており、現在はアメリカ議会図書館に収蔵されている。中国の国外では世界最大のコレクションである。地元の職人が東巴《トンパ》紙の製紙工程を説明してくれたとき、それは技法も道具も一〇〇〇年以上前からほとんど変わっていない一種の「生きた化石」だと言った。実際に見せてもらった工程では、紙料をひしゃくですくい、三脚のような用具に支えられた原始的な漉簀の上から注いでいた。

なぜ紙漉き工房を営む家のほとんどは、山を越え、急峻な谷間を下り、清らかに流れる川岸へ抜けるように進む、曲がりくねった細い道しか通じていないような山腹の高地にあるのだろう。それは、ある単純な理由によって長い間に必然的にそうなったという。「きれいな水があるというのが、何よりも大事な条件だからよ」とアンナ＝グレーテ・リシェルが説明してくれた。リシェルは紙の分析についての権威で、文書が本物なのか、精巧な偽造なのかを調べる科学鑑定を行なうこともある。研究論文も多数執筆していて、そのなかには、シルクロードの旅で集めた紙に関する論文もある。今回の旅でも、彼女は行く先々で、どんな粘剤を使っているのか、それは水が簀を通る速度を遅らせて厚い紙をつくるためか、あるいは早めて薄い紙をつくるためかといった質問をしていた。粘剤の話では、つぶしたザクロからつくられるものと、ウモウケイトウという野草（「竜の吐息」と呼ばれていた）からつくられるもののふたつが印象に残った。

次に、私たちは第二の旅を始めるに当たり、麗江から北の四川省の省都、成都《せいと》市に向かった。成都市も人口四〇〇万人の大都市だ。昆明市ほど騒々しくはないが、やはりせわしないことに変わりはなく、汚染された大気に息が詰まりそうになった私たちは、すぐに市街地から脱出したくてたまらなくなったが、その前に、市の南部を流れる錦江《きんこう》のほとりにある公園を訪ねた。この公園は、唐王朝の傑出した詩人のひとりであり、初めて紙をつくった女性でもある薛濤《せつとう》（七六八～八三一）を記念してつくられた公園だ。ここでは、薛濤が紙をつくるときに水を汲んだという井戸の水で煎じたお茶を楽しむことができる。薛濤がつくった紙は濃いピンク色だから、紙料に赤い芙蓉《ふよう》の花を使ったのだろう。

市街地から出ると、なぜ四川省がパンダの生息地なのかがすぐにわかった。一面に生い茂る竹林が次から次へと現れるのだ。この日は長寧《ちょうねい》県の蜀南竹海《シュウナンジュウハイ》という広大な自然保護区の敷地に建てられた設備のよいホテルに一泊した。翌朝、村落へ出た私たちは、暗黙の了解に従ってイレーヌ・コレツキーを先頭に歩いていった。第二の旅（私たちの旅も三週目に入っていた）では、江安《こうあん》県の仁和《じんわ》区という村で三〇世帯が竹から紙をつくっていると聞いていたので、そこに向かおうと考えていた。だが、何度も道を間違えた。でこぼこの泥だらけの道沿いに揚子江の支流を一〇〇フィートほどさかのぼったあたりで、目指す工房があるのは川沿いを下ったところだと聞かされる始末だった。
道のりは険しく、足下の赤い粘土質の肥沃な土は、午前中ずっと降っていた激しい雨にぬかるんで、竹の密集地を歩く足取りをおぼつかないものにしていた。途中で、目印にしていた平らな石が突然途切れた。いつものように先頭を歩いていたイレーヌが、どう進めばいいかわからないというように立ち止まった。彼女の苦境を察して、最後尾で私たちを待っていた男性のひとりが彼女に駆けより背中に背負うと、ひとりずつついて来いと私たちを手招きした。そのあとに起こったことを、彼女はのちに記事にして、手漉き紙ファンの組織が発行するニュースレターに掲載した。こんな記事だ。「すぐ後ろにニック・バスベインズがいた。最初、彼は紙漉き職人に背負われた私の姿を撮っていたのだが、突然、背中を真下にして地面に落ち、そのまままっすぐ川のほうへとすべっていった。幸い、川に落ちるのは免れた」。この記述はあらゆる点で正確そのもので、私自身が『ファイン・ブックス・アンド・コレクションズ』に書いた通りだ。付け加えるとすれば、あの泥まみれの災難にあっても、不思議なことに、私の落下事故を終始録音していたデジタルボイスレコーダーも、背中も無事だった。面目が丸つぶれになっただけだった。

川岸の工房に到着すると、気を取り直して取材に集中した。ここで繊維に使う竹は、生えて五か月目に刈り取って長さ一・五メートルに切り、石灰水に四か月浸けてやわらかくしたものだと、イレーヌは教わった。その後、通常なら枝をやわらかくするために煮るという工程を踏むのだが、ここの紙漉き職人はそれをしないと聞いて、イレーヌは驚いた。石灰水から出してすぐ、叩解《こうかい》という、繊維を叩いてやわらかくほぐす作業に入るという。これも、つい最近までは牛がまわす石臼で行なっていたそうだが、取材した頃はガソリンエンジンで動かす農業用のグラインダーを使っていた。イレーヌは、さまざまな漉具の寸法や、一五インチ×一一・五インチの紙を一度に二枚漉く方法や、槽に漉具を浸ける回数（二回すばやく浸けて、余分な紙料を右側に流し落としていた）を書き留めたり、紙床から余分な水分を絞り出す手動ねじ式プレス機を調べたりした。その後、紙は外で支柱の間にずらりと何列にも並べて乾かされた。調合するときに粘剤は入れるのかとイレーヌが聞くと、仁和ではトロロアオイ（学名 *Abelmoschus manihot*）――スープの香辛料としてよく使われる開花植物――の根の粉末を入れているという。これを入れると、葬儀で燃やす冥紙や「衛生」に使う紙が非常に具合よく仕上がるらしい。紙漉き職人

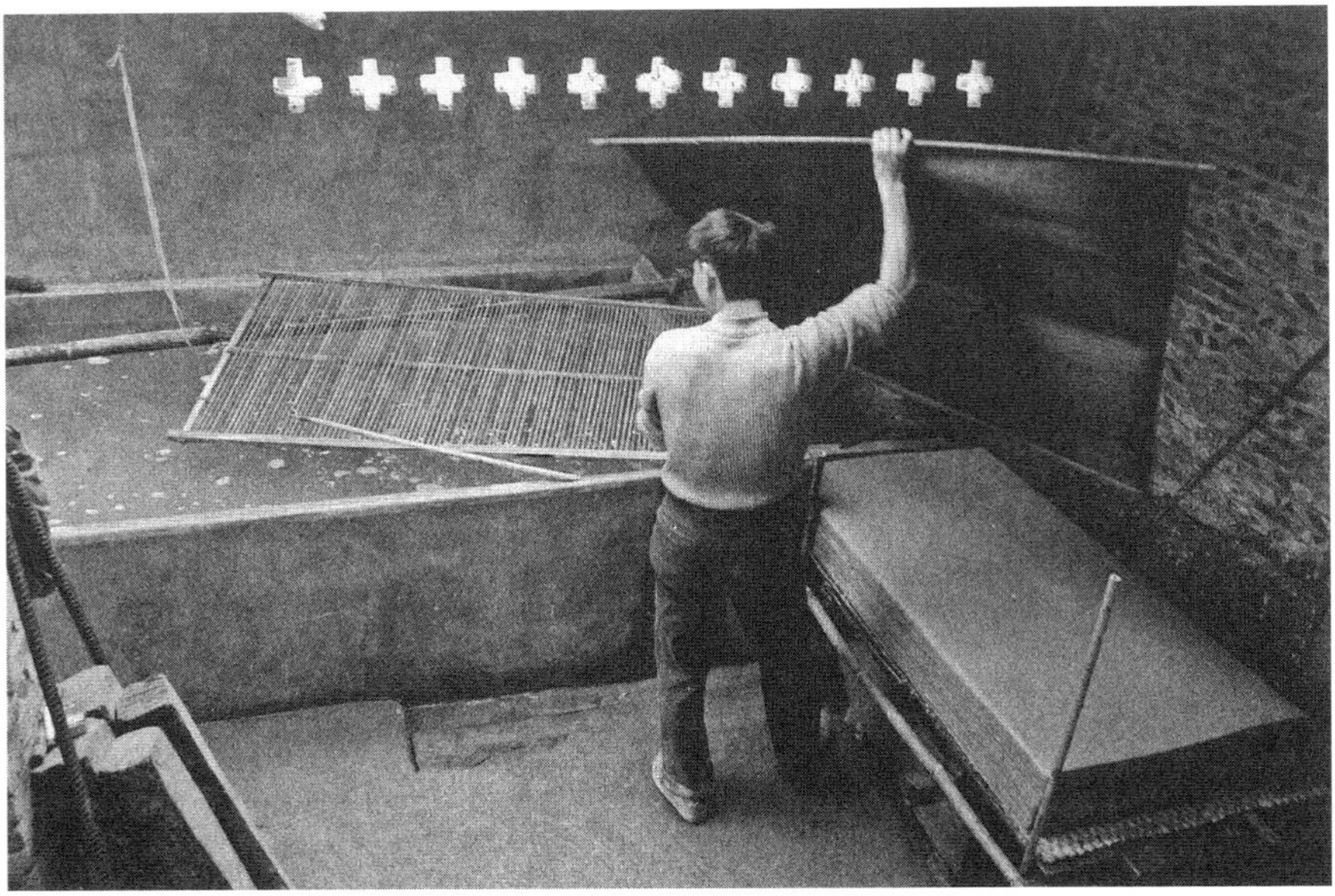

雲南省、マー村の紙漉き

は一日一〇時間働き、多いときで二四〇〇枚の紙を漉き上げる。「山のように質問してしまったわ」と、あとでイレーヌは言った。「ガイドさんはイライラしたでしょうね」

翌日は、揚子江の北の支流に近い山腹の高地に住むシー・フーリーを訪ねた。五世代続く紙漉き工房を営む名匠だ。イレーヌは一九八五年にアトランタのハイ美術館で開かれた、ある文化学術的な展覧会で彼に会っていた。イレーヌとシドニーが一九八七年に彼を訪ねていたので、私たちはあらかじめ話に聞いて覚悟ができていた急な坂を登り、工房にたどり着いた。そこでは、この名匠が六世帯の家族の仕事を監督していた。紙漉き工房の場所の決め手となるのは、繰り返すが、きれいな水がある場所という条件ただひとつであり、ここの場合、それは清らかな山水がわく泉だった。「そのうえ、やわらかい水だわ」と、アンナ＝グレーテ・リシェルは感心したように言った。

工房に到着したときには、ふたりの男性が大きな一枚の漉具を使って作業していた。中国の宣紙《せんし》という最上質紙のひとつをつくっているという。この紙は、最初につくられた安徽《あんき》省宣城《せんじょう》という土地の名にちなんで宣紙と名付けられており、中国の書画に用いられる。このぜいたくな紙（私が手に入れたものは、すばらしい質感で雪のように白く、一枚の長さが六フィートある）に用いられる竹は、煮てから紙料にし、漂白剤は入れず、白くするために添加剤として石灰が使われる。シー・フーリーは、ところどころ言葉につかえながら、粘剤としてカバノキの葉を挽いて粉にしたものを加えることは認めたが、調合には一切「秘密はない」と言い切った。あるのは「優れた技だけ」だそうだ。

この時点ですでに、私たちは思った以上にさまざまな紙漉きを見ることができたと考えていた。その成果は一行の誰にとっても期待以上だったろうと、私は確信している。だが、さらに続きがあった。翌日、まったく偶然に、紙漉き職人が集まっている工房を見つけたのだ。険しい山道を走るには大きすぎる車で細い道を上っていたときのことで、私たちは思わず声を上げて運転手に車を止めさせた。さらに、もうひとつ別の工房が先のほうにあると聞いてそちらにも向かった。このふたつの工房の発見（そのうちひとつの工房では、筋骨たくましい男性の紙漉き職人たちが三組に分かれてふたり一組で一枚の紙を漉き、もうひとつの工房では、博物館にあるような自動機械を使って作業していた）は、私には奇跡のように思われた。あとでイレーヌにもそう話した。だが、彼女は私のようには興奮していなかった。

「幸運でも何でもないわ。必然よ、ニック」と、イレーヌは私をとがめるように言った。厳しい視線を向けられて、はっと思い出した。彼女が大人になってからの人生でどれほどの時間を費やして、さっき見つけたばかりのような紙漉き工房を探し続けてきたか、そして、そうした工房を探し当てることにどれほど精根を傾けてきたか。イレーヌにとって、「ここは本当に特別な場所なの」だ。バスに戻り、とうとう成都へ戻るときがきた。翌日には飛行機でこの国を発つことになっていた。彼女が「紙漉きの工程を最初から最後まで初めて見た国」を。

第2章 和紙

この村は田畑が少ないから、米をつくって生計をたてるのは難しいだろう。だが、澄んだきれいな水に恵まれているから、紙漉きの技を教えて進ぜよう。紙を漉けば、子々孫々に至るまで、暮らしに困ることはないであろう。

——川上御前、越前の村人への言葉（西暦五〇〇年頃）

日本では今日でも紙漉きが盛んに行なわれている。むろん、昔ながらの非常に美しい手漉き紙が生産されているのだ。日本ほど紙が広く使われているところは、おそらく世界のどこにもあるまい。印刷や書き物に使われるのは言うまでもないが、それ以外にも、窓ガラス、手拭き、衣類、灯心、ひもなど、さまざまなものが紙でつくられており、その見た目の風合いや色調の豊かさは天然皮革に匹敵するほどすばらしい。フランスの革壁紙と見まがうほどのものさえつくられているのだ。

——フリードリヒ・アルブレヒト・ツー・オイレンブルク伯爵『オイレンブルク日本遠征記』（一八六〇年）

日本で明治維新が起こった時代として知られる一八六八年から一九一二年の中頃に行なわれた政府の調査によると、当時のこの島国には、六万八五六二か所の紙漉き工房が各地に存在し、そのすべての工房で手漉き紙が生産されていた。繊維として主に用いられていたのはコウゾ、ガンピ、ミツマタという三種類の木の樹皮の内層である。工房の多くは、農家の大家族の親類縁者がみな集まって、冬期だけの季節労働として営んでいた。冬は、稲の収穫が終わり、コウゾの枝を刈り取るのに最適な季節だからだ。土地ごとに異なる技術や原料や調合の技法は、何世代もかけて苦心して磨き上げられてきた精緻な技とともに、師匠から弟子へ、つまり多くの場合は親から子へと代々伝えられてきた。

　現代の日本では、日本製紙、王子製紙、三菱製紙といった大企業によって、機械で商業生産される日常的な用途の紙が圧倒的に優勢であり、木のパルプも洞窟のようなコンテナ船で海外から大量に輸入されるため、手漉き紙をつくる工房は三〇〇足らずに減少し、こうした工房が生き残っていく見通しは、好意的に見ても不確かとしか言えない状況だ。昔ながらの方法で紙を漉く優美な営みは廃れゆく危機に瀕していて、現に伝統的な手法でつくられる紙の一部は、一刻も早く保護し、保存しなければならない「文化財」としての指定を政府から受けている。

日本の紙漉き技術。18世紀の浮世絵師、橘岷江（たちばなみんこう）の『彩画職人部類』より。

　最も純粋な「和紙」は（純粋さというのは日本人の共感を得やすいイメージだ）、職人魂を表すとともに、人間の精神性を表現する手段でもある。日本語には「磨く」という動詞があり、これは「光らせる」「熟達する」「向上させる」という意味で、日本人が外部から入ってきた製品やアイデア、技術を自分たちのものにする才覚を指すときによく使われる。何百年も前に中国から入ってきた言葉や書法体系を筆頭に、のちの時代のカメラや電子機器、自動車に至るまで、日本人は外国から取り入れた事物を自分たちの手で磨き上げてきた。紙漉き技術も日本を発祥の地とするものでないが、七世紀にこの地で確立したその技術は独自の生命を得て、独自の道を歩むことになった。

　秩序と清潔さが美徳として尊ばれるこの国では、化学薬品で処理されていない無垢な紙は善と敬意を表し、染みひとつない素材そのものの色（白）は自然界における生と死の循環の象徴とされている。神社や聖なる場所の入り口（この入り口は世俗世界と精神世界を分ける敷居であるという考えが、アジアを広く旅したカナダ人の紙漉き職人にして詩人であるドロシー・フィールドによって提唱されている）には通常、和紙を切ってつくった垂れ飾りが、稲ワラでつくったしめ縄を使って上部の横木からつり下げられている。神聖なものとみなされた樹木や岩にも同じように和紙が飾られる。

「日本人は、最も高貴なもの、神聖なもの、芸術的なものから日常的な毎日の考えに至るまで、人間性のありとあらゆる側面を紙に託して表現した」と書いたのは、アメリカの著述家スーキー・ヒューズだ。一九七八年に出版されて高い評価を受けた彼女の著作『*Washi*』は、紙の「発展」を文化的概念の視点から書いたものである。ヒューズは、紙という題材のために（この本の限定版ではさまざまな工房で製作された和紙の見本が何十枚も挿入された）、日本で熟練の紙漉き職人のもとに弟子入りし、数年間を修行に費やした。彼女がひとつの重要なポイントとしたのは、日本では和紙が実用性を超えて「それ自身がひとつの表現」となっていることであった。長い伝統のなかで、「まるで自然の産物であるかのような」畏敬の念によって、そうした確信が生まれ、浸透していった。日本語の「カミ」という言葉には複数の意味がある。ひとつは自然界を支配する神道の霊魂や神格を持つ存在（風、雨、光などの自然現象や、川や木などの物質もすべて含まれる）という意味、もうひとつは「紙」という意味だ。これが偶然なのか意図的なのかはわからないが、発音は同じであるし、何世紀も前から紙のお守りや護符が使われ、神社には邪悪なものを追い払う聖域の印として、紙を折ってつくった紙垂《しで》という飾りがつり下げられている。

日本に調査に出かけたのは、中国を訪ねてから一年後だった。私はまず本州から旅を始め、ある地方で紙祖《しそ》神として崇められている女性を祀る神社に向かった。東京から西へ四時間で和紙の産地、越前にたどり着く。その地の山のふもとに岡太《おかもと》神社・大瀧《おおたき》神社がある。ここは住民の間で、その昔、カリスマ的な女性がやって来て先祖を導いてくれたという話が伝えられている場所だ。日本では米づくりに適した土地が最良の地として尊ばれるというのに、高地で起伏が多いこの地域は年間を通じて管理がしづらいため、米づくりに代わる生活手段が求められていた。

昔ながらの佇まいが残るこの地を訪ねたとき、神社からほど近い工房で和紙のはがきを漉くという紙漉き職人が、私の連れに日本語で話しかけてきた。その話による

紙漉きを伝えた川上御前を祀る岡太神社・大瀧神社（越前市）

と、そのとき私たちが立っていた場所こそ、言い伝えの美しい女性が村人たちに会い、その後の生活を何百年も変えてくれたところなのだという。女性がやって来たのは、一般的には西暦五〇〇年頃、のちに継体《けいたい》天皇となる皇子が、現在の越前市に合併された今立《いまだて》村にいた頃だとされている。また、同じ言い伝えによると、村人たちに名を問われた女性は「この川上に住む者」と答えただけだったという。このため、女性は川上御前と名付けられた（「川上に住む美しい婦人」という意味）。

　現代でも地元で紙祖神として崇められている川上御前ではあるが、神の化身として信仰されているわけではない。ただ、幸せな行く末を予言し、長く受け継がれる贈り物を授けてくれた者として敬われていて、毎年五月には、普段は権現山ともいわれるお峯《みね》の頂上に祀られている、この女性をかたどった像が、派手に飾られた神輿《みこし》に乗せられて里に迎えられる。白装束で神輿を率いる者たちが、越前で紙を漉く各集落をまわる三日間のこの祭りは「神と紙のまつり」として知られる。越前では、今でも約五〇〇の工房で三〇〇人ほどの職人が働いている。私は祭りの後、数日間かけてその多くをまわったが、訪問の前には必ず、立派な石と杉の木に囲まれた厳格な雰囲気の漂う神社へお参りして敬意を表した。

紙漉きの技術は二〇〇〇年前に中国で発明されたのち、ふたつの方角に伝わった。西へはシルクロードを通じて中央アジアからヨーロッパへ、そして東へは朝鮮と日本に伝わったのだ。西でも東でも、この技術を最初にもたらしたのは紙に経典を書いて広めた仏教僧である。中国以外の国で最初に紙をつくり始めたのは朝鮮だと考えられており、その時期は、中国がこの隣国を侵略していた四〇〇年の間（紀元前一〇八年〜西暦三一三年）だったといわれている。朝鮮人は、中国から宗教の教えを取り入れ、芸術や文化も吸収し、さらには中国の漢字をもとに自国の書法体系を五世紀に確立した。六世紀になると、中国に留学して学んだ朝鮮の僧や学者が、筆、墨、質のよい紙など、中国で使われているさまざまな品物を持ち帰った。その後、朝鮮でつくられる紙は非常に高い評判を得るようになり、生産されるものの大部分が毎年、貢ぎ物として中国の皇帝に贈られるようになった。

六一〇年、朝鮮のふたりの仏教僧が日本海沿岸の地（現在の福井県）で、日本人に紙漉きの基礎を教えたことが知られている。それから一世紀と経たないうちに、紙はこの国の至るところでつくられるようになった。その頃、紙の主な用途は貴族や武士のぜいたく品だったが、僧が仏教の教えを書いて広めるためにも使われた。紙が世に広まっていた七六四年には、当時日本の女帝であった称徳天皇（七四九年から七七〇年にかけて天皇に在位［孝謙天皇として七四九年〜七五八年、称徳天皇として七六四年〜七七〇年］）が国家安寧を祈念するため、紙をたくさん使わなければできないような事業を敢行した。彼女の治世において八年間続いた乱が平定され、数年前から日本中にはびこっていた天然痘を免れたことに感謝する気持ちからだろうか、「陀羅尼《だらに》」という仏教の祈り、すなわち「経文」を一〇〇万枚作成させ、一〇〇万基の木製の小さな三重塔に一枚ずつ納めて、国内の一〇の寺に分けて奉納したのである。

女帝が奉納を命じた厖大な経文の数は、同じ祈りを何度も何度も繰り返す仏教徒の修行に通じるものであり、この宗教が日本人の生活にどれほど大きな影響をおよぼすようになっていたかを反映している。「一心に祈りを繰り返す者はその罪を許される」と記された仏教徒にとっての古典とも言うべき祈りである陀羅尼は、もともとはサンスクリット語で書かれた『Vimala Nirbhasa Sutra』が七〇五年に漢訳されたものだ。『陀羅尼』から力を得たいと願う者は、これを七七回書き写し、塔に奉納しなければならない」という仏陀の言葉もある。「女帝は明らかに身の安全と延命を願って、一〇〇万枚もの経文を命じたのだろう」と、ある歴史家は推測している。

一〇〇万巻もの小さな巻紙に手で書き写していては厖大な時間がかかるため、経文は、長さ一八インチ、幅二インチの和紙のすべてに印刷された。文字は版木に彫って木版印刷されたか、銅板に刻んで銅版印刷されたかのいずれかだろうと考えられているが、この事業では六種類のうち四種類の陀羅尼が印刷されたため、両方とも使われたという学者もいる。それぞれの紙に一行五文字、約三〇行で印刷され、小塔にぴったり合う小さな巻物仕立てになっている。また、紙も二種類使われていて、ひとつは厚みがあって羊毛のような風合い、もうひとつは薄くしっかりとして表面がなめらかである。

六年で完成した一〇〇万巻の『陀羅尼』は、製作年代が明確な、現存する最古の印刷物として認められている。サー・オーレル・スタインが中国の敦煌から持ち帰った『金剛般若経』より、さらに九八年も古い。今日まで残っていることが知られるのは数百巻であり、そのほとんどは状態が劣化しているが、まだ無事に木製の小塔に入っているものも多い。私はカリフォルニア大学ロサンゼルス校の稀覯《きこう》本の図書館で、そのうちのひとつを手にとってみたことがある。時々古書市場でもお目にかかる。二〇〇八年のブルームズベリー・オークションでは、フロリダのミニチュア本蒐集家が、そのかわいらしい巻物を三万二〇〇〇ドルで購入していた。

紙の用途はまたたく間に広がり、建築物にも使われるようになって、伝統的な日本家屋に欠かせない木や土、ワラと同等の地位を獲得した。建築材のリストから透明な板ガラスがすっぽりと抜け落ちているのは注目に値するが、これはまだガラスが日本で普及していなかったからである。ガラスが使われるようになったのは二〇世紀に入ってからのことで、その時点でも一部で使用されるにとどまっていた。ヨーロッパで一〇世紀から一六世紀までの間に板ガラスが使用されるようになってからも、中国、日本、あるいはインドにそうしたガラスがなかなか浸透しなかったのは、技術の歴史のなかで長らく謎とされていることのひとつである。

ガラスがなかった日本の家で窓の役割を果たしてきたのは、薄い和紙を木の枠に貼った障子であり、ぼかした表現を好む日本の社会では、影絵を使った比喩表現が生み出された。本来強靱な性質を持つコウゾは、建物の側面の開き窓として最適であり、断熱材としてもすばらしい威力を発揮する。家のなかでは屏風や、光を通さない紙でできた直立パネルを左右にスライドさせる「襖《ふすま》」を寝室の間仕切りに使う（「屏風」は「風を屏《ふせ》ぐ」という

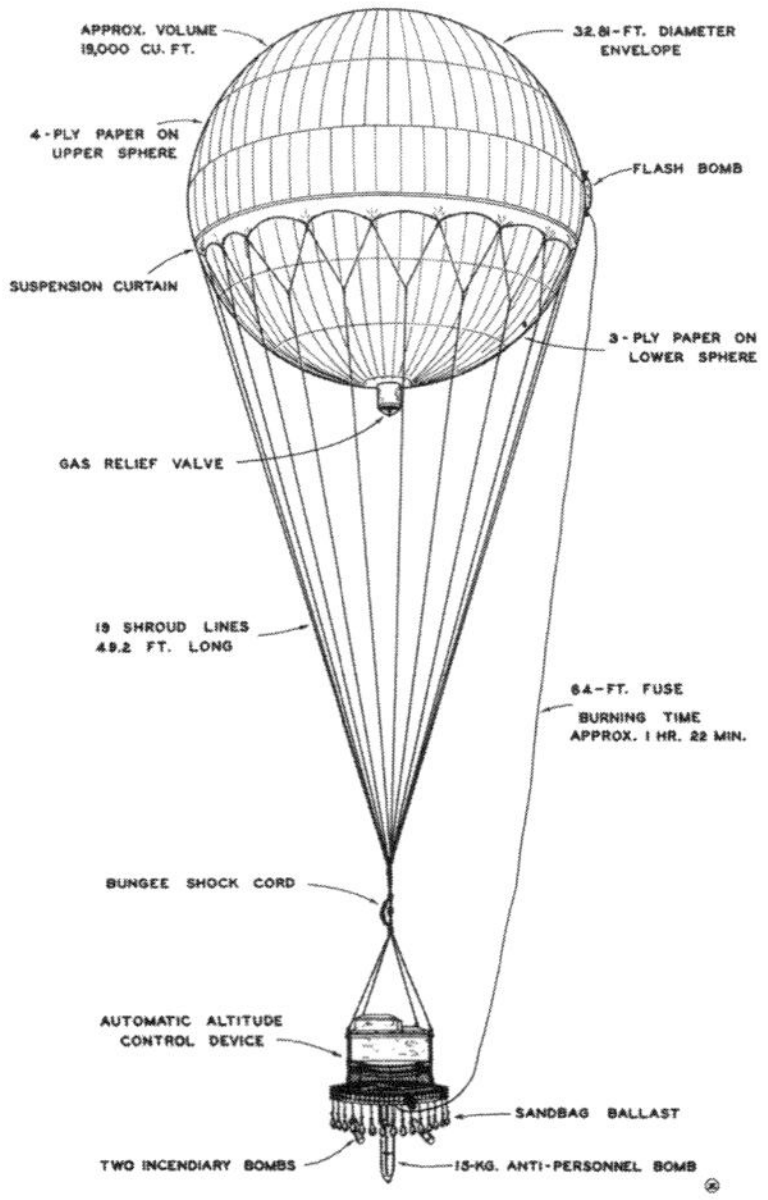

紙爆弾の設計図。『Japan's World War II Balloon Bomb Attacks on North America』より。

意味、「襖」の「ふす」という音は「伏せる」という意味）。屏風は数枚のパネルがヒンジでつなぎ合わされ、前からも後ろからも折りたためるようになっているため汎用性が高い。この折りたためる性質から、ヒンジは「蝶番」と名付けられた。「蝶の羽のようなヒンジ」という意味である。ほかにも、灯籠、ランプ、傘、扇といった調度品や装身具の材料として紙は大いに活躍していて、凧や人形や着物に使われていることでも有名だ。

だが、長期的に見ると、建築材として木や植物、紙が多用されていることが、恐ろしい結果を招くことになった。第二次世界大戦も終わりに近づいた数か月にアメリカの空爆機が落とした焼夷弾が、日本の都市に大きな被害をもたらすことになったのだ。通常使われていた兵器によって、東京だけで記録的な数の――原爆投下による長崎の死亡者数を上まわるほど――市民が亡くなった。この都市の際立った脆弱さにつけ込んで、最も壊滅的な被害を与えたのが、一九四五年の三月九日から一〇日の早朝にかけて、三〇〇機以上の「超空の要塞」B29爆撃機が低空飛行により投下した、M69焼夷弾を子弾として内蔵する五〇万発近いクラスター爆弾だった。充塡されたナパームによって火がつく爆弾は一連の強風を引き起こし、強風にともなう炎がひとつになって火災旋風という現象が発生する。風によって酸素の供給を受けた炎は恐ろしい地獄の業火と化して燃えるものすべてをのみ込み、一夜にして一六平方マイルが灰燼《かいじん》に帰した。この都市では一〇万もの人々が死亡した。

コウゾの繊維の並外れた強靱さと弾力が紙づくりに最適だったとはいえ、その特質はもうひとつの空爆兵器を生み出すことになった。日本軍はアメリカに極秘で太平洋を横断する気球を設計して機体一万発を製作し、これに兵器を搭載して飛ばす作戦を立てた。この気球に紙が使われたのだ。

一九七三年にスミソニアン協会のために作成され、アメリカ合衆国政府印刷局によって発行された報告書によると、この作戦はもとはといえば、一九四二年の東京の空襲に対する報復攻撃として発案されたものであった。アメリカ陸軍大将ジェームズ・″ジミー″・ドゥーリットルと一六機のB25爆撃隊が東京を攻撃したのだ。だが空襲は、実際には日本の首都にごく小さな物理的被害を与えただけであったにもかかわらず、四か月前の真珠湾攻撃に衝撃を受けて以来動揺していたアメリカ人に対しては、不当にも勝利と偽って報道されていた。「報復手段を必死に見つけようとした日本人は、アメリカ大陸を直接攻撃できる手段について構想を練った」と、このスミソニアン協会への報告書を執筆したロバート・C・ミケシュは書いている。「彼らが立てた計画は単純だった。焼夷弾と対人爆弾を搭載した気球を飛ばし、偏西風を利用して太平洋を越えさせ、アメリカの都市や森、農場に落とすというものだ」

1945年1月に海軍航空機によって回収されたのち、カリフォルニア州のNASモフェット・フィールド飛行機格納庫で再びガスが充填された、コウゾの和紙製の気球。

一見、荒唐無稽であり、発案者にとってさえうまくいくかどうかわからない計画だったが、一九三〇年代の気象調査で、北米に向かって流れる大気高層の「早い気流」、いわゆるジェット気流が発見されたことに勢いを得て、この大胆な攻撃は実行可能と判断され、敢行されることになった。太平洋五〇〇〇マイルを横断できるように、最高高度三万八〇〇〇フィートを航行するための精巧な制御機構とガス放出弁が開発された。高度の変化を制御するための仕組みは、いくつもの砂袋をつるしておき、それを少しずつ、湿電池に取り付けられた導火線の働きによって定期的に落とすというものだった。

この武器は『ふ号』という暗号名のもと、東京周辺に設けられた七か所の工場で製造された（『ふ』は風船の「ふ」である）。直径三二フィートの気球本体の材質には手漉き和紙が選ばれた。一機当たり六〇〇枚の和紙が使われ、ガスが漏れないようにすべての紙を層状にして糊付けした。「この紙の強靱さは主に繊維に由来するものだった。繊維は均一で、しかも非常に軽いものでなければならなかった」と書かれている。コウゾが選ばれたのも当然だ。二年近くの間に数百の紙漉き工房が動員された。戦争勃発時には、日本国内で一万三五〇〇もの工房が稼働していたため、選べる工房はいくらでもあった。

一九四四年一一月三日から一九四五年四月五日までの間に、日本の海岸三か所から、九〇〇〇機の風船爆弾が放球されたと考えられている。一機を膨らませるために、一万九〇〇〇立方フィートの水素ガスが使われた。北米に到達したのは、一〇〇〇機ほどと考えられている。三〇〇機ほどが目撃され、そのうち数機が沿岸沖で撃墜された。残りは残骸が回収された。目撃情報が確認されたのは、北はアラスカ州から、カナダのブリティッシュ・コロンビア州にマニトバ州、それ以南の四八州ではオレゴン州、ワシントン州、カリフォルニア州、モンタナ州、コロラド州、ワイオミング州、ネブラスカ州、そして最南端のメキシコ、ソノラ州まで広範囲におよんでいる。東へは、一機がミシガン州のグランドラピッズにまで達し、ノースダコタ州のアシュレイでも一機が見つかっている。ほかにも森の奥深くで残骸が見つかることがあり、最近では一九九二年に一機が発見された。アメリカ国立航空宇宙博物館には、一九四五年三月一三日にオレゴン州エコーに不発のまま無傷で着地した一機が収蔵されている。太平洋横断には通常三日（七二時間）かかるとすると、放球されたのは三月九日か一〇日であり、まさに東京を壊滅させた、かの大空襲が開始されたときだ。

襲撃精度を高める情報を日本人に与えたくなかったアメリカは、厳しい報道管制を敷き、アメリカ本土に到達した気球の詳細を一切伏せた。戦争終結後にやっと情報が公開されたが、ほとんど注目されることもなく、今日でも覚えている人はわずかしかいない。日本の気球による被害者がいなかったわけではない。一九四五年五月五日、オレゴン州のクラマスフォールズから北東の方角にあるギアハート山近辺に出かけた女性ひとりと子供五人が、地面に落ちている奇妙な物体をたまたま見つけ、その物体からぶら下がっている線をひとりが引っ張ったらしく、気球が爆発して全員が死亡した。戦後、その事件を記憶にとどめるため現場に建立された碑のプレートには、「第二次世界大戦中の敵からの攻撃により、アメリカ大陸で死亡が発生した唯一の場所」と書かれている。

二〇〇九年、アイオワ大学の上級科学研究員にして製紙技術を専門とする非常勤の教授、ティモシー・D・バレットは、ジョン・DおよびキャサリンT・マッカーサー基金より、過去三〇年にわたって「何世紀もの昔から受け継がれてきた紙の手漉き技術が失われないように記録し、保護してきた」功績を称えられ、五〇万ドルの奨学金を授与された。授与を知らされたとき、バレットはすでに、機械的工程が導入される以前の一四世紀から一九世紀までヨーロッパで生産された手漉き紙の科学分析を進めていた。

バレットはアジアと西洋のどちらの技術にも同じぐらい精通していたが、彼が実践型の学者として取り組みの題材に選んだのは日本の伝統技術であり、その経験が初期の二冊の労作、『流し漉き――日本の手漉き和紙の製作技術 *Nagashizuki: The Japanese Craft of Hand Papermaking*』(Bird & Bull Press, 1979)と、『日本の紙漉き――伝統、道具、技術 *Japanese Papermaking: Traditions, Tools, and Techniques*』(John Weatherhill, 1983)に結実した。どちらも一九七五年から一九七七年にかけて二年間日本に滞在した成果だ。一九八六年、バレットはアイオワ大学のセンター・フォー・ザ・ブック内製紙工房の設立代表者に就任した。ここは西洋と日本の伝統的な製紙技術を専門的に学べるアメリカで唯一の場所だ。紙をつくるだけではない。自分たちでコウゾの木を育て、バレットが一九七〇年代に日本で修得した工程に従って樹皮を処理するのだ。

二〇〇一年にアメリカの「独立宣言」、「権利章典」、「憲法」が新しい保存ケースに入れ替えられることになったとき、文書の修繕に用いる紙の製作委託を受けたのはバレットたちだ。この三つの歴史的文書は、ワシントンの国立公文書館内の自由憲章ロタンダに展示されており、これを見ようと集まる来訪者は毎年一〇〇万人以上にのぼる。翌年、私はバレットからアイオワシティへの招待を受け、アイオワ大学のセンター・フォー・ザ・ブックで講演することになった。この訪問中に私のなかに埋まった種が、じわじわと育って本書が生まれたというわけだ。

このときに手漉き紙を生まれて見たわけだが、一枚の紙がどれほどぜいたくなものになりうるのかを認識したのは、これが最初だった。バレットは和紙のことを話すとき、「温かみ」とか「個性」という言葉でその特徴を表し、いつも手のなかで和紙がどれほど「生命にあふれている」と感じるかについて情熱を込めて語った。彼の一九八三年の著作は「もの言う紙を残して去った、昔の名もなき東洋と西洋の職人たち」へ捧げられたもので、このなかでは、和紙は何らかの機能を果たす製品であるという以上に、それ自体が独立した存在だという信念が力説されている。この部分をもう少しくわしく説明してほしいと頼むと、彼は次のように話してくれた。「紙は沈黙した存在ではない。いい紙は、最も本質的なレベルで自然と人間との関わりを語る。天然の繊維、水、そして職人の関わりだ。そのすべてが、どうしたわけか、でき上がった一枚の紙に現れる。その本質こそが手漉きの紙の一番の強みだと思う」

一九七五年に日本へ行ったとき、バレットはまず、紙の美しさそのものに引き付けられた。「和紙に神秘的なほどの魅力を感じた。だが、その魅力が何から来るのかがわからなかった。学びたい技術もいくつかあった。たとえば、日本人はどうやってこんなに薄い紙をつくり、まだ濡れているのに一枚ずつ上へ上へと重ね、圧搾し、間にフェルトも挟んでいないそれぞれの紙を一枚ずつきれいに剝がせるのか、そうしたことも大きな謎だった。だが、何といってもその美しさの質に引きよせられた。きれいな紙に興味を引かれた――そう言ってしまうのは単純すぎる。材料と職人技は、それが日本の紙漉きであっても、一五世紀のイタリアの紙づくりであっても、同じように私を魅了する。だが、何よりも和紙の美しさに心引かれて、それが何に由来するのかをどうしても知りたくなったんだ」

日本へ行った時点で何も知らないわけではなかった。すでに数年間、トゥインロッカー・ハンドメイド・ペーパーという会社で見習いとして働いた経験があった。この会社は、ハワードとキャスリン・クラークという先見の明がある夫妻が、アメリカで息絶えようとしていた伝統を復活させたいと考えてインディアナ州、ブルックリンで一九七二年に創業した草分け的な会社だ（第16章参照）。だから西洋の製紙技術については十分に習熟していた。その後、バレットは全米芸術基金（National Endowment for the Arts）とアメリカ国務省が運営するフルブライト・プログラムの奨学金を得て、流し漉きを研究し、その成果を文書にまとめることになる。「私が書く内容を誰が最初に読むことになるかを、きちんと認識していたとは言えない。だが、学んだことをしっかり伝えなければという責任は感じていた。日本の紙漉きについて書かれた本は、ほかにも何冊かあった。だが、どれを読んでも、具体的にどんなことをするのかがよくわからなかった。何から始めるのか、どのようにコウゾを刈り込むのか、刈り込んだ枝をどのように処理するのか、その類いのことだ。だから、日本へ行ったらそうした疑問を解決し、見つけた答えを伝えるのは当然だと思ったんだ」

伝統的な紙の手漉き技術は、目の粗い平らな面にセルロース繊維の層をつくるという点では、洋の東西を問わずほぼ同じだ。基本的な違いは、最初の準備工程にある。「ぼろ布は樹皮よりも徹底的に叩いてほぐさなければならないということも違う点のひとつだ。だが、一番大きな違いは、日本では漉き槽に粘剤を入れることだ。だから、日本人は非常に薄い組織をつくることができる」と、バレットは話してくれた。「ヨーロッパでは漉き槽に粘剤を入れない。それから、ヨーロッパでは漉いた紙を伏せて重ねるとき、一枚ずつフェルトを間に挟むが、日本では上へ直接重ねていくのも異なる点だ。ヨーロッパではフェルトを間に挟むから、重ねた紙をすばやく圧搾することができる。日本やアジアでは、紙をゆっくりと圧搾する」

バレットは、バージニア大学で二年に一回、稀覯書講習会（Rare Book School）という一週間の夏期講習を開き、紙と製紙技術の歴史を教えている。ニューヨークのモルガン・ライブラリーで印刷本と製本の学芸員を務めるジョン・ビドウェルとの共同講座である。バレットは実践的技術の詳細と美学理論を担当して、学生に自分で和紙をつくらせ、ビドウェルは歴史的概要を担当する。この講座は私も受講した。紙に関する本を書こうと思ったとき、必ず役に立つと感じたからだ。その後、日本に行かなければと考えたときに、再びバレットを訪ねてふたりの人物を紹介してもらった。ポール・デンホウドとリチャード・フレイビンだ。このふたりは、日出ずる国ですばらしいガイド役となってくれた。

日本では、人を訪ねるとき、ちょっとした贈り物を持参するという習慣がある。相手に対する感謝と尊敬、親愛の情を伝えるための伝統である。調査旅行の準備をする間、私は旅先で会うことになる紙漉き職人たちに何を贈ればいいだろうかと、時間をかけて悩みに悩んだ。何か日常的に使えて、しかもめずらしいものはないだろうか。日本の人たちは午後のお茶の時間に甘いものを楽しむらしい。そして、私は生まれも育ちもニューイングランド地方の人間だ。考えたあげく、私はバーモント州特産の瓶入りメープルシロップを贈ることに決めた。贈るときは、東京で買った美しい紙袋に入れた。日本では、贈り物そのものと同じぐらい贈り方も大事だと聞いたからだ。シロップは、生育した成木から繰り返し採取することができる天然の樹液だから、その点でも紙漉き職人たちに喜んでもらえるだろう。だが、瓶全部を合わせた重さときたら（何しろ一ダースも買ったのだ）この選択

和紙職人の人間国宝、九代目岩野市兵衛氏。越前の工房にて。

でよかったのかどうか、もう一度考え直そうかと思ったほどだった。

しかし、今立町の九代目岩野市兵衛氏の工房に到着した私は、親しみ深い微笑みと、ポール・デンホウドが通訳してくれた感謝の言葉に報われた。デンホウドは、かつてバレットに師事し、二〇〇二年に日本に移住したカナダ人の紙漉き職人で、私の旅行を手配してくれた人物だ。デンホウドは日本語に堪能なうえ、日本の数十人の手漉き和紙職人に関する「工程データベース」をまとめる調査を進めてくれていた。彼には、言葉の面でも、言葉にならない微妙な感覚が問題になる場面でも、ずいぶん助けてもらった。岩野氏は、「私がつくるものは自然の素材だけを使ってできたものです。あなたがくれたシロップと同じように」と思慮深い調子で語った。そのようすには、紙漉きの技の奥義を優しく、温かく伝えることで知られる人柄がそのままにじみ出ていた。岩野氏はその言葉に続いて、毎年冬に樹皮の内側の繊維を採るときの方法の説明に入った。新しい枝をどのように刈り込めば、枝を出してくれる樹木そのものを傷つけずにすむのか。彼が使う材料は「すべて自然からの贈り物」でもあるのだ。

九代目岩野市兵衛氏は二〇〇〇年、六七歳のときに文部科学省から重要無形文化財保持者（人間国宝）に認定された。その三二年前には、父の八代目岩野市兵衛氏も、日本で初めて紙漉き職人として重要無形文化財保持者に認定されている。岩野家では、市兵衛の名前は自動的に受け継がれるわけではなく、必ずしも長男が継ぐわけでもない。「場合によっては、甥が継ぐこともあります」と、デンホウドは言う。名前を継ぐ者の基準は、家長の指導のもとで紙漉きを学び、次世代に技を伝える気概を持つかどうか、ただそれだけだ。九代目市兵衛の息子、順市氏は、私が訪問した二〇〇八年の時点で四三歳だったが、父の市兵衛氏は、重要無形文化財保持者の認定を受け入れたのは、順市氏が後継者として一〇代目になる意志をはっきり固めていたからだと話してくれた。山の中腹の工房に私たちがたどり着いたとき、順市氏は、市兵衛氏の隣で繊維の準備をしていた。バレットが、すべての作業のうち最も重要な工程だと言っていた段階だ。ふたりは「川小屋」と呼ばれる建物のなかで、山から引き込んだ水桶の前に並んでひざまずき、煮たコウゾの靭皮からどんなに小さな塵も残さず取り除いていく。水は冷たく、ふたりとも両手は真っ赤だが、立ち上がると冗談を言いあう。

この工房では何事も急がない。私たちの訪問には、一九九〇年代を海外で過ごした、英語に堪能な越前の美術家にして紙漉き職人でもある青木里菜氏が同行してくれていた。青木氏を通して岩野氏は、自分が父親から学んだ最も重要な教えは、決して近道はないということだと語ってくれた。「よい紙を漉くには平静を保たなければいけない。作業中には怒っても焦ってもいけないと、よく言っていました」。川小屋から出て、岩野氏に案内された作業場では、奥さんの孝子さんが紙を漉いていた。孝子さん自身も五〇年近く紙を漉いてきた職人だ。岩野氏は紙料に指を浸け、温度が高すぎる、もっと下げなければと言った。デンホウドが、槽に流し込まれた紙料が満たされているプラスチック製のバケツを指さし、「あのバケツ一杯が紙七枚分だそうだ」と教えてくれた。

「彼はあの紙料から自分たちがつくるべきものを完全に知り抜いているんだよ。木版画用の、厚手で、伝統的なものより大判の紙を注文されていて、それを漉こうとしているんだ。槽のなかの繊維が多いほど、繊維の割合が高くなって紙は厚くなる。バケツ一杯から六枚漉くと、紙は厚くなりすぎる。八枚なら薄すぎる。漉具を揺り動かすほど、表面にからまる繊維が多くなって紙は厚くなる。粘剤を入れるほど、水が落ちるのは遅くなる。すべてが正確でなければならないんだ」。岩野氏の奥さんが

「ネリ」、つまりトロロアオイというアオイ科の植物の根からつくられた粘剤を加えたのも、ぴったりのタイミングだった。

岩野氏が漉く越前の「奉書」という和紙は、製作に最も熟練を要する最高級の和紙で、書家や木版画家、摺師、芸術家、コラージュ作家から、その並外れた強靱さ、ふっくらとしたやわらかさ、適度な染み込み具合、クリームのような白い肌合いが好まれる。容易に破れることも縮むこともないため、作品のイメージを鮮やかに保てるすばらしい紙である。何世紀も前に初めて生み出された頃から、奉書は国の支配者であった将軍家から公用紙として取り扱われてきた。岩野氏が繊維を採るために使うコウゾは、三世代前から、那須高原で育つ栃木県産のコウゾである。岩野氏以外の日本の紙漉き職人はミツマタやガンピの靭皮を使い、なかにはアジアから輸入された靭皮を使う職人もいるが、岩野氏は国内産のコウゾしか使わない。

伝統的な和紙はすべてそうだが、漂白するときは化学薬品を使わず、煮た靭皮を日光にさらす。叩解の作業では、岩野氏は「ナギナタ」という機械を使う。ぼろ布を紙料にするために一七世紀のオランダで開発された機械と似ているが、岩野氏の機械は、何本もの長い湾曲した刃でできているところが違う（ナギナタは「刀」という意味）。この設計は、バレットの著書にも書かれているが、細かく砕くのではなく「梳《す》く」ことによって、繊維をできるだけ長いまま残すためだ。だが、デンホウドが言うには、岩野氏は機械もある程度使うが、なるべく原料を木槌で叩くようにしているらしい。時間はかかるが、工程の隅々まで神経を行き届かせることができるからであり、通訳を通して聞いた岩野氏自身の言葉によれば「できる限り元の状態を保てるようにするため」でもある。

岩野氏は通常、コウゾを大きなステンレスの円形容器に入れ、繊維を比較的傷めにくいソーダ灰、すなわち炭酸ナトリウムを入れた湯で煮る。ソバ殻の灰を使ったアルカリ溶液で煮たほうがいいと考えたときは、そうする。ソバというのは農産物で、その実を挽いた粉で麺ができる。灰を煮てできた灰汁を漉《こ》すときは、順市氏が作業場の裏から摘んできた杉の木の葉を使う。作業のすべてが細やかな配慮のもとに考え抜かれていて、ティモシー・バレットの著作にもすべての工程と手順が実に詳細に書かれているが、流し漉きの確かな技術を徹底的に身に付けようと思えば、名人のもとで長い間修行するしかない。

紙漉き場を出ると、岩野氏は、漉き上げた紙を板に刷毛で貼る場所へ案内してくれた。この板もイチョウの木からつくられた特別な板だ。板は暖めた乾燥室内で乾かされる。岩野氏の手順にも伝統的な手法から改良した点がいくつかあり、この乾燥室もそのひとつだ。「この部屋の室温は摂氏四三度まで上げられます」。デンホウドが華氏一一〇度ぐらいだと換算してくれた。「温度が低すぎて乾くのが遅くなると、うまく乾かないんですよ」。岩野氏は、この工程で使われるよく使いこまれた刷毛のひとつを見せてくれながら、次のように話してくれた。昨今で一番の問題は、注文が少なくなっていることではなく（日本にアトリエをかまえるカナダ生まれの木版画家、デヴィッド・ブルによると、岩野氏の和紙には世界中から注文が来るという）、使い勝手のよい道具をつくってくれる、信頼できる職人が見つかりにくくなっていることである。「この刷毛をつくってくれる職人が、もういないんだ」と、デンホウドが説明してくれた。「コウゾ一〇〇パーセントの紙を貼りやすいから岩野さんは気に入っているのに。簀も、漉桁も、板も同じだ。道具をつくってくれる職人が消えつつある」

しかし、岩野氏が乾燥室に連れてきてくれたのは、時代の変化を嘆くためではない。仕上がった紙が保存されている棚から一枚の紙を引き出し、それを私に裂いてみるように言った。こんなとびきり上等の紙に対して、そんな失敬なことはしたくないと思ったし、デンホウドを通じてそう言いもしたが、いいからやってみなさいと岩野氏は引き下がらない。紙はなかなか裂けなかった（気後れしすぎたせいかもしれない）。ついに岩野氏が自分の手で裂いたが、それでも大変な力を込めなければ裂けなかった。裂けた部分からは白いコウゾの繊維がたっぷりと覗き、その長い束を私は何枚か接写した。「この紙は一〇〇〇年保ちますよ」と岩野氏は言った。その後、私たちは住居に場所を移し、本が並ぶ「書斎」でイグサを編んだ畳にあぐらをかいて座り、話を続けた。

岩野氏は、繊維の長さが何よりも肝心だということ、工房がある地域の山の水の水質は世界でも最高の部類に入るということ、「昔ながらの紙漉き」は、ほかのどんな方法よりもはるかに優れた最良の方法であり「新しければいいというものではない」ということを何度も繰り返し語った。「新しいもの」が、数百年にわたって手から手へ受け継がれてきた伝統や技を変えるという意味であることは、話を聞くうちに理解できた。誰もが真剣に耳を傾けていた。これほど自分の使命や目的を鮮やかに体現し、生きるべき場所にいる穏やかな人とともにいられることを、私は正真正銘の特権だと感じた。

「紙に生きるよろこび」と書かれた、九代目岩野市兵衛氏から著者への贈り物

「私の紙は、かの御前が伝えた紙に一番近いものです」。話が終わりに近づいた頃に岩野氏は言い、私にも通訳の説明が通じたことがわかると、満面の笑みを浮かべた。「この素朴そのものの紙から、あらゆる紙が生まれたのです。父の跡を継ぐに当たっては条件がありました。ひとつは、私自身が一点の曇りもない心でこの紙を信じること。もうひとつは、自分には父の教え通りにこの紙をつくる力があると信じることでした」。そう言って岩野氏は、自分の紙でつくった名刺としおりを私にくれた。しおりには、私の目の前で日本語で何かを書いてくれた。「紙に生きるよろこび」という意味だと、青木里奈氏が教えてくれた。先代の岩野氏も、日本のある製紙組合のために四〇年前に短い言葉を書いたが、それは九代目岩野市兵衛氏がいつも胸に刻んで生きてきた言葉だという。「いかなるときも急ぐな。決して常の作業で手を抜いてはならない」

毎年一月の終わりか二月の初め、葉がすっかり地面に落ちて、空気が冴えわたる冬の数か月が到来した頃、あるボランティアグループが東京の西の近郊に集まり、コウゾの木々から新しい枝を刈り込む。そのコウゾは、一九七〇年代に日本での永住権を取得したアメリカ人の美術家であり紙漉き職人でもある人物が、日本人に見捨てられそうになっていた伝統をよみがえらせようと植樹したものだ。和紙職人の多くが紙漉きに使うコウゾの大部分をアジアの国々から輸入するなか、リチャード・フレイビンは、自分が植えたコウゾの靭皮を使って、工程の最初から最後まで自分の目で確認しながら紙を漉く数少ない職人のひとりである。地元の環境活動家から土地を借り、昔ながらの伝統に対する興味の「種を新たにまく」活動をたったひとりで始めたのは一九九〇年のことだった。そんなフレイビンの活動は、美術界の著名人である東京の仲間からの「日本人より日本人らしい精神」の反映だという言葉とともに『ジャパン・タイムズ』で紹介されたこともある。

ティモシー・バレットとリチャード・フレイビンが初めて会ったのは、一九七〇年代初めにふたり揃って埼玉県製紙工業試験場で流し漉きをくわしく学んでいた頃だった。その講習に参加していたアメリカ人はふたりだけだったのですぐに意気投合し、今に至るまでふたりの深い友情は続いている。バレットがアメリカに戻り、日本での経験を『流し漉き *Nagashizuki*』という本にまとめ始めたとき、同書の挿し絵を描いたのがフレイビンだ。この本は、一九七九年にバード・アンド・ブル・プレス社から美装本として出版されたのち、ウェザーヒル社によって『日本の紙漉き *Japanese Papermaking*』と改題、増刷され、一般向けの本として販売された。

フレイビンは自分の和紙を使って制作した木版画やコラージュの展覧会を開くほか、美術家や書家その他の顧客のために和紙を製作している。フレイビンの妻である原口良子は東京のテキスタイルデザイナーだ。二〇〇九年にインドで布の展覧会を開き、現地の新聞で「無限の創造力」を持つ作家として取り上げられたこともあって、いくらか名を知られている。最も注目を浴びたのは、夫が製作した紙と、彼女がインドで購入するぜいたくな絹を組み合わせた衣類やハンドバッグだ。紙は「柿渋」で染める。柿渋染めとは、まだ熟していない柿の実の汁を熟成させ、それを塗り重ねて防水効果を持たせる技法で、日本では何世紀も前から、帆布の袋、漁網、小舟、木の塗料として柿渋が使われてきた。

フレイビンはボストンで生まれ、アメリカでグラフィック・アート、デザイン、エッチング、木版画、ファイン・プリンティング［大量商業生産に対抗して手仕事の美しさを大切にした印刷技術。ウィリアム・モリスが提唱］を学んだのち、一九六〇年代後半にアメリカ陸軍兵として韓国に赴任した。一九六八年の休暇で日本の鎌倉に立ち寄ったとき、彼は日本人の生活様式や日本美術の表現方法にたちまち魅了された。軍を除隊し、木版画を深く学びたいと考えて東京芸術大学に二年間通った。「必死に努力して何でもやったよ」と、埼玉県越生《おごせ》の工房を訪ねた私に、彼は肩をすくめた。だから、日本の版画をきわめようとした彼が、和紙の製作法を学ばなければと考えるようになるのは時間の問題でしかなかった。「美術家は和紙をつくる側じゃない、『使う』側だと言う先生もいた。もちろんそれもひとつの立派な見識ではある。それでも、私はやっぱり和紙のことをもっと知りたいと思った。手にとった材料が教えてくれることは、いつも心の底から信じられるからね」

彼がそう確信するに至ったのは、日本の伝統的な美意識である「侘《わ》び・寂《さ》び」の影響がある。侘び・寂びの根本には、質素であること、静寂のうちの美、簡素であること、自然との一体化を尊ぶ精神があり、そのどれもが、フレイビンが日本に来て以来、深く共感するようになった理想だった。仏教の教えを実践していた彼は、小川町《おがわまち》の慈恩寺《じおんじ》という禅寺の管理人を一日に数時間務め、その禅寺で立ち上げた創作工房を慈恩寺プレスと名付けた。

小川町は、東京から約四〇マイル西にある埼玉県の小さな町であり、バレットとフレイビンが一九七〇年代に通った製紙試験場もこの県にあった。二〇〇五年、フレイビンは越生村に引っ越し、自宅のすぐ隣を工房にした。もともとは梅園だった肥沃な土地には、フレイビンの作品に使えるさまざまな草木が育ち、敷地には川も流れる。その川の水は、彼が年一回行なうコウゾの「皮剝き会」に使われる。四〇人ほどのボランティアに手伝ってもらい、彼が育てた小川町のコウゾの枝を刈り取り、皮を剝き、靭皮繊維を採る作業をイベントにしているのだ。

「小川町に住んでいたとき、町の紙漉き職人たちは、タイから輸入するコウゾがなければ自分たちは〝バンザイ〟だ、お手上げだと言っていた。私はいつも、この町は日本の伝統的な和紙づくりの町だと思っていたから『自分たちの手でコウゾを育てなければ、和紙づくりに将来はありませんよ』と言って、自分でやってみることにした。アメリカ人がそういうことを始めれば、日本の紙漉き職人さんたちにとって刺激になるんじゃないかと思ったんだ。その頃、私は環境問題に深く関わっていた。町の周辺の山が、次々にゴルフ場に変えられていてね。環境運動のグループのひとりが、蚕を育てるクワの木（silk mulberry）の畑を持っていて……コウゾ（paper mulberry）じゃないよ、別の木だ……育ちすぎて手に負えないから使っていいと言ってこの土地を私に貸してくれた。私は掘削機を持ち込んでクワを引き抜き、栃木からコウゾの苗を一〇〇本買って来て植え、思いが現実になった。よし、木は植えた。だが、これからどうすればいい？　問題は、私にやりたいことが多すぎることだった。ひとりでは世話しきれなくて、最初の年は木が育ちすぎてあまり収穫がなかった」

しかし、彼が土地の四季の移り変わりに敏感になる頃には、その取り組みに声援を送る人々が助けを申し出てくれるようになった。彼は注意深く季節ごとの作業を軌道に乗せていった。今では五〇〇本の木が整然と立ち並ぶ畑から、必要なコウゾの枝が十分に収穫できる。二〇一〇年には、収穫した枝から六〇キロの白いきれいな靭皮繊維が採れた。「だいたい一エーカーの土地から、一年に必要な量が十分に採れる」と彼は言う。「枝を刈り、くくって束にし、ここまで運んで蒸す。別のチームが、蒸された枝の皮を剥く。毎年、冬にそれをやる。夏に枝を切ると、木が傷つく。まだ樹液が流れているからね。樹液の流れが止まると、木は基本的に冬眠するから、そうなれば枝を切ることができる。葉が落ちれば、いつでも切ることはできるから、一一月から三月までならいつでもいいんだが、私たちは毎年一月に切っている」

フレイビンは、自分の和紙には自然な深い色調が似合うと考えていて、顔料には、藍や泥、柿、松煙《しょうえん》といった材料を使う。松煙というのは、まさに名前の通り、松の木を燃やしてできた煤の粉末だ。私が訪ねた日は雨だったが、一時止んだときに外をしばらく歩き、コウゾを洗う流れや、枝を煮るかまどを見せてもらった。敷地内の至るところに草木が植えられ、そのほとんどが作品に使われるものだった。

越生から少し車に乗って、ふたりで小川町のコウゾの木々を見に行き、町のほかの紙漉き職人を何人か訪ねたのち、そのまま東京に行き、ギャラリーSINDのオフィス兼アトリエでフレイビンの妻、良子に紹介された。彼に瓶入りメープルシロップと自分の著書を何冊か進呈すると、いくつかお返しをくれた。そのうちのひとつは、材料のストックの束から引っ張り出してくれた和紙半ダースだった。数か月前に地方の競売で買ったもので、製造年は一九四四年と記されているのを見て私は息を呑んだ。どれも二四インチ×二四インチの完全な正方形だ。

「この紙はみんな小川町の古い和紙店から出たものだ。おもしろいのは、この正方形だ。正方形に『カット』したんじゃない、『つくられた』んだ。寸法もぴったり揃っている。ちょっと調べてみたら、あの風船爆弾をつくった紙とちょうど同じ大きさでね。しかも一九四四年製だ」。当時は日本中の紙漉き工房が爆弾づくりに狩り出されたから、フレイビンは、自分がたまたま見つけたものが何かを確信した。「何枚かを小川町の年配の紙漉き職人さんに見せたら、その人も間違いなくそうだと言っていたよ」

フレイビンは、やはり競売のひとつで「屏風と屏風枠」もいくつか手に入れていて、ぜひ見てほしいと言った。「どれも会社や店の古い帳簿なんだ。いらなくなって、屏風の下張りに使われたんだよ。どの紙も最高にいいコウゾでできている。それを剝がしてお湯に浸けて、ビーター［パルプの繊維を切りほぐしたり押しつぶしたりする製紙用の機械］にかけて、こんな紙ができた。その紙で立体作品をつくった。完全にどろどろにはしなかったから、まだ残っている文字が読めるだろう。だから、何ひとつ無駄になっていない……古いコウゾもね」

第3章 長い旅路

アラブ人が紙という安価な筆写材をつくり、西洋と東洋の市場に供給したことによって、すべての人が学ぶ機会を手にした。学びが特権階級だけのものではなくなり、精神活動が花開いたことが、狂信的行為、迷信、独裁政治の連鎖を招くことになった。そして新しい文明の時代の幕が上がった。今、私たちが生きている時代だ。

――アルフレート・フォン・クレーマー『カリフ制下のオリエント文化史』(一八七七年)

紙がヨーロッパの再生を可能にしたと言っても、まず過言ではなかろう。
――H・G・ウェルズ『世界文化史大系』(一九二〇年)

中国とヨーロッパを結ぶ交易路であるシルクロードで、数世紀にわたり重要な拠点として知られた伝説的な都市サマルカンドは、中央アジアの真ん中に位置する。紙漉きの卓越した技術はこの都市を通って、ひとつの強大な文化から別の強大な文化へと受け渡されていった。戦利品として強奪されていったという逸話も残されているが、単に陸路の通商が発展した成り行きであったかもしれない。どちらかの説を選べといわれれば、私は、アラビアのアッバース朝と中国の唐王朝の間で七五一年に起こったタラス河畔の戦いで、中国の熟練した製紙職人が捕虜として連れていかれ、その見事な技を伝えたという古雅な物語のほうを選びたい。単に幸運なめぐりあわせが実を結んだ輝かしい事例だからという、ただそれだけの理由にすぎないにしても。

ただし、紙づくりに欠かせないふたつの要素（水にセルロース繊維が混じる紙料と漉具）が八世紀の中頃にアラブ人に伝えられ、アラブ人がその工程を現在のイラク、シリア、エジプト、北アフリカ、さらには、イスラム教徒が九〇〇年にわたって支配したヨーロッパの国スペインに紹介したということは確かだ。イスラム世界に製紙所がひとつ、またひとつとできていくにつれて、紙はさまざまな創造的表現に必要不可欠な道具となり、思考を補助するまったく新しい方法（表記するという方法）を可能にした。紙に書けば、記憶だけに頼ることなく、書き留めたアイデアをいつでも持ち運ぶことができる。イスラム黄金時代のイスラムの学者たちは、ギリシア、中央アジア、インドから伝えられた知識を自分たちの言葉で記録した。こうした知識の蓄積に貢献した最も有名な施設が、カリフのアブー・ジャアファル・アル＝マンスールによってバグダードに建設された Bayt al-Hikma すなわち「知恵の殿堂」だ。一〇世紀の歴史家アル＝マスディによれば、アブー・ジャアファルは「外国の書籍をアラビア語に翻訳させた最初の人物」だという。

カリフはビザンチン帝国に使節を派遣して、手に入る原書をすべて集めさせた。ユークリッドの『原論』やアリストテレスの『詩学』といった古典をはじめ、のちに『千夜一夜物語』と呼ばれる物語の原作に至るまで、さまざまな書物が筆写を職業とする人々によって書き写され、書店が集まる「本市場」で売られた。後ウマイヤ朝のカリフであったハカム二世は、四〇万冊という驚異的な数の書籍を蒐集したことで知られている。四〇万は誇張されているかもしれないが、豊富な紙の供給があったからこそ、大量の書籍を集めることができたのだろうという点で注目に値する。現在まで残っている彼の蔵書のうちの一冊には、九七〇年に筆写されたと記されている。現存するアラビア紙の最古の写本は、キリスト教の司祭たちによるさまざまな教えが書かれたギリシア語の写本で、八〇〇年頃にダマスカスで筆写されたものと推定されており、現在はバチカン図書館が保管している。また、歴史の表面には現れにくいことではあるが、紙によって文書の流通が一般的になったことで、政府の人民統治のあり方も変化した。領土をとめどなく拡大させたオスマン帝国は、紙に記した文書を人民統治に活用し、最初の近代的官僚制度を確立させたのである。

イスラム世界で紙が使われるようになったのは、六三二年の預言者ムハンマドの死から一〇〇年と少し後のことだ。当時、神聖なコーランの教えは朗唱によって新たな入信者に伝えられていた。イスラム教の言い伝えによると、教徒が真の神の言葉だと信じる啓示は、大天使ジブリール［ガブリエル］がアラビア語で二二年間かけてムハンマドに伝え、最初の入信者たちの記憶に託されたものである。その啓示が異教徒によって汚されないように、イスラム教徒の初代正統カリフ、アブー・バクルは、預言者の死後すぐに〝記憶する者〟の委員会を任命してコーランを口伝通りに筆記し、一冊の書物にまとめ上げるよう命じた。最初に編纂されたときに集められたのは主に口伝だったが、パピルス、ヤシの葉、白く薄い石板、皮革のほか、ラクダ、ヒツジ、ロバの骨に記録された断片からも集められた。現存する最古のコーランは羊皮紙に書かれている。

イスラム教がアラビア半島の外に広まると、アラブ人以外のイスラム教徒も含めたすべての信者が同じテキストを読めるようにする必要が生じた。だが、イスラム教の教義では、アラビア語が神の国で話される唯一の言葉とされている。このため、イスラム世界を現代のイラン、アフガニスタン、アルメニアにまで広げたリーダーシップの持ち主であった第三代正統カリフ、ウスマーン・イブン・アッファーンは、アラビア語でまとめたコーランの決定版を各地に配布するとともに、それ以外の版を廃棄するように命じた。イスラム教でほかの何にも増して畏敬の対象となったのは、預言者の「言葉」であって図像ではなかった。イスラム美術でカリグラフィー［文字を美しく書く技術］が重んじられるようになった背景には、こうした歴史がある。

サマルカンドが今の名（「黄金をまき散らす者」という意味）になったのは、七一二年にアラブ連合軍に征服されてからのことだ。ザラフシャン川の二本の支流で潤うオアシスに近いこの地には、もともと紀元前一五〇〇年頃からソグド人が住んでいた。肥沃で豊かな土地であったため、それに魅力を感じたペルシアのキュロス大王が、紀元前五五〇年にこの町を征服する。紀元前三二七年、インド遠征の途上にあったアレクサンダー大王は、ソグド人貴族の一〇代の娘を娶《めと》っている。新たな征服地との結び付きを強めようとの思惑からだ。この前哨地はギリシア語でマラカンダと呼ばれた。

今日のサマルカンドは、ウズベキスタン第二の都市だ。ウズベキスタンは、中国の西端から西に約一〇〇〇マイル、アフガニスタンの真北に位置する、カリフォルニア州と同じぐらいの面積の内陸国家である。のちに、ドイツの地理学者フェルディナント・フォン・リヒトホーフェン男爵が「絹の道」と名付けた古代の交易路網は、サマルカンドの西で何本かに分かれる。ラクダに乗った隊商は、ここを基点にアラビア半島の南西にも黒海の北西にも商品を運ぶことができたため、中国と西洋の間を何千マイルも旅しながら荷物を運ぶ商人たちにとってここは理想的な要衝の地だった。一四世紀にモンゴル地方を征服したティムール（ヨーロッパでは恐れをこめてタメルランという名で呼ばれていた）がサマルカンドを都に定めて壮麗な都市を建設したことで、「天国の都市」「第四の楽園」とも呼ばれるようになった。

すぐそばにそびえる山々からの氷のように冷たい水で潤う運河網のおかげで麻、亜麻、綿花が収穫でき、繊維産業が発展していたサマルカンドは、イスラム世界初の製紙業の中心地となった。製紙技術がこの地に伝わってから三世紀後の一一世紀に多くの著作を残した歴史家サアーリビーは次のように記している。「紙はサマルカンドの特産品のひとつだ。パピルス紙や羊皮紙よりも見た目が美しく、しなやかで扱いやすく、書きやすい」。製紙法の知識はサマルカンドからまたたく間に広まっていった。羊皮紙の不足を補うため、アッバース朝の新都バグダード（現在のイラク）に製紙所が設立されたのは七九四年のことだ。「こうして紙は行政文書や公文書に使われるようになった」と、一四世紀の北アフリカの歴史家、哲学者であるイブン・ハルドゥーンが書き残している。これにより、紙に対する需要は格別な高まりを見せたという。

シリアでは、ダマスカスを中心に紙がつくられ、ここでつくられた紙はヨーロッパ人から「ダマスカス紙」と呼ばれた。そのうちにエジプトでも紙が生産されるようになり、九八六年にはパレスチナの地理学者ムカッダスィー（Muhammad ibn Ahmad Shams al-Din al-Muqaddasi）が、エジプトでは、紙はパピルス紙よりも重要な輸出品のひとつであると書くまでになった。その五〇年後にカイロを訪れたペルシア人、ナースィル・ホスローは、野菜や香辛料、金物を通りで売る商人たちが「売れたものすべてを手早く紙に包んで」客に渡していたという記録を残しており、紙が広い用途に使われていたことがうかがえる。北アフリカのムーア人たちによって製紙技術がスペインに伝えられた一一世紀の終わり頃、モロッコ海岸の交易の要所であるフェズには、四七二もの製紙所があったといわれている。

紙が広い地域に伝わったことは、さまざまな文献から確認できるが、実際に製紙職人が使った技法や設備、紙料に配合された繊維の詳細を伝えるアラビア語の文献は極端に少なく、その空白が数世紀にわたる大きな誤解のもととなってきた。製紙法は中国から伝わり、中国の製紙職人は繊維材料の大部分を残り布ではなく植物に頼っていたため、西洋では長らく、「アラビアでは主に綿花、ヨーロッパでは間に合わせのぼろ布が使われた」という憶測が広く支持されていたのである。さらに問題を複雑にしたのは、透かし（ウォーターマーク）だ。透かしとは、一三世紀にイタリアで始まった技法で、紙の歴史の研究において製紙業者を特定しようとするときには、非常に役に立つ。しかし、アラビアや中国では透かしがまったく使われなかったため、どこでつくられた紙なのかを突き止めるのは、大変な困難をともなうのである。

紙について明確な定義が初めて登場したのは、一八八八年の『ブリタニカ百科事典』だ。この事典では紙がいくつかのカテゴリーに分類されており、イスラム世界とイスラム王国支配下のスペインで製造された紙は「綿からつくられた最初の紙」と定義されている。長い説明文のなかで、ひとつだけ、この定義を裏付ける資料が引用されている。一二六三年にスペインで編纂された法典だ。このなかで紙は「布の羊皮紙といわれる、綿からつくられた厚みのある筆写材」と書かれている。また、リネン紙については、イスラム世界では一四世紀まで登場せず、一四世紀以降も綿が育たない一部の地域でしか用いられなかった、そして、紙料には「毛織物」も混ぜ込まれていた（または当時はそう信じられていた）という臆測に基づく記載もある。

こうした説明が『ブリタニカ百科事典』に登場したのとちょうど同じ頃、ふたりのオーストリア人学者（そのうちひとりはパピルス古文書学とイスラム美術を専門とする歴史学者、もうひとりは植物生理学者であり、顕微鏡法を用いて研究した）がそれぞれ別のアプローチによってまったく同じ結論に行き着いた。ふたりの研究は、一八七七年から一八八〇年にかけて、古代エジプトの採石場だったカイロの南のファイユーム・オアシスという砂漠地帯のごみ捨て場数か所から厖大な資料が発見されたことで可能となった、先駆的なものだった。発見された資料のなかで最も注目を集めたのは一〇万点ものパピルス文書だ。一〇の言語で書かれ、年代は紀元前一四世紀から紀元一四世紀にまでおよぶ。この文書により、アシの茎が書写材として使われた二七〇〇年の歴史を研究するまたとない機会が生まれたのである。これらの資料はオーストリア大公ライナー・フェルディナントにまとめて買い取られ、一八八九年、誕生日の贈り物として皇帝フランツ・ヨーゼフ一世に贈られた。それをフランツ・ヨーゼフ一世がオーストリア国立図書館に寄贈し、現在でも収蔵品の目玉として保管されている。

発見された品のなかで最も話題になったのはパピルス文書だったが、同時に紙資料も約一万二〇〇〇枚見つかった。この思いがけない出土品に着目したのが、ウィーン大学のヨーゼフ・フォン・カラバツェク教授だった。「このコレクションは、一貫性といい重要性といい比類のないものである。紙づくりが始まった頃から中世後期にまでおよぶ大量の紙文書のおかげで、紙が六〇〇年の間にたどった変遷を目の当たりにできる」。カラバツェクは資料を丹念に調べ、エジプトで紙がパピルス紙にいつ頃取って代わったかを割り出した。また、水力を利用した製紙所は「紛れもなくアラブ人の発明」による技術革新であり、「ヨーロッパはそれが自分たちの手柄だという説を撤回し、革新者の座をイスラム世界に譲るべき」だと主張した。

カラバツェクがこの調査を行なっていた頃、彼より年少のジェローム・ウィーズナー博士が、同じ文書の一部を顕微鏡で調べ、化学分析にかけていた。一九〇三年、ふたりの研究成果を読んだオックスフォード大学の著名な学者は、これらの研究が「紙という材料についてのこれまでで最も疑いの余地がない見解のひとつであり、紙の歴史はこのふたりのオーストリア人によって根本的に覆された」と結論づけた。「ぼろ布でできた紙を発明したのは誰か?」という控えめなタイトルの論文を執筆したA・F・ルドルフ・ヘルンレはウィーズナーの結論を全面的に支持し、ウィーンのコレクションの「紙はすべて」ぼろ布でできていること、そして「そのぼろ布は、ほぼすべて亜麻である」との見解に賛同している。

さらにウィーズナーは、調べたすべての紙（特に古いものは、八七四年の手紙、九〇〇年の契約書、九〇九年の領収書など）が、デンプン糊で「サイジング［パルプにコロイド物質を加えて紙繊維の表面や隙間を覆い、液体やインクがにじまないようにする操作］」され、しかもそのデンプン粉は「厚く塗られて」いることを発見した。「当時のサイジングの目的は現在と同じように紙を書写に適した材料にすること、デンプン粉を厚く塗る目的は品質を高めることであった」と、ヘルンレは記している。「したがって、九世紀か一〇世紀、あるいはもっと早く八世紀の終わり頃にはすでに、アラブ人は亜麻のぼろ布から網状の漉簀で紙をつくり、デンプンでサイジングして仕上げる技術、すなわちヨーロッパで近代の製紙機械が発明されるまで行なわれていたままの技術を確立していたのだ」

ここまで説得力のある証拠を目の前に突き付けられれば、紙の歴史を研究するヨーロッパの学者たちも、それまでの主張を再考せざるを得なかった。しかしイスラム世界に関する考察が不足していたことから、彼らのアプローチの大部分は、紙の伝播の途中経過がまったく抜け落ちたものとなった。この空白を埋めるための試みとして、紙の歴史ではなくイスラムの美術、建築、カリグラフィーを専門とするアメリカ人研究者が、方向性を同じくするふたつの並行的アプローチを進めている。ひとつは関連領域で入手可能な資料をもとに推定していく方法、もうひとつは常識的な感覚を当てはめていく方法である。この研究者、ジョナサン・M・ブルームは、二〇〇〇年から妻のシーラ・S・ブレアとともに、ボストン大学でイスラムとアジアの美術を教える講座を受け持っている。ひとつの講座を共同で担当するのはめずらしいが、この立場を活用して、夫妻は交互に講義しながら、独立した研究者と著述家としてのそれぞれの目的を追究している。ふたりの関係が始まったのは一九七〇年代、どちらもハーバード大学で美術および中東研究者として博士課程に在籍していた頃だ。これまで単著、共著で本を出版しており、二〇〇一年には、PBS（公共放送サービス）が『イスラム――信仰の帝国』というタイトルで放映した三部作のテレビドキュメンタリーの監修を務めた。

「シーラも私も、イスラム美術やイスラム建築の歴史については、大変な苦労をしながら研究してきた。だから興味は必然的に、人はどのように物事を知るのかという問題に向かったんだよ」と、ニューハンプシャー州南部にある夫妻の自宅を訪問した私にブルームは語ってくれた。「人はみな、影響ということを常々話題にする。病気か何かにかかったかのように、ちょっと影響を受けている、と。だから私はだんだんと、人は実際のところどんな手段で学ぶのかということに興味をかき立てられるようになった。設計図のこともしょっちゅう話題にのぼる――一枚も現存しないときでさえ。となれば、紙の驚くべき影響について考えないわけにはいかない。あれほど壮大な建築物の完成に、紙が重要な役割を果たさなかったわけがないんだから」

ブルームはインドのタージ・マハルを例に挙げた。一七世紀中頃に二〇年かけて建設され、歴史上最も美しい建築物のひとつとして知られるタージ・マハルは、その精神も作品も隠喩と寓意に満ちていることは誰の目にも明らかで、いかなる点においても凡庸でも散文的でもない。ムガル帝国の皇帝シャー・ジャハーンが、亡くなった妻ムムターズ・マハルの霊廟を建設するため集めた建築家、工芸家、カリグラファーの集団の総力を結集させるためには、詳細な設計図が作成されたに違いないのだが、まったく残っていない。「彼らが紙なしであれだけのことを成し遂げたとは考えられない」と、ブルームは言う。「作品の背景を考えれば、きわめて綿密に設計されたはずだが、それは紙を使わなければできない。設計者は図案を考え、紙に描いて設計図を作成し、それを建築家に渡したんだ。それ以外の方法は考えられない」

ブルームは中東の歴史を知るほど、彼と妻が研究してきたどんな美術様式でもほぼ例外なく、制作の過程では段階的な計画を必要としたはずであり、それは紙がなくてはできなかったはずだと確信するようになった。だが、創作のプロセスにおいて絶対不可欠な段階だと彼が考えた行為、すなわち覚え書きが行なわれたという証拠は何も出てこなかった。数世紀後の西洋の人々は熱心に覚え書きを残したというのに、である。そこで彼は、既存の資料から情報を集めることにした。そのうちに、そこにどんな物語があったのか、輪郭が見え始めてきた。「私はあまり細かく分析するのが得意なタイプの歴史家ではないが、どうして今まで誰もこういうことに注目しなかったのか不思議で仕方なかったよ。実に奇妙なのに」。

ブルームの著書『印刷技術誕生以前の紙――イスラム世界における紙の歴史と影響 *Paper Before Print: The History and Impact of Paper in the Islamic World*』は、二〇〇一年にイェール大学出版局から出版されている。

そんな話をしていたとき、夫と同じくカリグラフィーと金石学《きんせきがく》（石に刻まれた文を研究する学問）を専門とするシーラ・ブレアが、次のように説明してくれた。「イスラム世界では――東洋では一二世紀、西洋では一四世紀以後には確実に――あらゆることが紙に書かれていたのよ」。ブルームはシーラの言葉を受けて話を続けた。「イスラム世界では宗教的な必要性から紙が使われるようになったというのは大きな誤解だよ。紙が使われ始めたのは、バグダードを首都としたアッバース朝が領土を拡大した頃からだ。アッバース朝は現在のイラクから大西洋岸、そして中央アジアまで支配した。それだけ大きな帝国の行政には、膨大な種類の書類が必要になる。紙はそれに最適だった」

また、シルクロードについても鋭い考察をめぐらせた著作をもつブレアは、紙はほかのどんな記録媒体よりも「ずっと軽く」、長い旅路でもずっと運びやすいと付け加えた。「紙の利点はまだある。羊皮紙に書いたことは消して書き直すことができるが、紙に書いたことは書き直せない。たとえば、税金の書類が羊皮紙に書かれていた場合は、インクを削り取って文字を書き換えることができてしまう。でも、インクが染み込む紙の場合は書き直すことができない。今でこそ鉛筆や消せるインクがあるが、オスマン帝国の官僚社会では、まさに『消せない』という理由から紙が採用されたんだ」。ブルームは、イスラム世界から西洋に伝わった製紙用語が「リーム（ream）」（日本語では連《れん》）だけなのは興味深いと言う。リーム（連）は紙を数える単位で、だいたい五〇〇枚を意味するそうだ［日本では一連が一〇〇〇枚だが、アメリカでは約五〇〇枚］。「語源はアラビア語の risma つまり『一束』という意味の言葉だ。スペイン語の resma、古いフランス語の reyme から英語に入った。だが、これだけだ。ほかにアラビア語由来の言葉はない。あの地域の製紙業の伝統に関する記録は、それほど少ないんだ」

だが、ブルームを紙の研究に駆り立てたのは、記憶と筆記というふたつの概念である。彼の論文によると、「イスラムの国々では紙が入ってきてから印刷が始まるまでにかなり長い時間がかかっている。このことから、人間の歴史のなかで紙そのものが媒体としていかに大きな意味をもっているかがわかる」。紙が伝わるやいなや、すぐに印刷技術を発明したヨーロッパ人とは異なり、アラブ人は文字を複製する印刷という方法を明らかに軽蔑し、数百年もの間断固として退け続けたのである。イスラム世界が中世以後、なぜ技術的発展においてヨーロッパに後れを取ったのかは、歴史家を何世紀にもわたって悩ませ続けてきた疑問だが、アラブ世界が印刷技術の導入に抵抗したことがヨーロッパとの地位の逆転にどれほど重大な役割を果たしたかということも、決してこの問題の中心から大きくかけ離れていない。

一般に、イスラム黄金時代とは八世紀から一三世紀まで、アッバース朝のカリフによって首都に定められたバグダードが、チンギス・ハン治世下のモンゴル帝国時代に最盛期を迎え、その後にオスマン帝国に支配される頃までの時代を指す。ヨーロッパで金属の活字が発明されたのは一四五〇年代、ちょうどコンスタンティノープルがオスマン軍の猛攻によって陥落した頃のことである。このとき、ビザンツ帝国のキリスト教神学者たちが、蒐集した大事な写本を持ってイタリアに押しよせ、多くはヴェネチアに向かった。この都市には、同世紀の終わりにかけて印刷所を設立したアルドゥス・マヌティウスがいて、のちにギリシア語学習の道を開くことになる。ルネサンス最盛期になると、印刷技術によって知識の普及が促進された。このことについては、エリザベス・アイゼンステインがその過程を綿密な考察とともに解き明かした権威的著作『印刷革命 *The Printing Press as an Agent of Change*』［みすず書房、二〇〇一年］にくわしく書かれている。印刷技術は、ヨーロッパがのちにオスマン帝国に代わって世界の覇者となるうえで大きな役割を果たしたのである。

ブルームは、イスラム教の権力者たちが、あれほどの長期にわたって印刷技術に抵抗した理由と考えられるものをふたつ挙げた。「最も大きな理由は、イスラム教社会では書写という行為が深く尊敬され、崇められていたことだ。これはコーランの役割とも関係がある」。「イスラム教徒たちは、神からの啓示を書くという行為そのものを崇めた。書くことは神から人類に与えられた贈り物だ。だから、コーランの言葉を実際に〝書き写す〟のは祝福された行為であり、コーラン以外の文章であっても、書き写すという行為はことごとく祝福された行為となった。美しく書くということも重視された。ただ書けばいいというわけではない。美しく書くのが大切だ。だから、イスラム社会ではカリグラフィーや美しい文字を書くことがヨーロッパよりはるかに重要視される。書写はあらゆる場所で芸術の一様式として尊ばれる。印刷は、神から祝福された行為を機械に侵害させるようなものだ。そんなことは受け入れられない」。イスラム教徒は、印刷技術を侮辱的な行為と感じたため、一四八一年から一五二〇年にかけてオスマン帝国を統治したバヤズィト二世とセリム一世は、アラビア語とトルコ語の印刷を一切禁止する法律を布告したほどだった。この禁止令の効力はその後三〇〇年間続いた。

一方、十字軍遠征の最盛期に、イスラム教徒がスペインおよびシチリアを征服したことをきっかけに、紙は少しずつヨーロッパに伝わり始めた。当時、キリスト教徒とイスラム教徒の関係は緊張状態にあり、ヨーロッパでは少しでも「異教徒の」影響を感じさせるものが広まることに対して強い抵抗があった。紙に書かれた文書として最も古いのは一一〇二年のシチリア国王ルッジェーロ二世の証文であり、この新しい筆写材はシチリア島で確かに公的な役割を果たしていた。だが、シチリア国王フェデリーコ一世（神聖ローマ皇帝フリードリヒ二世）は一二三一年、すべての公式文書を羊皮紙により作成するよう命令する条項をメルフィ法典に盛り込んだ。おそらく、動物の皮からできた羊皮紙のほうが耐久性が高いと考えたのだろう。だが、このような法律が発布されたということは、紙は当時すでに、範囲は限られていたかもしれないが公式文書に用いられていたと考えられる。フリードリヒ二世ほどではなかったものの、同じぐらい紙を軽視していたのが、同時代のスペインのカスティーリャ王国国王アルフォンソ一〇世だ。在位期間を通じて

「賢王」「学者」として知られた王ではあったが、紙の使用についてはごく限られた分野にしか認めなかったのである。

私が本書を執筆するために訪ねた紙の博物館には必ず、世界に製紙技術が伝わった経路の地図が展示されていた。中国から始まり、東は朝鮮と日本へ、西はサマルカンド、バグダード、ダマスカス、カイロ、フェズ、そして地中海を横断してヨーロッパへと、文化を越えて二方向に伝わっていった過程を描くロードマップのようなものだ。ヨーロッパの伝播経路はとても詳細に描かれており、ほとんどの地域でかなり細かく、何年に伝わったのかまでが特定されているが、近年の学術研究によると若干修正されるべき点もある。スペインに紙が伝わったのは一〇五六年と考えられていたが、これはダード・ハンターが提唱した時期より一世紀早い。イタリアでは一二三五年とされていたが、おそらく同じ一三世紀でも、もう少し早い時期に伝わったと考えられている。フランスは一三四八年、オーストリアは一三五六年、ドイツは一三九一年、スイスは一四一一年、フランドル地方は一四〇五年、ポーランドは一四九一年、イギリスは一四九四年、ボヘミアは一四九九年、ハンガリーは一五四六年、ロシアは一五七六年、オランダは一五八六年、スコットランドは一五九一年、デンマークは一六三五年、ノルウェーと北米は一六九〇年、オーストラリアは一八一八年。製紙技術は国から国に、都市から都市に、作業所から作業所に伝わっていった。歴史研究の世界で〝ドミノ効果〟といわれる典型的な事例である。

イベリア半島の製紙所に関する最初の具体的な記述は、一〇五六年にさかのぼる。バレンシア南西部のシャティバという、土地の亜麻から織られる良質なリネンで知られる町の近くに存在した製紙所に関する記述だ。そこで最初の紙がどのように製造されたのか、正確には想像に頼るしかないが、現存する古紙の分析から、繊維はぼろ布であり、それを水力ピストンの力で、またはスタンパーと呼ばれるはねハンマーを使って石の水槽のなかで紙料にしたと、ヨーゼフ・フォン・カラバツェクは推定している。だが、これを裏付ける確かな証拠はない。

西洋のなかでもフランスに関しては、第二回十字軍で捕虜とされたフランス人兵士がダマスカスの製紙所へ連れていかれ、労働に従事させられたのち、一一五七年に無事帰郷して製紙業を興したという想像力を刺激する逸話が伝わっているだけで、それ以外に製紙業の伝播に関する記録がない。おもしろい話ではあるが、この話が長く親しまれている唯一の理由は、製紙業を興した兵士がジャン・モンゴルフィエだと考えられているからだ。彼の数世代後の子孫が製紙業で名を上げ、有人飛行の先駆者にもなったモンゴルフィエ兄弟なのである。ジョゼフ＝ミシェル・モンゴルフィエとジャック＝エティエンヌ・モンゴルフィエ兄弟が、一七八三年に世界で初めて有人熱気球を組み立てたとき、麻布の気嚢《きのう》の裏側に、ヴィダロンの自分たちの製紙所でつくった薄い紙を三層重ねて貼ったという史実は有名だ。だが、モンゴルフィエ兄弟の製紙所の創業は一三四八年である。彼らの子孫の会社、カンソン&モンゴルフィエは、今でもフランスで良質な紙を製造している。ちなみに会社のロゴには熱気球のデザインがかたどられている。

逸話が本当かどうかの詮索はさておき、モンゴルフィエの話から浮かび上がるのは、人は何度も文化を越え、地理的な境界線を越え、他者から技術を学んできたという否定できない事実である。中国人は、これまで見てきたように、朝鮮人や日本人、そしてアラブ人に製紙技術を伝え、アラブ人はその技術をスペインやイタリアに伝えた。さらにドイツ人の事業家ウルマン・シュトローマーが、イタリアからマルコとフランシスコ・ディ・マルチア兄弟を連れて帰り、アルプスの北のニュルンベルクに最初の製紙所を設立したのが一三九〇年だった。シュトローマーが建設した当時の製紙所の絵は、今日でも見ることができる。一四九三年に出版されたハルトマン・シェーデルの『ニュルンベルク・クロニクル *Liber Chronicarum*』に、見開き二ページの木版画で描かれたものがそれだ。製紙所は中世の都市の壁の外側にあり、上から流れ落ちてくる川の水が水車をまわしている。

この絵とは別に、シュトローマーが製紙業に関して書いた細かいメモが残っているおかげで、私たちは当時の状況を詳細に知ることができる。たとえば事業日誌からは、中世の製紙所の日々の作業について、ほかの資料では読めないような実情を垣間見られる。必要な設備の設置、水利権の交渉、原材料の確保をはじめ、特に興味深いのは、往々にして手に負えない労働者をどのように扱ったのかに関する記述だ。わけてもイタリアから連れてきた兄弟は悩みの種であり、間もなく彼らはシュトローマーに対して、製紙所の賃貸料だけを払い、労働者を自分たちで自由に選べるようにする権利を要求した。

シュトローマーはこれに対し、雇う前にすべての労働者に唱えさせていた法的宣言の内容を引き合いに出して応戦した。イタリア人兄弟のどちらにも「聖人たちの名にかけて、ロンバルディアの山々を越えてきたこのドイツでは、どこに居ようとも、雇い主とその後継者以外の

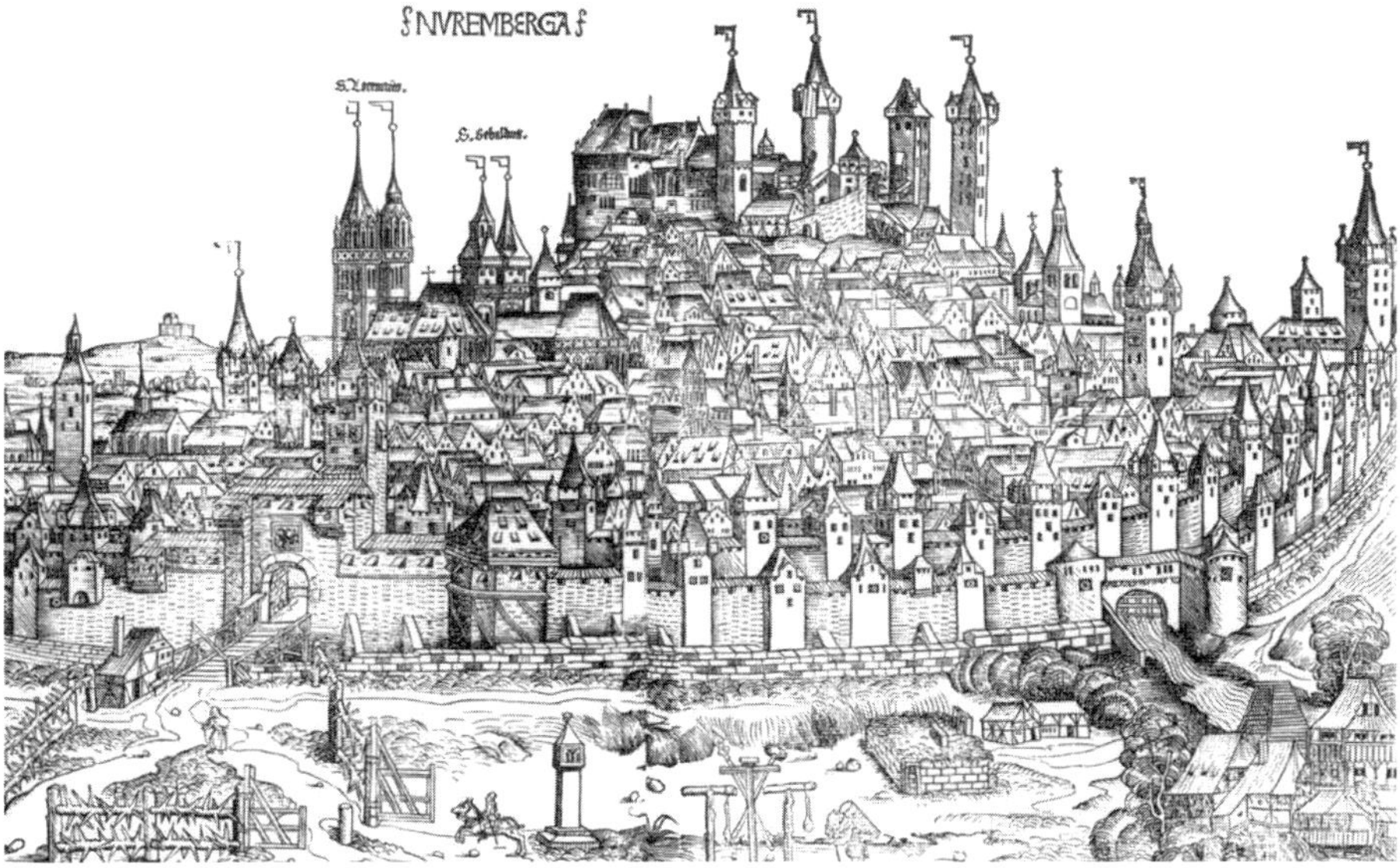

ニュルンベルクの町。右下にウルマン・シュトローマーの製紙所が描かれている。1493年の『ニュルンベルク・クロニクル』より。

何者のためにも紙をつくらず、何者にも製紙方法を教えない。また、方法はどうあれ、イタリアから人を呼んで、その者にドイツで紙をつくるよう指示し、忠告し、助言し、支援し、指導するようなことは一切しない」と宣言させていたのだ。このほかにもシュトローマーは、イタリア人を雇った「最初の年に」彼らが「どれほど反抗的」だったかを書き残している。最初に据え付けたふたつの水車で、一八台の叩解機をフル稼働させたのだが、それでも生産能力が追いつかずに三つ目の水車を設置しようとすると、イタリア人たちはそれを拒否してシュトローマーの仕事を「妨害した」のである。「ロンバルディアの向こうから、もっと熟練した労働者を呼ばせるつもりらしいが、そんなことはしたくない」。結局、合意に達しなかったため、シュトローマーはイタリア人たちを拘束し「小さな部屋に」四日間閉じこめた。それでようやく彼らは要求を取り下げたのだった。

　この騒動の背景には、見逃せない要因がある。熟練職人が適切な紙料を準備するには、常に繊維を確保しなければならなかったという点だ。そしてこれこそが、製紙業者たちをその後五〇〇年にわたって悩ませ続けた問題だった。産業革命以前の時代にも、シュトローマーが日誌で強調しているように企業秘密はあった。だが、時を経るにつれて基本的な製紙工程にはほとんど差がなくなっていき、どの程度の巧妙な細工を凝らすかの違いだけになった。アラビアの最初の製紙職人は、紙料にするぼろ布をまず水に浸けて醗酵させ、木灰《きばい》で何度もゆでてすすいだと考えられている。それを石や木槌、乳鉢と乳棒で叩いてほぐしたのは、ほぼ間違いない。中国人に教えられた通りの方法だ。のちには足踏み式のはねハンマーが使われるようになった。

アラブ人がスペインやイタリアに製紙技術を伝えた頃には、すでに水力式のスタンパーが使われていたのではないかとカラバツェクは考えているが、それは憶測にすぎない。動物たちに石臼を引かせている地域もあったし、オランダでは風車が使われていた。一三世紀には、ファブリアーノでサイジング剤にゼラチンが使われるようになった。これはおそらく地元のなめし革工場から手に入れたと思われる動物の皮、角、ひづめ、骨から煮出した、タンパク質が豊富な添加剤である。これをサイジングに用いると、紙の表面を硬く不透明にして、羽根ペンで書くのに申し分ない書写材に仕上げることができた。

一七世紀の終わり頃、実際的なオランダ人が、繊維を細かくほぐす速度を上げるために機械式の処理機を開発し、それによってこの工程の速度が一〇倍になった。今日では「ホレンダービーター」の名で知られるこの独創的な装置は、長方形の金属製の刃を回転軸に取り付け、やわらかくしたぼろ布を楕円形の水槽に入れて、上から回転する刃を押しつけながら細かく切り刻んで紙料にする。昔の手動式の芝刈り機で草を刈るのと、ちょうど同じ要領である。一〇〇年後、イギリスの製紙業者ジェームズ・ワットマンが、漉具に取り付ける真鍮製の細かい織り目のカバーを開発した。このカバーを取り付けた漉具で紙を漉くと、濡れた紙葉に簀の目の跡が残らず、それまでよりずっと紙の表面がなめらかになる。この紙はたちまち印刷業者や地図作成者、画家の間でもてはやされるようになった。

『ニュルンベルク・クロニクル』の絵にあるシュトローマーの製紙所は、建物の外部しか描かれていないが、内部の配置は、ヨースト・アマンによる木版画とさほど違わなかったと思われる。アマンはニュルンベルクの画家であり、当時のさまざまな商業のようすを描いた一連の絵で有名だ。彼の絵により、一六世紀の製紙所における工程全体がわかる。ふたつの裏窓の外に、木製のスタンパーを動かす木製の水車が見え、建物内では漉き工が手際よく漉具を槽に浸け、剥がし工が紙葉の山を乾かすために別の部屋に運んでいく。背後では、スクリュー式の圧搾機が余分な水分を絞り出している。描かれていないのは、濡れた紙葉をフェルトのマットの上に伏せる工程だけだ。一九世紀の初期に製紙機械が導入されるまで、基本的な工程はこのままだった。

この間ずっと、繊維を求めて激しい競争が繰り広げられた。廃棄された織物を再利用するという考えを、ヨーロッパ人がアラブ人から引き継いだのか独自に考案したのかは「全体像」から見れば些細なことにすぎないと、

ヨースト・アマンの『西洋職人づくし』に描かれた中世ドイツの製紙所。1568年。

中世の科学技術に関する権威であるリン・ホワイト・ジュニアは「思いがけない顚末」をテーマにした一九七四年の論文で書いている。ヨーロッパでは、一四世紀に紡ぎ車が登場したことによって、リネンのシャツ、下着、ベッドリネン、タオルの生産量が著しく増加したとホワイトは指摘する。ここまでは、この技術革新の展開として予想できた。予想もしなかったのは、突然、リネンのぼろ布が大量に出るようになり、その結果として、新たに確立された製紙産業で紙の生産量が増加して価格が低下し、消費が拡大したことだった。「一二八〇年のボローニャでは、紙は羊皮紙の六分の一の値段で手に入った」ことがわかっており、この状況がドイツの金細工商ヨハネス・グーテンベルクを焚きつける動機になったのは間違いない。グーテンベルクは「機械的に筆記する方法を実験し、その方法が見つかればそれを商売にするため大々的に資本をつぎ込もうと考えていた。グーテンベルクはそれを成し遂げた。成功の糸口となったのは、紡ぎ車だったのである」

一四五〇年代に登場した印刷術は、およそ五〇年のうちにヨーロッパ中に広まり、推定によれば一五〇〇年までに二〇〇〇万巻もの印刷物がつくられた。このため、紙に対する需要がかつてなかったほど増大し、ぼろ布に

対する需要もとめどなく膨れ上がった。荷車を引き、ぼろ布を求めて歩きまわる行商人たちの物語は無数にあり、彼らの行商の旅は、二〇世紀に入ってもまだ続いた。こうしたヨーロッパの製紙業の萌芽期においてイギリスは、羊毛の毛織物の産地としては他の追随を許さなかったものの、リネンの生産国としては劣勢にあった。そのため、一六世紀後半まで製紙業がなかなか確立されず、一七世紀の終わり頃まで、イギリス、スコットランド、ウェールズ、アイルランドの印刷業は、イタリア、フランス、ドイツ、オランダからの外国人技術者を頼りにしていた。イギリスが初めて製紙業で長期にわたる成功を収めたのは、一五八八年（サー・フランシス・ドレークの勇猛果敢な艦隊がスペインのアルマダの海戦で勝利した年）に女王エリザベス一世の宝石商であったジョン・スピルマンがダートフォードの小麦製粉機を改造し、故国のドイツから職人たちを連れてきて、きめ細かい真っ白な紙を製造するようになってからであった。

その間にも、繊維を確保するための競争は何の規制も基準も設けられないまま続いていた。一六三六年から一六三八年にかけてイギリスの大半の地域で猛威を振るった伝染病は、大陸から輸入されてきたぼろ布を介して国内に入り込んだ病原菌が原因だったと噂された。ぼろ布の供給量減少と質の低下に多少なりとも対応するため、イギリス議会は一六六六年から一六八〇年にかけて「羊毛織物埋葬法（Burial in Woollen Acts）」という一連の法案を可決した。この法律により、親類縁者が死亡したとき（伝染病の犠牲者は除外した点に注意したい）は必ずイギリス製の純羊毛の織物に包んで葬ることが義務づけられたのである。法律の定めに従ったことを治安判事の前で宣誓しなければならず、違反すれば五ポンドの罰金を課された。一六六六年に可決された法案の条文はきわめて具体的で、「いかなる者も亜麻、麻、絹、羊毛以外の獣毛、金糸や銀糸、あるいは純羊毛以外のもので織られたか、これらを混紡したシャツ、スリップまたはシーツに包んで埋葬してはならない」とあり、その理由は「海外からリネンの輸入を減らし、イギリス王国における毛織物産業および製紙業の発展を奨励する」ためだった。実際にはさほど遵守を強要されたわけではなかったが、この法律は一八一五年に正式に撤廃されるまで有効だった。

一七世紀の文学で、ぼろ布について語っているものがいくつかあるのは注目に値する。劇作家のトマス・デッカーとジョージ・ウィルキンスは、一六〇七年に発表した随筆のなかで、ある作家の作品を酷評している。この作家が怒りと憎しみにとらわれすぎているというのだが、その作品を印刷する紙は「疫病をはやらせた排水溝の水で染め、伝染病で死んだ不潔な物乞いの体を包んでいた、汚れ放題のリネンのぼろ布を材料にしてつくった」ものがふさわしいとまで言っている。一六四一年に王室の賓《ひん》客《きゃく》を前に演じられた劇『守護者 The Guardian』では、脚本を書いた詩人エイブラハム・カウリーが登場人物のひとりに、別の登場人物に対してこんな台詞《せりふ》を言わせている。「あいつの半ズボンも帽子も私が与えたものだ。それまでは、紙工場行きのぼろ布をまとっていたのさ」

CARTIERA OVERO PISTOGIO CHE
PESTA LE STRAZZE PER FAR LA CARTA.

紙料をつくる叩解機が初めて描かれた図。ヴィットリオ・ゾンカの『新しい機械と建築の図鑑 Novo Teatro di Machine et Edificii』より、1607年。

一八七三年、一時はドイツと米国で製紙業を経営し、『紙の製造に関する実務の研究 *A practical treatise on the manufacture of paper*』という書物を執筆したカール・ホフマンは、その序文のなかで、紙は「現在、それこそ無数の原料からつくられていて、そのすべてをここに挙げることなどできない」と述べている。だが、最上質紙をつくることができる材料はひとつしかない。その材料の「王様とは、やはりぼろ布だ！」と、ホフマンは短い言葉で断言している。

こうした風潮は、一九世紀の教育家ヘンリー・バーナードによる、米国の富と影響の歴史を概観した著作にも反映されている。製紙技術が長足の進歩を遂げても、製紙産業がよりよい製品をつくるための原料として圧倒的に頼りにしていたのはリネンのくずであり、それを大量に供給していたのは、みすぼらしい身なりで、大胆に目ざとくぼろを集めて歩く集団だった。「格別に美的でも清潔でもなかったが、この熱心なシフォニア（chiffonier）たちは、ありとあらゆるごみ箱や、排水溝や、街じゅうからごみくずを掃き集め、そのなかからどんなぼろ切れや反古紙も見逃さずに拾い上げ、それを注意深く分類して、紙原料の取り引き業者に売った」と、バーナードは書いている。この「シフォニア」という単語は、フランス語で「ぼろ集め」を意味すると同時に「ごみ漁り」の婉曲な表現であり、この生業がなくなってからはアメリカの英語の語彙からも消えたが、かつての都市生活の実に生々しい現実を映し出す単語であった。

一八八七年のある雑誌には、R・R・バウカー・カンパニーという出版社の創業者であり、雑誌『ハーパース・ニュー・マンスリー・マガジン』の編集者を数年間務めたリチャード・ロジャース・バウカーが、「一枚の紙を始まりから終わりまで」追いかけるという趣旨のもと、アメリカの「近代的な製紙工場」を見学してすぐにその訪問記を寄稿している。丸太からパルプをつくる時代が目前に迫り、それによって製紙産業が一大転換を遂げようとはしていたが、古い習慣も依然として根強く残っているように思われた時期だ。「もしこの技術で、本誌を印刷している紙と同じぐらい高品質の紙ができるのなら――、ほかの技術は、それこそぼろ布のように着古されて終わる時代が来る」と、バウカーは書いている(『ハーパース』は当時の最高の雑誌のひとつだった)。

原料の供給を別の製品の廃棄物に頼らなければならず、ヨーロッパでも北米でもぼろ布の供給は常に不安定であったという業界独特の事情から、ぼろ布に代わる繊維を見つけるための試行錯誤は絶え間なく続けられていた。製紙業に関する文献として最も重要な著作のひとつは、ヤーコブ・クリスティアン・シェーファーによる一八世紀の記録である。そのなかでシェーファーは、通常の製紙工程では使われない植物の繊維を使った実験について記している。繊維材料を幅広く探そうとした先例のない試みとして、ダード・ハンターも称えているシェーファーの画期的な労作は、一七六五年から一七七一年にかけて六巻本として刊行された。ドイツ語の長いタイトルを意訳すると『ぼろ布を使わずに紙をつくった実験記』となる。

ドイツ語で書かれてはいたが、シェーファーはこの著作をイギリス国王ジョージ三世に捧げている。ジョージ三世は、英国王立協会の科学研究を生涯にわたり後援したパトロンであり、シェーファーはその前年に王立協会の会員に選任されていたからである。記述も重要ではあるが(ハンターもその意義深さを高く評価し、原著から翻訳した長文を自身の著作に引用している)、同じぐらい重要なのはシェーファーの正確な挿し絵と、各巻に惜しみなく綴じ込まれた紙の見本である。それほどの力作なのだ。実験に用いられた繊維は八七種類で、いくつか例を挙げると、ワタスゲ、クロポプラの種子の冠毛、木のコケ、ホップの巻きひげ、ブドウの蔓《つる》の粗皮、アロエの葉、ニセホウレンソウ、キャベツの茎、ミズゴケ、スズランの葉、ゼニアオイ、ヤマホウレンソウ、松かさ、クルミ、チューリップ、ガマ、アザミ、トウモロコシの皮、ヒトツバエニシダ、ジャガイモの皮など、いずれもバイエルンの都市レーゲンスブルクに住んでいたシェーファーの自宅の庭で育った草木や、近隣の野原から集めた植物であった。

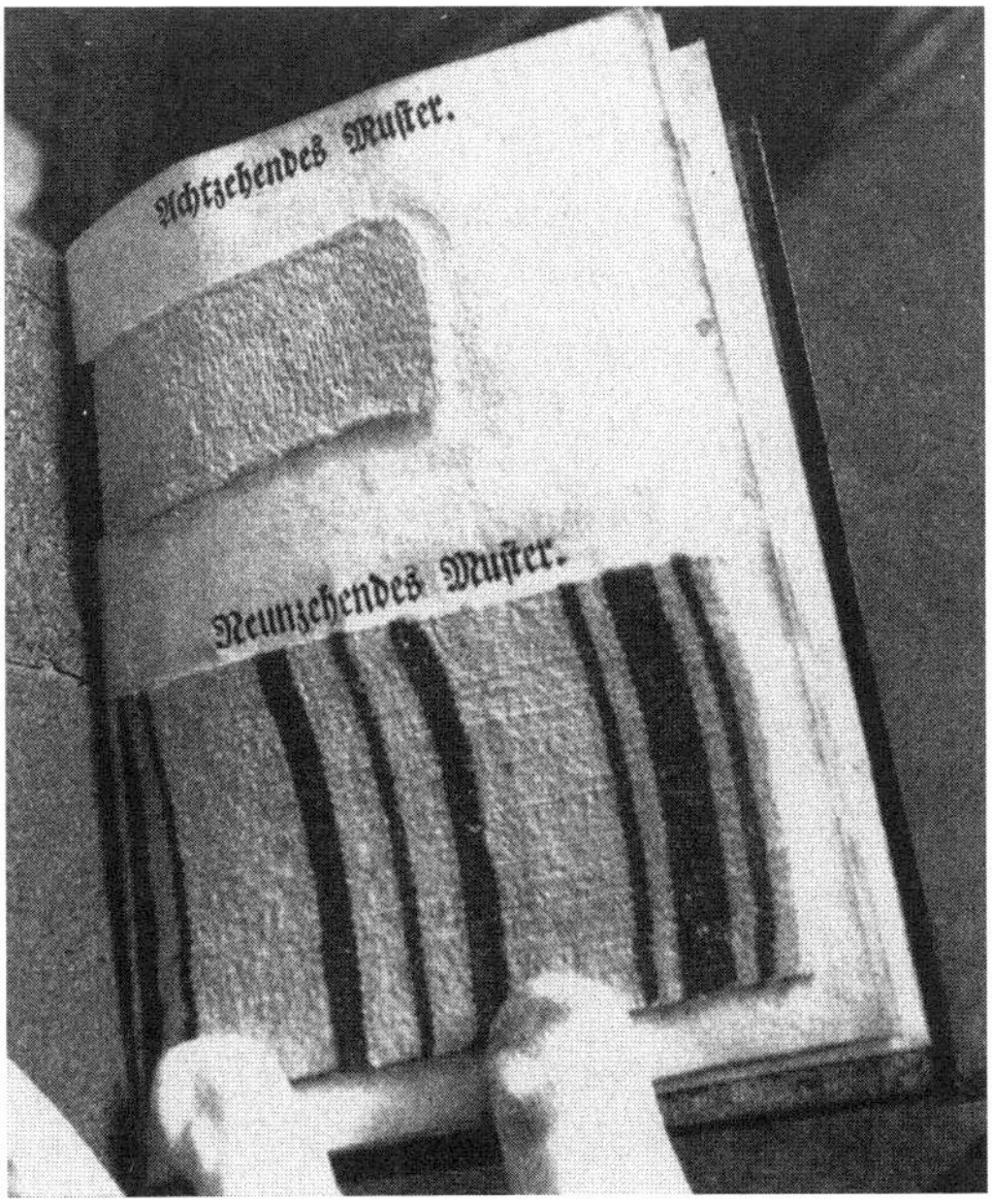

ヤーコブ・クリスティアン・シェーファーがさまざまな繊維から紙をつくった18世紀の実験の記録。手漉き紙の見本数枚が綴じ込まれたページを開いたところ（ダート・ハンターの私的コレクションから）。

シェーファーが紙をつくったのは漂白剤が発明される一七七四年より前だったため、いずれの紙見本も原材料本来の色を呈している。また、彼自身が集めたスズメバチの巣からつくられた材料見本も綴じられていることからわかるように、シェーファーは、フランス人物理学者にして昆虫学者であり、博物学者でもあるルネ＝アントワーヌ・フェルショー・ド・レオミュールの先駆的な研究成果を知っていた。飛んでいるスズメバチの巣づくり行動を観察した一七一九年のレオミュールの研究が、最終的には、木材を砕いたパルプを材料とする紙の製造に結び付いたのだ。シェーファーは実験の準備として、まず集めた植物材料をナイフで刻み、小型のスタンパーのセットを使って刻んだ材料をふやかし、均一な紙料にした。その工程は想像力豊かな口絵に描かれて本の扉を飾り、さらには本のなかの一ページにも再登場している。

「私は、すべての実験を最初から最後まで自宅で行なうことにした」とシェーファーは記している。実験が楽しくて仕方がなかった彼は、その後数年間、実験を「毎年の冬の仕事」と決めて継続した。「すべてが思った以上にうまくいき、実に快い満足感に満たされた。短期間のうちに、しっかりとした新しい種類の紙をつくることができたのだから」。ただし実験の結果に喜びはしたもものの、シェーファーは素人の道楽として実験したのであり、そこから得た知識を商売にすることには興味がなかった。先達のレオミュールと同じく、彼は方法を示せたことに満足して、あとは他の人が先例を追うに任せたのである。

紙原料を探求する実験を行なった人物がもうひとりいる。マティアス・クープスは、ポメラニア（元ドイツ北東部の州）出身の起業家であり、若い頃はヨーロッパ大陸で軍務に就いていた。一七九〇年にイギリスに帰化した彼は、商品として販売できる品質の紙をリネンや綿のぼろ布に頼らず生産することに将来性を見出した。クープスの初期の努力は、一八〇〇年に出版された『出来事の記録や思想の伝達に用いられてきたものに関する歴史的考察、太古から紙が発明されるまで *Historical Account of the Substances Which Have Been Used to Describe Events, and to Convey Ideas, from the Earliest Date to the Invention of Paper*』と題した九二ページの冊子として結実した。一見すると書写材の歴史を概観した書籍であったが、実は投資家を募るための活動だった。クープスもシェーファーをまねて、この本にジョージ三世に対する大仰な献呈の辞を書き込んでいる。当時、その治世はすでに一七六〇年から四〇年間の長きにおよんでおり、その後一八二〇年まで在位したジョージ三世はイギリスで三番目に長く在位した王となった。

王への献辞で、クープスはすでに王立特許庁から与えられていたいくつかの特許への感謝を述べている。そのひとつは、反古紙からインクを取り除いて筆記と印刷に「適した」白い紙に再生する技術であり、ほかにふたつの特許が、「ワラ、干し草、アザミ、麻と亜麻のぼろ布とくず、数種類の木材と樹皮から紙を製造する技術」に与えられていた。タイトルのページで、クープスは決してある種の理念を論じようとしているのではなく、すでにバーモンジーのネッキンガー村で本格的に操業している製紙所を拡張するために多くの支援を求めているのだと明記している。読者が今まさに手にしているこの本こそ「ワラだけでつくられた最初の実用的な紙に印刷された」というわけだ。本文に移ると、クープスがそうした試みによって事業を興したのは、ぼろ布の不足により紙の製造がままならなくなっている現状に危機感を抱いたからだと書かれている。「近年はヨーロッパ全土で紙という商品が極度に不足しているが、イギリスほど大きな被害をこうむっている国はない」。そして、「ぼろ布の供給不足による悪影響として、多くの製紙所で操業を停止せざるをえなくなっている」と続く。

新たな投資家たちから七万ポンドの出資を受けたクープスは、すぐにウェストミンスターのミルバンクにワラ紙を製造する新たな工場を設立した。その一年後に出版されたクープスの著作の第二版は反古紙を再生した紙に印刷された。これは、この種の紙として知られている最初のものだ。だが、出資金はすべて工場の建物と機械に使われてしまったため会社は間もなく倒産し、ぼろ布に代わって長く使われる材料を探求する試みは、同じ世紀のうちに別の人々によって達成されることになった。

クープスの著作もシェーファーと同じくなかなか稀少なもので、PDFファイルで読んだときも十二分に楽しませてもらったが、ホートン図書館で原本を手に取ったときの興奮は格別だった。黄色く、細かい砂のような肌合いのページは紛れもなくワラを思わせる。二〇〇年以上も経っているのは間違いないのに、まだ心地よい香り(刈ったばかりの草のようだと私は感じた)がすることに強い印象を受けた。私はその体験を長文の電子メールに書いて、イギリスのクリスティン・ハリソンに送った。ハリソンはヤーコブ・クリスティアン・シェーファーに関する博士論文を執筆した人物で、中国に行ったときの旅の仲間だ。自分でも紙をつくるハリソンは、返信にこう書いてきた。「自宅のラッパズイセンの葉が、今夜には紙になっていることでしょう。前回は海藻の紙をつくってみたの。とてもすてきよ。まだ海のにおいがするのよ!」

クープスの試みは、短期的には失敗として位置づけられたものかもしれないが、紙の製造工程の変革は可能であると証明するものであり、これを先駆けとして、イギリスでは産業革命が大輪の花を咲かせようとしていた。クープスのほかにも、製紙業の技術革新を試みた者がいた。その取り組みは、あるものはそれなりの成果をあげ、あるものは消えていった。紙料の大量生産を可能にしたホレンダービーターと同じように、紙づくりに大変革をもたらすと思われた機械もフランスで開発されたが、世に広く知られる前に事業が立ちゆかなくなり消えてしまった。

この機械は、現在は「フォードリニア」という名で知られる連続式抄紙《しょうし》機であり(この機械の発明に莫大な資金を投資した、イギリスの富豪にして文房具商だったシーリーとヘンリー・フォードリニア兄弟にちなんでそう名付けられた)、フランスで一七九九年に特許を取得したルイ＝ニコラ・ロベールという発明家の設計をもとに製作された。外観は、長い壁紙の製造に活躍しそうな機械である。当時のフランスでは、中国から華やかな色合いの壁紙が輸入されて、装飾的な壁紙が流行していたのだ。機械の原理については「現代のすべての製紙機に同じ原理が適用されている」と、ダード・ハンターは説明している。「編んだ金網」の上に繊維の層を保持して紙葉を形成し、余分な水は下から吸引するのである。

フランスでロベールを財政的に支援していた事業家、サン＝レジェ・ディドは、抄紙機製造の資金繰りに困窮し、その発明をイギリスに持ち込んだ。この機械に興味を示したのがフォードリニア兄弟である。彼らは試作品の製作に六万ポンドを投資した。この機械を使うときわめて上質の紙ができたが、何人もの債権者や権利譲受人との訴訟が果てしなく続いたことから、ついに事業は失敗に追い込まれ、それにつけ込んで、ほかの技術者たちが既存の特許権の使用料を払わずに機械を改良した。そして、長い巻紙を切らずに製造できる性能が、すぐに輪転機の開発に結び付き、間もなく新聞業界に革命を引き起こすことになる。

紙の製造が機械化され、化学薬品、木くずのパルプ、漂白剤の使用が広まるにつれて、紙づくりは手先の技を必要とする技術から流れ作業による製造業へと変化した。同時に、紙の品質そのものは著しく低下した。しかし近年は、かつてのような良質の紙を生産しようという盛り返しの機運が生まれ、長期間保存されても時間の試練に耐える高品質の紙が多く製造されるようになった。紙の製造を三〇年以上研究してきた図書館員であり、本の文化に関する歴史家でもあるジョン・ビドウェルが着目しているのは、紙づくりのロマンがほとんど消え失せて、ひとつの巨大産業への転換を遂げる基盤が調った時期だという。

「理屈のうえでは、紙そのものに注意が向くことはありません。あるとすれば、それは紙に何か問題があったときです」と、ジョン・ビドウェルは語ってくれた。ニューヨークのモルガン・ライブラリー＆ミュージアムで印刷本と製本の〈アスター学芸員〉を務める彼のオフィスを訪ねたときのことだ。「実に皮肉なことだとわかってはいますがね。ファイン・プリンティングの世界では、紙の肌合い、色合い、質感、濃厚なサイジングが施された紙特有のパリパリ感に注意が向きますが、商業出版印刷で紙自体に目が留まるとすれば、それは、そこに修正しなければならない問題があるということを意味します」。

ビドウェルは、ティモシー・バレットとともにバージニア大学（バージニア州シャーロッツビル）の稀覯書講習会（私が本書の執筆に当たって調査を始めた頃に受講した、一週間の実地体験型集中講座）の講師を務めている。この講座は、バレットが製紙工程のいわゆる美学的側面を担当し、ビドウェルが歴史を担当するという構成だ。

「ティムと私はいいペアだと思います。私たちは紙をまったく正反対の側面から見ていますからね」と、ビドウェルは言った。

「あなたがおっしゃるように、彼は手仕事に大きな関心を抱き、ファイン・プリンティングの世界に深く関わり、とびきりぜいたくな紙を追い求めます。逆に、私が興味を引かれるのは製紙業が工業化されていく過程なので、関心の対象となる時期は一七九〇年代から一八六〇年代ぐらいまでです。出版業には紙がつきものですが、工業化以前の紙は高価なものでした。工業化の時代は出版業全体の大きな移行期で、あらゆる種類のものがこの時期に入ってきたのです。蒸気印刷機、鉛版印刷、石版印刷といった新しい技術がすべて同じ時期に生まれ、製紙業自体が大きく変わりました。出版業者や物書きや印刷業者にとって、紙の費用は大きな関心事です。だから、『ティム・バレットはいい紙を追求し、私は悪い紙を追求する』という言い方をするときの悪い紙とは、工業化時代のコスト削減手段としての紙という意味です。私が興味を引かれる紙は、たとえば、初めて漂白剤が使われた紙です。見られたものではありません。かなり悪い紙です。ですが、私にはとても興味深いのです」

ビドウェルは、紙の歴史を研究するには、この媒体に対して、いくぶん純粋すぎるほど純粋な心持ちで対峙する必要があると言う。とりわけ白紙についてはそうだ。「印刷や活字の歴史に関心を抱くのなら、必ず視覚情報という手がかりがあります。ですが、紙の歴史となると、もっとずっととらえがたい平面と向き合わなければなりません。だからこそ、ダード・ハンターのような人々には、伝道活動とも言うべき熱意が必要だったのだと思います。彼らは、結局は媒体にすぎないものに人々の関心を向けさせるために、それこそ粉骨砕身の努力を重ねる必要がありました。紙は情報を運ぶ手段であって、それ自体がひとつの情報だとは思われていませんからね」

ビドウェルの専門が「悪い」紙だということを考えると――米国書誌学協会（Bibliographical Society of America）の元会長でもある彼は、私が会ったときには一六九〇年から一八三二年まで米国で操業していた製紙所を調べてまとめるプロジェクトに取り組んでいた――自分自身の原則を多少逸脱して、ある調査に同意したと言える。その調査とは、意匠を凝らした美装本などの出版物を手がけるイギリスの出版業者ジョン・ランドルが一九八六年にオックスフォード大学出版局から手に入れたものの、その後に印刷業から身を引いて業務を下請けに出すようになったため余ってしまった、大量の紙の調査である。「貴重な手工芸品がまさに路上に放り出されてしまったわけです」と、ビドウェルは言う。そこには、一九〇〇年から一九七〇年までに出版された本の残りものである、倉庫いっぱいの手漉き紙も交じっていた。紙の調査を依頼してきたウィッティングトン・プレスのオーナーであるランドルは、これらの紙の見本集を凸版印刷による限定版で刊行しようとしていて、「それぞれの見本について数行ずつ書くというのはどうだろうか」と、ビドウェルに相談していた。

「図書館員として、あのプロジェクトにはすっかり引き込まれましたよ。というのは、紙は全部白紙で、それぞれがどんな本に使われたのかを突き止めるのが私に与えられた課題だったんです。透かしでもあれば、図書館員にとっては腕の見せ所です。紙の厚さを測り、本の山を調べて『そう、この紙だ』と判定できるわけです。我ながら誇りに思える発見もしました。見本一枚に数行ずつ書いたら、全部で二〇〇ページになりました」。一九九八年に発行されたこの見本集『オックスフォード大学出版局の良質な紙 Fine Papers at the Oxford University Press』は、ビドウェルの見解では「イギリスの手漉き紙の終焉を惜しむ別れの挨拶と言えるでしょう。この本を見た人は、製紙業に機械が導入され、古い伝統に終止符を打ったという結論に飛び付きがちですが、それは違います。必ずしもそうではなかったんです。あの本の見本を何枚か見ればわかることですが」

そう言ったビドウェルだったが、すぐにこうも続けた。「現代の手漉き紙のほとんどは、紙の芸術性を追求するためにつくられたものです」。大量生産ベースの印刷には向かないのだ。「たとえティム・バレットが、そういう印刷向けの紙を製作したとしても同じです。あなたがこれまでお会いになった手漉き紙の作家さんのほとんどは、おそらく私の意見には多かれ少なかれ反対なさるでしょうが、あの人たちがつくっているのは、紙を紙そのものとして鑑賞するための対象物です。第二次世界大戦後にイギリスの製紙所が操業を停止した時点で、手漉き紙を通常の採算ベースに乗せて製作していくのは不可能になったんです。手漉き紙を『失われた芸術』と私が呼ぶのは、そういう理由です。オックスフォードの紙の仕事を引き受けたのは、あれが手漉き紙の歴史を最後の最後まで見届けるひとつの方法だったからです。『ティムはいい紙を追求し、私は悪い紙を追求する』とは言いましたが、あの仕事は例外でした。あの機会を逃すわけにはいかなかったんです」

第4章 ぼろ布から巨万の富

ぼろ布は美女のように大いなる嘘を隠している
ひとたび紙となれば、この上なく美しい
ぼろ布は溜めておこう、新たな美女を発見できるように
紙にとっては誰もが恋人なのだから
ペンや印刷が披露する知識も
紙がなければ存在しないのと同じ
物事について神から授かった神秘的な知恵も
紙の上でこそ華々しく輝く
——『ボストン・ニュースレター』「ぼろ布保存の訴え」
(一七六九年三月六日・二三日)

今週は、読者の皆様に通常の半分以上の紙面をご提供できないことをお詫び申し上げます。何しろ紙が不足しております。全国各地で起きている昨今の紙不足は、近隣に新たな製紙工場が設置されない限り続くでしょう。

——アイザイア・トーマス、『マサチューセッツ・スパイ』(一七七六年二月七日)

四半世紀と少ししか経たないうちに、製紙機の登場によって、この国にまばらに点在していた小さな手漉き製紙所はすべて姿を消し、そのあとに大きな工場が建った。紙工場のある村では、銀行までもがこの生い茂る工業製品の枝から伸び育ち、発展したといえるだろう。亜麻や木綿のぼろ布という、世間的には取るに足りない日用品から、どれほど価値のあるものがもたらされたかは、満足と驚きをもって見つめるしかない。

——ジョエル・マンセル『紙と製紙の年代記

Chronology of Paper and Paper-Making』（一八六四年）

ヨーロッパでは、紙がふんだんに供給されるようになったことへの直接的な反応として金属活字を使った印刷術が開発された。それは自然な流れであるように思われるが、イギリスの植民地であった北米では順序が逆だった。しかも、一方が起きてからもう一方が起きるまでに半世紀以上を要した。つまり、まず出版物が刊行され、その後数十年経ってから、増大し続ける需要を満たすために、紙を国内で供給する体制が整えられたのである。西洋の伝統的な製紙の過程では、十分なぼろ布とたっぷりのきれいな水を用意するというのはほんの入り口にすぎない。そのあと、ぼろ布を裁断し、どろどろの紙料にし、水に混ぜて適正な濃度にのばし、漉具に流し込み、サイジング処理し、乾燥させるといった手順が必要となる。当然のことながら、高価な装置を購入し、熟練職人を動員し、ビーターを動かす動力を確保しなければならない。印刷機や金属活字、大量の手漉き紙を船ではるばる運んでくるのも一七世紀には容易なことではなかったが、まずまずの経営で、需要も極端に大きくならない限り、印刷所はそうした物資を滞りなく入手できていた。

おそらくこのような事情から、アメリカ大陸で初めての英語を扱う印刷所は、一六三九年、マサチューセッツ湾ケンブリッジで開業された。印刷機を運ぶ船に同乗してやって来た創業者スティーブン・デイは、当初、植民地政府の法律文書とイギリス人入植者用の宗教書を印刷するつもりだった。翌年、デイは一一五連のフランス製の紙を用いて『忠実に英訳された詩篇集 *The Whole Booke of Psalmes Faithfully Translated into English Metre*』という、一般には『マサチューセッツ湾詩篇集 *Bay Psalm Book*』と呼ばれる賛美歌集を一七〇〇部印刷した。新世界のグーテンベルク聖書ともいえるこの印刷物は、現在、一一部だけ残っている。

五〇年後、フィラデルフィア近郊でウィリアム・リッテンハウスが製紙工場を始めたが、当時、マサチューセッツ、ペンシルベニア、バージニアにはすでに数か所の印刷所があり、各地の官公庁や聖職者たちから仕事を請け負っていた。彼らの仕事は飽き飽きするほど単調なものだったと、この分野の権威であるアイザイア・トーマスが述べている。アイザイア・トーマスは、連邦国家アメリカの草創期に一六か所の印刷所を経営していた人物で、印刷業の歴史にくわしく、一八一二年には米国古書協会（American Antiquarian Society）を創設している。彼が執筆した『米国における印刷の歴史 *History of Printing in America*』によれば、植民地時代初期の印刷業者の役割は「退屈な国への植民を進め、未開の地の子供たちを教育するという偉大な仕事に協力する」ことだったという。

この後半部分の「未開の地の子供たちを教育する」に共感した清教徒の宣教師ジョン・エリオットは、一六五九年、実に奇抜な聖書の編集に着手した。ハーバード大学で学んだことのあるニプマック族の男性の助けを借りて、旧約聖書と新約聖書の両方を、当時のニューイングランド東部に居住していたアルゴンキン語族の一方言であるナティック語に翻訳したのだ。発音に即して言語を表記するため、ラテン文字のアルファベットを採用した。この聖書は、イギリスのニューイングランド福音伝道会から一〇〇〇部の印刷許可を取り付けたが、そのために、ケンブリッジで操業していた印刷所の新たな支配人、サミュエル・グリーンのところに、イギリスから二台目の印刷機とオランダ紙を取りよせ、ひとりの徒弟を助手として呼びよせるという手間暇が必要であった。

一六六三年に完成したこの聖書、『*Mamusse Wunneetupanatamwe Up-Biblum God*』――現在は『エリオットのインディアン聖書 *Eliot Indian Bible*』と呼ばれている――は、ロンドンに数部送られたが、たちまち珍品として注目を集めた。ヨーロッパ人の誰ひとりとして、そこに印刷されている言葉を一語も理解できなかったからだ。実は、マサチューセッツで聖書を印刷することを許可するかどうかを議論したとき、最初に問題とされたのはこの点であった。イギリスでならずっと効率的に印刷を進めることができるのに、というわけである。だがイギリスには印刷される言葉を理解できる者がいないという状況が予測されたため、結局はマサチューセッツで印刷されることになったのだ。

現地の言葉であるナティック語の印刷物をアメリカで発行するというのは確かに筋が通っていたが、初期の入植者たち自身が読んでいたのは、故国から持ち込んだ本が圧倒的に多かった。建国直後のアメリカではまだ印刷物は少なかったからだ。一六三六年から一七〇〇年までの約六〇年間に植民地で発行された本や冊子は一〇〇〇点に満たず、いずれも少部数だった。ベンジャミン・フランクリンは『自伝』のなかで「読書を愛する者たちは、イギリスから本を取りよせなければならなかった」と書いている。この「発明の父」自身、一七二〇年代の青年期には知的刺激に飢えていたと、のちに告白している。

紙の需要を劇的かつ加速的に増大させたのは、アメリカで一七世紀の終わりに発行され始めた新聞である。世のなかの人々をつなぐという役割を果たすことになった新聞は、イギリスでもわずか数十年前に現れたばかりだった。新たな入植者とともに大西洋を越えて来るイギリスのニュースは、故郷をなつかしく思い起こさせた。アメリカ大陸で起こった最新の出来事を植民地に継続的に伝える媒体の発行を初めて試みたのは、ベンジャミン・ハリスだった。彼は、母国イギリスで王室が不快感をあらわにする冊子を発行した罪で何度も投獄され、一六八六年にアメリカに逃れてきた過激な言論活動家だった。ボストンで新たな生活を始めたハリスは、『ロンドン・ガゼット』の体裁をまねて、アメリカ国内外のニュースや世間話をはつらつと伝える『パブリック・オカレンシズ』という定期刊行誌を創刊した。月刊誌にする予定だったが、この独創的な試みも頓挫し、一六九〇年九月二五日付の第一号しか発刊できなかった。マサチューセッツ湾植民地を支配していた謹厳実直な清教徒たち、つまりイギリス人が、植民地の統治法に関する歯に衣着せない意見や、フランス王室の奔放な不倫スキャンダルをあけすけに書き立てたハリスの記事に感情を害し、新聞の発行停止と印刷物すべての没収を命じたのだ。実に皮肉なことに、一部だけ現存しているこの新聞（一二インチ×二〇インチの紙一枚が半分に折られた四ページの新聞）は、騒動を伝えるためにサンプルとしてロンドンへ送られた第一号だった。

『パブリック・オカレンシズ』よりずっと安定した事業展開を見せたのは、「ロンドンとその近隣地域の公共出版物」の記事を再掲載するため一七〇四年に創刊された『ボストン・ニュースレター』という週刊誌だ。この週刊誌で最も注目を集めた「スクープ」は、黒髭の名で有名だった海賊エドワード・ティーチが、一七一八年にノースカロライナ州の沖合で繰り広げられた「オクラコーク島の入り江の闘い」で死亡したという記事である。波風を立てないような記事だけを掲載することによって『ボストン・ニュースレター』は七二年間、発刊停止の憂き目にあうことなく継続された。

はるか南のペンシルベニアは、他の地に先駆けて印刷業の中心地となりつつあった。ペンシルベニア市の建設者にして〝完全無欠な領主〟として知られたウィリアム・ペンから招きを受けて、一六八五年にアメリカに移住した多才な事業家、ウィリアム・ブラッドフォードが、中部植民地に印刷の「技と神秘」を紹介したからである。

ブラッドフォードがまず取り組んだのは、さまざまな実用的情報を書き込んだ多目的年鑑の発行だった。この年鑑の見本を現地の当局に提出して事前審査を受けるよう要求されたブラッドフォードは、領主ペンに対する侮辱と判断された言葉を削除するよう指導され、以後は「議会から許可された内容以外は印刷しないこと」を命じられた。彼が一六九二年にこの警告を無視して発行した小冊子は、ペンシルベニアを支配するクエーカー教徒を批判したとみなされた。

文書による煽動罪で逮捕されたブラッドフォードは、裁判での抗弁には成功したものの、その翌年、ニューヨークで王室勅許《ちょっきょ》の印刷所を始めないかという誘いを受けた。ニューヨークで事業が安定するとすぐにニュージャージーでも印刷所を開き、さらに他の事業にも手を伸ばし、やがては三つの植民地にまたがる印刷・出版業のちょっとした帝国を築き上げるに至った。彼自身が不在でもペンシルベニアでの事業が支障をきたさないようにオランダから熟練印刷工を雇い入れたところ、互いにとって益となる良好な関係を築くことに成功。一七一二年には、一人前となったウィリアムの息子、アンドリュー・ブラッドフォードが後を引き継いだ。フィラデルフィアで最初の新聞『アメリカン・ウィークリー・マーキュリー』を一七一九年に創刊したのはアンドリューである。六年後、父のウィリアムはニューヨークで最初の新聞『ニューヨーク・ガゼット』を創刊した。ライマン・ホレス・ウィークスは一九一六年にウィリアム・ブラッドフォードについて次のように書いている。「一七〇〇年ではなく一九〇〇年だったら、彼は当代のやり手のひとりとして異彩を放つ存在となっていただろう」

ブラッドフォードは競争心が強くなりふりかまわない野心家で、「勝負師」の側面もあったものの、常に競争に一歩先んじる才覚を持つ実務家でもあった。外国からの輸入に頼れない紙の供給をどのように国内で確保したかを見れば、彼の優秀さがよくわかる。フィラデルフィアを発ってニューヨークに行く前、ブラッドフォードは、オランダで製紙法を学んだドイツからの移民であった四二歳のウィリアム・リッテンハウスを説得し、一六九〇年には、ふたりの投資家とともに借りた二〇エーカーの土地に製紙所を設立させたのだ。場所は、フィラデルフィア郊外の村ジャーマンタウンの、ウィサヒコン川の支流沿いだ。この支流はのちにペーパー・ミル・ラン［製紙所の川という意味］と呼ばれるようになる。

一七〇六年、リッテンハウスは製紙所の全所有権を手に入れ、その見返りとして、ブラッドフォードの印刷業務に用いるすべての紙を格安で供給した。そして、ブラッドフォードはリッテンハウスがつくる「すべての印刷用紙」に対して先買権を持つことを売買契約書で明確に取り決め、紙の国内供給源を完全に確保することに成功した。一七一〇年、ペーパー・ミル・ランの西側に設けられた二番目の製紙所の所有者は、リッテンハウス家と婚姻関係を結んだオランダ人、ウィリアム・デウィーだった。その後、リッテンハウスの製紙所は四世代にわたって事業を続け、南北戦争が近づきつつある頃、その歴史に静かに幕を閉じた。製紙所が建てられていた場所は現在、フェアモント・パーク内の「リッテンハウス・タウン」という国定歴史建造物として残されている。いくつかの建築物が修復され、そのひとつは小さな博物館となっている。

当時のメディアの立役者として、紙の供給元をしっかりと押さえたブラッドフォードは二世代にわたって実業家としての頂点をきわめたが、ボストンからやって来たひとりの野心的な若者によって、その地位を脅かされることになった。若者はのちに強烈な光を放つ存在となる。ベンジャミン・フランクリンである。ちょっとした皮肉ではあるが、フランクリンが植民地のこぢんまりとした出版業界に参入することになったのは、一七二三年にフィラデルフィアに来る前、ニューヨークで就職先を探していたときに、ほかならぬウィリアム・ブラッドフォードのもとに出向いたのがきっかけだった。そこで門前払いを食らったフランクリンは、フィラデルフィアのアンドリューのところへ行って運を試すようにアドバイスされる。

そのとき、フランクリンはまだ一七歳だったが、一二歳の頃から兄のジェームズの下で修行を重ねていた彼は、すでに有能な印刷工だった。当時、ジェームズは一七二一年にボストンで二番目の新聞『ニューイングランド・クーラント』を創刊し、成功を収めていた。ブラッドフォードから定職を得られなかったフランクリンは、有能な助手を求めていたブラッドフォードのライバル、サミュエル・ケイマーに雇われた。しかし、フランクリンは自伝のなかでケイマーのことを「単なる植字工で、印刷のことなど何も知らない」と露骨に軽蔑している。フランクリンの能力が誰の目にも明らかになるまでに時間はかからなかった。活字とインクに精通していただけでなく、周囲の人々のやり方をすぐに会得し、常に誰よりも一歩先んじる明敏さを備えていたからである。

一七二九年、フランクリンはケイマーから、売り上げが落ち込んだ『ペンシルベニア・ガゼット』を「二束三文で」買い取った。同じ年、フィラデルフィアから南西二〇マイルの場所に、トーマス・ウィルコックスが植民地で三番目の製紙所を設立した。フランクリンとウィルコックスはやがて親しい友人となり、仲間となって、ウィルコックスはフランクリンのさまざまな事業のために印刷用の紙を提供するようになった。彼の工場、アイビー製紙所は、植民地政府に対して紙幣を印刷するための紙を供給していたが、一八七九年、アメリカで最初の〝グリーンバック〟［裏が緑色のインクで印刷された法定紙幣］に使われる高品質紙の競争入札でクレイン社に負け、その座を追われることになる。フランクリンは、急成長を遂げつつあった自分の新聞のために紙の供給元を増やすため、ブラッドフォードのやり方にならって、紙の取り引きに積極的に関わるようになった。フランクリン自身が挙げている数字によると、印刷業を営んでいた頃は一八以上の製紙所に出資したようだ。さらにブラッドフォードより一歩進んで、ぼろ布もうまく買い占めたという。彼は、そうした戦略について自伝のなかで明らかにしている。そして、コモン・ロー上の婚姻による妻デボラにも、次のように感謝の言葉を捧げている。「冊子を折って糸で綴じ、店番を務め、製紙業者のために古いリネンのぼろ布を買い入れて、陽気に事業を手伝ってくれた」

　フィラデルフィアのアメリカ哲学協会（American Philosophical Society）の図書館に数多く保存されているフランクリンの帳簿には、一七四七年までの彼の事業が詳細に記録されている。「元帳D」と呼ばれる巻には、一七三九年から一七四七年までにペンシルベニア州の七つの製紙所に合計一六万六〇〇〇ポンドのぼろ布が売られたことが記録されており、フランクリンは同じ時期に、これらの製紙所から合わせて三万三〇〇〇連に届こうという各種の等級の紙を購入している。厳密には掛け売りの数字であり、彼が当時手がけていた事業の一端をのぞかせるにすぎないが、彼にとって紙の取り引きは、決して気まぐれな取り組みではなかったことを十分にうかがわせる。ジェームズ・グリーンとピーター・スタリーブラスは、ジャーナリストと印刷業者としてのフランクリンの足跡を追った研究のなかで、「フランクリンが植民地で最大の紙取り引き商であったのは間違いないと思われる」という結論を下している。

　その後、紙の需要は急速に拡大し、植民地政府は製紙業を特別な地位に値する公益事業ととらえるまでになった。この千載一遇のチャンスを逃すまいと、ウィリアム・ブラッドフォードはニューヨーク州総会（New York

General Assembly）に一七二四年、植民地における製紙業の独占権を彼に与え、「ほかのいかなる者も向こう一五年間同州内での紙を製造してはならない」という法案を可決するよう請願した。だが却下されたため、彼はニュージャージー州エリザベスタウンに新たな製紙所を設けた。

一七二八年、マサチューセッツ州植民地議会では製紙奨励法（Act for the Encouragement of Making Paper）が可決され、ボストンの組合に「州内の製紙独占権」が一〇年間与えられることになった。そして二年後には、ボストンから七マイル南のネポンセット川沿いに組合の製紙工場が開かれた。ほかの地域でも同じような工場誘致政策が取られたが、ライマン・ホレス・ウィークスは、製紙業の歴史を通説した著作のなかで「必要な紙の量に対して供給が追いつくことはなかった」と記している。大きな理由として、植民地という市場から利益をむさぼる母国が、その利益を脅かされないように「常に監視の目を光らせ、植民地での産業の振興を妨害した」点を挙げている。

紙をめぐりこれほど激しい争奪戦が繰り広げられた事実からうかがえるのは、需要と供給の明らかな不均衡という経済的な側面だけではない。紙という製品は、アメリカでそれほど欠かせないものになっていたのである。

さらなる収入源を得ようと考え始めていたロンドンの当局は、この紙需要に目を付け、ある方策をひねり出した。一七六四年に、新聞、証書、広告その他のあらゆる印刷物に印紙を貼ることを課した、現在では印紙法の名で知られる悪名高い法案が提出されたのである。当時、フレンチ・インディアン戦争が終結したばかりのイギリスには緊急にこういった法律が必要だった。そこで、一六九四年にイギリスで施行した同様の法律をぞんざいにまねて窮余の一策としたのだ。北米の支配権をめぐってフランスやスペインと争った一七五六年から一七六三年までという長期の戦争で、イギリスの債務はほぼ倍増して一億三〇〇〇万ポンドにまで膨れ上がっていた。さらに、戦果としてカナダとフロリダを獲得したために、ミシシッピ川からオハイオ川にかけての流域に一万人の兵を配備しなければならず、一年で二二万ポンドずつ債務が増えることが予想されていた。

砂糖、糖蜜、藍、コーヒー、リネン、マデイラワインの輸入関税の徴収に失敗していたイギリス議会は、国内税を徴収することで埋め合わせようと考え、国内のさまざまな商取り引きに幅広く税金を課す手段に出た。どの商取り引きにも共通していたのは、紙の文書によって有

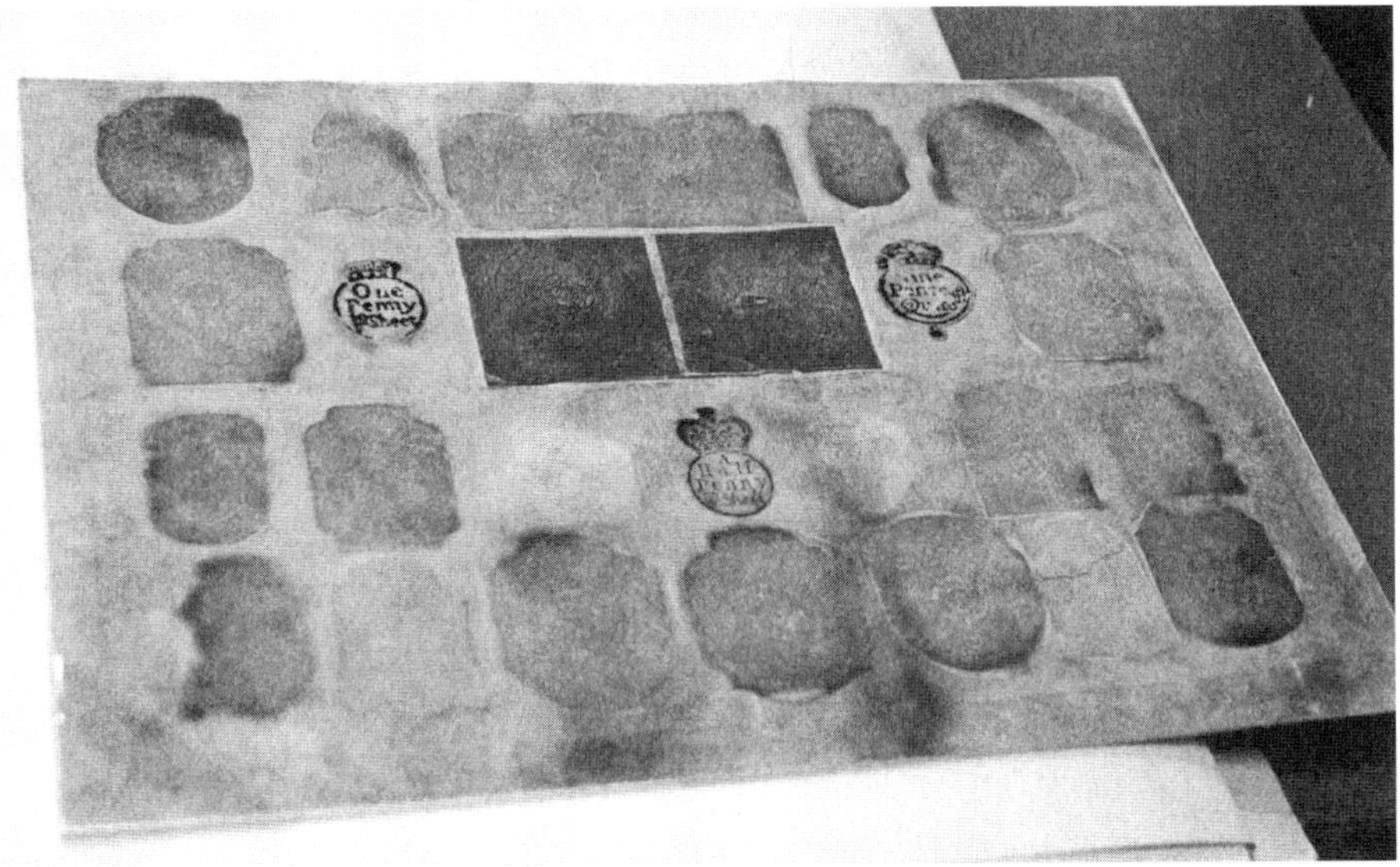

1865年の印紙法に従ってイギリスで製造された印紙。マサチューセッツ歴史協会収蔵。

効性が証明されるという点である。一七六五年三月二二日に可決された法律では、新聞に対する課税条項も盛り込まれた。新聞の印刷には、政府から購入するレリーフ模様付きの紙を用いることが義務づけられたのである。これこそがこの法律の致命的な欠点だったと多くの歴史家は見ている。酒やワインの販売許可証にも、トランプとサイコロのセットにも税金が課せられた。だが何よりも国庫を潤すと思われたのは、あらゆる文書業務にかけられた税金であった。お役所仕事《レッドテープ》が増えるほど、国は儲かるわけだ。

ジョージ・グレンヴィル首相のもくろみ（このもくろみには若干の悪意があったのは間違いない）が優れていたのは、印紙という道具を使って、社会のあらゆる活動に対して法的拘束力を行きわたらせ、それを正当化できたことであった。たとえば、不動産の取り引きは、長い伝統と慣習に従えば、契約書への署名、立ち会い、不動産譲渡の登記が行なわれれば成立したが、印紙法という新しい法律のもとでは、収入税の支払いを証明する印紙が契約書に貼付されない限り、法的譲渡は完了しない。アメリカ人流のごまかし（契約書上では実際の数字を簡単にごまかすことができた）が横行することは十分に予想されたため、不動産税は購入価格ではなく、取り引きされた土地面積に基づく評価価額に課されることになった。

印紙税の対象となるものは、五〇以上の規定に書き連ねられ、どれもこれ以上ないほど細かく書かれている。たとえば、一件あたり二シリング六ペンスの税金を要する取り引きに関する条項には、「歯型捺印証書［一枚の証書の同一性を証明するために、切り口を歯型にして半分に切り、ふたりの当事者が半分ずつ保有した証書］、借地証書、譲渡証書、契約書、訴訟上の合意書、売り渡し証書、傭《よう》船《せん》契約書、拒絶証書、徒弟奉公契約書、約款」が挙げられている。「大学、学士院、学寮、神学校で学位」を取得するにあたっては二ポンド、「訴状、答弁、原告の第二訴答、被告の第二訴答、異議申し立て、その他の請求申し立て」には三ポンドが課された。法律業務を行なう特権を享受するには――条項には特に「当該植民地および新開拓地」の「法定弁護士、事務弁護士、代理人、仲裁人、代弁人」と明記されている――開業時に一〇ポンドという法外な金額を納めなければならなかった。死そのものに対しても容赦はない。財産を遺贈する遺言書が本物か偽造かを検認するには、遺族は国王に六ペンスを支払わなければならなかった。

これらの徴税によって、グレンヴィル卿は初年だけで六万ポンドの税収を得られると踏んでいた。この法律は「無期限」に適用するつもりだったので、植民地が拡大して繁栄するにつれて税収は増加するもくろみだった。法律文書ごとに課税金額はさまざまだったため、印紙は公定用紙に無色の浮き彫りで刻印され、本国から指定された代理人だけが販売できることになっていた。印紙の偽造や模造は法律で死罪と定められた。新聞は大量生産されるうえ、統制を受ける前に商品としての寿命を一日で終えるというその性質から、新聞出版業者は、イギリスで製造される印紙の模様付きの紙を購入してからでなければ印刷を許可されなかった。

〝ハーフシート〟と呼ばれる紙に印刷される新聞には、紙一枚ごとに半ペニーが課税された。ハーフシートより大きい、もっと一般的なサイズの紙になると、一枚に一ペニーが課された。さらに掲載される広告には一件二シリングが追加され、年鑑や冊子の別刷りは大きさに応じてスライド制で増額されることになっていた。ペンシルベニア州のドイツ語の発行物をはじめとして英語以外の言語による印刷物には倍額が課された。規定に従わない出版業者には、現地の地方裁判所ではなくイギリスの植民地副海事裁判所によって、イギリスのコモン・ロー上の裁判所とは違って陪審審理を受けられないまま、重い罰金が科されることになっていた。
アメリカ政府からイギリスに派遣されたベンジャミン・フランクリンは、イギリスで広く名を馳せて賞賛を浴び、五年の任期を終えて帰国すると、ペンシルベニア州下院から、印紙法を問題視する同州の声をイギリス議会に届けてもらえないかと依頼された。フランクリンは議会の依頼を承諾したが、一七六四年にヨーロッパに発つときには、何らかの税負担は避けられないとの心境を親しい知人には漏らしていた。ロンドンに到着したフランクリンは、ビジネスパートナーのデヴィッド・ホールに任せていた『ペンシルベニア・ガゼット』の新聞用〝ハーフシート〟を一〇〇連だけ注文している。

フランクリンがめずらしくも失敗したのは、友人のジョン・ヒューズをペンシルベニア州の税徴収・印紙販売代理人として推薦したことによる。そのことが、怒れる市民の集団をフィラデルフィアの彼の自宅前に引きよせ、アメリカに残してきた妻デボラが脅されるという事態を招く。デヴィッド・ホールから、アメリカでは市民の不満が募る一方だという報告を受けたフランクリンは、印紙法を批判する雄弁な論説を執筆し、その後もイギリスに滞在中は、植民地の権利を強く擁護し続けた。それは一〇年後の独立革命直前にまでおよんだ。

一七六五年一一月一日に印紙法が発効すると、各植民地で抗議の声が高まり、なかでもニューイングランド州からジョージア州にまで広がっていた商人や地主の緩やかな同盟「自由の息子たち」の運動は激しかった。反対の声を上げる一般大衆が増えるにつれ、デモは暴力的、破壊的になっていった。命の危険を感じた印紙販売代理人の多くが仕事を放棄したため、多くの印紙は強奪され、破棄された。最初のうちは用心深い反応を示していた新聞も、市民の憤慨を感じとってすぐに怒りのエネルギーを代弁するようになり、その結果、反対の合唱がひとつにまとまっていった。

二五年後に当時のことを記したのが、サウスカロライナ州から大陸会議［北米一三州の植民地代表が集まって創設した会議。第一次が一七七四年、第二次が一七七五年に開かれた］に派遣された、独立革命について研究した最初の歴史家、デヴィッド・ラムゼイである。彼は、新聞が「印紙法によって重税を課される対象」であったことが「アメリカの自由」の獲得にどれほど大きな影響を与えたかについて次のように述べている。印刷業者（出版者、編集者、執筆者を兼ねている場合が多かったため、このすべてが含まれる）は、「通常なら自由を擁護する側に立ち、職業上の利益にそれほど固執することはない。だが、印紙税はあからさまに自由を侵害し、職業上の利益を大きく脅かしたからこそ、あれほど猛然と彼らは抗議したのだ」。のちに、一七七六年七月四日に至るまでの決定的な出来事について鋭い論考を執筆した歴史家、アーサー・M・シュレジンジャー・シニアは、印紙法の茶番劇に続く一〇年を「イギリスにおける新聞戦争」の時代と呼び、「燃えさかる不満に油を注ぎ、アメリカを見事に独立に導いた」と称えることになる。

ニューヘイブンでは、一七六五年七月五日付『コネチカット・ガゼット』が「ほとんど価値のない一時的な安全を買うために、最低限の自由をあきらめる者は、自由も安全も享受するに値しない」と高らかに宣言した。ロードアイランドでは、『プロビデンス・ガゼット』紙が八月二五日付の臨時増刊号に「VOX POPULI, VOX DEI」(「民の声は神の声」)との大見出しを載せ、その横に、聖書のコリントの信徒への手紙から引用した「主の霊のおられるところに自由があります」という言葉を添えた。印紙法発効を間近に控えた一〇月一〇日には、アナポリスの印刷業者が自社で発行している新聞『メリーランド・ガゼット』の名称を『メリーランド・ガゼットの消滅』と変え、「いつか復活するというあえかな希望とともに」との決意を表明して発行を停止した。

フィラデルフィア図書館会社(Library Company of Philadelphia)の誇るべき収蔵品のなかには、一七六五年一〇月三一日付『ペンシルベニア・ジャーナル・アンド・ウィークリー・アドバタイザー』をほぼ当時のままの状態で見ることができる。たまたまハロウィーンのこの日は印紙法発効の前日であった。第一面には上下に走る太く黒い線で墓石が、上部の誌名欄にはどくろが描かれている。発行人のウィリアム・ブラッドフォード――かのウィリアム・ブラッドフォードの孫で、アンドリュー・ブラッドフォードの甥――は、印紙税が撤廃されるまで発行を中止すると誓った。読者に「しばしの間、さようなら」と告げた彼は、一〇年後に戦争が勃発すると、トレントンの戦いやプリンストンの戦いで勇敢に戦ったペンシルベニア民兵軍に参加し、大佐となった。

一一月一日、植民地じゅうの裁判所のすべてが開廷を拒否し、行政機関は閉まったままであった。ニューヨークでは民衆が総督に詰めより、法を発効したらつるし上げるぞと脅した。騒動を見ていたひとりは、「人々は印紙法を目の敵にするあまりに我を忘れ、あらゆる人が猛り狂っていた」との記述を残している。『ボストン・ガゼット』は印紙販売代理人の名前を公表し、「卑劣な欲得ずくのイギリスの手先である反逆者」と呼んだ。印紙

Thursday, October 31, 1765.
THE
PENNSYLVANIA JOURNAL;
AND
WEEKLY ADVERTISER.
NUMB. 1195.
EXPIRING: In Hopes of a Resurrection to LIFE again.

1765年10月31日（印紙法が発効する前日）の日付が入ったウィリアム・ブラッドフォード『ペンシルベニア・ジャーナル』（フィラデルフィア図書館会社収蔵）。

法の発効後に創刊された『ニューヨーク・ガゼット――またの名をウィークリー・ポスト・ボーイ』は、その第一号で「本紙を自由と繁栄のために捧げる。印紙は断固拒否」と、挑むように宣言した。数か月と経たないうちに、印紙法は植民地に災難をもたらしているだけであるとロンドンでも認識されるようになり、イギリス議会は同法を一七六六年二月二一日に撤廃した。アメリカへ送られていた印紙の模様付きの紙も、その大半が植民地の怒れる人々によって破棄された。イギリスへ送り返されたものも別の目的に転用されたため、もとの状態のまま現存するものはほとんどない。ごく一部がマサチューセッツ州歴史協会とフィラデルフィア図書館会社の収蔵品として保存されているほか、ロンドンのイギリス国立公文書館に数枚存在するだけである。

印紙法後の一〇年間、植民地では紙の需要が増加する一方であったため、コネチカット、ニューヨーク、メリーランド、ノースカロライナ、サウスカロライナに新たな製紙所が設けられ、イギリス当局もそれを黙認した。一七七五年四月一九日にレキシントン・コンコードの戦いが起きると、イギリスからの紙の輸入が途絶え、国内生産だけでは日々の需要を満たせなくなった。一七七五年八月二七日にニューヨーク州オルバニーからジョージ・

ワシントン将軍に宛てた手紙のなかで、フィリップ・スカイラー将軍は「書くための紙がなく、やむをえずこんなものに書くことをお許しください」と、報告書をしためるために「紙の切れ端」しか使えなかった非礼を詫びている。一七七六年四月一五日にフィラデルフィアで妻のアビゲイルに手紙を書いたジョン・アダムズは、「発行される新聞はすべてきみに転送するし、時々は〔私用の〕紙も何枚か送るが、きみに紙が足りないのと同様にこちらでも紙は不足している。二〇分の一連ぐらいは、譲れるものなら譲ってやりたいが」と書いている。一七七六年八月二〇日、ペンシルベニアの製紙業者組合は、ネイサン・セラーズという男について、「紙の製造に都合がよい漉具の製作と調整ができる植民地で唯一の人物」であるという理由で、その男の兵役を免除する嘆願書を議会に提出した。請願は認められ、戻ってきたセラーはさっそくアイビー製紙所でアメリカ紙幣に用いるため特別にデザインされた透かしに合わせて漉具を製作した。

（紙の機能について述べている）本書の第7章でも触れるが、紙不足をいっそう深刻なものにしたのは、マスケット銃の薬莢を製造する紙の需要が増加したことだった。この紙不足を何よりもよく証明するのが、現在は「薬莢《やっきょう》聖書 Gun Wad Bible」の名で知られている、ある聖書の運命である。こんな名が付いたのは、数千部印刷された聖書のまだ綴じられていなかったページが、戦争の重要な局面で薬莢の製造に転用されたためである。ロバート・エイトケンが英語で書かれた最初の聖書を出版するより六年早く、一七七六年に印刷されたこの聖書は、ヨーロッパの言語（ドイツ語）で書かれアメリカで印刷された最初の聖書の第三版となるはずであった。印刷したのはクリストファー・ザウアーという印刷業者の二代目であり、同名の父親、初代クリストファー・ザウアーは一七四三年に同じ聖書の初版を印刷した。初代ザウアーはジャーマンタウンにも小さな製紙所を所有する成功者で、息子のザウアーが一七六三年に出版した聖書第二版は、アメリカで製造された紙に印刷された最初の書籍となった。その一三年後に発行された第三版には、三〇〇〇部を製作できる量の紙が使われた。

実際に出まわった部数はわからないが、一七七六年の第三版の印刷部数は、初版や第二版と同様に長期の需要に応えることを意図したものだった。印刷が終わったページは折られて未製本のまま一帖ごとにまとめられ、販売されるまで製本せずに倉庫に置かれるというのが当時の慣習だった。第三版がどこの倉庫に収められたかは正確にはわかっていないが、一部は町の礼拝堂の屋根裏部屋に何か月も放置されていたというのが有力な説である。また、一七七七年一〇月四日のジャーマンタウンの戦いのあと（印刷されて一年以上経ってから）、町を占領したイギリス兵が倉庫の紙を馬の寝ワラ、野営のたき火の焚き付けなど、さまざまな用途に使ったとも伝えられている。だが、大半はマスケット銃の薬莢に使われた。

アメリカ古書協会が綿密な調査に基づいて一九二一年に発表した当時の詳細によると、未製本の聖書が薬莢の製造に使われたのはほぼ間違いない。しかし、使ったのはウィリアム・ハウ将軍率いるイギリス軍ではなく、おそらくジョージ・ワシントン将軍率いる独立軍だといわれている。その根拠は、敬虔で信仰心が厚いクリストファー・ザウアーは、現在なら良心的兵役拒否者と呼ばれる人物であったのは明白な事実であり、反乱を熱心に支持しなかったために一七七八年に財産を押収され、競売にかけられたからだ。その結果、ザウアーの印刷の設備も、未製本の聖書の包みもすべて、独立宣言を最初に印刷したフィラデルフィアの印刷業者ジョン・ダンラップの手に渡った。この男については第二部で再び言及する。

ドイツ語が書かれた紙はアメリカではほとんど役に立たないため、ダンラップが、戦場にもっと実用的な用途を見出したのは想像に難くない。戦争終結から三五年後に当時のことを書いたアイザイア・トーマスは、イギリス軍と独立軍のどちらに責任があるかをはっきりさせなかった。「聖書の一部はすでに、そして一部は今まさに、薬莢に転用され、人の魂を救うためではなく、人の体を破壊するために用いられた」と、どのようにも受け取れる曖昧な記述にとどめたのである。現存する薬莢聖書（私がフィラデルフィア図書館会社で見たものも含めて）は、現存する数少ないもののひとつであり、一九四〇年に公表された全国調査の結果、一九五部が現存していることがわかった。そのほとんどが研究機関に収蔵されている。

聖書を煙にしたのがどちら側かはともかく、これは実にユニークな出来事だった。ペンシルベニア州の法律家、政治家であったリチャード・ピーターズ・ジュニアは、第二次大陸会議が設置した常設委員会で書記を務めた期間、戦場の物資不足にどのように対応したかを次のように振り返っている。「イギリス軍撤退後の一七七八年六月にフィラデルフィアに入ったわれわれに対して、とにかく弾薬がないという訴えが相次いだ。そこで薬莢にする紙を求めて市内をくまなく探しまわらせた」。その結果、かつて印刷業を営んでいた頃のベンジャミン・フランクリンが占拠していた「むさ苦しい屋根裏部屋」の倉庫で発見されたのが、「荷車にあふれる、かの有名なギルバート・テネント牧師が書いた『防衛戦における訓話 *Sermons on Defensive War*』だった」。フレンチ・インディアン戦争中に発行された書物は、買う人もなく何年も打ち捨てられ、埃にまみれていた。「説教集は、うってつけとばかりにさっそくマスケット銃の薬莢に用いられ、モンマスの戦いで逃げる敵相手に浴びせられた」と、ピーターズは喜々として物語っている。

アイザイア・トーマスは、独立革命が始まる以前から、ボストンのユニオン通りとマーシャル小路が交わる東南の角で印刷業を営んでいた。この建物内には、現在、アメリカで最も古いレストラン「ジ・オールド・ユニオン・オイスター・ハウス」が店をかまえている。やがてイギリス側から要注意人物としてマークされ、逮捕されそうになったトーマスは、レキシントン・コンコードの戦いの前夜にボストンから逃げだす。その際、印刷機も解体して無事に運び去った。ボストンの西に位置するウースターに落ち着いた彼は、かつて大きな影響力をもっていた新聞『マサチューセッツ・スパイ』の発行を一七七五年五月三日に再開し、ボストンの町に響きわたった砲声を聞いたという最初の証言を掲載した。

戦後、トーマスは製本業、製紙業、小売業に進出する。ベンジャミン・フランクリンは、トーマスを「アメリカのバスカヴィル」と呼んだ。同じ頃にイギリスのバーミンガムで優れた活字を設計し、印刷業を営んだジョン・バスカヴィルになぞらえたのである。トーマスはウースターを拠点として、自分の会社を、独り立ちしたばかりの国アメリカにおける最大の出版社に育て上げた。その出版社はおそらく、最も多くの紙を消費した会社であっただろう。トーマス自身の計算によると、一八一〇年、アメリカとその領土内で操業している製紙所は一九五を数えるまでになり、そのうちの六〇はペンシルベニアに、四〇はマサチューセッツに存在したという。

一八四三年、二〇〇万ポンドほどのぼろ布がアメリカに輸入されたが、七年後にはその輸入量が二一〇〇万ポンドに膨れ上がった。一八五七年はフランスとイタリアがぼろ布の輸出を禁じた年でありながら、輸入量の合計が四四五八万二〇八〇ポンドに達した。繊維の調達が急務となるあまり、エジプトで発掘されたばかりのミイラから剝がした亜麻布を輸出する業者までもが登場する始末だった。いくら何でもそれは事実ではないだろうと疑いの目を向ける歴史家もいるが、近年の調査では、一八五〇年代のメイン州、ニューヨーク州、コネチカット州で古代の帯状の布が等級の低い包装紙の製造に使われた例がいくつか存在する。そんな布がコレラの発生を招いたと騒がれたことまでもが確認されている。

一八六一年に南北戦争が始まった頃、アメリカには五五〇の製紙所が存在したが、合衆国を脱退した南部一一州の製紙所は一五か所のみで、ミシシッピ州には一か所もなかった。この差については、『ニューオリンズ・コマーシャル・ブレティン』が、南部は「北部のインク、活字、印刷機、紙からの独立を果たすまでは、合衆国脱退にこだわらずに」しのぐべきだとの警鐘を早くから鳴らしていた。一八六三年、合衆国軍（北軍）がジョージア州アトランタの南部最大の農園に火をつけたことから、すでに深刻な状況に陥っていた物資不足はさらに危機的となった。南部連合国の紙幣（戦争が続くにつれてどんどん価値が低くなっていった）の印刷用紙を供給していたテネシー州マンチェスター郊外の製紙所は戦争中も操業を続け、休むのはボイラーを保守作業のために停止させるときだけだった。

南部連合国軍大将ロバート・E・リーは、一八六三年の北部侵攻戦略の一環として、必要な物資を略奪するという任務を帯びた特別班をメリーランド州のカンバーランド・バレーに差し向けた。必要な物資リストの上位には紙もあった。ゲティスバーグの戦いに向けて態勢を整えるなか、兵士たちはリチャード・S・イーウェル大将［リー大将の配下］の指揮のもと、ペンシルベニア州南部の村ペーパータウン（現在のマウント・ホリー・スプリングスという自治町村）で操業していた製紙所三か所から強奪した紙を荷車六台に詰め込んだ。南部で紙を製造できた数少ない工場においてもやはり、ぼろ布の在庫は不足していた。『リッチモンド・ホイッグ』は一八六一年六月頃からすでに、ぼろ布がなければ新聞の発行を続けられないため――不安な時代にあって新聞の情報を頼りにする人は多かった――着古した衣類を溜めておくよう市民に呼びかけていた。一八六三年には、ぼろ布の大半が包帯に転用されていくなか、製紙業者に販売すれば一ポンド八セントの値がつくようになっていた。

新聞を印刷する紙として販売されるのは、ごく一般的な等級の紙であったが、加工したワラから製造されるきめの粗い包装用紙もよく使われるようになった。実際に、ヒューストンの『トリウィークリー・テレグラフ』は、一八六二年一〇月から一八六三年一一月まで褐色、ピンク、オレンジ、青、黄、薄い緑、濃い緑といった色とりどりの紙に印刷された。なかには壁紙の裏に印刷するという非常手段に出る新聞社もあった。最も有名なのは、ユリシーズ・S・グラント少将に降伏する二日前の一八六三年七月二日にビックスバーグで発行された『デイリー・シチズン』だ。

筆記用紙や文具は相変わらず底をついたままで、帳簿用紙、事務用紙、処方箋用紙、書物の巻頭や巻末から破り取られた遊び紙などが代用品として頻繁に使われた。また、封筒を折りたたみ直してさまざまな用途に用いたものが「アドバーシティ・カバー（苦難の時代をしのぐ工夫という意味）」として知られるようになった。人々の日記――サウスカロライナのメアリ・ボイキン・チェスナットという女性が書いた四八巻にのぼる南北戦争時代の日記が有名だ――が書かれた紙も、稲ワラからつくられたため褐色を帯びた〝連合国紙〟と呼ばれる粗末な紙だった。

食品や石鹸の不足をしのぐためのレシピや製法が記された、無記名の未刊原稿も残されている。一八六四年に四か月かけて手書きされたものだ。連合国の国債や使用済みの封筒、古い手紙の裏に書かれたこの原稿は、戦争が終わった頃に、サウスカロライナ銀行と書かれた帳簿のなかに綴じ込まれた状態で発見された。おそらく一八六三年に刊行された『南部料理の本 *Confederate Receipt Book*』に触発されて書かれたものだろう。ここでは、「リンゴを使わないアップルパイ」、「牡蠣もどき」、「酵母を使わないパン」など、一〇〇のレシピ（recipe）――当時はreceiptと綴った――が編纂されている。「代用コーヒー」の名で紹介されているのは、「無傷の熟したドングリ」を「ベーコンの油少々」で炒ったものだ。初版は黄色い水玉模様の壁紙で製本され、五部のみ現存している。

一八六五年に連合国諸州が復帰すると、アメリカ合衆国は国家発展を目指して産業を中心とした国づくりへの道のりを決然と歩み続ける時代に入った。パラダイムシフトの波は製紙業にもおよび、ヨーロッパで開発された機械がアメリカに導入されるようになり、その技術はアメリカで育った技師たちの手で大きく向上していった。まだ足りないもの――十分な繊維の供給源――があったが、この問題にも間もなく転機が訪れた。

製紙業者にとって常に課題となるのは、原材料からセルロース繊維を分離する作業だ。高品質の紙ほど不純物が少ない。そのため、綿はほかのどの植物にも増して優れた原材料になる。綿花から取り出した繊維は最も純粋な形のセルロースだからだ。ぼろ布が紙にとって最高の原材料であることに異を唱える者はいなかった。だが、品質の高さではなく、大量生産に目標が移るようになると、売り手は、いとも簡単に品質を譲歩するようになってしまった。ぼろ布に代わって大量生産を可能にする原材料が出現しさえすればいいのである。この要求に応えるべく、ありとあらゆる植物材料を使った実験が重ねられたが、どの材料を使っても品質にむらが生じた。当時の大手業界紙『ペーパー・トレード・ジャーナル』も、一八七六年の記事で、「使われた繊維の大半が失敗した」と手厳しい評価をし、こう付け加えている「実験を続けても徒労に終わるだけであろう」

一八二九年のアメリカでは、すでに煮たワラが試されているが、やはり品質が一定しなかったため、材料としての使用はほぼ断念された。一八五〇年頃からは、イギリスでアフリカ北西部に生えるアフリカハヤガネという背の高い草が使われるようになり、驚くほど良質の紙が生産され、印刷に多く使われた。しかし、輸送費用が高くつくため、アメリカでは使用できなかった。一七一九年には、レオミュールのハチの巣の研究によって、砕いた木材が紙の原料として使えることがわかっていたが、実際に形にするまでには一世紀以上の歳月を要した。フリードリヒ・ゴットローブ・ケラーというドイツの機械製作工は、機械で木材パルプを製造する方法について一八四五年に最初の特許を取得した。だが七年後、ケラーが特許使用権の更新を忘れたため、資金面で彼の後ろ盾となって協力していた製紙業者のハインリヒ・ヴェルターがその特許を自分のものとして木材パルプの製造を始め、その後何年にもわたってその事業で大もうけをした。

木材を砕いてパルプをつくるには、基本的には、切ったばかりの木材を均等な長さに分け、樹皮を剝ぎ、剝いだ束に回転する砕木石を押しつけて流水を注ぎながら破砕する。細かく裂かれた繊維の束に、さらに水を加えていくとパルプが得られる。技術が進歩すると、改造した円盤型の砕木機が用いられるようになり、高速処理されるようになった。この方法で得られたセルロース繊維はほとんどの用途の紙に適しているが、欠点は、木のなかの褐色の化学物質リグニン（ラテン語で〝木〟を意味する言葉に由来する名前）がそのまま含まれてしまうことだった。リグニンは、ロープのように長く連なるセルロース分子の細胞壁内部の空間を埋めることで木の繊維を固めてくれる。リグニンの働きで固く木質化した木は、耐久性が高くて用途が広いうえ、燃やすと高いエネルギーを放出するので燃料としても優れている。だが、パルプに残ったリグニンは不安定でもろいため、リグニンを含むパルプでつくった紙は弱くて破れやすく、空気や日光にさらされると黄変してしまう。

一八六〇年代、機械で製造された木材パルプが紙の商業生産に用いられるようになると、不純物を多く含む紙が製造されるようになった。その紙は早く簡単につくれたが、最初のうちは長持ちしない包装紙などに用いられるぐらいであった。木材パルプを用いた紙に印刷された新聞が時とともに黄変するのはリグニンが残っているためだ。すぐに劣化する粗悪な紙に印刷され、文学的価値などほとんどない安価な本を意味する「パルプ・フィクション」［低俗で扇情的な小説］などという言葉もここから生まれた。砕いた木材のパルプは弱かったため、紙の強度を維持するには強い繊維を混ぜなければならなかった。混ぜられたのは、たいていがぼろ布であり、ぼろ布を多く混ぜるほど等級は上がった。

最初の砕木パルプ工場は、一八六七年、アルブレヒトとルドルフ・ペイジェンステッチャーという富裕な従兄弟がマサチューセッツ州西部のストックブリッジ近郊に設立した。二年後、ふたりはニューヨーク州北部のハドソン川沿いに、最初の工場よりはるかに大規模な工場を建設し、この地域の産業を一変させた。『ニューヨーク・タイムズ』は、一八七三年に印刷紙をすべて木材パルプ製の紙に変え、一八八二年には「発行部数の多さを誇るほぼすべての新聞が紙を変えた」と、アメリカの森林の歴史を研究するデヴィッド・C・スペルは述べている。

この頃にはパルプの化学製法も開発され、リグニンを除去して長い繊維を残せるようになっていたが、それと引き換えに問題も生じていた。

化学的処理によってパルプを製造する主な利点は、リグニンが分解されてセルロースから洗い落とされることである。最初に開発されたソーダ法では、木材チップを水酸化ナトリウム――苛性ソーダ――の液で煮る。すると厚みのある不透明なパルプが得られるため、ページの両面に印刷する必要がある書籍の出版業者にとっては好都合である。だが、この方法では強度の高い紙ができず、当時はまだ、効果的な漂白法が開発されていなかったためパルプの色もくすんでいた。亜硫酸法という処理法では、はるかに白いパルプが得られるが、亜硫酸塩という化学物質を用いるため水資源が汚染されるのが大きな欠点であった。

硫酸塩法、すなわちクラフト法という化学的処理法は、一九世紀の終わりにドイツの化学者カール・F・ダールによって開発された。この方法でも〝リカー〟と呼ばれる溶液に苛性ソーダが用いられるが、それに加えて、リグニンとセルロースとの結合を断ち切る目的で硫化ナトリウムも使われる。スウェーデンで導入されたクラフト法――ドイツ語で〝強い〟という意味の言葉に由来する名前——は、破れにくい丈夫な紙を製造できる点で注目された。また、一九三〇年代初期には回収ボイラーも発明されたおかげで、クラフト法による化学的処理を行なう工場でパルプ製造に要した化学物質のほとんどすべてをリサイクルできるようになった。こうした技術革新に加えて、多種多様な木を材料にできる利点から、クラフト法はパルプ製造法の中心となっていった。

一八八〇年、マサチューセッツ州スプリングフィールドの出版業者、クラーク・W・ブライアンは製紙業専門の業界紙『ペーパー・ワールド』を創刊した。ブライアンは定期刊行誌『グッド・ハウス・キーピング』で名を馳せた人物だが、南北戦争後、彼自身が事業を展開するニューイングランド地方、とりわけコネチカット川とフーサトニック川流域で急速に発展した産業に興味を抱いたのである。『ペーパー・ワールド』の創刊号には「今や世界で製造される紙の三分の一以上がアメリカで製造されている」という彼の調査報告が掲載されている。「年間生産量は約六四万トン。一日で約一八三〇トンだ。そのうち木材パルプ紙だけで、生産量は年間五万二〇〇〇トンと推定されている」

当時としてはかなりの数字である。アメリカの製紙業者はすでに世界の市場を掌握していた。だが、木材パルプの総生産量はパルプ全体のまだ約二〇パーセントにしか達していなかった。時々『ペーパー・ワールド』には、実験中のおびただしい種類の繊維に関する記事も掲載された。たとえば、トウモロコシが試験的に使われたり、フロリダでは手に入りやすいパルメットヤシの利用が試みられたりしていた。だが、アメリカで発展著しい産業の勢いは、破砕した木材を材料の王座に押し上げていった。そうした動きは、森林が点在するニューヨーク北西部からニューイングランド地方の北部の州、やがてはカナダへと広がっていった。

材木が豊富なメイン州では、一八六〇年代に多くの河川沿いで、とりわけアンドロスコッギン川、ペノブスコット川、プレサンプスコット川、セントクロワ川の流域でパルプ工場の数が急増した。ほとんどは小規模な工場で、一日の生産量が三〇〇ポンドを超えるところはまずなかったが、需要の急速な増大を受けて工場の規模は拡張され、生産技術にも改良が重ねられた。ニューイングランド北部での産業開拓期にはパルプ材料の大半がポプラやヤナギだった。農夫が枝を切り、樹皮を剥ぎ、荷車に積んで一番近い鉄道の駅まで運んだ。自ら工場まで運搬してくることもあった。「年間使用量が二〇〇〇から三〇〇〇コード［コードはアメリカの木材体積の単位で、一コードは一二八立方フィート（長さ八フィート×高さ四フィート×幅四フィート）」（約一〇〇万から一五〇万ボードフィート〔アメリカの木材体積の単位で、一ボードフィートは一二×一二×一インチ板の体積〕）に達すると、パルプ工場は材料の本格的な調達法を新たに考えださなければならなかった」と、デヴィッド・スミスは書いている。そのため、工場はそれぞれの必要に応じて広大な土地の買い上げを余儀なくされた。一八九〇年には、メイン州ルイストンのパルプ工場が三六〇〇ボードフィートの材木をアンドロスコッギン川下流に運んでいる。

パルプの生産量をこれほど驚異的に伸ばした原因は、ほかでもない、かつてない成長を遂げた新聞産業にあった。アメリカの新聞が消費した紙の量は、一八八〇年から一八九〇年の間に一億六八〇〇万ポンドから六億七〇九〇万ポンドに増加し、同じ期間の一日当たりの発行部数は、アメリカ国税調査によれば、三一八〇万部から六九二〇万部に伸びた。一九〇〇年には、アメリカの新聞全誌を合わせた発行部数は一日当たり一億一四三〇万部となった。この莫大な需要に応えるため、一八九八年には、それまでメイン州、ニューハンプシャー州、マサチューセッツ州、バーモント州、ニューヨーク州で二〇か所の製紙工場を稼働させていた製紙業者一八社が合併してインターナショナル・ペーパー・カンパニーを設立し、間もなく同社が新聞用の紙の製造を一手に担うようになった。

創業から四半世紀の間に同社が公表した数字を聞けば、環境保護意識が高い現代の経営者なら恐縮してしまうだろう。「インターナショナル・ペーパー・カンパニーの製紙工場は、概算で年間七〇万コードのパルプ材を紙に変えている」と、W・W・ハスケルは『新聞用紙 News Print』というタイトルの著書で述べている。「パルプ材は一エーカーから平均で約五コード伐採されるため、毎年一四万エーカー、つまり二二〇平方マイル近くの森が消えているのは明らかだ。同社は世界中の製紙業界においてトップの地位を維持するために、アメリカとカナダで合計四四六万九〇八〇エーカーの土地を購入し、保有している。このうち、一五八万九八四〇エーカーは相続可能な単純不動産として所有され、二八七万九二四〇エーカーは実質的には永代借地権を持ち続けているカナダのいわゆる王室御料地だ」。同書には「四万六〇〇〇コードの木材」というタイトルで一枚の写真が折り込まれている。写っているのは、同社のハドソン川の工場の外に横たえられた材木で、そのボリュームは、近くの鉄道に並んだ有蓋貨車の列が小さく見えるほどである。

インターナショナル・ペーパー・カンパニーは五〇周年記念の場で、すべての用途を合わせたアメリカの紙の年間消費量は二五〇〇万トン、一八九八年の一二倍に達したと報告した。同じ五〇年間に国内の人口は二倍にしかなっていない。一九四八年に平均的なアメリカ人が消費した紙製品は年間三四〇ポンドであり、木材体積にして五〇〇万コード（二七年前に報告された体積の七倍以上）がパルプ製造に使われたと推定されている。新聞用紙のほか、板紙（ライナーボード）、ボール紙、食品容器（主に食料品用の茶色の紙袋と牛乳の紙パック）が大量に製造されている。

ウェアーハウザー・ティンバー・カンパニー［現在の米林業大手ウェアーハウザー］が一九三七年にまとめた森林に関する報告書でも、同様の数字を挙げたうえで、「アメリカ国民は、アメリカ国外のすべての国を合わせた人口と同じぐらいの紙を消費している」との説明を付け加えている。その後、他の国々との差は徐々に縮まってはいるものの、アメリカの紙の消費量が搾取と言えるほどの量であることに変わりはなく、長期的には厳重に資源を管理せざるをえないという予測が現実のものになりつつある。同社は、「製紙・パルプ業界は、いずれは木材繊維の供給を持続生産［枯渇しない範囲で資源を利用すること］に頼ることになるのは間違いない」との認識を示している。「持続生産を前提とした森林の管理を確かなものにするには、適切な植林計画が必要であり、そうした計画を可能にするのは結局、業界による安定的な森林産物の利用なのである」

この報告書が書かれた頃には、アメリカ中で伐採された木からありとあらゆる方法で製造されたパルプを用いて紙がつくられ、数多くの商業用途に利用されていた。ロッキー山脈より西に建設された最初の製紙所は、一八五二年にソルトレークシティー近郊の川沿いに、ブリガム・ヤング率いるモルモン教徒の植民を援助するために設置された手漉き製紙所であった。太平洋沿岸で最初の製紙所は、一八五六年にカリフォルニア州サンラフェル近郊に建てられた。ぼろ布から紙をつくり、一日の生産量は新聞用紙一トンに満たなかった。太平洋岸北西部に製紙所ができたのは、オレゴン州オレゴンシティのウィラメット川沿いで一八六六年のことである。ワラから茶色い包装紙を一連当たり一ドル五〇セントで製造した。ワシントン準州では、キャマスで一八八三年に最初の製紙所が設立された。八四インチのフォードリニア抄紙機と八〇〇ポンドのぼろ布叩解機五台を設置し、東海岸からドイツ生まれの熟練製紙技師を招聘して管理業務に当たらせた。火事が起こって建物が焼失すると、より大規模な工場が同じ場所に建てられ、五年後にはコロラドモミ、トウヒ、アメリカツガをパルプ材として一日に八トンの新聞用紙を製造するようになった。

一九二〇年代にカナダがアメリカへの木材輸出を制限すると、製紙業界はアメリカ南部を開拓し始めた。それまでは、南部の松は松脂の含有量が多すぎるため、機械を詰まらせてしまったり、生産される新聞用紙が黒ずんだりするのではないかとの懸念から開発が見送られていたのだが、そうした障害を克服するために技術が改良された。一九二七年に創業したジョージア・パシフィックは、ティシュー、パルプ、紙、包装容器を製造販売する世界の代表的企業のひとつとなった。その他の地域でも製紙業の役割が拡大していくなか、ウィスコンシン州はこの産業においてアメリカ国内随一の新たな中心地となると宣言し、現在でも製紙業を主要産業としている。

「おそらく製紙産業ほど、太平洋岸北西部の天然資源を利用してそれらを大規模に開発した業界はない」と、W・クロード・アダムズはアメリカのこの地域における製紙業の歴史のなかで詳細に記している。「自生するフトイ［イグサに似たカヤツリグサ科の植物］や樹木を使い、水資源を動力にし、溶岩を叩解機のローラーにし、石灰岩を亜硫酸法に用い、紙製品を製造するときの填料《てんりょう》や仕上げに土地のクレイを使い、さまざまな技術や処理法を開発して、太平洋岸北西部で、広く全米で、あるいは、一部の人が主張するように世界で最大の絶対不可欠な産業に発展していったのだ」。この記述は、アメリカ国内で製紙・パルプ産業が根付き、栄えていったどの地域にも、文字通りぼろ布から巨万の富を築き上げた事業のケーススタディとして、そのまま当てはまるものである。

第5章 紙幣

紙はほかのあらゆるものに取って代わることができ、万能となりうる。将来は大いなる発展が待ち受け、何年かすれば、世界中の主要な産業において製紙業は大きな位置を占めるだろうと思われた。

——関税免除を支持する論説『ペーパー・ワールド』（一八八一年）

一七九九年、二二歳の製紙工が、馬に乗ってマサチューセッツ西部の丘陵地帯に向けて旅立った。そのあたりはまだ、当時は田舎の入植地にすぎなかった。その若い男、ゼナス・クレインは、あちこち探しまわった末に、フーサトニック川の川岸に求めていたものを見つけた。それは一四エーカーにおよぶV字型の良質な農地で、彼はその土地を一九四ドルで購入した。そして、ふたりの人物から出資を受け、コネチカット川以西で初めての製紙工場を開業させた。ダルトンという村にあったこの工場は、大桶ひとつだけで製紙を行なうという程度の規模で、当初、事業が成功するかどうかはクレイン自身の手作業にかかっていた。その後の二〇年間でこの製紙工場は発展を続ける。倹約を是とするニューイングランド人が単独で経営したことが功を奏した。その後も一族が後を継ぎ、現在の経営者は七世代目。アメリカの製紙業界では最古参業者のひとつである。

クレイン社の製品として最も有名なのは、一八七九年以降、合衆国の財務省に向けて独占的に製造している紙幣の紙だ。さらに、綿一〇〇パーセントの便箋も高い評

商業画家ナット・ホワイトによる、マサチューセッツ州ダルトンのフーサトニック川の水質を調べるゼナス・クレインの姿を想像で描いたもの。

価を受けている。同社の製品は歴代のアメリカ大統領やイギリス王室に愛用され、ティファニーやカルティエといった一流の顧客を相手にするブランド製品の製造も請け負っている。たくさんの製紙業者たちが現れては消えていくなか、クレイン社は独自の地位を保ち続けてきた。さまざまな状況にすばやく対応してきたおかげ、そして、上質の製品をつくりだすためなら妥協を許さないという創業者の姿勢のおかげでもあるだろう。

ゼナス・クレインが生まれたのは一七七七年、叔父のトーマス・クレインとふたりの共同経営者がミルトンのネポンセット川沿いの工場の経営を引き受けてから七年後のことだ。この工場は、その二〇年前にマサチューセッツの議会の認可を受けていた。共同経営者の三人は全員、熱烈な愛国者だったので、自分たちの事業を臆面もなく〝リバティ製紙工場〟、すなわち〝自由の製紙工場〟と呼び、独立運動においても大きな役目を果たした。現在、ダルトンにあるクレイン製紙博物館の重要な収蔵品のひとつである工場の古い業務台帳には当時の顧客名が書き連ねられている。そこには、反イギリスの新聞で、ベンジャミン・エズとジョン・ギルが発行した『ボストン・ガゼット・アンド・カントリー・ジャーナル』や、アイザイア・トーマスの名前もあった。アイザイア・トーマスは、レキシントン・コンコードの戦いを最初に報じた一七七五年五月三日付の『マサチューセッツ・スパイ』紙にリバティの紙を用いた。

戦闘が始まるわずか四日前に、マサチューセッツ植民地の安全委員会は、その議事録に「ウースターの印刷業者、トーマス氏が使用するために四連の紙を直ちに注文すること」と記し、戦闘のあとにも、直ちに追加の出荷を承認することを記録した。一方、リバティ製紙工場の別の台帳には、一七七六年一月四日に一三連の〝紙幣用紙〟を銀細工師で版画家のポール・リビアに販売したという記録がある。ボストン包囲戦で膨れ上がった負債を穴埋めするために発行されることになった〝ソード・イン・ハンド〟という名称で知られる植民地の手形に使用するためだ。工場でつくられた紙は、武装した護衛に守られながらリビアのもとに届けられた。リビアはそれ以外でもトーマス・クレインとの友情を当てにしていた。その翌年、従軍していたリビアが、ミルトンにあるリバティ製紙工場の所有地で四六頭の軍馬に牧草を与える許可をトーマスから得たことも記録されている。

戦争が終わると、それまでミルトンの叔父の工場で製紙技術を学んでいたスティーブン・クレイン・ジュニアは、チャールズ川沿いの活気ある地域で自分の製紙工場を開業した。製鉄業者、織物業者、製粉業者、なめし革業者でにぎわうニーダムの街のニュートン・ローワー・フォールズという地域の近くだった。スティーブンは弟のゼナスに仕事の基礎を教え、ほどなくしてゼナスはウースターにあるアイザイア・トーマスの製紙工場で見習いとして働くことになった。やがてトーマスが、戦時中の仲間のひとりであり、すでにマサチューセッツ中部にいくつかの製紙工場を所有していたカレブ・バーバンク少将に事業を売却すると、ゼナスは自分自身の道を進み始めるときだと判断した。そうして彼が工場を建設したダルトンは、ボストンの西一四〇マイル、ニューヨークの北東一五〇マイルに位置し、ボストンからもニューヨークからもさほど遠くなく、しかも近すぎることもなかったので、まだまだ土地が余っていた。バークシャーヒルズを水源として南に一八〇マイルの距離を流れ、コネチカットを縦断してロングアイランド湾に流れ込むフーサトニック川の流れは力強く、ビーターの動力源にぴったりだった。ゼナスは、パルプを製造するために敷地内にきれいな水を供給する被圧井戸も所有していた。

当初、ゼナスの目標は控えめだった——一日あたり六連の紙、年間で二〇トンを生産するというものだ。すべての工程は伝統的な手作業で行なわれた。つまり、二世

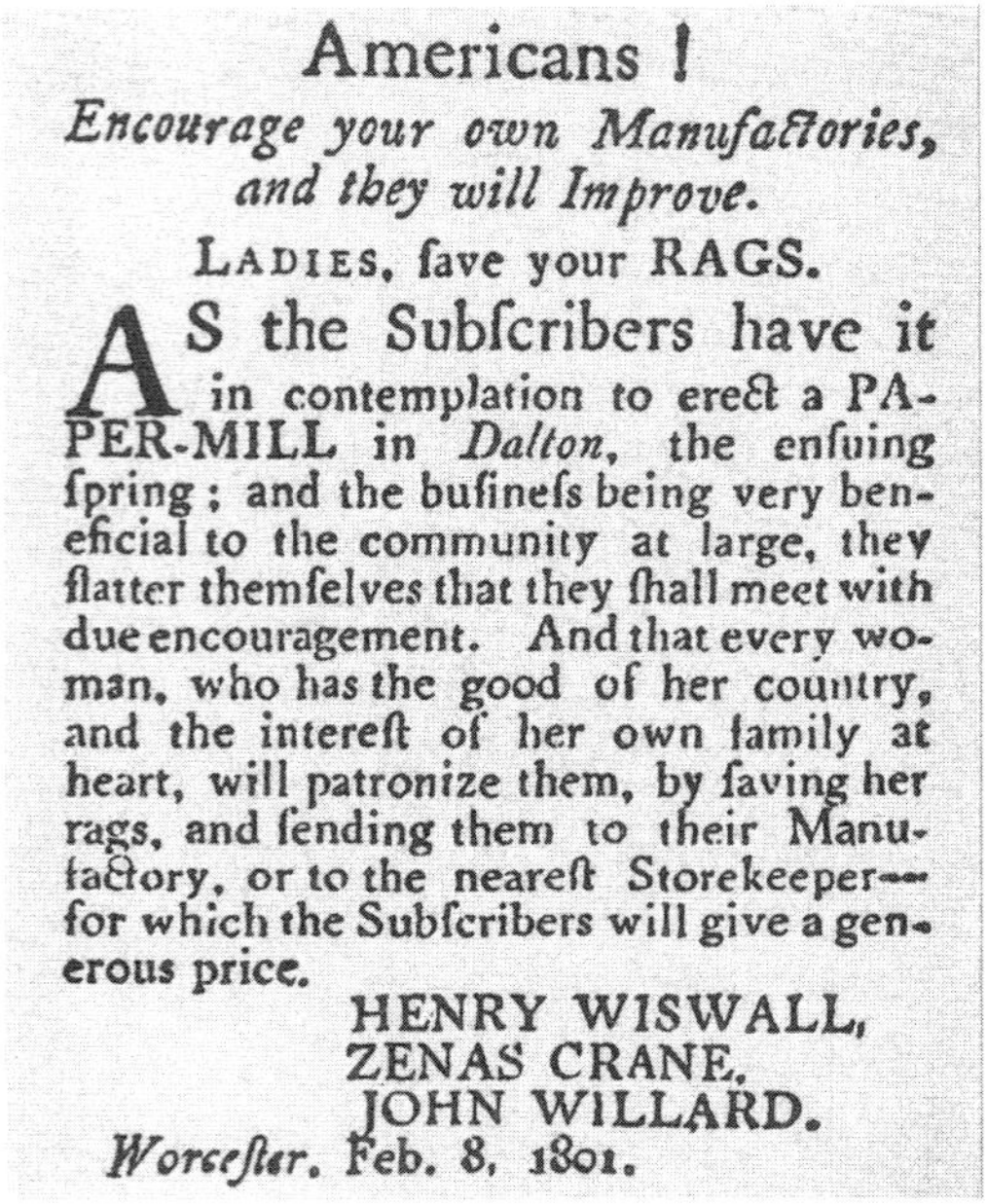

Americans !

Encourage your own Manufactories, and they will Improve.

LADIES, ſave your RAGS.

AS the Subſcribers have it in contemplation to erect a PAPER-MILL in *Dalton*, the enſuing ſpring; and the buſineſs being very beneficial to the community at large, they flatter themſelves that they ſhall meet with due encouragement. And that every woman, who has the good of her country, and the intereſt of her own family at heart, will patronize them, by ſaving her rags, and ſending them to their Manufactory, or to the neareſt Storekeeper—for which the Subſcribers will give a generous price.

HENRY WISWALL,
ZENAS CRANE,
JOHN WILLARD.

Worceſter, Feb. 8, 1801.

1801年、ぼろ布を募集する公告。

紀以上にわたってその力を証明してきた人間の〝労働〟に頼ったのである。一八〇一年二月八日付『ピッツフィールド・サン』紙には、ゼナスによる最初の告知が掲載された。地元市民、なかでも鍵を握ると思われる人々に支援を呼びかけたのだ。「女性の皆さん、ぼろ布を集めてください」。そして、協力の見返りには「気前のいい代価」を支払うことを提示した。

その後の五年間で、クレインは、通貨を発行している銀行や、株式や債券（bond）といった証書の印刷を専門にする業者を顧客に加えた。公文書の印刷に適した一定の品質の紙を示す〝ボンド（bond）紙〟という言葉は、ここから生まれたと考えられている。事業の成長にともない、ゼナスは繊維に関する調査を拡大した。ブリキ製品の行商人や郵便物配達人と契約を結び、他の地域から布を集めたり、ヨーロッパの織物工場からリネンの端切れを買い付けたりしたのである。これらの品は、郵便船によってニューヨークからハドソン川を上って彼のもとに届けられた。「昨晩遅く、トロイから荷物が到着した。梱包されたぼろ布が一一個、スループ帆船ジョン・ハンコックによって届いたのだ」とクレインは、一八一一年六月に同業者に向けて書いている。「検査の結果、内容物に問題はないとわかったので、いつでも紙にできる」。

一八三一年、クレインは近隣のスプリングフィールドで開発された丸網抄紙機を購入し、自身も、装置から自動で紙を排出するための機械を発明した。また、乾燥を促すために蒸気で熱を加えるパイプを自ら設計して設置した。ほかにも、成形刃を自動化し、パルプを整える機械、裁断機なども改良した。

一八四四年、ゼナスが亡くなる数か月前に、クレイン社は初めて長網抄紙機を稼働させた。これにより、クレイン社は、フーサトニック川とコネチカット川に沿って次第に激しくなる製紙競争において確固たる地位を固めた。一八九〇年代前半までに、バークシャーとハンプデンのふたつの郡は、世界で最も製紙業が盛んな地域のひとつとなり、マサチューセッツ西部には、かつてゼナス・クレインがそうであったように、新しい人材が数多く引きよせられた。これは、大きな港町に近いことが理由であり、この人を引き付ける力は一八二五年のエリー運河の開通によっていっそう増した。

この地域のコネチカット川は五分の一マイルあたり五八フィートという急な傾斜で流れ、その自然の落水がもつ潜在的な力を最大限に活用するため、一九世紀の技術者たちは、三本の環状の運河の周囲に工業都市ホールヨークを建設した。運河は十分な動力を生み出し、そこに集まった二八の工場を稼働させた。最盛期には、この地で生産される紙の量は、アメリカ全土の生産量の九〇パーセント近くを占めるに至った。そうした工場はすべて第二次世界大戦直後に閉鎖したが、経済的に苦しい状況にある地域社会は、今でもそこを〝紙の街〟と自称している。過去の栄光を思い出させ、郷愁を誘うのは、こくのある現地生産のエールやピルスナーといったビールである。かつて、ペーパー・シティ・ブルーイング社が古いビルの五階で製造していたものだ。

特大サイズの黄色のリーガルパッド［もともとは法律関係者が使っていたメモ帳。横罫線で、左側に縦のラインがあるのが特徴。サイズは八・五インチ×一四インチ。法律用箋とも］を発明したと主張するアメリカン・パッド・アンド・ペーパー・カンパニーは、現在テキサスに拠点を置き、アムパッドの通称で知られているが、二〇〇五年にホールヨークの事業をメキシコに移した。国境の南にある、より良質な牧草地とより安価な労働力を求めて去っていったのだ。これにより、一八八八年の同社創業時から続いていた地域社会の構造も変わることになった。それまでアムパッドは、近隣の工場から廃棄される切れ端を買うという巧みなアイデアによって材料（〝仕分け品〟と呼ばれた）を集め、それを加工して製品をつくっていたのだ。特徴的な罫線の入ったアムパッドのメモ用紙は、弁護士、裁判官、書記、法科学生たちの間で不可欠なものとなった。なぜ用紙が縦に長いのか、なぜ二重の赤い縦線が左の端に沿って入っているのか、そしてなぜ黄色なのかは誰にもわからない。特許でも申請されていれば、そこに理由が記されていたのだろうが。

ホールヨークで最後の製紙会社となったのは、アムパッドではなく、フランク・パーソンズ・ペーパー・カンパニーである。同社は、業界で初めて街中に販売店を開いた企業で、世間での評判も高かった。一八五三年に設立され、一時はアメリカにおける高級事務用品や台帳の最大の製造業者だった。そして、多くの文化的な機関や美術館のために、綿のぼろ布から書類用の紙をつくることに力を入れていた。クレイン社と同様に、パーソンズ社も数世代にわたる同族会社であったが、一九五八年にニュージャージーのナショナル・バルカナイズド・ファイバーに売却されたことから衰退が始まった。そして二〇〇五年に破産を宣告し、中心市街地の四・五エーカーを占めていた煉瓦づくりの巨大な工場は打ち捨てられた。シャッターが外されたビルは、三年後には瓦礫の山と化した。放火による大火災で、三日間にわたって燃え続けたのである。

数多くの競争相手が現れては消えるなか、クレイン社がいかにしてニューイングランドで生き残ることができたのかということは、博士論文で扱うに値するテーマである。個人が所有するクレイン社は、二一世紀に入っても繁栄を続け、現在の年間売上高は五億ドルを超えると推定されている。もちろん、政府という景気の影響に左右されない顧客と契約を交わし、一三〇年以上にわたって紙幣用の紙を製造していることも大きいだろう。だが、その契約については、現在でも四年ごとに競争入札が行なわれる。いかに高品質の紙を納入するかにかかっているのだ。クレイン社の紙はすべてぼろ布からつくられている。この紙のおかげでアメリカの紙幣は世界でも最も柔軟かつ丈夫なものとなっている。

一八六〇年代にすりつぶされた木材パルプの使用を始めたほかの工場とは違い、クレイン社は、綿とリネンの繊維のみを使用する〝木材不使用〟を継続した。また、紙には多様な用途があるという認識を常にもっていたため、新たなチャンスをつかむこともできた。たとえば、一八四七年に糊付きの郵便切手が導入されると、クレインはその用途に適した表面をもつ紙を開発し、早々と市場に参入した。そして、一八五〇年代に機械で折りたたまれる封筒が登場すると、生産ラインを拡大して文具に力を入れる。クレイン社の製品はヴィクトリア女王やセオドア・ローズベルト大統領といった顧客からも好評を得た。ダルトンにあるクレイン博物館には、一八八六年の自由の女神の除幕式への出席要請書や、一九三七年、ゴールデンゲートブリッジの開通時に来賓に送られた招待状なども展示されている。

南北戦争中、クレイン社は北軍に向けて薬莢用の紙を製造した。創業者の孫であり、一九〇四年から一九一三年までマサチューセッツ選出の上院議員を務めることになるウィンスロップ・マレー・クレインは、一八七三年に大きな契約を取り付けた。薬莢の包装紙を製造するという契約である。これは、コネチカット州ニューヘイブンのウィンチェスター・リピーティングアームズ社が製造し、のちに〝西部を勝ち取る銃〟として知られる新型の連射ライフルに使用するためのものだった。クレイン社がつくった薄いリネンのボンド紙は、ふたつの部分からなる弾丸に対して、一種の詰め物として用いられた。この紙の利点はきれいに燃えて、ほとんど灰が残らないということにあった。この契約と、さらに男性衣類用に使い捨ての紙の襟を何百万という単位で製造したことで、同社は一八七三年の恐慌から長く続いた不景気を乗り切ることができた。一九〇三年には裏が透ける透写紙を開発したが、その紙は十分な強度を備えていたために耐久性のある製図用紙として建築家や技師に重宝がられた。大恐慌の時期には煙草用の巻紙を製造するとともに、カーボン複写紙の製造ラインをもつ事務用品部門を拡大した。カーボン紙は、のちに乾式電子写真方式によるコピー機やコンピューターを用いた複写が一般的になるまでは、重要な商品であり続けた。

しかし、クレインの長い歴史のなかで最も重要とされてきたのは、創業者の息子であるゼナス・マーシャル・クレインが偽造防止の手段として一八四四年に導入した、ある革新的な技術だった。製紙機の〝乾燥前〟の行程で絹の糸を挿入するという方法によって、同社は本格的に紙幣用の紙の製造に関わることになったのである(一ドル紙幣には一本、二ドル紙幣には二本、そして当時の通貨発行銀行で人気のあった三ドル紙幣には三本の糸が使われた)。そして技術導入から三五年後、フィラデルフィアのJ・M・ウィルコックス社が独占していた米ドル紙幣用の紙を供給するという契約を新たに取り付けようとクレインが決断したときには、この技術が大いに役立った。期限間際にクレイン社がオファーした紙一ポンド当たり三八・九セントという額は、当時ウィルコックスに支払われていた七〇セントよりもはるかに安かった。それ以来、製版印刷局[アメリカ合衆国製版印刷局。紙幣、国債、身分証明書他、多くの機密文書を印刷、製造する]との関係はずっと続いている。

最近では、ストックホルム郊外で操業するクレインの系列企業が二〇〇二年にスウェーデン中央銀行から紙の製造依頼を受けたのを皮切りに、メキシコ、エジプト、カナダ、インド、サウジアラビア、韓国、タンザニア、タイといった国々に向けても紙幣用の紙を供給するようになっている。いまやクレイン社は、世界の生産量の六〇パーセントを担う紙幣用の紙を製造する世界最大の紙幣用紙製造企業なのだ。なお製版印刷局によれば、アメリカでは一日あたりおよそ三五〇〇万枚の紙幣、額面にして六億三五〇〇万ドルが印刷されている。連邦準備制度理事会によると一ドル紙幣の寿命は四一か月と想定されており、最低でも八〇〇〇回、あるいは四〇〇〇回二重に折っても破れないようにつくられている。

米ドル紙幣の製造は、この街の互いに一マイルと離れていない三棟の煉瓦づくりの建物で行なわれている。そのうち一棟では、労働者たちが、政府の仕様に厳密に従って半加工原料と呼ばれるパルプをつくり、紙そのものは残りの二棟で製造する。最終的な製品は、合衆国政府のシークレットサービスの監視のもとに稼働している独自の長網抄紙機によってつくられる。

近くにはクレイン製紙博物館がある。この博物館は灰色の自然石でできた一階建ての建物を再利用したもので、もともとはあちこちから持ち込まれたぼろ布を仕分けするためにゼナス・クレインが一八四四年に建設した建物だった。かつての作業場のすぐ隣の部屋が重役室である。ある夏の朝、私と妻のコニーはその部屋で、クレイン社の副社長であり、紙幣偽造防止策を含め、政府向けの製品の責任者であるダグラス・A・クレインに面会した。

製紙業者の七代目であり、現在同社の上層部にいる四人のクレイン一族のひとりであるダグラスの血管には紙が流れているのではないかと想像したくなる。私がそう口にすると「紙というよりパルプでしょうね。パルプのほうがずっと流れやすいですから」と彼は答えた。ダルトンで育った彼は、幼い頃に父親であるクリストファー・クレインと一緒にさまざまな工場を訪ねたのを覚えているという。「私にとって製紙業は常に身近なものでした」と彼は思い返す。「工場を見渡せる丘の上に住んでいたので、子供の頃はよく眺めていました。父親に連れていってもらったときには工場での作業に夢中になりました」

一九八二年にブラウン大学を卒業したクレインは、短期間バイオ医療産業に従事し、そのあとで一族の経営する企業に加わった。「私は工学技術部門で働くことになりました。そこで、紙に偽造防止のための微細な仕掛けや、それを紙に施すためのシステム開発に取り組むようになったのです」。彼はそう言うと、持ってきた製品を実際に見てみるよう私たちを促した。製品には、彼の部門が開発した最新の偽造防止の仕掛けが採用されていた。「実際に事業に関わり、製造工程を理解するようになると、製紙の仕組みがいかに複雑かということに心を打たれました。そこにはさまざまな物理学が関わっています。しかし本当にすばらしいのは、おびただしい数の技術が生み出されてきたという点です」

彼はたちまち製紙にまつわる知識と技術に熱中したという。「私は手づくりの紙と製紙の歴史に興味をもちました。実は、ここで働きはじめてしばらく経った頃、手づくりで紙をつくろうと考えました。つまり、自分たちの原点に戻ろうとしたわけです。実際にいくつか計画を立てて、実行しました。商売のためというより、情熱に突き動かされて。すぐに経済的な理由から続けられなくなってしまいましたけれどね。とても残念です。本当に美しい紙ができたのですが」

だが、手作業で紙をつくるということは、ダグラス・クレインに、製品に対する触覚を超えた感覚をもたらした。隣接する博物館の展示品のなかで彼が最も気に入っているのが、ゼナス・クレインが最初につくった大桶部屋を再現したものであるのも当然だろう。一九二九年にクレイン社の依頼でつくられたこの見事な実物大の展示は、ダード・ハンターの手で組み立てられた。ハンターは当時ダルトンから数時間南に行ったコネチカット州ライムロックに紙づくりの工房を設立したばかりだった。

「紙の手触りや扱いやすさがとても好きです。振ったときにカサカサと鳴る音もいいですね――紙に囲まれていると幸せになります」とクレインは言った。「紙をつくる工場のなかにいるだけで幸せな気持ちになります。完成品を見れば、それが事務用品の箱であれ、紙幣用紙であれ、原材料からすべての繊維を取り出してひとつにまとめたことで、奇跡のような製品が生まれたのだと実感することができます。驚いてしまうのは、紙の原料であるセルロースが、自然界で唯一の自己接着する繊維だということです。たとえばタンパク質由来の繊維からフェルトのようなものをつくろうと思ったら、それなりに手を加え、機械的に絡ませなくてはなりません。ですがセルロースの場合は、水分を除いていくと、連なったセルロース繊維の表面で水素結合が起こります。乾燥させることでそれぞれの繊維がどんどん近づいていき、最終的には互いにくっつくのです。ですから、乾いた紙はそれ自体が強度をもつ優れた物質なのです。もちろん、紙幣などの紙については、濡れたときどうなるかが問題になります。洗濯機に入れるとびりびりになってしまうというのは望ましくありません。そのため、水に強くなる化学薬品を加えて、性能を高めなくてはなりません。とはいえ、本来、紙は驚くほど強靱で耐久力のある物質なのです」

その日クレインが私たちに見せるために持ってきた製品のなかには、新たに考案された紙幣の試作品があった。外国政府向けにつくられた、偽造防止措置が施されたものだ。何の変哲もない紙幣に見えるが、クレイン社の製品であることを示す印がついていて、紙幣偽造者を出し抜くための最新の技術が組み込まれている。最も印象的なのは、そこに印刷されたトンボの絵だった。光に向かって傾けるとさまざまな色を発し、その目はどこから見てもこちらを追っているように見えるのだ。

「ご覧になっているのは、偽造防止の新しい仕掛けです。私たちは『動く糸』と呼んでいます。紙幣の内側と外側に編み込まれている糸には小さな画像が印刷されていて、紙を動かすと表面を画像が移動します。紙を前後に傾けると、画像が左右に移動します。左右に傾けると、画像は上下に移動します。これは、顕微鏡サイズのきわめて複雑な、光学的な仕掛けです。およそ五万個のレンズが一体となって、糸の上にひとつの目玉のようなものをつくり出しています。まさに『トンボの目』です。この偽造防止装置がトンボの複眼と構造がほぼ同じなのです」

紙の内部あるいは表面に編み込まれている細い繊維は合成樹脂でできているが、紙幣金額ごとに色が変わる。「繊維をフィルム状にして、細く裂いて偽造防止の糸にします。それを、製紙の工程のなかで紙に組み込みます。これこそが究極の技術です」。ダグラス・クレインがそう説明してくれた当時、この紙はごくわずかな通貨にしか使用が認可されていなかったが、後に新たにデザインされた一〇〇ドル紙幣に採用されることとなった。製版印刷局の発表によれば、当初は二〇一一年に流通が始まることになっていたのだが、二〇一三年の秋に延期された。延期の原因は、政府の報告によれば、初期の印刷段階で直面した〝折り目に関する問題〟だという。この新たな紙幣一枚一枚には、偽造防止のためのきわめて細かい技術や複合的な透かし模様、それに一〇〇万個近くの微細なレンズなどが組み込まれているのである。

次にクレインが見せてくれたのは、新品の一〇〇ドル紙幣だった。指で触ってもいいと言ってくれたが、写真撮影は許されなかった。なぜならシークレットサービスから貸与されたものだったからだ。「どうですか?」と彼が尋ねたので、私は、「手触りがとてもいい」と答えた。「実にいい手触りですよね。ですが、これは偽物なんです」と彼は言った。私が手に持っているのは、財務省とシークレットサービスが〝スーパーノート〟と呼んでいるものだと彼は説明した。前大統領ジョージ・W・ブッシュをはじめ何人かの政府高官は、これはアメリカに友好的でない国によって偽造されたと判断した。最も可能性が高いのは北朝鮮で、イランの可能性もあるとみなされている。

「これは普通の偽札とは違います」とクレインは言った。「きわめてめずらしい事例であり、その何者かは、巧妙にも紙そのものまで偽造しているのです。たいていの偽造者は、本物の紙幣からインクを抜き取り、印刷する下地をつくります。たとえば、五ドル紙幣を一〇〇ドルに書き換えようとするのです」。ところがこのスーパーノートは、七五パーセントが綿、二五パーセントが亜麻という正しい配合でつくられた高品質の紙に印刷されているだけでなく、偽造防止のさまざまな特徴や透かしまで備えているのである。

「何者かはわかりませんが、偽造防止の糸そのものをつくりだし、それを紙幣に組み込んでいます。とてもひとりの人間ができるようなことではありません」。おまけに凹版印刷の技術が用いられ、きわめて本物らしく見える。ただし、欠陥もあるという。それが何かまではクレインは話さなかったが、本物をよく知っている者であれば偽造紙幣であると十分に見抜けるということだった。「最初に偽札だとわかるポイントは、感触です。手触りが不自然なのです」とクレインは言った。

「私にとっての課題、アメリカ政府から与えられている課題は、こういうことをした人が逃げおおせることのないようにするためにはどうすればいいか、ということです。だからこそ、私たちはシークレットサービスに代わり、これらの紙幣の分析を進めているのです。もし個人が相手なら、たとえ莫大な資金と設備を有していても、ご覧になった動く糸のようなものを開発することで対処できますが、相手が別の国の政府、特に核武装を進めている国となると話は変わってきます」

南北戦争が始まる前、アメリカにまだ国としての通貨がなかった時代、紙幣は実に多様な額面とデザインで発行されていた。一八六〇年までに一万を超える種類があり、悪用するには絶好の状況だった。紙幣偽造は当たり前の時代だったのである。たとえば、一八五七年に刊行されたハーマン・メルヴィルの著書『信用詐欺師』は、ミシシッピ川を航行する川船を舞台にエイプリルフールに起きた出来事を描く風刺文学だが、そのなかでも紙幣偽造は物語の重要なモチーフである。

ある国の通貨に大打撃を与えた例といえば、ベルリン郊外のザクセンハウゼン強制収容所で行なわれた紙幣の偽造がある。関わったのは収容されていたユダヤ人たちだ。彼らはガス室を逃れるために、自分たちを捕らえたナチスのために偽のイギリスポンド紙幣を製造した。それはあまりに精巧で、ドイツの諜報員がスイスの銀行に預けた偽造紙幣のサンプルをイングランド銀行の調査員が本物であると認めたほどだった。北朝鮮で製造されたと考えられるアメリカのスーパーノートと同様に、ドイツのこの紙幣偽造もグラフィック制作の専門家集団によって実行され、実際のイギリスの紙幣と同じ組成、手触り、見た目、しわを有する紙が使われた。繊維の種類と正しい配合を見きわめるため、指示を受けたドイツの製紙会社は研究施設で入念な分析を行なった。ドイツの科学者たちはイギリス紙幣の配合がトルコのリネンと、ラミーと呼ばれるアジアのイラクサの組み合わせであることを突き止めた。リネンの材料となる亜麻はドイツで手に入れることができ、ラミーはハンガリーから購入した。

さらに、透かしを入れるために、オランダの機械を改造して用い石英灯で照らした際の紙幣の色を可能な限り再現するため、一七二五年以来ポンド紙幣の紙を製造している会社で使われているものにできる限り近づけた特別な水を用意した。透かしについては一〇〇回以上の試験を重ね、ようやく満足のいく仕上がりになった。計画が終了したのは一九四五年に戦争が終結してからで、その時点でも偽装紙幣は本物と見分けがつかないほどよくできていたため、イングランド銀行は疑わしいものすべてを流通から回収し、慎重を期して、異なるデザインと組成による新しい五ポンド紙幣を製造した。

近い将来、紙のない社会は実現するだろうかという話題になると、ダグラス・クレインは「紙幣が存在し続ける」と楽観的な見方をしたが、それは、さほど驚くべきことではない。「そもそも、なぜ紙のない社会を望むのか、私にはよくわかりません」と彼は言った。「そうするとどんないいことがあるのでしょう? 実際のところ、私たちはかつてないほどたくさんの紙を使っています。紙のない社会なんて、いったいどこにあるのでしょうか?

考えてみれば、紙は情報を伝えるのに非常に適した道具です。いつでも好きなときに読むことができます。電源ボタンを押す必要もなく、どこにでも持ち運びができる。並外れて便利です。データのやり取りが増加して、貨幣の占める割合が減っていることは認めますが、それでも貨幣は発達しているのです」

紙幣の数も世界中で増えている、と彼は続けた。それは、流通しているおよそ二五〇億枚のアメリカ紙幣の六〇パーセントが常にアメリカ国外にあるとする統計によって裏付けられる。「世界中でアメリカの貨幣を蓄えては、マットレスの下に貯め込んでいるのです。現地の通貨はインフレを起こすかもしれないので。単に弱いこともあるでしょう」と彼は言った。「紙幣は価値を蓄積する手段であり、売買を成り立たせる手段でもあります。アメリカのおよそ二〇パーセントの世帯が銀行口座をもっていません。そのうえ、アメリカにはたくさんの移民がいます。移民の多くもまた銀行口座をもっていません。彼らはすべてを紙幣を介して手に入れています」。クレイン社は幅広い紙製品を製造しており、この翌日、私たちはマサチューセッツ西部の工場で、さまざまな製品がつくられているところを見た。しかし、ダグラス・クレインが満足させるべき相手は、ただひとつの顧客だけ。それは、会話のなかで彼がたびたび〝われわれの顧客〟と呼ぶ相手、つまりアメリカ合衆国製版印刷局だ。

「私の第一の責務は、われわれの顧客を満足させることです。私は政府との契約の責任者ですからね。この契約はわが社の生命線です。実際、私はしょっちゅうワシントンに行きます。必要だからです。でも本当は、朝まずどこに行きたいのか決められるというのなら、私は製紙工場を選ぶでしょう。そこで最初に何をするかと言えば、機械にある乾燥前のようすを確かめるのです」。そうやって現場で抜き取り検査のようなことを行なうのは、五つ星レストランの料理長が全体に目を向けるのに似ている。

「仕事への情熱のあまり、奇妙な行動に出る連中もいます」と彼は言った。「今はもう使っていませんが、かつてはビーターを使って繊維をまとめて精製していました。それ以外の方法がなかったからです。当時は、ビーターの技師たちも製紙の過程に関わっていました。いつもそばに待機してビーターを作動させていたわけですが、彼らは単に一定時間機械を動かして、一定の圧力を加えるだけではありません。時には機械のなかに手を突っ込み、自分の目でよく見て……うまくいっているかどうか判断するために、紙を口に入れて噛んでみる者までいました」。長年の経験からそうした細かい鑑識眼が養われるのだと彼は語った。その実例を、コニーと私はふたつの製紙工場で目撃することになった。

バイロン・ウェストン棟という名前は、かつてフーサトニック川地域に存在した競争相手で、精力的な成長を遂げているさなかにクレイン社に吸収された会社にちなんだものである。そこの設備では〝顧客〟の要望に応じて多くの材料が厳しく定められた割合で組み合わされ、紙幣に使われる〝半加工原料〟が製造される。でき上がったものは別の建物に送られ、そこで紙となる。この準備段階における責任者はジョナサン・R・ドロシーンだ。

一九七九年からクレイン社に雇われているが、彼を含めて一二〇人以上の親族が四世代にわたって同社のために働いている。そのなかには、彼の父親や三人の兄弟もいる。のちにそのうちのひとりに私たちは会うことになる。長年ダルトンに居住しているドロシーンは、原材料管理責任者の肩書きをもち、製紙工場の細かい点について説明してくれた。初めに見せてもらったのは搬入エリアだった。ここには、ピッツフィールドおよび周辺地域から、梱包された亜麻や綿がトラックで運ばれてくる。

「私たちは他の産業から出た廃品をリサイクルしているというわけです」とドロシーンは見学の最初に言った。まず見せてもらったのはリネンの紡績工場から届いた亜麻の包みだった。「まるで干し草を運ぶときのような形に梱包されて私たちのところに届きます。紡績工場では布地をつくるのに必要な部分を取り除いた後、残りをしばらく地面に寝かせて湿気にさらします。湿気にさらすことで、外皮の不要な組織を壊すのです。適切にふやかすことで、よりよい繊維が生まれます。それから束にして巻き、根本を切り落として、茎を梳《す》く工程にまわします。処理をするまで見た目は植物そのものですが、処理が終わると、細い茶色の髪の毛のようになります」彼はひと握りの亜麻を手に取り、それがいかにやわらかいか確かめられるよう、私たちに触らせてくれた。それから、工程に不可欠なもうひとつの繊維について説明を始めた。

「この綿は綿繰り機から回収したものです」と彼は言った。「畑で穫れる綿花からは、三つのものがとれます。まずは種、次に紡いで糸にできる綿、そして、残りものと呼ばれるくず綿です。私たちがここに集めているのは、いわば抜け毛のようなもので、今ご覧になっているのは、綿をきれいに梳いて枝や小枝や葉を取り除く工程を経て梱包されたものです。原材料のほぼ八〇パーセントが、こんなふうに回収された中古のセルロースです。こういった素材を混ぜ合わせるときには、原料の正確な配合が大事です」

掃除する、梳く、紡ぐ、そして〝ごみと組織〟を取り除くためにふるいにかけるという段階に加えて、すべての原料はブラックライトを当てて検査をしなければならない。「光る繊維が混ざっていたら、確実に取り除かなくてはなりません。光のは化学物質で汚染されている証拠ですから。たとえば、細いビニール片。紙の材料の多くが穫れる大草原にはよくあるものです」。この手順が必要になるのは、紙幣用の紙が他の多くの紙と異なり、蛍光を発しないからである。「紙幣をブラックライトに当てると、偽造防止の糸だけが蛍光を発します。あるいは、蛍光性の何かが含まれていればそれも光ります。もしそのようなものをパルプに混入してしまうと、紙の完全さを損なうことになってしまいます。偽装紙幣はたいてい蛍光を発します。そのため、偽装を見抜くには小さなブラックライトがあるだけでいい場合もよくあります」

製造工程は絶え間なく進んでいくものの、未加工原料が投入されてから、最終加工工場に向かって出荷の準備を行なう段階までおよそ二時間半を要する。その後、アルカリ液と呼ばれる化学薬品である水酸化ナトリウム溶液に浸したり、蒸し煮釜と呼ばれる巨大な円筒形の装置で加熱される。その先の精製段階ではパルプ製造タンクという機械が使われ、さらなる洗浄とすすぎがジャイロクリーナーという装置で行なわれる。これは回転する円盤で、内部では網を通して汚れた水を排出し、きれいな水を加える仕組みになっている。

ドロシーンは、機械を用いた工程について説明し、繊維を「相当な馬力を用いて、短く小さくしているのです」と語った。「目標は、繊維をばらばらにして細い小繊維に変えることです。そうすれば絡みあって、より形にしやすくなりますから」望ましい基準の白色度を得るために漂白剤が加えられ、機械の運転が終わるまでには投入された水分のおよそ半分が取り除かれる。その時点で素材は長方形に裁断されているが、素人目には、厚くて粗い紙にしか思えない。「ここでの製造工程はすべて、米ドル紙幣の紙をつくるための前段階にすぎません」と彼は言った。そして、半加工原料は〝十分な強度の構造〟をもっていると語った。「ここからさらに処理を続けると、適切な密度を得ることができます。まだまだいろいろな手を加え、この繊維をさらに短く、さらに小さくしますが、私はここまでです。ここで、向こうにいる兄のところに送ります」

彼の言う〝向こう〟、つまり紙幣工場と呼ばれる棟で私たちを案内してくれたのは、ジョナサンの兄であるドナルド・J・ドロシーンだった。彼は、一九六九年にクレイン社の研究室の夏期インターンとして働き始めた。私たちが訪ねたときの肩書きは、アメリカ紙幣の製造責任者だった。「ある日、祖母のネティが私をブルース・クレインのオフィスに連れていき、こう言いました。『クレインさん、このドナルドは今一八歳で、化学者志望なのですが、夏休み中の仕事を探しています』」とドナルドは語った。「私は一日一二時間働き、ここでの最初の夏に二三〇〇ドルを稼ぎました。祖母のネティはバークシャー郡で農場を経営していましたが、子供たちをクレイン社にやって仕事をさせました。だから子供は全員、一度はここで働いたことがあります。クレイン社はいつも私たち家族を気づかってくれましたよ。祖母が亡くなったときは、社長のブルース・クレインが、葬儀場のなかにまできてくれました」

ドナルド・ドロシーンによれば、製紙の最終段階に進むためには、半加工原料は「特定の繊維の長さ、叩解度、そして色を備えていなければなりません。そうでなければ、パルプ製造機や混合タンクで混ぜたときに、製版印刷局を満足させるような強度、耐久性、組成、品質を得ることができません。加熱処理はすべてジョナサンのところで行なわれます。ここで私たちが行なっているのは、精製して紙にすることです」

私は、一連の処理が始まる場所にあるいくつかの巨大な桶の写真を撮った。それぞれに約二七〇〇ポンドのパルプが入っている。それを見て、最初に見た工場で半加工材料をつくる過程では（本当はたっぷりの水を使うのに）〝水を使わない〟と言う理由がすぐにわかった。「今は五パーセントが繊維、九五パーセントが水分という状態です。これを何百万ガロンという水で薄めます。最終的な溶液は、繊維が〇・六パーセント、水が九九・四パーセントになり、そこで製紙機に投入されます」

〝乾燥前〟の段階を見ることは許されなかった。そこでは適切に薄められたパルプが、複数のローラーと移動する網が組み合わさった轟音を立てる機械に供給されて、紙幣用の紙へと成形される。この過程で、それぞれの紙幣の額に応じて開発され、ニューハンプシャーにあるクレイン社の系列会社で製造された、合成樹脂製の偽造防止の糸が組み込まれる。これはこの企業だけの技術なので、従業員でさえほとんどが立ち入りを禁止されている。巨大な音を立てて動く複合機械は、まるでうなりをあげながら田舎を走る巨大な機関車のようだ。工程の最後では、高速で回転するいくつもの輪によって、クリーム色がかった一枚の長い紙が音を立てながらリールに巻き取られていく。それぞれのリールはひとつで五万枚の紙幣分を巻き取ることができる。

ドナルド・ドロシーンは、米ドル紙幣を「世界で最も強靭で耐久力がある紙幣」と呼ぶが、それは文字通り、彼が日々つくっている製品そのものの特徴でもある。彼によれば、イギリスの五ポンド紙幣は一年間も流通しないが、米ドル紙幣は三年半はもつという。「五ポンド紙幣をかざすと女王のきれいな画像が見えます。わが国の紙幣は綿とリネンの繊維でできていて、透かしを入れるのには向いていません。そのかわり、耐久性があります。そこで折り合いをつけたということです」

マサチューセッツ州ダルトンのクレイン社の工場で製造されているアメリカの紙幣用の紙。

製紙を生涯の仕事としているドロシーンは、自分のやっていることは科学であり、同様に芸術でもあると考えていると語った。彼は検査施設のひとつで、紙幣用の紙が立てる音を測定してみせた。この施設では、品質を管理するため、絶えずサンプルの検査が行なわれているという。「これがお金の音です」と彼は言った。「製版印刷局はこの音が変わることを望んでいません。私の仕事のひとつは、紙が同じような音を立てるようにすることなのです。ですが、音や手触りについてのマニュアルは存在しません。政府からは、音も手触りも常に同じにするようにといわれています。なぜなら、それこそが今もなお、偽造紙幣を見抜く最良の方法だからです。ですから、私たちが行なっている音や手触りの検査は、自分の指と耳で確かめることだけです。科学や技術によって糸や透かしがいかに正しい場所に挿入されようとも、経験を積まなければ到達できない領域というものがまだ存在するのです」

私はドロシーンに、クレイン社がニューイングランドの製紙会社として繁栄できた理由は何だと思うかと尋ねた。多くの競争相手が、低下する需要、経済状況の変化、さらには多くの政府機関や利益団体が掲げた自然環境に対する新たな配慮の影響を受けて落伍していったというのに。「第一に、私たちは木材を使ったことがありません。すべての繊維は、毎年生えてくるものから入手しています」と彼は語る。「それに、クレイン社では紙を乾燥するのに、少し離れたところにあるエネルギー対策棟でごみを燃やして出る蒸気を利用しています。ここにはそのような施設もあるのですよ。一九五〇年代からは水の処理も始めています。そういうことが流行るずっと前からです。つまり、クレイン社は環境に配慮した会社なのです」

「ご質問のもうひとつの面」について、彼はこう結論づけた。「確かに、製紙業が縮小しているのは事実です。専門性をもつ製紙業者だけが生き残っていくのでしょう。調べていただければと思うのですが、綿をベースにした紙は、世界中の製紙業界を見ても、二、三パーセントしかないと思います。私は紙幣が実際は紙でないことを誇りに思っています。私は『布』と呼んでいます。綿とリネンなのですから。このような特別な製品をつくっている私たちこそが、紙の絶滅を防げるはずです。あくまでも紙だと言ってくださってもかまいませんが、私たちは、世界一強くて耐久力のある紙幣を長期にわたってつくり上げてきました。これは、綿、リネン、セルロースからできた〝複雑な紙〟です。ですからまあ、厳密には紙ですね。しかしやはり、私はこれを布と呼びます」

第6章 使うたびに捨てる

アメリカのスズメバチは、われわれ人間がつくるような、大変良質な紙をこしらえる。彼らは生息する地域に多く生えている樹木から繊維を集めるのだ。いってみればスズメバチは、ぼろ布や亜麻布がなくとも植物の繊維から紙をつくれることをわれわれに教え、しかるべき種類の樹木によって質の良い紙をつくるよう勧めているのかもしれない。

――ルネ・アントワーヌ・フェルショー・ド・レオミュール『スズメバチの自然史 *A History of Wasps*』（一七一九）

おそらくフーサトニック川の岸辺に工房を設置した最初の製紙業者はゼナス・クレインだったのであろうが、彼のみで終わったわけではない。その後の数年間で六五の工房が続々と河畔に開かれ、あらゆる種類の紙が生産され、大量に世に送り出された。そして一九五八年、ゼナス・クレインの工房から八〇マイル下流のコネチカット州ニューミルフォードに、すでに製紙業界で揺るぎない地位を確立していたキンバリークラーク社が、ティシューとペーパータオルを生産するため、一〇〇万平方フィートの工場を設立する。この工場は、特定の地理的エリア――この場合は人口が密集する北東部の都市部――を対象とした個人消費者向けの製品を安定供給するという世界戦略の一環として建てられた。これらの製品は非常に短い期間で、一般家庭の生活必需品となっていた。キンバリークラーク社の綱領に「使い捨て」という言葉は見当たらない。繰り返し使えるわけではない自社の製品に対し、社員も「健康かつ衛生的」な生活の必需品という表現を好んで使う。とはいえ、この巨大企業が取り扱う全商品、またコネチカット州の工場で製造される製品のすべてが、使い捨てを前提としたものであり、品質面でも「使うたびに捨てる」ことを念頭においてつくられているのだ。

キンバリークラークが消費者向けに製造する主力商品は、クリネックス・ティシューとコーテックスの生理用ナプキンだ。どちらのブランドも、絆創膏のバンドエイドやコピー機のゼロックス、検索エンジンのグーグル、また一九三〇年に発売された、同社の製品と同じくセルロースからつくられる製品の代表格であるスリーエム社のスコッチテープのように、個人向け商品の代名詞となっている。強力なブランド名をもつキンバリークラークの主力商品は、これ以外にも紙おむつのハギーズや、大人用尿漏れパッドのディペンド、トイレットペーパーのコットンネルなどがある。

紙が廃れていくという大胆な予測が話題になるのは、近代的なオフィスで使用する文具について話しているとき、あるいは電子書籍やコンピューターの出現が読み書きの習慣に与える影響が問題になるときだけだ。消費者一人ひとりの衛生の話となれば、「トイレットペーパーを買い続けるかどうか」という問いかけなど問題にすらならない。問題になるのはむしろ、原木から取り出した繊維を使って消費者が期待するやわらかな肌触りの製品をつくるべきか、あるいは「古紙のリサイクル」をして、いささかごわついた紙をつくるべきかなのである。

二〇〇四年、国際的な環境保護団体グリーンピースが、「ティシュー問題（tissue issue）」を市民活動の最優先課題に掲げ、その標的のトップにキンバリークラークを挙げた。「クリアカット（Kleercut）」というクリネックス・ティシューをもじったコードネームまでつけられたグリーンピースの挑戦的なキャンペーンは、「世界最大のティシューメーカー」といわれるこの企業に、一番の主力商品の原料である、硬材の繊維に由来するヴァージンパルプの生産量を大幅に削減させることを目的としていた。だが、その繊維こそが同社の肌触りのよい紙をつくるために欠かせない原料なのである。グリーンピースの活動は不買運動まで引き起こしたが、二〇〇九年には双方が協定を結び、環境保護の名においてグリーンピース側が全面的に勝利したことを宣言し、この五年におよぶ闘いは幕を閉じた。

グリーンピースは自らのウェブサイトで、キンバリークラークが「カナダのボレアル・フォレストや世界各地に太古の時代から存在する森林を保護し、環境を破壊しないことを約束する歴史的な合意書」に署名したと意気揚々と語り、「クリアカット・キャンペーンは終わった」と宣言した。さらに、その和解が「これからも協力して森林保全を促進するとともに森林管理に責任を負い、古紙の再生繊維を使ってティシューペーパーを製造すること」を示すものだと強調した。それに続きキンバリークラークが、環境保護の持続可能性《サステナビリティ》プログラムにおいて認証された木材のみを原料として使うことを約束した。二〇一二年、同社はさらなる環境保全に取り組むとの方針を明らかにし、将来的には、ティシューペーパーの製造のための「繊維を調達する森林の区域」を、これまでの半分に減らすと発表した。そして木材の代替品として、栽培から伐採までの期間が木よりも格段に短い竹を使うことを決めた。その発表のなかでキンバリークラークは「二〇一一年度には主原料として七五万トン近くの繊維を天然林の木材から調達していました」と述べている。「この新たな取り組みにより、キンバリークラークは二〇二五年までに、天然林から調達する木材の量を半分に減らすことをお約束します。これは、繊維にしてトイレットペーパー三五億ロール分以上に相当します」

何かを正確に伝えようとするとき、言葉の選択は慎重に行なわなければならないが、その点キンバリークラークは、そつのない企業と言えるだろう。同社は優良企業として、二〇〇一年度のスタディ・オブ・アメリカン・ビジネスにも選出されている。「当社は製紙会社ではありません」。ダラス本社のマスコミ対応専門の広報係は、繰り返しその言葉を口にしながら、私のためにニューミルフォード工場の見学を手配してくれた。そして実際に工場で迎えてくれた職員たちも、やはり同じ言葉を口にした。とはいえ、私の目当ては、それまで目にしたことがないほど巨大で音も盛大な二台の抄紙機《しょうしき》だったのである。そのうちの一台は、ざっと見積もって長さが六〇〇フィート以上ある四階建ての高さの建屋を占領し、一日でおよそ一〇〇万箱分のクリネックス・ティシューを生産していた。別のエリアでは、もう一台の近代工学技術の驚異が、スコット・ペーパータオルを次から次へとロール状に巻いていた。スコット・ペーパータオルは、一九九五年にキンバリークラークが九四億ドルで買収したスーパーブランドだ。これによりふたつの強大な企業が結び付き、エネルギッシュな多国籍企業がまたひとつ生まれたのである。

職員は、私が製造工程を見学した世界的に有名なふたつの製品は、紙そのものではなく、いわば「紙を素材とする消費者向け製品」だと説明してくれた。確かに、これらはキンバリークラークの歴史の初期の一〇〇年において生産されていたような紙ではない。私は対応してくれた職員に、執筆の際には正確な記述を心がけることを約束しながらも、「紙を素材とする」という点が「紙の物語」を書くにあたっては願ってもない材料であること、その製品のあらゆる使い道が取材内容と完全に合致していることをはっきりと伝えた。キンバリークラークは、一九二九年以来、ニューヨーク証券取引所の上場企業であり、電光掲示板にはKMBと表示されてきた。証券会社の格付けでは、株主に確実に配当金を支払うトップ企業に位置づけられ、ウォール街では「抱きしめたくなるような株券」と呼ぶ崇拝者もいるという。

しかしながら、そういった革新的な製品に力を注ぐよりもはるか昔、同社はごく基本的な製品のみを大量生産していた。新聞用紙である。当時は、一晩のうちに姿を変える新聞用紙を、無限とも思われるほど大量に、情報通信業界に供給していたのである。キンバリークラーク・アンド・カンパニー株式会社（Kimberly, Clark & Co.）がウィスコンシン州ニーナに創設されたのは一八七二年のことだ。同社は、雑貨店経営者で人望の厚いジョン・アルフレッド・キンバリーと、南北戦争の退役軍人で友人と大型金物店を経営していたチャールズ・B・クラークの呼びかけで集まった四人によって立ち上げられた。四人とも製紙業とは無縁だったが、みな景気の動向を見きわめることにかけては年季が入っていた。そんな彼らが目を付けたのが、シカゴやミルウォーキー、デトロイト近郊で花開き始めていた出版産業だった。当時、出版業界は原料の仕入れ先を完全に東海岸に依存していたのである。

四人は事業を始める資金として三万ドルずつ出資し、フォックス川の岸辺の古い家具工場を転用して第一号となる製紙工場を建てた。そしてたとえ高額であっても質の高い製品を求める顧客を獲得し、利益率の高い市場を確保した。このニーナ工場では六年にわたり、原料となる繊維を綿と亜麻のぼろ布から取り出していたが、製紙産業の行く先を見きわめるとすばやく立ちまわり、新しい工場はすべて木材パルプのみを扱う設備に切り替えた。その結果、一八九九年までにキンバリークラーク・アンド・カンパニー株式会社は、八五パーセントの木材を自由市場から調達し、残りはウィスコンシン州とミシガン州北部に購入した自社の森林で伐採して、一日に五五トンの新聞用紙を生産する企業に成長した。

この新興市場において同社が有力企業であったことは間違いない。しかしトップだったわけではなかった。業界最大手はインターナショナル・ペーパー社だった。インターナショナル・ペーパーは、一八九八年にアメリカ北東部の一八の企業が合併して生まれた巨大企業だ。大合併の指揮を執ったのは、メイン州に複数の工場を所有し、ハイリスクの金銭的駆け引きにも長けたカナダ生まれの企業家、ヒュー・チザムだった。チザムが立ち上げたこの新しい会社は、一日に一五〇〇トンの新聞用紙を生産し、またたく間に市場の六〇パーセントを支配した。そして三年後、アンダーウッド関税法の成立にともなって木材の輸入制限が撤廃されると、カナダの木材輸出業者の競合を促進する道筋も開けたのである。

そういったさまざまな市場の動きと向き合いながら、キンバリークラーク・アンド・カンパニー株式会社（社名がハイフンでつながり Kimberly-Clark となるのは一九二八年になってからだ）は、新聞用紙の事業から完全に撤退する前向きな道を模索し始めた。そして業務内容を慎重に再編成することによって、一九一六年にはその目的を達成したのである。その一〇年後には『ニューヨークタイムズ』社との共同事業により、カナダのオンタリオ北部の工場で再び新聞用紙をつくるようになるが、それはあくまでも副業であり、限定した数社の顧客のみに的を絞った事業だった。一九九一年に両社の事業提携は終了することになるが、その数十年前にキンバリークラークは根本的に生まれ変わっていた。同社が変容を遂げる足がかりとなったのは、新たな商品を開発する、今日でいうところの「研究開発」チームだった。

社史によれば、この軌道修正の原動力となったのはキンバリークラークの総括マネージャー、フランク・J・センセンブレナーである。周囲からエネルギッシュな男と評されていたセンセンブレナーは、その先見の明を生かし、一九一四年四月にオーストリアから二七歳の科学者エルンスト・マーラーを招いた。そして、マーラーに結果を出させるため、想像力を自由に行使する権限を与えたのである。自身の実家も製紙業を営んでいたマーラーは、ウィスコンシン州ニーナの事務所の通りを挟んだ向かい側に研究室を設置し、わずか数週間後には、副社長で共同創業者の息子でもあったジェームズ・キンバリーをともなって、ヨーロッパの製紙工場を訪ねた。

旅の目的は明確だった。新型のグラビア印刷用の輪転機に適合する印刷用紙のアイデアを得ることだ。それによって書籍や雑誌、新聞、通信販売のカタログの出版社を顧客として得ようという算段である。マーラーが即刻解決すべき問題は、色を重ねてもインクが流れたりにじんだりしないカラー印刷用の紙を開発することであり、ウィスコンシンに戻ってからも、この難題を解決することが彼の最優先課題となった。彼が考え出した解決策は、木材からリグニンという成分を除去して用紙を漂白する工程を導入するというものだった。この処理を施された用紙は「ロト・プレート」（Roto-Plat）という輪転機にも申し分なく適合した。こうしてカラー印刷用紙が開発されたことにより、大手新聞社はカラーで増刊号を印刷するようになった。一九一五年にはニューヨークタイムズ社が顧客となり、以後数十年、この印刷用紙の製造が続いた。

マーラーが夏に決行したドイツ、オーストリア、北欧旅行のもうひとつの目的は、母校ダルムシュタット工科大学を訪ねて、製紙技術とセルロース化学を専門とする科学者と会うことだった。マーラーは彼らと、「縮れたセルロースの綿」と呼ばれる新素材、紙の組織を破壊することなく水分を吸収する素材について議論を交わした。この新素材は、当初サトウキビを搾汁《さくじゅう》したあとに残るバガスという繊維のパルプを使って製造された。科学者たちをこの〝脱脂綿の代用品〟の開発へと駆り立てたのは、木綿価格の急騰だった。ヨーロッパが戦争に向かう五年間で、木綿価格は三〇パーセントも跳ね上がっていた。ワタミゾウムシという害虫がアメリカ南西部の綿花に甚大な被害をもたらしたこともあって、綿が不足していたのである。

八月に第一次世界大戦が勃発したため、マーラーはヨーロッパ旅行を途中で切り上げた。だが、ニーナに戻ってから数か月のうちに、彼は紙づくりの新しいプロセスをさっそく開発した。吸収力を高めるのに欠かせない〝繊維の長さ〟を損なうことなく、トウヒ材のパルプからリグニンや樹脂の不純物を化学的に取り除くというものだ。キンバリークラークは、こうして生まれたセルコットンという新素材の特許を早急に取得して実験工場を開設し、セルコットンを使った薄葉紙《うすようし》を製造した。薄葉紙はガーゼで包まれ、シカゴの病院で傷当てパッドの試供品として使われた。一九一七年にはアメリカ中の医療施設から注文が来るようになり、同じ年にアメリカが第一次世界大戦に参戦すると、薄葉紙を使った傷当てパッドは脱脂綿でできた包帯の代替品として、原価でアメリカ陸軍と赤十字社に提供されるようになった。極薄のものはガスマスクのフィルターとしても使用された。

ピーク時のセルロース製綿の生産量は厖大な量となり、一九一八年一一月に休戦協定が結ばれるまでは月平均で八八トンもつくられていた。その結果、終戦時には未使用の在庫品が大量に残ることとなった。そこでキンバリークラークは生産を大幅に縮小し、新たな顧客と商品を開拓する手段を探り始めた。グラビア印刷用紙の注文には応じ続け、ニュージャージー州の工場では壁紙を生産するために設備が一新されたが、その一方で新たな戦略も練っていた。それは売れ残ったセルコットンを利用したまったく新しい製品で直接消費者の購買意欲に訴えるという、これまでにない試みだった。

センセンブレナーはシカゴからマーケティングのスペシャリストのウォルター・W・リュークを招き入れた。のちに証明されるが、これは見事な人事だった。リュークはシアーズ・ローバック社の販売員で、キンバリークラークが製造していた通信販売カタログの印刷用紙を大量に買いつけており、その手腕をウィスコンシンで発揮してもらうために招かれたのだ。リュークに与えられた最初の仕事は、セルコットンの在庫を利用できて、かつ成長も見込める市場を見つけるというものだった。セルコットンは、ひとたび戦争が終結すると主力商品からは完全に外れており、重役たちの多くがセルコットンの製造を即刻打ち切ることを進言していた。同じく脱脂綿の代用品としてゾービック（Zorbik）という薄板状のセルロースの綿を販売していたスコット・ペーパー・カンパニーが、すでに製造を打ち切っていたためだ。

だがリュークは企業の資料を探るうちに、興味深い手紙を発見した。このときの話は、キンバリークラークについての研究を行なったオハイオ州立大学のふたりの経済学者による「コーテックス、クリネックス、ハギーズ Kotex, Kleenex, Huggies」という気の利いたタイトルの論文にくわしく記されている。リュークが偶然見つけたのは、大勢の従軍看護師から送られた手紙だった。手紙には、ヨーロッパで負傷兵の手当をしていた頃、彼女ら自身も女性特有の用途のためにその傷当てパッドを使っていたが、なぜこんな便利なものが一般の消費者向けにつくられていないのか、と書かれていた。そのとき、評判通りのリュークのひらめきが妙案をもたらした。やがて生理用ナプキンと呼ばれることになる〝女性向けの衛生用品〟の誕生である。商品名として最初に選ばれたものは「セル・ナップ」（Cellu-Naps）だったが、誰にとってもあまりピンと来ず、用途もわかりにくかった。妙案を求めて広告コンサルタントに依頼したところ、ある造語が提案された。「コットンのような肌触り」（cottonlike texture）という製品の特徴も盛り込み、発音もしやすい名前だ。かくして「コーテックス」

（Kotex）という商品が生まれ、一九二〇年に商標登録された。

少なくとも成人人口の半分が顧客として見込まれたが、消費者に不快感を与えないためにも積極的な宣伝活動は行なわれなかった。状況としては、数十年前にスコット・ペーパー・カンパニーが、アメリカの消費者にロール状のトイレットペーパーを紹介したときとさほど変わらなかったのである。ヴィクトリア時代に比べれば月経が恥ずかしいものであるという感覚はかなり薄くなっていたとはいえ、まだまだ上品な会話で出る話題とはいえなかったのだ。リュークは古巣の風の町（ウィンディ・シティ。シカゴのこと）に足を運び、以前によく出入りしていた顧客の店を何軒も訪ね歩いた。そのなかでウルワース［米国の実業家のF・W・ウルワースが一八七九年に初めて国内に開店した雑貨チェーン］だけが、店にコーテックスを置いてくれることになったが、目立つ場所には置かないという条件つきだった。

この商品の製造は、セルコットン・プロダクト・カンパニーに割り当てられた。コーテックスのみを製造するために設立されたキンバリークラークの子会社である。宣伝はきわめて控えめで、あくまでも医療用の商品であることが強調された。さわやかなイメージを伝えるために、緑色のパッケージに白い十字のマークと、清潔そうなリネンの制服を着た看護婦のイラストがあしらわれ、「低価格、快適な使い心地、衛生的で安全」というキャッチフレーズを入れるという対策が取られた。

初めのうち、コーテックスは大衆になかなか認知されなかったが、一九二六年にモンゴメリー・ワードが自社の通信販売カタログで推奨するようになると状況は好転した。さらにウェルズリー大学のローラ・フレイデンフェルズ教授が、「現代女性の周期――二〇世紀のアメリカの月経考 The Modern Period: Menstruation in Twentieth-Century America」という論文のなかでコーテックスを支持したことが、キンバリークラークの予想をはるかに超える影響をおよぼした。教授は、コーテックスによって女性は初めて自らの身体の自然のリズムに「対処」できるようになり、それまで「制限されていた」ことから解放され、社会における役割を続行できるようになったと書いている。この新たな選択肢がもたらされたことで、女性たちは洗濯の手間がかかる布製のナプキンの代わりに使い捨てのパッドを使えるようになり、「未婚女性には月経について教育するだけで性や生殖の知識を授けようとしない古い時代の慣習」から自由になったのである。さらに一九四〇年代には「コーテックスの心地良さを享受する多くのミドルクラスの女性と、それを買えずに布製のパッドを使い続ける下層階級の女性との間にはっきりとした線引きがなされ」るようになった。

一九二四年、キンバリークラークは第一次世界大戦中にガスマスクのフィルター用に製造していた極薄のセルコットンのシートを、吸収性の高いフェイシャルティシューへと転用した。フェイシャルティシューは化粧用品業界の急成長の流れに乗り、それまで女性たちがコールドクリームの拭き取りに使っていた球状の脱脂綿（コットン・ボール）にたちどころに取って代わった。消費者の間でティシューが布製のハンカチの代用品として非常に使い勝手がいいという評判が立ち始めると――花粉症に悩まされていたエルンスト・マーラーも愛用者のひとりだった――それにともない、マーケティング戦略にも一部変化が訪れ、一九二九年にはポップアップ式の箱ティシューが導入された。これは以後もずっとクリネックスブランドの人気商品の座にとどまっている。

紙を素材とする新商品が生まれた例は、製紙会社の歴史のなかでは取り立ててめずらしくはない。接触伝染性の感染病を防ぐための使い捨て紙コップ、公衆トイレに備え付けられた布製のロールタオルを追いやったペーパータオル、ポストイットの剝ぎ取り式のメモ用紙もみな、同じ事例だ。とはいえ、なくてはならないほどにまでなったものは限られている。私は慎重にリサーチをしたつもりだが、このテーマに関する統計調査は見つけることができなかった。だが、もし行なったとすれば、トイレットペーパーが最も票を集めるに違いない。トイレットペーパーは、もはや日々の暮らしには欠かせないものになっているため、不足するという噂がわずかでも立てば、たちどころに世間に不安が広がるほどなのだ。

トイレットペーパーにまつわる騒動で最も良く知られているのが、一九七三年一二月一九日にテレビ番組の司会者のジョニー・カーソンが、人気番組『ザ・トゥナイト・ショー』で口にした言葉によって起こった現象だ。「皆さん、最近はいろんなものが不足してますよねえ」と彼は番組の冒頭で視聴者に語りかけた。ほんの数か月前、アラブ諸国が石油の輸出をストップしたために、ガソリンスタンドの長い列に並んでうんざりしていた全国の視聴者にしてみれば、非常に現実味のある話題だった。「最新のニュースはお聞きになりましたか？　これは決して冗談ではありませんよ。新聞で読んだんですから。実はトイレットペーパーが足りないらしいんです」

カーソンが読んだのは通信社の記事で、ウィスコンシン州のある下院議員が、政府が買い上げるトイレットペーパーが不足するかもしれないと警告したという話だったが、それが紙製品の主要メーカーの商品が足りなくなるという話にすり替わってしまったのである。結局、杞憂であったことが立証されたが、人々がトイレットペーパーを買いあさって国じゅうの店から在庫がなくなるというパニックを止めるには間に合わなかった。『ニューヨークタイムズ』紙は第一面で、騒ぎを起こした張本人のカーソンの発言と国民を襲う新たな「不足への不安」の高まりを報じた。

第二次世界大戦時の伝説的な従軍記者アーニー・パイルは、北アフリカで戦死した一〇名のアメリカ人兵士のポケットのなかを調べた従軍牧師が、ほかの何よりもトイレットペーパーの包みが多く入っていることに気づいたと報じた。「備えを怠ったうっかり者の兵士は、トイレットペーパーの代わりに二〇フラン紙幣を使わなければならないのだ」と彼は軽妙な語り口で続けている。これの最も基本的な携帯品の支給について、アメリカの司令官は煙草の支給と同じくらい欠かさぬよう気をつかっていたが、最も近しい同盟国であるイギリスにしてみれば、トイレットペーパーは明らかにぜいたく品だった。リー・B・ケネットの著書『米軍兵士——第二次世界大戦のアメリカ兵 *G. I.: The American Soldier in World War II*』によれば、「イギリス陸軍は兵士に支給するトイレットペーパーを、ひとり一日三枚という計算で備蓄していた。一方、アメリカ軍では一日二二枚半だった」という。

テネシー州メンフィスにあるセント・ジュード小児研究病院の感染症科の前主任で、その分野の権威でもあるウォルター・T・ヒューズ医師は、一九八八年の学術誌に掲載された論文のなかで、兵士に十分な支給品を与え続けるようにしたのには、士気を維持するだけでなく衛生面での確固たる根拠があったからだと記している。論文は「近代的な下水処理システム、汚物の適切な処理、水の浄化、個々の衛生的な習慣が感染症を防ぐことはよく知られている」という書き出しで始まる。「抗生物質とワクチンは、現代医療の奇跡として賞賛される。また疫学上の研究開発、症例の報告制度、コンピューターによるデータ処理、高度な生物統計学の方式もわれわれに安全環境を提供するのに意義深いと認められている。しかしトイレットペーパーについてはどうであろうか？」

ヒューズ医師はさらに「トイレットペーパーが導入される以前の数世紀には、赤痢、チフス、コレラといった疫病が人類を苦しめていた」と続け、「一般的で入手しやすく、吸収力が高く、汚れを落として使い捨て可能なティシューペーパー」のようなシンプルなものが恐ろしい流行病を減らすのに果たした役割を考えるよう同業の医師たちに求めている。この主張の裏付けとして、彼はアメリカが行なってきた戦争中に記録された公式の統計値を引用した。記録は南北戦争から始まっている。当時、兵士の間に腸チフスが蔓延し、年間で一〇〇〇人につき八〇人が発症していた。米西戦争中になると、感染者の数は二倍に跳ね上がった。しかし軍が部隊にトイレットペーパーを支給し始めた二〇世紀初頭、その上昇傾向が反転する。第一次世界大戦中の年間発生率は兵士一〇〇〇人につき三人、第二次世界大戦中では一〇〇〇人につき〇・一人となり、朝鮮戦争の頃になるとさらに減少し、今日では統計上、感染者は存在しない。以上のことからヒューズ医師は次のように結論づけている。「この数値によって、軍の支給するトイレットペーパーが『排泄される糞便と手の間の物理的なバリアー』となり、『糞口感染の経路から伝染する感染症』を防ぐことが証明された」

一九世紀に突然安価な木材パルプが入手しやすくなったことで、トイレットペーパーが急速に普及したが、それ以前の記録も文献に残っている。それまでのいわば間に合わせの方法は、一八世紀、第四代チェスターフィールド伯爵であるフィリップ・ドーマー・スタンホープの書簡のなかに見ることができる。書簡はチェスターフィールド卿の庶子で、やはりフィリップという名の息子に宛てたもので、無為に過ごさず時間を有効的に使うことを促すさまざまな指南がしたためられていることで有名だ。

「私の知り合いに、非常に時間のやり繰りに長けた紳士がいる。この男は、生理的欲求を満たすためのわずかな時間さえも無駄にしないのだ」とチェスターフィールド卿は、一七四七年の手紙のなかで書き、その知り合いは腹具合の悪いときでさえもラテン詩を読破しようとしたという話を書き添えている。「たとえばホラティウスの詩集を読もうと思えば、彼はその廉価版を一冊買い求め、もよおすたびに数ページを破り取って用を足す場所に持っていき、それを読んでからクロアーキーナへの捧げ物として下に落とすのだ」。クロアーキーナというのはローマ神話の女神で、古代ローマの主要な大下水道のクロアカ・マクシマ、つまり「大排水溝」を司る神のことである。「きみも、ぜひ彼を見習ってみてはどうだろう。生理的欲求に見舞われたときにも、ただ欲求を満たすよりは有益な時間を過ごせるはずだ。この方法でなら、どんな本を読んでも頭のなかにしっかり入ることと思う」

アメリカで初めて商品としてトイレットペーパーをつ

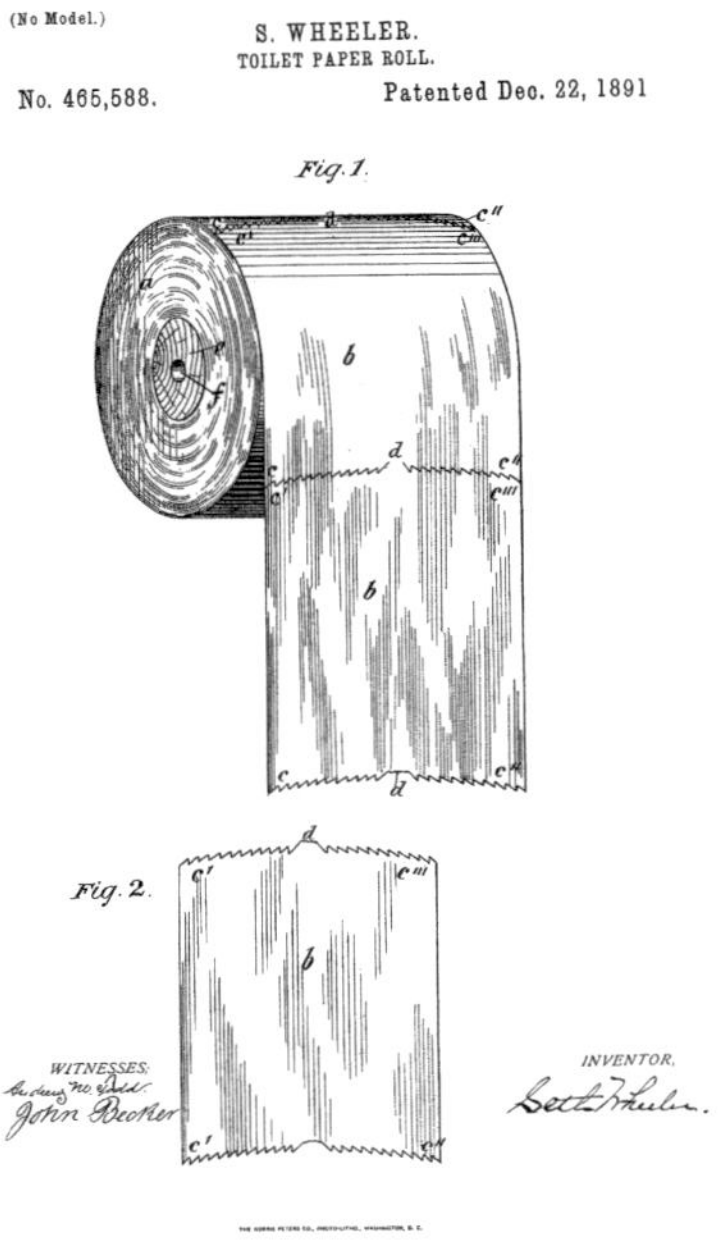

セス・ウィーラーが1891年に特許を取得したロール状トイレットペーパー

くったのは、ニュージャージー州の発明家、ジョセフ・C・ガエティとされている。一八五七年、ガエティは「薬用ペーパー」(Medicated Paper)という商品を売り出した。紙にはアロエの成分が染み込ませてあり、「この上なく清潔」で「健康維持に最適」な品質の「トイレおよび肛門疾患予防」に理想的な製品と謳われていた。肛門疾患とは要するに痔のことである。その紙は五〇〇枚入りの平らな包みで販売され、一枚一枚にガエティの名前の透かしが入っており、包装紙には成分表示として「未さらしの真珠色・マニラ麻パルプのみ使用」と記されていた。トイレットペーパーが一般大衆に広まるきっかけができたのは一八七一年。この年、ニューヨーク州オルバニーのセス・ウィーラーがアメリカで初めてミシン目の入ったロール状のトイレットペーパーの特許を取得した。これを受け、一八七九年にE・アーヴィン・スコットとクラレンス・スコット兄弟が、フィラデルフィア州にスコット・ペーパー・カンパニーを創設した。スコット・ペーパー・カンパニーのウォルドーフ・ブランドは、たちまち広く知られるようになった。農村部に住む消費者にとっては驚きのグレードアップだ。何しろ農村部の屋外便所では、今日に至るまで、トイレットペーパー代わりにシアーズ・ローバックのカタログ(シアーズ・ローバックをもじった"リアーズ・アンド・ソアバッツ Rears and Sorebutts"〈尻とひりひり痛む肛門〉という別名をなつかしむ者もいる)が備えられていることもあるのだ。また、毎年刊行される『農歴年鑑 *Old Farmer's Almanac*』(屋外便所の釘に引っかけるための穴が左上に開けられていた)や、古い電話帳から破り取った紙を愛用する者もいた。工場でつくられた水に溶けやすいトイレットペーパーは、都市部の屋内トイレの合理的な消耗品として急速に広まった。また、それによって近代的な配水管に分厚い紙を詰まらせることもなくなった。

生産統計によれば、アメリカの企業は年間で七〇億ロール以上、国民ひとり当たりの数に直すと二二・三ロールのトイレットペーパーを生産している。ロングセラー商品であるシャーミンを製造するプロクター・アンド・ギャンブル社によれば、平均的な消費者は一日に五七シート、年間で二万一〇〇〇シート近くを使うという。一シートの標準サイズは四・五インチ角で、通常はシングルで一〇〇〇枚分、ダブルで五〇〇枚分がロール状に巻かれている。「アメリカ人でトイレットペーパーを使わない者がいるだろうか？」とヒューズ医師は驚嘆を込めて問いかける。「家庭やオフィス、病院、教会、ガソリンスタンド、工場、町なかの公園、電車、バス、飛行機、船、潜水艦、果ては宇宙船まで、トイレットペーパーが置かれていない場所はない」

着々と利益を上げ始めていたキンバリークラークは、成功を次のステップへとつなげながら、典型的な〝起業家的日和見主義〟と抜け目のない実利的判断に基づく拡大、合併、買収と、先進的技術と巧みなマーケティングを組み合わせて、頭角を現していった。二〇一一年、同社は純売上高として二〇八億ドルという数字（うち一二パーセントは、ウォルマート・ストアーズ一社との取り引きによるものだった）を発表した。計算では三六か国の工場と、製造分野ごとのさまざまな部門と、総勢五万七〇〇〇人の従業員が、世界中で一日当たり一三億人分の個人的なニーズを満たしていることになる。

二〇〇九年にキンバリークラークのニューミルフォード工場を訪ねたとき、工場長のダン・ラハマンは、ニューミルフォードで扱っている製品はふたつだけだと語った。クリネックス・ティシューとスコットタオルである。同社は事業を分野別に分けているが、このふたつはどちらも「ファミリーケア」部門に含まれる。「一般的に一世帯の家族全員によって使用される」製品であることからそう呼ばれているという。ちなみに別の工場で生産されているコーテックスやハギーズ、ディペンドなどの「ひとりがひとつずつ使用する」ものは「パーソナルケア」で、サービス産業向けの使い捨ての製品を生産したものは「ビジネス・トゥ・ビジネス」部門、手術室の使い捨ての備品は「ヘルスケア」部門だ。同社の二〇一〇年の年次報告によれば、「ティシューの製造工場」は世界各地で六九か所だった。また使用するセルロースの「ほとんど」は、原木や木材製品に由来するクラフトパルプ、あるいは現在では供給量の二〇パーセントを占める古紙の繊維で、古紙の繊維はサードパーティの企業から仕入れているということだった。

部門ごとに工場を分ける理由は、トイレットペーパーやフェイシャルティシュー、キッチンペーパーが材質的にかさばるため、輸送のコストが割高になるからだ。そのためメーカーは、工場の所在地を地理的に分散することで輸送経費を削減しようとしているのである。私たちがニューミルフォードを訪問したとき、工場を案内してくれた技術主任のビル・ウェルシュは、クリネックスとスコットタオルが「ふたつの異なる技術ベース」によって製造され、ニューミルフォード工場で一から製造されるのはティシューのみであると教えてくれた。スコットタオルの原紙は、別の工場から仕上げの工程のみを残した状態で搬入されるという。工場は毎日、合計三五〇人の工員の三交代制によって操業されている。コーテックスとハギンズも製造していた時代には一二〇〇人の工員が就業していたというが、その当時に比べれば人員は大幅に減ったことになる。

ニューミルフォード工場で使用する水はフーサトニック川から引かれ、一日で三五〇万から四〇〇万ガロンが使用される。工場内で処理に使われた水の九〇パーセントは、いくつもの浄化装置が設けられた広大な濾過システムを通して川に戻される。工場に入る前に、ウェルシュはクリネックス・ティシューが「ふたつの違ったタイプの繊維の紙料」を配合することでできていると説明してくれた。ひとつは、「軟材クラフトパルプ」と呼ばれるもので、紙の強度を高めるために使われる。もうひとつは硬材パルプで、(名称のもつイメージとは異なり)紙にやわらかさを与えるために使われるという。軟材の樹木はマツやトウヒ、モミ、ツガなどの針葉樹で、繊維が長いために強度と耐久性に優れている。一方、硬材の樹木はカバやアスペン、ユーカリなどの広葉樹で、これらは繊維が短く、一グラム当たりでより多くの繊維が取れる。「このふたつを組み合わせることで、ティシューに厚みとやわらかさが出るのです」

普段どれくらいの繊維がニューミルフォードに搬入されているかは、工場の裏手を見ると見当がついた。前を通る鉄道の支線が敷地内に引き込まれており、ちょうど七台の貨車から積み荷が下ろされているところだった。積み荷のいくつかにはスザノという社名が記され、パルプ製紙業界向けにユーカリの木を栽培するブラジルの企業から仕入れたものであることを示していた。近くには、ウェルシュが「工業用サイズのミキサー」と称する、古紙をほぐすための高性能の水中破砕装置(ハイドロパルパー)が三台備えられていた。バスルームティシューとフェイシャルティシューの繊維の配合率は異なり、製紙業界の情報筋によれば、おおよそは硬材の繊維が七〇パーセントで軟材が三〇パーセントということだ。

抄紙工程の最初の段階では、ウェット部《エンド》において「繊維懸濁《けんだく》液（パルプスラリー）」が可動式の漉き網《ワイヤ》に均一に吹きつけられる。この工場の抄紙機は、業界で「ツインワイヤフォーマー」と呼ばれるもので、漉き網が一枚の伝統的な長網抄紙機（フォードリニアマシン）とは違い、二枚の漉き網の間に繊維懸濁液（パルプスラリー）を吹き出して両面から脱水することで、表と裏の質感の変わらない極薄の紙をつくることができるのだ。湿紙を乾燥させる熱はガスヒーターを利用するが、それもまた紙をふんわりとさせる作用がある。完成した原紙は、八・四インチのフェイシャルティシューをいくつもつくれる幅のロール状に巻き取られる。「各巻取《ロール》の長さは一〇マイルです」とラハマンは言った。「巻取《ロール》一本につき一〇〇マイルのティシューが取れる計算です」

クリネックス・ティシューは二種類の繊維をベースにしているため――ひとつはティシューをやわらかくするための層で、もうひとつは強度を与えるための層――最初は、別工程でそれぞれが抄かれて巻き取られるが、すぐに解かれて、場合によってはそこでアロエのローションを塗布されたり、さまざまな文字や柄をプリントされたりする。それが済むと「クリンピング」と呼ばれる工程のなかで二枚の原紙が重ねられ、仕上げの工程で分けやすいようシートの幅ごとに切れ目が入れられる。そして再び、今度は「しっかりと」巻き直されて、仕上げの箱詰めの工程に入る準備が調えられるのだ。巻き直された原紙はフォークリフトで、「コンバージョン」と梱包が施される別の製造ラインへと運ばれる。「すべての工程が問題なく進めば、きつく巻いた原紙の段階から、パレットに載せて積み荷場に運び、出荷を待つまでの時間は、二分半ほどでしょう」とラハマンは言った。

最後の工程では、まず巻き直されたティシューをシートの幅ごとに再び解いて、超高速で回転する複雑に入り組んだシリンダーで送りながら、数本のシートを抱き合わせるようにして次々に折り込んでいく。すると「ソーセージ」と呼ばれる幾重にも重なった一本の細長いチューブができ上がる。休む間もなくチューブは、恐ろしげにうなりを上げる空間へと送り込まれ、そこで規定の寸法に断裁されて、ようやく梱包の準備が調うのだ。チューブの真上から降り下ろされるナイフは、目まぐるしく回転しているため、形状はよくわからない。「これは両刃の丸ナイフが二枚装着された回転式のカッターです。

刃先はひと振りごとに研がれます」とラハマンが説明する。プラスチック製の窓越しに見える丸ナイフは、「ソーセージ」を容赦なく、一分間で四六〇箱分をつくる速さでカットしていく。需要が高まった場合には、一分間で六〇〇箱分をカットする速度に上げられるという。そうなると、一秒間で一〇箱分のフェイシャルティシューができ上がることになる。ラハマンは言った。「計算上、この機械は一日に一〇〇万箱近くのクリネックス・ティシューをつくれることになりますね」

第2部

第7章 銃　戦争　煙草

強大な力をもつイギリス人は、ロシアもペルシアも征服して得意になっていたが、ヒンドゥスタンの地において、ただひとつの薬莢のために打倒されたのだ。

――バハドゥール・シャー二世（ムガル帝国最後の皇帝）（一八五七年）

煙草の有害物質は、主に燃焼する巻紙から発生します。そこで生成される物質はアクロレインと呼ばれます。アクロレインは神経中枢に強烈な作用をおよぼし、脳細胞の変性を引き起こすのですが、この変性が青少年ではとりわけ急速に進行します。多くの麻薬とは違い、この変性は恒久的で、抑制できません。私は紙巻き煙草を吸う人を雇いません。

――トーマス・A・エジソン、ヘンリー・フォードへの手紙（一九一四年四月二六日）

歴史家たちは、技術革新が武力戦争のあり方を根本から変えた事例を昔から数多く取り上げてきた。だが、一七世紀から広く使われるようになった紙製薬莢ほど長期にわたり利用された技術はそうないだろう。紙製薬莢が導入されたのは、製紙工場がヨーロッパ全土で盛んに稼働し始めた時期である。この軽く曲げやすい素材を使えば、金属の発射体と一発分の火薬を筒状にまとめることができた。この新技術はあらゆる側面に画期的な単純さをもたらし、敵軍との戦いにおいて扱いづらいマスケット銃をより効率的に利用することを可能にした。一説には歩兵が銃弾を装塡する際に必要となる工程が四二から二六にまで削減されたという。

火薬——一九世紀の火器専門家アーサー・B・ホーズの言葉を借りると〝気まぐれな混合物〟——も紙と同様に中国で発明され、地球上の各地に伝播した。この両者がシルクロードを通って中東を経由しヨーロッパへ到達すると、ヨーロッパでは、きわめて爆発しやすい性質をもつ火薬を安全に扱うために、軽くて曲げやすい特質をもつ紙が用いられるようになった。人が手に持って扱える小火器が登場したのは一四世紀のことだ。中国の錬金術師たちが、硫黄と木炭に硝酸カリウム（硝石という名でも知られる）を混ぜ合わせてすりつぶしたものには発火しやすい性質があることを発見してからおよそ四〇〇年後のことである。彼ら古代の科学者たちが実際のところ何を求めて実験を繰り返していたかは定かではない——不死の霊薬を求めていたという説もある——が、この調合薬の特性は不注意な者への警告という形で脈々と伝えられた。

火薬が使用された最も古い記録は、竹筒と発火装置を組み合わせた原始的なロケットを発射台から打ち上げたときのものだ。さらに時代を下ると、夜空を照らす花火として用いられたこともわかっている。当時の発明家たちは、賢明にも、火薬が威力の低い爆薬として利用できるということ、さらに、敵に死をもたらす物体を発射するのに適しているということを理解していた。この調合物はきわめて不安定ではあるが、密閉空間に閉じこめなければ爆発することも推力を生み出すこともない。この特性は、初期の銃の設計にも影響をおよぼした。その頃、銃をつくるうえでの主な課題は、銃身のサイズ、引っ張り強度、そして、火薬をどのようにして薬室に入れるか、ということだったのである。

火薬がヨーロッパに伝搬してから二〇〇年のうちに、火器は進化を重ねた。そして軍の指揮官は歩兵に、すでに陸、海を問わず広く配備されていた大口径の大砲に加え、火縄銃を装備させるようになった。火縄銃は点火用の火縄を備えた原始的な小火器だ。銃床は木製、銃身は金属製で、弾の装塡は銃口の先から装塡用の棒を使って行なわれた（「一切合切」という意味の lock, stock and barrel、直訳すれば「発火装置、銃床、銃身」という英語の成句はここから来ている）。

銃身の内腔がなめらかで、それほど長くもないことから、火縄銃（火縄銃を表す英語 harquebus は、「鉤の銃」という意味のオランダ語 haakbus が語源となっている）が正確に狙うことのできる射程はわずか五〇ヤードほどで、さらに一発撃つごとに数分かけて再装塡しなければならなかった。そのため、火縄銃が登場しても、戦場における弓兵や槍兵たちの役割が廃れることはなかった。次なる進歩によって登場したのがマスケット銃である。スペインで改良されたこの銃は、二〇ポンドと火縄銃の倍の重量があり、持ち運びに難があったが、より長い銃身を備えているぶん威力が大きく射程距離も長かった。初期のマスケット銃兵は、弾薬用の火薬を一発分ごと小さな革の袋に小分けし、肩から斜めにかけた弾薬帯と呼ばれるベルトに取り付けていた。この薬包――一般的にベルト一本に対して一二個の薬包がぶら下がっていたことから「一二使徒」と呼ばれることもあった――のおかげで、銃兵は、射撃の合間に一発分の火薬量を量る作業から解放された。装塡に不可欠な工程のうち、少なくともひとつが必要なくなったのである。

また、一六世紀になるとドイツの時計技師たちによってバネ仕掛けによる車輪式引き金が発明され、火薬に点火するために火縄や蠟燭を使わないですむようになった。この引き金で採用された、火打ち石に鋼鉄を打ち付けて着火するという構造は、現代のライターでも用いられている。さらにその一〇〇年後には、フランスで火打ち石式発火（フリントロック）装置が生まれた。この方式は、一七〇〇年代に入ってからもしばらく主流であり続けた。

そんななか、一八世紀イギリスの数学者で科学者のベンジャミン・ロビンズは、細長い発射体に回転を加えて射出すると、球形の物質を打ち出すよりも空気抵抗が小さいという原理を発見した。アメリカンフットボールで、ボールにらせん状の回転を加えて見事なパスを通す場面は、この原理を表す良い例だ。これ以後、鉄砲鍛冶は、マスケット銃の銃身や大砲の砲身にらせん状の溝を刻むようになった。施条《しじょう》（ライフリング）。「引っかく、擦り傷、旋条をつける」という意味のフランス語の動詞 rifler から来ている）と呼ばれるこの工程により、狙撃手あるいは狙撃兵と呼ばれる者たちが活躍する時代が到来し、今日でも広く使われている火器を表す言葉が登場した。「ライフル」である。

だが、こうした武器の信頼性が着実に増す間も、戦闘中も一度に一発しか発砲できないという仕組みは依然として変わらなかった。この状況は、連発銃が出現する一九世紀まで続く。それまでは四〇〇年もの間――一五世紀から一九世紀後半まで、すなわち大航海時代から、アメリカ南北戦争で騎兵隊の一部が手動式の遊底《ゆうてい》［弾薬の装塡、発射、空薬莢の排出などを行なう部分］を備えたカービン銃を使用する頃まで――兵士たちは、一発ずつ一斉射撃を行なうしかなかったのだ。このため、司令官たちの課題は、一斉射撃ごとにかかる作業時間をいかにして縮めるかということだった。この問題の解決に何よりも貢献したのが紙製薬莢である。紙製薬莢の実用化に際して大きな役割を果たした人物としてたびたび功績を称えられるのが、スウェーデン王のグスタフ二世アドルフだ。革新的な戦術を生み出した優れた軍事戦略家である彼は、しばしば〝現代の戦争の父〟と称される。ただし、彼が三〇年戦争（一六一八～一八四八）で紙製薬莢を採用するかなり前から、そのアイデア自体は存在していた。

イングランドの軍事歴史学者で外交官でもあったサー・ジョン・スマイズは戦場における長弓の熱心な支持者で、昔ながらの長弓のほうが銃より軽く、すばやく撃てて狙いも正確で、雨で使い物にならなくなることもないと主張した。スマイズはまた、一五九〇年にマスケット銃兵に言及し、「彼らは紙の薬莢を用いて、銃に火薬と銃弾を同時に装塡している」と述べている。これは、グスタフ二世が歩兵部隊に使わせる数十年前にはすでに紙製薬莢が発明され、実用化されていたことを示す明白な証拠である。スマイズはマスケット銃兵（スマイズ自身は〝火縄銃兵〟と呼んだ）を、次のような言葉で嘲っている。「彼らの銃弾がどれほどのものかと言えば、敵を狙って撃ったとしても、月を狙って撃った程度の戦果しかあげられないのである」

またスマイズは、より大きくなった火器が歩兵たちの「腕、肩、背中に、凝りによる痛みをもたらすこと」も問題視していた。今日の視点から見ると、この偏屈なナイト、スマイズの不平は、一五世紀ドイツの大修道院長ヨハンネス・トリテミウスの抱えていた不満と同種のものだと言えよう。トリテミウスは、当時発明されたばかりの印刷機よりも、昔ながらの写本のほうが信頼できると記した人物だ。とはいえ、どちらの例でも勝利を収めたのは結局は科学技術であった。その後、紙製薬莢は、一九世紀後半に銅と真鍮でできた薬莢が現れるまで用いられ続けることになる。一八〇七年には火打ち石式発火装置の後継として雷管が発明されたが、紙製薬莢が廃れることはなかった。初期の紙製薬莢は、円筒形に巻いた紙の内部に弾丸と正確に一発分を量られた火薬を入れ、その紙を「弾薬押さえ」［弾薬を銃の内部で固定するための詰め物］としても用いるという単純なものだった。薬莢を表す英語の cartridge の語源はいくつかあるが、最もよく知られているのは「紙を巻いたもの」という意味のフランス語 cartouche と、円錐型の容器を示すイタリア語 cartoccio だ。ちなみに「カートン（carton）」も

cartoccio から派生した語のひとつである。

一六四四年、イングランド内戦の時期に議会軍の騎兵隊長であったジョン・ヴァーノンが著した戦争指南書には、騎兵のための、カービン銃やピストル用の薬莢（cartrrages）のつくり方と装填の仕方が記されている。この指南書によると、騎兵たちはまず、標準的な装備品である「丸く削った木の釘」もしくはだぼと呼ばれる道具を測定の道具として用い、紙をちぎって「釘の長さよりいくらか大きな」幅の細長い紙片をつくり、さらに同じ道具を使って紙を管の形にする。片方の端を簡単にひねって閉じたあと、「ほぼ満杯になるまで」火薬を詰め、先端にマスケット弾が収まるだけの隙間を空けて反対の端もしっかりと閉じる。銃を撃つ前には、火薬の詰まった「薬莢の端を噛みちぎり」、なかの火薬を銃口から注ぎ込み、次いで弾丸を挿入し、薬莢の紙を詰めて密閉する。そして、込め矢という棒を使ってすべてを銃身の「底」に押し込み、打ち金を起こせば、発砲の準備は完了だ。熟練したマスケット銃兵は一分間に四回の一斉射撃を行なうことができ、しかも、最大四分間にわたってそのペースを維持することができた。ただしその後はいったん流れを止めて、武器内の残留物を除去しなければならない。

時が経つと、兵士たちには軍需工場で製造された薬莢が支給されるようになったが、両手がふさがることの多い彼らにとって、紙の包みは相変わらず歯で開けなくてはならないものだった。この事実が、一八五七年に起こった、イギリスの植民地時代の記録のなかで最も血なまぐさい出来事の大きなきっかけとなったのである。今日、この出来事はさまざまな名で知られている。インド大反乱、セポイの乱、インド暴動、偉大なる反乱、ベンガル大反乱、第一次インド独立戦争、偉大なる暴動、あるいは単に、セポイ戦争といった呼び名があるが、今でもどの視点から見るか、あるいはどの国家に共感するかによって、呼び方が変わるだろう。その激しい対立は、何十年にもわたってくすぶり続けた文化摩擦の結果として引き起こされたものだった。また、時間の経過のなかで、人々の意識から離れた場所で階層格差が拡大したことも対立を激化させたと言えよう。

争乱の根本的原因ではなかったものの、火種のひとつは、イギリスの東インド会社に雇われたヒンドゥー教徒やイスラム教徒の傭兵たちが、彼らの宗教によって食すことを禁じられたものを口に入れるのを拒絶したことにあった。このような事態になることは予見可能であったし、単純な良識を当てはめれば容易に回避できたはずだ

反乱の最高潮。インドのラクナウにおけるセポイの一団。1857年10月、『イラストレイテッド・ロンドン・ニュース』より。

った。しかし、イギリス当局は軽率にも、手遅れになるまでこの問題を無視し続けたのである。

東インド会社は一七世紀初頭からインドで貿易をしていたが、政治的、経済的な支配を徐々に強め、一七五〇年代には確固たる地位を確立していた。そして、イギリス政府の全面的な庇護のもと、現地で兵士を召集し、イギリス人将校にその指揮を執らせることで、莫大な資産を守らせた。その資産のなかには、たとえば綿花、絹、茶、インディゴ染料、香辛料、阿片などを独占的に輸出する権利が含まれていた。この大争乱が勃発したときには、二五万七〇〇〇人のセポイ（「軍隊」を表すペルシア語 sepâh が語源）と呼ばれる現地召集の兵士がおり、マドラス［現在のチェンナイ］、カルカッタ［同コルカタ］、ボンベイ［同ムンバイ］、ベンガルという地域ごとの四つの部隊に分割されていた。四部隊のなかでもベンガルの部隊はとりわけ大規模だった。統治の中枢を担う者としてインドに配置されたイギリス人将校にはありとあらゆるぜいたくが許されていた。一方、その下についた現地の人間は、数のうえでは六対一とイギリス人を圧倒していたものの、劣悪な環境のなか、事実上の奴隷状態に置かれていた。「セポイを利用することには、三つの利点があった」と軍事歴史家のG・J・ブライアントは説明している。これは、現代の世界経済において広く普及している〝外部調達〟の初期の事例とみなせるだろう。「彼らは現地にいて、賃金が安く、しかもその地の気候や事物にすでに順応していたのだ」

インドでは長年、銃身の内側がなめらかなマスケット銃が支給されていたが、一八五七年一月にイギリス政府は、イングランドのエンフィールドにある王立造兵廠で設計された小火器、エンフィールド銃をベンガル部隊に装備させると発表した。エンフィールド銃は、フランスのミニエー銃（一八四九年に製造されたこの銃は、開発に貢献したフランスの指揮官クロード・エティエンヌ・ミニエーの名前を取ってそう呼ばれている）を基礎にした武器だ。マスケット銃の銃身の長さとライフルの旋条を併せもつ一八五三年式エンフィールド銃は、九〇〇ヤードの射程を誇ったという記録もある。一八五四年から一八五六年に起こったクリミア戦争でロシアに対して効力を発揮したこの銃は、当時利用されていたさまざまな古い武器よりはるかに進んだものであると認識されていた。

エンフィールド銃の銃身内腔にはらせん状の溝が刻まれていたので――また、ガスの膨張によって発生する力を最大化するために、銃弾と銃身のあいだにに隙間ができないようにする必要があったため――装塡する際の補助用潤滑剤が必要であった。そこで、各地の工場ですでに利用されていた蜜蠟や獣脂などを調合した潤滑剤を加えて、新しい銃でもすぐに使える薬莢が製造された。この薬莢が国際的に知られるようになればその配合にも変更が加えられたのだろうが、当初使われた獣脂は、牛の脂肪を溶かした牛脂か豚の脂肪を溶かしたラードのどちらかであった。ベンガルの軍で四分の三を占めるヒンドゥー教徒にとって牛は神聖な生き物であり、残り四分の一のイスラム教徒にとって豚は忌避すべきものであるということを考えれば、この潤滑油が問題になるのも当然だろう。イギリス人将校のなかにも、この薬莢によって深刻な問題が生じるのではないかと早い段階から指摘し、警告を発していた者はいた。J・B・ハーシー少将はカルカッタにいる上司に宛てて、「われわれはバラックポール［西ベンガル州の地名］の今にも爆発しそうな地雷の上で暮らしているようなものです」と手紙を書いている。首脳部がこのように高まる不満をようやく真剣にとらえ始めた頃、ハーシー少将は特別法廷を開いてセポイたちを招き、「新たなライフルの薬莢に使われる紙に対して彼らが反対を続ける理由」を述べる機会を与えている。

善後策として「実は潤滑剤は動物の脂肪からつくられたものではない」と発表するという案が出されたものの、一八五四年に高級副官部が歩兵用に作成したマニュアルの文言を否定するのは困難だった。そこには、弾薬製造の最終工程として、このような記述があったのである。「完成後、薬莢の底から銃弾の肩口までを脂の壺に浸さなくてはならない。この油脂は、牛脂六に対して蜜蠟一の割合でつくられる」。さらに、装塡方法も厳しく定められており、以下の基本ルールが示されていた。「薬莢を口元に持っていく。その際、人差し指と親指で弾丸を挟み、支えておく。それから薬莢の先端を嚙みちぎる。肘は体にしっかりつけておくこと」。不満は急速に高まり、次第に制御不能に陥っていく。その時点でようやくセポイたちに、薬莢を開けるときには指を使ってもよいこと、薬莢の包装には蜜蠟のみでつくった潤滑剤を塗ってもよいことが伝えられた――が、時すでに遅しだった。現れた魔神を瓶のなかに戻すことはできなかったのである。

それまでイギリス国内では「植民地の被支配者たちは現状に満足し、納得している」と思われていたため、インドで不満が高まっているという報告は驚きと衝撃をもって迎えられた。さらにこの危機的状況のなかで別の「紙問題」も浮上した。問題のそもそもの原因は、インド本国をめったに訪れない不在地主によって東インド会社が監督されていたことにあった。それまでの数十年間で階層制が確立していたインドでは、なんらかの重要な決定がなされることはほとんどなくなっていた。インドで生活する低い階級の人々は、何千マイルも離れたロンドンで発行された公文書の内容を正確に遂行し、詳細な記録を残さなければならなかったのである。その結果、インドの行政機関は事務処理地獄に陥っていた。東インド会社が、その無秩序に広がる経済帝国を築き、運営するうえで、〝印刷された規則〟と〝手書きによる指示〟をいかに活用したのかを考察した学術書『インドのインク *Indian Ink*』には、この一大経済帝国は「陸と海だけでなく、紙の上でもつくりだされた」と記されている。

イギリスが獣脂の使用を停止する頃には、人々の不満はもはや抑えきれなくなっていた。やがて、薬莢の包装紙が毒に汚染されているという噂も広まった。エンフィールド銃の薬莢の製造を請け負った製造業者が、ダムダム兵器工場でイギリス本国製の薬莢よりもはるかに粗悪な製品を生産したという事実によって、そうした噂も信憑性のあるものとなっていく。

公然とした抵抗は、一八五七年三月二九日に始まった。この日、セポイの三つの連隊が新しい銃の所持を拒絶し、即座に解隊させられた。兵営地であったメーラトの街で、配備されていた八五人の兵士が公衆の面前で軍服を剝ぎ取られ、そのまま枷をはめられ連行されると、人々が群れを成して反乱を起こし、南西のデリーに向けて進軍を始めたのである。五月一一日にはデリーで、バハドゥール・シャー二世が自分たちの正式な指導者であるという宣言がなされた。インド総督であったキャニング卿がのちに評したように、閲兵の現場で「男たちに足枷をはめ」、同郷の者たちの目の前で彼らを「牢屋に」連行したことは、「想像もつかない愚行」だった。

思いもよらない形で政治の表舞台に引っ張り出されたバハドゥール・シャー二世は、このとき八二歳。ザファルの筆名でよく知られ、優れた詩人、カリグラファー、神学者であり、美しい庭の創設者でもあった。チンギス・ハンおよびティムールの直系の子孫である彼は、包囲された都市で二か月の間、会議を開き続け、インドのムガル帝国最後の皇帝という栄誉を手にした。六月の初めまでには、ベンガル軍の五七連隊のうち三つをのぞくすべて――人数はおよそ九万人で、ベンガル軍の全兵力一五万人の七〇パーセントを占める――が反乱に加わったが、その活動範囲は北部の地域に限られたままだった。ベンガル軍のうち、小規模な三つの傭兵軍は表立って反抗することはなかったものの、だからといって彼らが同郷の人々に対抗するとも思えなかった。ビルマやその他の地域から軍隊を呼びよせたイギリス軍は、カーンプル要塞やラクナウで大きな敗北を喫しながらも、ようやく反乱の鎮圧に成功した。一説には、イギリス側で二〇〇〇人、インド側で一万人が死亡し、三六〇〇万ポンドの損害が生じたといわれる。

反乱鎮圧から間もない一八五八年、インドの支配権はムガル皇帝からイギリス女王に移譲された。同時に、東インド会社の支配が唐突に終結する。それによってイギリス領インド帝国（英語では British Raj と言い、Raj はヒンディー語で「王国」を表す）として知られる植民地支配が始まった。その後二〇世紀半ばまで、イギリスによる政治的、軍事的な支配が維持されたが、インド独立への土台は植民地時代にすでに築かれていた。そして一九四七年、マハトマ・ガンディーと何百万人という彼の信奉者が掲げた不服従・非暴力という手段によって、独立が成し遂げられるのである。デリーが包囲されているさなかにバハドゥール・シャー二世が記した挑戦的な詩――本章の冒頭に全文を引用した――は、九〇年後を予言していたかのようだった。「強大な力をもつイギリス人は――」ムガル帝国最後の君主は、大胆にもこう宣告した。「ヒンドゥスタンの地において、ただひとつの薬莢のために打倒されたのだ」

エンフィールド銃は、イギリス政府の認可を受けた複数の会社によって海外での販売を目的に生産され、一八六〇年代終わり頃まで使用された。南北戦争の時期にはおよそ九〇万挺が北米大陸に送られ、メーソン・ディクソン線を挟む両陣営の戦闘員が使用した。北部諸州でこの銃をしのぐものは、同じく紙製薬莢を使用するスプリングフィールドM1861のみだった。ゲティスバーグの戦い［一八六三年に行なわれた南北戦争事実上の決戦］においては、ジョシュア・ローレンス・チェンバレン大佐の英雄的な指揮のもと第二〇メイン州歩兵連隊が、かの有名なリトルラウンドトップの銃剣突撃の際に使用した。

銃身の短いスペンサー連発騎兵銃（ひとつの弾倉から七発の銃弾を発射でき、主に騎兵が使用した）の導入も、単発のライフルを追いやるには至らなかった。スペンサー銃に必要な真鍮製の薬莢を十分に供給できなかったからだ。南北戦争終結時に米陸軍長官エドウィン・M・スタントンが提出した報告書には、一八六一年から一八六五年までの軍用品の購入明細が示されているが、これを見ると北部諸州の部隊の武装にどれだけの紙が必要だったのかがよくわかる。記述によれば「マスケット銃の薬莢、口径〇・五七七インチおよび〇・五八インチのもの」（エンフィールド銃、スプリングフィールド銃双方に用いる弾薬）は、合計で四億七〇八五万一〇七九個を入手できたとある。あらゆる規格のマスケット銃、カービン銃、ピストルの薬莢を合わせると五億五七三二万六三九五個となり、総計で一〇億を超えていた。

南部連合国には、これほど明確な記録は見つからない――いくつかの調査記録によると、南軍では、その場その場で勘に頼って必需品や軍用品を調達していたらしい――が、たいていの戦闘では自軍が受けた銃弾とほぼ同量の銃弾を放っていたので、南部側が消費した薬莢の数もまた数億に達しているのは間違いないだろう。ただし、南部は常に深刻な物資不足にあえいでおり、紙だけでなく、食料、衣類、医薬品など、ありとあらゆる生活必需品が不足していた。

インドに赴任していた元歩兵隊長アーサー・B・ホーズがウリッジの王立兵器廠に配属された際に作成した技術報告書のなかには、エンフィールド銃の薬莢の製造工程が説明されている。この『ライフル銃の弾薬 *Rifle Ammunition*』というタイトルの小冊子は、セポイの反乱が鎮圧されてから一年後、アメリカ、サウスカロライ

著名な戦場画家のアルフレッド・R・ワウドは、南北戦争時、『ハーパーズ・ウィークリー』などの出版物のために、最前線で数多くの写生画を描いた。この絵は、1864年の詳細不明の戦闘のさなか、死亡した戦友の持ち物から紙製薬莢を取り上げる兵士を描いたもの。

ナ州のサムター要塞で南北戦争の火蓋が切られる二年前に発行された。ホーズは、高品質の紙の必要条件をいくつも挙げているが、それらを見れば、薬莢専用につくられた紙が、後年、多くの芸術家たちの間で優秀な画材としてもてはやされた理由がわかる。「組成が均質であること、表面がなめらかなこと、ある程度の強度があり、染みがないこと」。薬莢専用の紙をつくる際には、一連ごとにサンプルを取り出し、「延ばしたり引っ張ったり」あるいは光にかざしたりして検査が行なわれた。「弾丸の製造に用いられる紙は、きつく巻き付けたときに、銃弾の直径が〇・〇〇九インチ以上増加しないものでなければならず、サイズも大きすぎてはならない」

やがて兵士たちが戦場で自分たちの薬莢をつくる時代は終わりを告げた。ライフルなどの施条銃の薬莢には精密さと画一性が不可欠なため、機械の力を借りるしかなかったからである。機械による作業のあとは、「中身を詰め、口をねじり、脂、すなわち潤滑剤を塗るだけ」でよくなった。ホーズは、潤滑剤として最も適しているのは――彼は「付着を防ぐ薬剤」と呼んでいたが――蜜蠟だと考えていた。彼はインドで獣脂が使われていたことに言及したうえで、その後ウリッジの研究所で行なわれた複数の試験において獣脂は潤滑剤として不安定であることがわかったと指摘した。「徐々に薬莢の紙に染み込んでしまうだけでなく、蜜蠟よりも獣脂を多く使うと、獣脂の一部が乾燥して粉末状になり薬莢の表面に付着してしまう」と記している。

ホーズの報告書が刊行された頃には、大砲の装塡薬を包むものとしても紙が用いられるようになっていた。集中砲撃後には砲身内を掃除しなくてはならない。ところが一五世紀、一六世紀、一七世紀には、火薬の乾燥を保つためにリネンの袋が導入された以外は、大砲のための新しい技術が考案されることはなかったと、王立兵器廠(三〇〇年以上にわたり、イギリス軍の武器の製造・改良を担った施設)の歴史の大家、O・F・G・ホッグは述べている。紙が用いられるようになるまでは、火薬をひしゃくで砲身内部に入れ、一番上に発射体を据えるという単純な方法が用いられていた。

やがて、歩兵の例にならって、砲手たちも事前に火薬を袋に分けて用意しておくようになった。袋の素材となったのは、羊皮紙、豚革、帆布、リネン、メリノ毛織物、薄い毛織物の一種であるボムバゼット、そしてもちろんさまざまな品質の紙だった。綿やリネンのような布だと発火しないことがあり、羊皮紙も燃焼時の熱によって縮んでしまい、詰まりを引き起こすことがあった。試行錯誤を重ねた結果、紙こそが最も効果的な素材であることが明らかになったのだ。もっとも、一八世紀終わりにかけて製造された紙は強度に欠け、燃焼にもむらがあったことから、燃え残った火薬が再装塡の最中によく爆発した。

米英戦争が勃発する一年前の一八一一年、アメリカの軍用品設計者がこう記している。「軍艦や軍隊の歴史は、火薬をむき出しのまま放置するなど誤った方法で保管したことが原因の事故によって戦艦や弾薬庫が破壊されたという例に満ちている」。彼は報告書のなかで、紙に代わるものとして〝鉛製薬包〟を奨励し、鉛の薬包は「紙と同じくらい簡単に加工できる。しかも、これを用いれば、弾薬を押し込む、あるいは銃に火薬を詰める必要がないため、事前に弾丸さえ装塡しておけばいつでも撃つことが可能で、しかも水分や湿気によるトラブルもない」と記している。

しかし、鉛製薬包が実用化されるまでにはさらに数十年を要し、それまでは紙が最上の素材とみなされ続けた。これには、一八〇七年一一月一二日に提出された「成分に改良を加えた、砲弾の薬包に用いる紙の製造」に関する特許が深く関係している。特許申請者である一九世紀イギリスの革新的製紙業者ジョン・ディキンソンは、さまざまな進歩に大きく貢献した人物だが、「私の発明の本質は――」と彼は自身の申請書に書いている。

従来この種の紙に使用されてきたリネンのぼろ布もしくは麻や亜麻からなる素材に、特定の割合で羊毛もしくは毛織りのぼろ布を加えることにある。羊毛の繊維と麻や亜麻の繊維を混ぜ合わせると、火薬の爆発によって紙に点いた火が消えたあとでも、火の粉が残るのを防止できる。

その後ディキンソンは、材料と混合の割合の詳細を記している。「リネンは、古くても丈夫で、できるだけ長いものを用いる。そうしないと、上記の割合を守っても紙は十分な強度を得ることがないだろう」。ディキンソンは工程にひとひねりを加えることによって、大砲に紙を用いるときのふたつの問題――強度が不十分なこと、燃焼にむらがあること――を解決してみせた。ディキンソンはその五か月前には長網抄紙機などの機械の設計に関する特許を、そして一八〇九年一月には自動で紙を製造する機械に関する特許を取得していた。

ディキンソンは、ロンドンの二五マイル北西に位置する、ゲード川とバルボーン川が流れる街ヘメル・ヘムステッドに最初の工場を開き、自身が開発した大砲の薬包用の紙を製造し始めた。彼のつくった紙は兵器省に陸軍と海軍で採用され、スペイン独立戦争や、一八一五年のワーテルローの戦いでの勝利に大きく貢献したことで高く評価された。この紙の組成はライフル銃の薬莢にもってつけだったので、イギリスがクリミア戦争に参戦したときには「ミニエー銃の紙製薬莢への新規需要」が生まれた、と創業者の甥の娘であるジョーン・エヴァンズが、家業の歴史を記した本に書いている。エヴァンズによると、一八五七年には「インド大反乱が起こり」、ジョン・ディキンソン・アンド・カンパニーの労働者は「かつてないほど忙しくなった」という。インドでの暴動が長引き、一八五八年になると、政府との間で一万三〇〇〇連の紙（エヴァンズいわく、「これを工場ではミニエーと呼んでいた」）の契約が結ばれた。

だが、大きな利益を生んだ薬包用の紙の製造は、ジョン・ディキンソン・アンド・カンパニーにとっては副業でしかなかった。実は、それ以上に支持されていた製品が多数あったのである。たとえば、一八一二年に売り出した、薄くて丈夫で裏が透けない紙。この紙が使われたサミュエル・バグスター師による『ポケット版聖書』はベストセラーとなった。また、トマス・フログナール・

ディブディンによる『書誌学一〇日物語』には、この紙の質感や色合いに対する手放しの賞賛が記されている。さらに一八二三年、ディキンソンはさまざまな糸――コットン、リネン、絹、レース――を紙に組み込む手順で特許を取得した。この手法は、紙幣製造の分野において偽造者への対抗手段として注目された。一八五〇年には糊付けされた封筒の製造を始め、それに合わせたさまざまな文房具の使用も提唱する。文房具は現在に至るまで同社の主軸である。その他の製品のなかには、両面の色が違う紙や、われわれにとっても身近な段ボールもある。

一九世紀中頃になると、紙は予想外の――間違いなく、意図的に計画された使い方ではない――使われ方をするようになった。その背景には、従軍していた兵士の手元には常に薬莢の紙があり、また、すでに多くの兵士が〝邪悪な葉〟を愛好するようになっていたという事実がある。煙草を〝邪悪な葉〟と名付けたのは、マサチューセッツに入植した清教徒だ。原住民が嗜むのを見て、そう呼んだのである。それまで煙草は、煙を吸う、葉を噛みしだく、あるいは鼻から吸引するなどの方法で楽しまれていた。特に煙を吸いたい場合には、パイプの火皿に煙草を乗せて吸うか、乾燥させた煙草の葉をアシや葉で包み、細い円柱形にした葉巻（葉巻を表す英語 cigar の語源は「喫煙」を意味するマヤ語系のユカテク語 sikar である）を吸うかのどちらかだった。

煙草は、一六世紀に新大陸から戻ってきた探検家たちによってヨーロッパに持ち込まれると、熱烈な愛好者を急速に増やしていった。需要の高まりを受けて、一七〇〇年代半ばまでには、バージニア州や南北両カロライナ州の主要な農産物となっていた。そして、ヨーロッパの品物と交換できる貴重な〝商品〟だったのである。煙草はまた、アメリカ独立戦争の間には、戦争を続けるための資金源、あるいは疲弊した兵士たちを慰めるものとして役に立つことが明らかになった。「資金を送ってもらえないのなら――」一七七六年、ジョージ・ワシントンは大陸会議宛てにこんな手紙を書いている。「煙草を送ってもらいたい」。それから一四二年後の第一次世界大戦中に、ジョン・J・〝ブラック・ジャック〟・パーシング大将がヨーロッパの前線からワシントンの陸軍長官に送った書簡にも同じような言葉が並ぶ。「あなたは、この戦争に勝利するには何が必要かを私に問われた。ならば答えよう。われわれには煙草が必要だ。より多くの煙草が――それこそ食料よりも多く」

煙草の葉を刻んで紙で包むという発想がどこから生まれたのかについてはさまざまな説がある。たとえば、西インド諸島の煙草のプランテーションで利益を上げ、しかも本国で製紙産業が盛んだったスペインこそが元祖だという説を裏付けるエピソードがある。きっかけは、セビーリャの浮浪者だったというものだ。彼らは路上で葉巻の燃えさしを拾い集め、灰になっていない部分を刻んでくず紙でくるみ、いつでもすぐに吸えるようにしていた。そうなると、葉巻をつくる過程で切り落とされた余り物を利用して利益を上げるやり方を誰かが思いつくのも、時間の問題だったに違いない。

papeletes や cigaritos といった名で知られる、葉巻よりも安価な代替品は、スペインやポルトガルの船員たちの間で急速に広まり、ロシアやレバント地方（東部地中海沿岸）にも伝わっていった。レバント地方は、オスマン帝国が風味のよい煙草を育てていると評判になっていた地域である。エジプトで高級な紙巻き煙草が開発されたら、注目されないはずがない。一九一三年にR・J・レイノルズ・タバコ・カンパニーによってアメリカの消費者に初めて紹介されたこのエジプトのブランドは「キャメル」と呼ばれ、パッケージにはピラミッドやヤシの木、イスラムの建築物のイラストが描かれていた。

紙巻き煙草には、また別の誕生物語がある。アメリカン・タバコ・カンパニーとP・ロリラード・アンド・カンパニーの社史には、一八三二年が紙巻き煙草の進化にとって重大な年だったとある。そこで紹介されているのは、イブラヒム・パシャの指揮するエジプト軍が、オスマン帝国の都市アクレを包囲した際のエピソードだ。これによると、エジプトの砲手たちは、六週間におよぶ包囲戦のなかで、紙の管に火薬を詰めて発砲の速度をあげることを思いついた（このやり方は当時ほかの軍隊でも用いられていたので、このエピソードには信憑性があると言えよう）。喜んだパシャは、兵士たちの工夫に対する感謝のしるしとして惜しみなく煙草を与えた。しかし、ふだん喫煙に用いていた陶製の火皿が割れていたため、兵士たちは薬包の紙を使ったのだという。

もうひとつ、これとほとんど同じエピソードが、ジグザグという巻紙製造会社にも伝えられている。このフランスの会社の製品にはすべて、ズアーヴ兵と呼ばれる一九世紀の歩兵のイラストが描かれている。同社の社史によると、クリミア戦争中の一八五四年、セバストポリ包囲戦に参加したあるフランス兵が、自分の陶製パイプが壊れたときに「火薬の包みから破り取った紙片で煙草の葉を巻くというすばらしいアイデア」を思いついたのだという。それから二三年後――この兵士の機転から着想を得て――フランスの企業家モーリス・ブラウンシュタインとジャック・ブラウンシュタインがパリに製紙会社を設立し、一八八二年にはパペティエール・ド・ガシクール（パペティエール・ブラウンシュタイン・ド・ガシクールとも呼ばれる）という生産工場をマント・ラ・ジョリ近郊に開いた。のちに彼らは薄い包み紙を十字形に交差して使うという手法を完成させ、一八九四年には冊子状に束ねた巻紙をジグザグの名前で売り出した。この商品は、手巻き煙草の愛好者向けに売り出されたが、一九六〇年代から七〇年代という激動の時代にマリファナを使用する者が急増すると、特によく使われた。

社史に残るエピソードが事実であるにせよつくり話であるにせよ、ズアーヴ兵に先立つこと一二年前には、マリー・アメリー・ド・ブルボンによって創設された慈善市に出品するために、二万本の紙巻き煙草が製造されたという記録が残っている。彼女は、ナポレオン失脚後に新憲章のもとで国を統治した最後のフランス国王ルイ・フィリップの妻である。この頃すでに、煙草はフランス政府にとって重要な財源になっていた。一八一〇年にナポレオンが自身の軍事行動への支援を得るために産業の支配権を握って以来、その製造が暗黙のうちに認められていたのである。

初めて煙草を紙で巻いたのは誰だったのかはともかくとして、紙巻き煙草の人気の拡大にクリミア戦争が大きく関係していたという説に異論を唱える者はいないだろう。二〇世紀の基準から見れば規模は小さいものの、この聖地の管理問題をめぐる戦争により、イギリス、フランス、オスマン帝国、サルデーニャ王国からなる連合軍がロシア帝国に送り出された。その結果、兵士たちの間で数々の文化的習慣が交換されたのである。戦後、イギリスの兵士は紙巻き煙草（cigarette というのはフランスで生まれた造語）を本国に持ち帰ったが、紙巻き煙草には葉巻のもつ威厳と高級感が欠けていたため、それを吸う男性は弱く女々しいと思われたり、あざけりの対象となったりした。

しかし安くて手軽な紙巻き煙草は徐々に人気を博し、一八五〇年代後半には、ロンドンの煙草商フィリップ・モリスが国内で上流の顧客向けの紙巻き煙草を製造するようになっていた。そこからあっという間に、古風な悪習が怪物のように巨大な産業に姿を変えていく。煙草ほど世界経済に大きな影響力を及ぼし、法律にのっとっていながら公衆衛生に大打撃を与えたものはほかにないだろう。こうしたことが可能になったのは、安価な紙がすぐに手に入るようになったからこそであった。

一八八〇年代になると、紙巻き煙草はイギリス、フランス、オスマン帝国、エジプト、アメリカで製造されるようになった。いずれの製品も工場で機械によって生産された薄い紙を使用していたが、実際に巻くのは手作業で、熟練した労働者は一分間に四本の煙草を巻くことができた。紙巻き煙草の市場は存在していたものの、主流はまだ葉巻、噛み煙草、嗅ぎ煙草であり、労働力の規模と技術の問題によって紙巻き煙草の生産はまだ限られていたため――製造コストの九〇パーセントを労働者の賃金が占めていた――販売量はそこそこにとどまっていた。そこで、リッチモンドの煙草製造会社アレン・アンド・ギンターの創業者ルイス・ギンターが、事業を活気づけようと、煙草を巻く工程を自動化する機械をつくり出した者には七万五〇〇〇ドルの懸賞金を出すと申し出た。

　それにすぐさま反応したのが、ジェームズ・A・ボンサックだ。ボンサックはバージニア州の煙草農場の息子で、以前からそういった機械をつくろうと試みており、一八八〇年に特許を得ていた。アレン・アンド・ギンター社はボンサックの機械を試したものの、理由を明かさないままその機械を却下し、懸賞金を支払うことはなかった。そこですぐにボンサックの機械の使用権を入手したのが、ノースカロライナ州ダーラム出身の南部連合国の砲術将校の二四歳になる息子、ジェームズ・ブキャナン・〝バック〟・デュークだった。抜け目のない商売人だった彼は、複数の製造業者による合同事業を進めていたところだった。そして、一八九〇年にアメリカン・タバコ・カンパニーという合同会社が生まれる。デュークはブル・ダーラムというブランド名で、巻いていない状態の煙草の葉に紙片を添えて売り――このふたつはまとめて〝煙草の材料《メイキング》〟と呼ばれた――客に自分で煙草を巻かせ、コストを削減した。

　デュークの製品の需要が膨らんでいった理由は、ひとつには紙巻き煙草を吸う人が増えたこと、そしてもうひとつ、彼が広告宣伝をうまく利用したことにある。デュークはしゃれた新聞広告や人目を引くロゴ、印象に残るキャッチフレーズ（たとえばタキシードという銘柄の「あなたの鼻が知っている」、スウィート・カポラルの「父親に聞けば知っている」、ラッキー・ストライクの「トースト（熱処理）済み」、ポール・モールの「ずば抜けていながら、まろやか！」）など、紙を使ったポスターやチラシに注力したのである。また、派手な景品と交換できる引換券、コレクター向けのリトグラフのカードを配布したほか、演劇やスポーツイベントで配るプログラムにチラシを挟んだり、広告板やポスターを展開するなど、ありとあらゆる印刷物で顧客を引き付けようとした。

煙草に関連する二五万点を超えるこうした品が、ジョージ・アレンツ――発明家であり、デュークの若き同僚でもあった彼は、煙草を巻く機械の改良方法を考案した――によって集められ、一九四四年にニューヨーク公共図書館に寄贈されている。現在これらは、三階の部屋に収蔵されている。

紙巻き煙草が人間社会におよぼした影響を最も見事に描写しているのは、リチャード・クルーガーの『灰から灰へ』であろう。ピューリッツァー賞を受賞した同書は、デュークという主人公を中心に、二〇世紀のアメリカ経済における〝煙草戦争〟を生き生きと描いている。煙草が原因となって「どれだけの命が失われたのか、すでにある情報から推測する以上のことは誰もできない」。「だが、最も強烈に煙草を非難する人々は、ここ一〇〇年間の喫煙による死亡者数の総計が、アメリカのすべての戦争の犠牲者である数百万に匹敵すると断言している」。アメリカ癌学会の報告によれば、肺癌による死亡者の八七パーセントは喫煙が原因であり、喉頭、口腔、咽頭、食道、膀胱の癌でも、喫煙が大きな要因となっている。米国防火協会がまとめた数字によれば、煙草は何十年間も火災による死亡事故の最大の原因であり、その多くは寝煙草によって引き起こされている。アメリカにおける煙草による火災の犠牲者は、年間七〇〇から九〇〇人におよぶという。また、完全に火が消えていない煙草をトラックや乗用車の窓から投げ捨てるドライバーのせいで、森林まで破壊されている。

医学的見地から言えば、紙巻き煙草を吸う人を危険にさらしているのは煙草の葉の発癌性であり、巻紙に含まれるセルロースではない。にもかかわらず、喫煙への警告が発せられ始めた頃、批判の矛先は紙に向いていた。一九一四年に、自動車王ヘンリー・フォードは、『小さな白い奴隷を売買することへの反証 *The Case Against the Little White Slaver*』という挑発的なタイトルの小冊子を自費出版し、全国に配布した。この小冊子には、その年の前半にフォードがトーマス・A・エジソンに頼んで送ってもらった手紙（本章の冒頭にそのまま引用した）が、原文通りに掲載されている。フォードは序文で、エジソンの行なった実験に触れている。エジソンは「白熱灯に適したフィラメント」を見つけるために、紙を含む「さまざまな物質の燃焼」実験を行なった。紙は燃えたときにアクロレインという名で知られる、肺を冒す刺激性のガスを発生させる。自身が好んで葉巻を吸うことから、エジソンは、ニコチンではなくアクロレインのほうがはるかに人体に悪影響をおよぼすと信じていた。この信念に後押しされて、フォードは、紙巻き煙草の撲滅運動に（一時的ではあったが）乗り出したのである。

もちろん、紙巻き煙草を吸う人は煙草の葉があるから吸うわけだが、紙の組成も重要だ。一九七五年にブリティッシュ・アメリカン・タバコが作成した報告書（現在はレガシー・タバコ・ドキュメンツ・ライブラリー収蔵。サンフランシスコのカリフォルニア大学が管理している一〇億を超える文書のひとつである）では、わずか一文でその要点が説明されている。「紙巻き煙草の紙は、無味無臭で、白色度、不透明度、強度、弾性がそれぞれ高くなければならず、湿った状態で唇にくっついてはならず、煙草の葉と同じペースで燃えなければならない」

紙巻き煙草の製造業者は原則として、使用する紙を自分たちで生産することはなく、紙の製造を専門とする会社から購入する。もっとも、煙草産業が安定した供給を確保するために多くの製紙工場を支援していることは周知の事実となっている。第二次大戦時、それまでアメリカの煙草の紙の主な供給国だったフランスがナチスに占領され、アメリカへの紙の輸出量が縮小したときにも、業界は同じ方法で乗り切った。戦争に突入するまでの数か月間に、アメリカの煙草製造会社は一丸となって、フランスからのユダヤ系移民ハリー・H・シュトラウスがノースカロライナに慌ただしく設立した会社を支援した。シュトラウスはノースカロライナ州アッシュビルの南西三〇マイルに工場を建設した。そこは、煙草の国の中心の奥深く、広大な森林が広がるブルーリッジ山脈のなかだった。

この会社の元金の一部は、リゲット・アンド・マイヤーズ社、R・J・レイノルズ社、ロリラード社、フィリップモリス社の前払い金から支払われた。そして、一九三九年の九月二日、エカスタ・コーポレーションは、初めて煙草用巻紙をリールに巻いて生産した。それから三か月間、同社は二四時間休みなく操業を続け、国内需要の五〇パーセントをまかなうまでになった。第二次世界大戦の前は、巻紙に使われる主要な繊維はぼろ布から得られていたが、シュトラウスの指示で製法が変わり、紙の原料の大部分を亜麻や麻から取り出したセルロースが占めるようになった。さらに、沈殿させた炭酸カルシウム――白亜――を少量の添加剤と組み合わせることで、″燃焼速度″を調整した。アメリカでは、化学処理された高品質な木材パルプとともに、亜麻ワラ――亜麻仁を得るために亜麻を育てる際に不要となる産物――も利用されている。リールに巻いた二万フィートの紙から八万五〇〇〇本の煙草がつくられ、一週間に二億本分以上を生産できるようになった。

　エカスタの工場は、創業から一年以内に九〇〇人を雇い入れた。一九四五年の終戦時には、その数は二〇〇〇人に増えており、最盛期には三〇〇〇人近くになった。シュトラウスは良心的なオーナーだったため、その地域で最もよい賃金を払い、労働者のための診療所を開設した。従業員の子供たちのために夏期キャンプを開催し、七月四日の独立記念日のパレードやクリスマスパーティーにも出資した。だが一九五一年、エカスタはオーリン・マシソン・ケミカル・コーポレーションという、その二年前にセロファン製造事業に参入したばかりの大手弾薬製造業者に買収される。オーリンは、その後三五年にわたってエカスタを運営したが、一九八七年にペンシルベニア州スプリング・グローブのPHグラットフェルター社に二億二〇〇〇万ドルで売却する。しかし一九九二年、グラットフェルターは大きな壁にぶつかる。フィリップモリスが国内で使用する巻紙のすべてをキンバリークラークから購入すると発表したのだ。つまり、最大の顧客を奪われた格好になったのである。グラットフェルターはその後の一〇年を通してエカスタを売却しようと試みたが、二〇〇二年、とうとう完全に閉鎖した。この動きについては第17章でさらにくわしく論じる。


　現在、世界最大の巻紙製造会社は、シュバイツァー・モデュイ・インターナショナルというジョージア州に本拠を置く複合企業で、「煙草産業に上質の紙を提供する世界最大の業者」を自称し、ニューヨーク証券取引所ではSWMという証券コードで取り引きされている。エカスタを事実上廃業に追い込んだキンバリークラークの一部門が一九九五年に分離独立してできたこの会社は、四つの大陸に一一の製造工場をもっており、そのうち三つで〝繊維のパルプ化事業〟を行なっている。二〇一一年の年次報告で、同社は自分たちが「北米向けの巻紙を生産する国内唯一の業者」であり、木材パルプを主要な繊維として使っており、二〇一一年には八万三〇〇〇トンを購入したとしている。「われわれはその他のセルロース繊維も使用しており、そのうち最も重要なのは、亜麻繊維と煙草の葉の副産物である」。この年の純売上高は八億一六二〇万ドルで、前年から七二〇〇万ドル上昇している。

　全般的に喫煙に対して否定的な現在のアメリカで、煙草に使う巻紙を主要な製品としている製造業者が控えめな態度であることは驚くにはあたらない。シュバイツァー・モデュイは投資家や潜在顧客のためにウェブサイトを運営しているが、少なくとも私が経験した限り、どこか工場を見学させてほしいとか、役員の話を聞かせてほしいといった依頼は無視する方針のようだ。電子メールには一度も返信がなく、電話をしても折り返しかかってくることはない。ウェブサイト上に掲載された二〇一〇年の第一四半期の数字に関する発表を見ると、ここまで用心深くなる理由は想像できる。「当社の売り上げは限られた数の取引先に集中しております。二〇〇九年度は売り上げの五六パーセントが上位四つの取引先によるものです。こうした取引先をいくつか失ったり、複数の取引先が購入量を縮小すると、当社の事業成績に多大なるマイナスの影響がもたらされます」。興味深いことに、二〇〇九年の同時期に出された報告では、会社の売り上げの六〇パーセントを上位五つの取引先が占めていると記され、実際に大口の顧客が離れていることを示唆している。実はこの年、バージニア州――シュバイツァー・モデュイが年次報告で会社の最大の取引先だとしているフィリップモリスUSAの本拠地――が、公共の場での喫煙を禁止している。このように反感をもたれやすい環境にあっては、目立たない姿勢を取ることが何より望ましい――まったく表に出なくてすむのであれば、なお望ましい――と思うのも無理はないのだろう。

第8章 証明と偽造

このパスポートは、貴族もしくは名誉市民でない限り一年に一度更新しなくてはならず、その手続きは魚に脱皮でもさせるかのように長たらしくて骨が折れる。スモレンスクの行政区に住むドゥディンスキーという男は、二年前にパスポートを更新したとき、何度も書状をやり取りし、謄本、申請書、一五もの追加書類といった、文書の山に埋もれる結果となった。しかも、用意した書類は適切で、品行も申し分なく、彼がパスポートを更新する権利には疑いの余地はないのだ。こうした障害やいらだちは、人生がいやになるほど人の心をすり減らす。そして、なぜサンクトペテルブルクだけで一年間に一万四七九九人が、パスポートに関する法律に従わなかったために逮捕され投獄されているのかという現状を説明している。このような哀れな人々の多くは、今頃シベリアに送られていることだろう。

――E・B・ラーニン『フォートナイトリー・レビュー』所収「ロシア人の特質」より（一八八九年）

自分が誰なのかを明らかにすること（それを証明できるかできないかにかかわらず）は、過去何世紀にもわたって社会的責務であり法律上の義務であり続けてきた。たいていの場合、それを法的に確認する過程の第一段階は、自分の主張を支え、裏付けとなる証明書を用意することから始まる。学問という側面から見ると、アイデンティティとは、哲学的、倫理的、神学的、社会学的、文化的、民族的、さらに言えば宇宙的な考察という性質をもつ概念である。認知心理学においては、アイデンティティをもつということは、内省する能力があり、自己認識ができていることを示唆する。それよりさらに根本的な視点から見ると、アイデンティティとは、ある人が唯一無二の存在であることの確認であり、最近では指紋、歯科治療の記録、虹彩画像、音声認識、DNA（科学捜査にたずさわる人々はこれらを「生体認証標識」と呼ぶ）によって決定的に見きわめることができる。だが、日常的にもっぱら当てにされているのは、有効性が認められた代替品、たとえば運転免許証、投票記録、社会保障カード、パスポートなどである。

電子化された文書が法律上有効な書類として受け入れられるようになった今日でさえ、いまだに出生証明書、権利証書、あるいは法律に基づく召喚命令の発行などには、印字された書類が望ましいとされている。昔から、「文書を見せてくれ」という要請（場合によっては要求）は、自分自身が何者であるのか、それを裏付けるだけの申し分ない書類を提示せよという指示である。別の言い方をすれば、「アイデンティティとは、他者に自身をどう定義してもらうかを制御する試みということになる。このことは、友好的でない環境でその書類を紛失したことがある人なら誰でも理解できるだろう」と、近代初期のヨーロッパにおける身元確認、ごまかし、監視に関する鋭い論考の著者であるヴァレンティン・グレブナーは指摘した。

紙がヨーロッパでその地位を固めるよりも前の時代には、資産家たちはときに、携帯できる肖像画として利用すると同時に必要に応じて人にも渡すことができるように、自分たちの姿を画家に描かせた。一方、身分の低い人々は、固有のしるしを入れ墨として肌に彫ることもあった。また、奴隷、罪人、浮浪者に烙印を押すことが強制的に行なわれた社会もあった。また、多くの人が一族の紋章を掲げたり、特定の記章を上着に付けたりした。これは現代の都会で不良グループのメンバーたちが、自分たちの存在を誇示するように独自のものを身に着けたり、挨拶のしるしとして普通とは違う方法で握手を交わしたりするのと同じようなものだ。何世紀もの間、役人たちには錫《すず》、革、織物、編み物でできた特徴的なバッジが支給され、それが法律上の権限の裏付けとなった。こうした中世の習わしは、現在でも世界中の司法関係者の間で続いている。身分証明のための文書がありふれたものになる以前、人々は、それぞれの社会階級あるいは職業を象徴する服装によって、また個人としては、傷跡、母斑、肌の色、身長、髪の色といった身体的特質によって識別された。軍で着用される服装は当然「軍服《ユニフォーム》」である。軍服にはそれぞれ固有の記章が付けられていて、陸・海・空軍それぞれの階級が示され、加えて現代では、胸部に名前（姓）が縫い付けられたりピン留めされたりしている。

アイデンティティを確立するために文書が用いられることによって、まったく新しい規範が生まれることになった。紙は一貫性を保つのに理想的な媒体だったのである。紙は安価で、軽く、豊富に生産することができ、柔軟なので携帯できる。つまり折りたたんで容易に持ち歩くことができた。また、羊皮紙や子牛皮紙とは違って、表面のインクをこすり落としたり洗い落としたりできないため、改竄《かいざん》も防げる。このような特性に加えて、筆跡は人それぞれ独特なので、署名を利用すれば安全性をいっそう高められる。公的機関はそのことにすぐ気がついた。一一世紀後半には印章（刻印のために記号、文言、意匠を浮き彫りにし、熱した封蠟に押して浮き出させる道具）が導入され、法律上あるいは神学上の文書を証明する手段として人気を博した。印章がなければ、そうした文書は偽造の対象になっていたことだろう。

一二世紀以降、商人や外交官はヨーロッパの国々を移動する際に、美しい書体で書かれた書簡を通行証として持ち運ぶようになった。現在でも、新しく任命された大使は当該国に到着すると「信任状を提出」し、自身の身分について正式な承認を受けなければならない。特使によって外国に運ばれる外交文書もまた、外交儀礼に忠実にのっとって作成される。たとえば上質な紙や複雑な飾り文字を使い、それによって「重要な書類」であることが一目瞭然になるのである。イギリスの歴史家で文化地理学という新しい学問分野の研究者でもあるマイルズ・オグボーンによると、「こうした文書は大使や公使の交換におけるきわめて重要なプロセスの一部をなし、諸帝国と東南アジアの小国が協定を結ぶ際の仕組みの構成要素でもあった。これらの国々は一七世紀に中央集権化と文書化の過程を経験していた」

ベンジャミン・フランクリンがアメリカ独立戦争時、全権公使としてフランス宮廷に赴いた際にまず実行したことのひとつが、独立を宣言して間もないアメリカの戦艦に乗るすべての司令官たちに宛てて回状を発行することだった。一七七九年三月一〇日の回状でフランクリンは、当時歴史的な地球周航の探検に乗り出していたイギリスの探検家ジェームズ・クックに触れ、もし公海上でイギリス海軍より派遣されたクックの艦隊に遭遇することがあれば、「礼儀と思いやり」をもって遇し、「可能な限りの助力」をするようにという指示を出していた。フランクリンはこれを「人類への責務にすぎない」ととらえていた。フランクリンは自分が航行許可を発する前月にクックがハワイ諸島ですでに死亡していたことを知らなかったが、彼の行為はそのまま埋もれてしまったわけではない。戦後、フランクリンはイギリスによって表彰されている。

しかし、おそらく過去五世紀の間、個人の身分証明として最も重要な書類であり続けてきたものはパスポートである。パスポートは、人を調べる方法のひとつとして、貿易の監視や国家間の移動の際に用いられてきた。その起源は古代にまでさかのぼることができる。その形式はさまざまだ。エジプトの墓所で見つかった紀元前一六〇〇年頃のものと推定される絵には、行政官が、列をつくって待つ臨時の労働者たちに身分証明の板を支給するようすが描かれている。旧約聖書にも記述が見られる。ユダヤの預言者ネヘミヤが、スサ（現在のシューシュ）からエルサレムへ向かうためにペルシア王から許可証を受け取ったのだ。現在の世界に当てはめると、イランからイスラエルまでの四五〇マイル以上の旅路である。「わたしはユーフラテス西方の長官のもとに到着する度に、王の書状を差し出すことができた」とネヘミヤは記している。

紙の出現によってパスポートは一般的になり、より広く存在を認められるようになっていく。パスポートという言葉が初めて使われたのは、一四九八年のイングランドの法律においてである。そこでは、「彼らの代理人、使用人のため、上記のイングランド人たちに通行証（sauffconductis）もしくはパスポート（pasportis）を与える」と述べられている。一八世紀までイギリスのパスポートは一枚の紙状であり、紋章が描かれ、所持者に移動の自由を認めるよう要請する文言が手書きで記載されていた。そのほかには、海上貿易を監督するものや、国境を越える通行を統制するために使われる査証があった。革命前のフランスでは身元を証明する書類がなければ小作農は違う町への移住ができなかった。中国では、現在も省をまたいで移動する場合、旅券を用意しなくてはならない。

驚くことではないが、偽の旅券による通行は何世紀も前から活発に行なわれきた。その悪用が発覚すれば悲惨な結果を招くこともある。最も有名なのは、ルイ一六世がフランスから脱出を試み、一七九一年に逮捕された事件である。このときに利用した偽造文書には、ルイ一六世は従者で、その妻マリー・アントワネットはメイドであると記載されていた。しかし、ベルギー国境まであと一五マイルのところにあるヴァレンヌ村で、地元の宿駅長が、硬貨に彫られた国王の肖像から逃亡中の君主に気づいた。国王が偽の書類を用いたことが罪状の申し立てに追加され、その結果、彼は断頭台に送られた。

現在でも、正当な書類を所持することは、ある場所から別の場所へ移動を希望する者にとっては不可欠である。二〇一一年六月二二日に、悪名高いボストンのギャング、ジェームズ・〝ホワイティ〟・バルジャーが逮捕された。この男は当局の「一〇大最重要指名手配犯」のリストの二番目に載っていて、彼の上にはオサマ・ビン・ラディンしかいなかった。当局の捜査で、大量の現金と武器（八二万二〇〇〇ドルと弾が装塡された三〇挺の自動小銃）がカリフォルニア州サンタモニカのアパートに隠されているのがわかり、さらには自分用に一五種類、恋人のキャサリン・グレイグに一〇種類の、それぞれ異なる身分証明書が見つかった。また、身分証明書を偽造する方法を解説したマニュアル『裏社会のＩＤ偽装の秘密』もかなり読み込まれた状態で発見された。

バルジャーに対する起訴状によると、それぞれの偽名は、四つの異なる州に住む人々のものであった。ボストンの米国連邦検事の発表によれば、見つかった証明書のなかには、一九九六年に発行されたニューヨーク州の居住者カード、社員証、糖尿病患者の医療カード、社会保障カード、さらには米国退職者協会会員カード二枚があった。とりわけ本物らしいものは、バルジャー自身が落ちぶれた退役軍人の名前を使って取得したカリフォルニア州の本物の運転免許証で、バルジャーは実際にこの軍人を経済的に援助していたのだった。

アメリカ初のパスポートは、一七八三年、ベンジャミン・フランクリンによってデザインされた。印刷は、フランクリンが独立戦争中の九年間を過ごしたフランスで、個人的な趣味から開設した印刷所において行なわれた。フランクリンは、ほかにも多くの興味深い書類を印刷しており、そのなかには、彼が設立に力を貸した団体のために作成したものや、〝つまらないもの（バガテル）〟と称して友人のためにつくっていた気の利いた抜き刷りなどがあった（傑作は「通風との対話」という文章である）。一八五六年から、アメリカのパスポートに関する一切の責任は、国務省が担うようになった。現在採用されている手帳型が世界基準になったのは一九二六年のことで、これは国際連盟が発行した指針の影響だった。

第一次世界大戦直後の混沌のなか、何百万という人が住む場所を追われた。難民（自ら望んだわけではないのに他国で暮らさざるを得ない人々、あるいはさらにひどい場合は迫害、差別、自然災害などによって国籍までも失った人々を指す）と呼ばれる人々は、正当な仕事を得られる場所を何が何でも見つけなければならなかったが、書類をもたないせいでその場から移動することができなかった。パスポートをもたない人間に自国の国境を越えることを許す国家はどこにも存在しなかった。

一九二二年、国際連盟は一時的な解決策として、のちにナンセン旅券と呼ばれる国際証書を発行する。この名称は、ノルウェーの探検家および政治家で、この旅券発行を推進したフリチョフ・ナンセンに敬意を表して付けられた。有効期間は一年（ただし更新することもできた）で、五二の国で承認され、フランスだけでも四五万人の労働者が受け入れられた。一九三八年にはこのすばらしい国際証書の仕組みを確立するための取り組みに対してナンセン国際避難民事務所はノーベル平和賞を受賞した。一九五四年以降、国際連合は多大な功績を称えて、故郷を失った人々を支援する運動に対してナンセンの名を冠したメダルを授与している。

第二次世界大戦中、大混乱に巻き込まれた無辜《むこ》の人々にとって、パスポートを持っているかどうかは時として生死の分かれ目を意味した。「これだけ絶大な力を発揮する書類はほかにない」。『ワールド・ポリシー・ジャーナル』誌の名誉主幹であり、著名な近代中東史の専門家カール・E・マイヤーは「平凡なパスポートの数奇な運命」に焦点を合わせた綿密な評論において、そう断言している。この書類は、「生命を救うか奪うか、解放するか監禁するか、入国時の手続きを早めるか頓挫させるか」を決める力がある、と彼は説明する。現在はほとんどの国で、自国への移民の流入を規制するためにパスポートを用いている。この方針は、自国の国境を端から端まで守りきるのが難しい国々で厄介な状況を生み出している。たとえばアメリカでは、ビザをもたない外国人が、永住許可証（グリーンカード）を取得しないまま不法に就労している。

国内における自国民の活動や移動を監視し、報告するために、多くの政府が身分証明書を発行している。この方法が一般的になったのは、紙が広く使われるようになってからである。しかしアメリカでは、すべての居住者（外国人も自国民も同様に）を対象に連邦政府によって発行される身分証明カードを導入しようという試みは、今のところうまくいっていない。それに反対する人々は、政府がますます全体主義的傾向を強め、個人のプライバシーがさらに侵害されると主張している。それに対して

「政府による公式の身分証明書」として十分な役割を果たしているのは(また、二〇〇一年九月一一日のテロ攻撃以来、各地の空港で運輸保安局の係員によって綿密に調べられるようになったのは)、各州が発行する自動車運転免許証である。

ドイツの哲学者で歴史家でもあり、ドイツ愛国主義の父と称されるヨハン・ゴットリープ・フィヒテは一七九六年、「統制された警察国家」における最高の責務とは、そのすべての市民が「あらゆる時と場所」において、明白に「それぞれ特定の人間であることを識別される」ことであると書いている。フィヒテは、この目的のために何より肝要なのは、「警察が知らないままでいる」者が誰ひとりいないようにすることであり、それを保証する唯一の方法は、全員が「政府の役人から署名を受け、当人の特徴が正確に記述された証書を携帯する」よう要求することである、と力説している。

言い換えれば、人間は常に〝整然と〟していなければならない――たとえ第二次世界大戦中の凄惨な時代、事態が悪夢のような極限状況に向かおうとするなかであっても。そしてこのことは、事実をもとにした、高い評価を受ける数々の映画作品のなかでも描かれている。『大脱走』(一九六三年)では、ナチスの収容所から連合国の兵士をいっせいに脱走させる計画において捏造された書類が不可欠な役割を果たした。『シンドラーのリスト』(一九九三年)では、アウシュビッツに送られれば確実に殺される一一〇〇人のユダヤ人が救われたが、それが実現したのは、彼らがドイツ第三帝国にとって欠かせない技能をもつと宣言する偽造書類と、賢明なドイツの実業家が下した、彼らの名前を重要な人員の名簿(すなわち映画のタイトルにある〝リスト〟)に載せるためには贈賄も辞さないという決断があったからだった。「これは命のリストです」とベン・キングズレー演じるイザック・シュターンは、最後の名前をタイプ打ちしたときに厳かに告げる。「この紙の外側には死の淵が広がっているのです」

ただの紙でありながら、身分証明書は過去一五〇年ほどの間に多くの進歩を遂げてきた。ホログラム、偽造防止のために混ぜる糸、改竄防止の工夫、機械でのスキャンなどは、新たに生まれた安全対策のほんの一部であり、捏造を試みる人間の仕事をますます困難にしている。一般にスパイ活動に用いられる独創的な道具といえば、畏敬と驚嘆の対象であり、装置が派手で凝っているほど望ましい。それはたとえば、長期間にわたって成功を収めているジェームズ・ボンドの数多くの映画が過去五〇年間で示してきた通りである。架空のスパイ007がきわめて効果的に用いる荒唐無稽な道具のいくつかは、一見すると非常識なように思えるかもしれないが、脚本家の豊かな想像力のみによって考え出されたわけではない。実際に中央情報局（CIA）が管理する、バージニア州ラングレーの本部にある博物館の展示品は、そのことをかなりの説得力をもって証明している。あいにく展示室は一般には開放されておらず、見学の許可を得るにはそれなりの苦労をしなくてはならない。私自身、見ることを許された（ただし撮影は禁止）ときにそれを実感した。そこは、二〇〇六年から二〇〇九年までCIA長官を務めた空軍大将マイケル・ヘイデンが報道番組『ミート・ザ・プレス』に出演したときの言葉を借りれば、「皆さんがおそらく二度と見ることはできないであろう、最高の博物館」だった。

私は、この高い専門性を有する職業のための、さらに想像力豊かな道具の数々――マッチ箱型のカメラ、〝秘密連絡〟用の書類差し、複雑な暗号機、なかが空洞になっている硬貨、超小型の盗聴装置、小型の武器、さまざまな機能をもつ傘など――を見ることができて嬉しかったが、特に有益だったのは、長年にわたってさまざまな秘密活動を支えてきたものの多くが、いかに紙に頼っているかを示す証拠を見出せたことだった。予想される通り、紙の根本的な利用法には、身分証明書に使うものや、〝ワンタイム・パッド〟と呼ばれる、暗号化された通信に用いる暗号表などがある。さらに高度なものになると、飲み込むと胃のなかで溶けるよう調合された特殊な紙や、地域特有の繊維を用いてつくられた紙などがある。どんな種類の紙であれ、書類がつくられるのは、現場のスパイたちに偽りの身分を与えるという明確な目的のためであり、場合によっては工作員に合わせて独特な〝身上〟を仕立て上げるために用いられる。

博物館の最初の展示は、戦時中の組織、戦略事務局に関するものだ。それは、一九四七年に誕生するCIAの前身となる組織である。壁にはスタンレー・P・ロベルの功績を称える展示がある。彼はボストンの化学研究員で、第二次世界大戦中にウィリアム・J・〝ワイルド・ビル〟・ドノバン大将に採用され、研究開発主任という名称で呼ばれる役職に就いた。コウモリ爆弾、爆発するクッキー生地、ラクダの顔に偽装した爆弾、女性ホルモン（アドルフ・ヒトラーの声を裏声にし、口ひげを抜け落ちさせる）といった風変わりな装置や薬に自由に手を加える裁量を与えられたが、まずは、必需品に注力することから始めると決めた。「私がまず手を付けるべきは

――」彼は一九六三年の回想録に書いている。「書類作成に必要なものを揃えることだった。実際、それは魅力的で、緻密で、命がけの仕事だった。戦略事務局が敵陣背後に送り込んだあらゆるスパイや破壊工作員にとって、完璧なパスポート、労働者の身分証明、配給手帳、金銭、手紙、その他、彼らの装う身分を裏付けるための無数の些細な書類がなければ、すぐに危険がおよぶことは明白である。これらはどれも軽い物体ではあるものの、まさに諜報員たちの生命が懸かっている」

実は、苦労して作成されたさまざまな書類（まさに〝軽い物体〟とロベルが冗談めかして呼んだもの）が、第二次大戦時に連合国が実行した秘密作戦のひとつを成功に導いたのである。イギリスが着手したこの作戦は、ミンスミート作戦として知られている。その内容は、確かな身分証明書を添えた死体を潜水艦で運び、闇に紛れてスペイン沿岸を漂流させて、敵の手に渡すというものだった。この作戦の目的は、ドイツの最高司令部に、ヨーロッパにおける連合国の最初の上陸地点を、想定されていたシチリア島ではなく、より東のギリシアであると思わせることにあった。一九四三年六月に、イギリスの対敵諜報活動機関である二〇委員会（裏切りを意味するDouble-CrossをXXと書けばローマ数字の二〇になることからこう呼ばれる）が急ごしらえでまとめたこの巧みな偽情報が、ナチスに「丸呑みにされた」ということが、計画の立案および実行の責任者であるユーウィン・モンタギューによって明らかにされた。計画を成功に導いたのは、このために特別に用意され、死体の手首に手錠でつながれた書類鞄に入れられた、完璧に複製された大量の書類であった。

一九五三年の『ある死体の冒険』という回想録のなかで、モンタギューは、この作戦にあたって最初に出した指示は、くわしく調べられたとしても、飛行機が墜落し海に投げ出されて死亡したイギリスの士官にしか見えないような遺体を捜し出すことだったと述懐している。肺炎で死亡したばかりで、それ以外は健康に問題のなかった三〇代前半の男の遺体（肺に水が残っていることから溺死だと思われるのではないかと期待された）が完璧に条件を満たした。諜報部隊は、遺体を早急にドライイスとともに密閉すると、書類を駆使してナチスを欺けるだけの偽の人物像をつくり上げるという大胆な計画に着手した。この犠牲者につけられた名前はウィリアム・マーチン、英国海兵隊の少佐とされた。用意されたシナリオによれば、マーチン少佐に与えられたでっち上げの任務は、帝国参謀本部副参謀長サー・アーチボルド・ナイ中将直筆の重大な機密文書を、ドワイト・D・アイゼンハワー司令官のもと、チュニジアで任務に当たっていた指揮官ハロルド・アレクサンダー大将に直接会って届けるということだった。

アレクサンダーから出されたと思われる、兵站に関する要望が実現されない理由について述べた、公式の筆記具で非公式に書かれた文章は、〝友人宛ての手紙〟という調子を帯びていた。それがドイツ側に伝われば、「われわれの次の目標はシチリア島ではないという証拠だととらえられ、しかもそれが、本国から海外の部隊に送られる通常の公式文書を詰め込んだ鞄からではなく、士官の所持品から見つかる」ようになっていた。鍵となる書簡が準備されると、続いて、補強する材料（専門用語で言えば〝身上〟あるいは〝ポケットのなかの小物〟などと呼ばれるもの）によってこの密使の背景をでっちあげる必要があり、そこに作戦の成否がかかっていたのである。第一に、身分証明書用の写真が必要だった。「誰でもいいから、実際に死んでいる人間の写真を撮り、それを生きているように見せかけられるならそれでいい」とモンタギューは書いている。最終的には、似た顔の若い海軍士官が見つかり、彼が何も問うことなく異常な任務を受け入れたことでこの問題は解決した。

合同作戦司令官ルイス・マウントバッテン卿から海軍元帥サー・A・B・カニンガムに宛てて書かれた偽の添え状では、マーチン少佐が、あまりに重大な機密のために通常の経路では送ることができない情報を運んでいる旨が説明されていた。もうひとつ、マウントバッテン卿からアイゼンハワー司令官への書簡は、当時刊行されたばかりだったイギリスの戦いに関する宣伝用小冊子とともに封筒に入れられ、近々出版されるアメリカ版のために、連合国のヨーロッパ最高司令官に宣伝文句を書いてほしいという要望が書かれてあった。合同作戦司令部に制限つきで出入りする許可を与えるという基地の通行許可証もマーチンに同時に持たせることになった。

この少佐は「楽しいこと好き」な性格だという設定だったので、ナイトクラブへの招待状も持たされた。「ある程度の浪費によるもっともらしい帰結」であり、それによってなぜこの男が「過剰引き出しを知らせる銀行の通知」を所持しているかを説明できると思われた。加えて、ロンドンのネーバル・アンド・ミリタリー・クラブの領収書、プリンス・オブ・ウェールズ劇場で上演している芝居の半券も二日分添えられた。また、何度も読み込んだように見せかけたフィアンセからの手紙（二〇委員会の若い女性事務員が愛情を込めてしたためた）も、水着姿の魅惑的な若い女性の写真とともに内ポケットに入れられた。おまけにニュー・ボンド・ストリートの宝石店で婚約指輪を買ったときの領収証まであった。さらにカールトン・ホテルでの昼食に誘う父親からの手紙も加えられた。モンタギューはこう回想している。「こうした書類をすべてまとめて読んだとき、彼が実在の人間であったように感じた。確かに生きていた本物の人間であり、現実に存在していた男だと」

救命胴衣を着せられた遺体が闇に紛れて海流に乗り、ドイツの同盟国スペインにどのようにして流れ着いたのかということや、地中海で軍用機が墜落したとする嘘のニュースをラジオで流したこと、戦後、当局が自分たちの作戦が実際にナチスを欺いていた——よって何千もの命が救われた——と結論づけたことなどは、一九五六年の映画『存在しなかった男』のもととなった。この映画ではクリフトン・ウェッブがユーウィン・モンタギュー海軍少佐を演じている。

この挿話からは、各国の情報機関の計画においていかに紙が重要な位置を占めていたかがよくわかる。過去も現在も、私が多くの情報収集のプロたちと対話を重ねるなかで強調されていたのは、紙というごく基本的な素材が彼らの活動にとって、偽物の配給手帳や嘘の身分証明書をつくることから、パスポートの偽造、すぐに水に溶ける特殊な紙や一瞬で燃え上がり一切の灰が残らない紙に至るまで、どれほど重要であるかということだった。

アントニオ・J・"トニー"・メンデスは、CIAの技術活用部門（Technical Services Division を略して、内部では単にTSDとして知られる）という曖昧な名称の部局で二五年間働き、そのうちの一五年は偽装工作の責任者を務めた。仕事ぶりを高く評価され、一九九七年には、組織の歴史において「創設されてからの半世紀、その行為、模範的行動、イニシアティブによって貢献した職員五〇人」に与えられる功労賞を授与された。この賞がとりわけ意義深かったのは、その功績の大半が諜報の世界の外にはまったく知られていないという事実にあった。一九六五年、メンデスは宇宙航空設備の製造会社マーティン・マリエッタ・マテリアルズで働いた後、二五歳のときにCIAに入った。後年、彼は自分にとって最も重要な仕事は「偽装と書類作成」であり、このふたつの技能は時に補いあって機能すると認めている。

優秀な画家であった彼は一般市民として暮らしていたが、諜報活動を始めたきっかけは、グラフィックアートだった。「私はデンヴァーでイラストレーターをしていたが、『デンヴァー・ポスト』の求人案内にこんな文章を見つけた。『海軍に同行し、海外で働く画家を求む』」。メリーランド州のメンデスの自宅で行なわれた、広範囲にわたるインタビューのなかで彼は私に語った。「実は、ここは海軍ではない」。面接官が単刀直入に言った。面接へ行くと、面接官が単刀直入に言った。「実は、ここは海軍ではない」。そして、自分のＣＩＡの職員証明書を見せてくれた。「その人はまさしくサム・スペード［ダシール・ハメットの小説に登場する私立探偵］のような人物で、つばのある帽子にレインコートを着て、煙草をくわえていた。彼は私に、画家として働く新人募集の手引きを読むように言い、私はすぐに惹き付けられた。なぜならそこで目にしたのは、興味深い美術の利用法だったからだ。前もって予想していたどんなものとも違っていた。組織が求めていたのは、国家に貢献するためなら創造的な面を捨て去ることのできる人物だった」

そのうちにメンデスは技能を磨き、書類の偽造のみならず、身体的な特徴や個人の特性をも変えるところまでたどり着く。つまり顔や体の特徴、あるいは目、肌、髪の色を変え、それぞれの作戦に合わせて特別に選び抜かれた服装や装飾品が加わることで、変装はいっそう説得力を増した。偽装工作の責任者として、後にはグラフィック認証部門（Graphics and Authentication Division 略してＧＡＤ）の長として、彼は一〇〇人ほどの専門家を指揮した。「私たちはこれをアイデンティティの変形と呼んでいた」と、彼は自分たちの仕事全体を評して言った。「私は自分のことをスパイ活動の美術家だと考えるようになった。もしあなたがスパイ活動にたずさわろうとするなら、世界中の国境を安全に越えられるようにならなくてはならない。しかも一度だけではなく、何度も何度も。これはかなりの難題だ。銀行強盗よりもはるかに難しい」。書類の準備段階で、メンデスは偽造と模造を慎重に区別していた。インタビューのなかでメンデスは次のように述べている。偽造（forgery）とは〝本物〟として通用する説得力のある書類をつくることで、模造（counterfeiting）とは特に他国の貨幣を複製することだ。後者はジュネーブ協定では戦争行為に当たる。実際にＣＩＡが他国の貨幣を複製したこともあるが、それは戦争中であった。また、おもしろい事例として、ベトナム戦争時にＣＩＡの絵画の専門家がラオスの通貨（キープ）の偽札を製造したという話をしてくれた。キープは左派の反乱グループであるラオス愛国戦線が発行していたもので、本物には象の絵が描かれていたが、ＣＩＡは象の代わりに北ベトナムの指導者ホー・チ・ミンの肖像を刷った。「ホー・チ・ミンの肖像を載せれば、北ベトナムに狙われていると誤解させ、ラオスの人々に亀裂を生み出せると考えた。そこで私たちは、ラオス愛国戦線のキープすべてに肖像を印刷して、飛行機からばらまいた。ラオスの人々が怒るだろうと期待していたが、ふたを開けてみれば、人々はそれを天の恵みだと考えて使い始めた。だからこの作戦はまったくうまくいかなかった」

一九九〇年に引退して以来、メンデスと、彼の二番目の妻であり自身も元ＣＩＡの偽装工作責任者であったジョナは、メリーランド州の田舎にある広大な土地に、メンデスは画家として、ジョナは写真家として、それぞれ個別にスタジオを保有している。私がインタビューのために到着すると、メンデスは数点の品物を持ち出してきた。いずれの品も、彼の諜報活動で紙が果たした役割と関わりがあった。最初に出てきたのは、あらゆる意味で完璧な一ドル紙幣だった。印字も絵も彩色も明瞭で、ぼろ布からつくった紙特有のしなやかさと手触りがある。唯一の違いは、大きさが通常の一ドル紙幣の三分の一であるということだ。「これは私たちの組織による、紙の大部分が水分であることを示した実例だ。紙幣を過度に凍結させてからプレスし、一気に解凍すると、水分は繊維に戻る機会を失う。つまりこれは、水分を失った紙幣がどのような姿になるかを明らかにしたものなんだ」

続いて見せてくれたのは、彼が「封印セット」と呼んでいる、物を薄く削る道具とナイフ数本が入った道具入れで、開封されたことがわからないように封筒の中身を改めるために使っていたものだった。この道具一式は、ほかにも多くのことに応用できる。「ここにある道具を使えば、紙を操ることができる」と彼は説明した。「たとえば、ある写真のプリント面を薄く剝がして、やはり薄く裏面を剝がした別の写真をうまく貼れば、まったく別の写真ができあがるというわけだ」

ここで、それまでの実演をじっくり見守っていたジョナが話に加わった。「この道具は、紙を剝がしてマイクロドット［諜報活動に使うために非常に小さなサイズに縮小した写真や文書］を埋め込みたいときにも使えるわ」。それを聞いた夫は力強くうなずいた。「この道具は私の手づくりなの。初めは棒に刃を付けただけのものだったけど、刃にやすりをかけて取っ手を彫ったのよ。これがあれば紙を剝がすことができる。もし紙に何か、たとえばマイクロドットのようなものを仕掛けたいと思ったら、これに似た道具を使えばいいのよ」

ジョナ・メンデスのＣＩＡにおける任務も、技術応用の分野に関係していた。写真を扱う業務もそのひとつだった。彼女は、マイクロドットが作戦で果たす役割を説明してくれた。「まず八・五×一一インチの紙片に文章を書いて、それを四〇〇回縮小させる。すると、『タイム』誌の国際版で文章の最後にあるピリオドとほとんど同じ大きさになる。そのことがマイクロドットを隠すのにもってこいなの。自分と相手だけが、どのページのどの段落のどの文章のピリオドがマイクロドットかを知っていて、ありとあらゆる検閲をすり抜けることができるから。どこにマイクロドットがあるか正確に知らなかったら、一生かけて隅から隅まで『タイム』誌を読んで探す羽目になりかねない。そうやってマイクロドットが用意できたら、あとはそれをどこかのピリオドと差し替えればいい。場合によっては航空郵便の封筒にマイクロドットを仕込むこともある」

ＣＩＡに所属していた四半世紀の間、トニー・メンデスはベトナム、ラオス、インド、ロシア、中東など、政情が不安定な世界中の地域を飛びまわり、並外れた技能を活用してきた。たびたび〝脱出請負人〟として、敵対国から人員を逃がすという任務を託された。彼が関わった任務のなかで最も目覚ましい成功を収めたもののひとつ（二〇一二年に公開されアカデミー賞を受賞した映画『アルゴ』のもととなったことで知られている）は、一九七九年にイランのアメリカ大使館が占拠された際、イラン駐在のカナダ大使たちのもとに避難していたアメリカの外交官六人を脱出させるというかなり無謀な計画だった。

脱出請負のプロであるメンデスには、アメリカ大使館を占領する暴徒にその存在を察知される前に六人をテヘランから連れ出すという計画に関して、完全に自由な権限が与えられていた。最も近い国境はソ連との国境だったため、陸路で脱出させるのはあまりに危険すぎると考えられた。「唯一実現可能な手段は、真正面から脱出させることだった。民間機でね」とメンデスは私に語った。これほど大胆な出国作戦を成功させるには、六人の西洋人がイランにいる正当な理由をでっち上げ、一人ひとりの書類を誰に調べられても完全に納得させられるようにすることが必要だった。「私は過去にハリウッドの関係者と仕事をしたことがあった」とメンデスは言う。そのなかに、特殊効果と特殊メイクのアーティスト、今は亡きジョン・チェンバースがいた。チェンバースは、テレビシリーズ『スター・トレック』に登場するミスター・スポックのヴァルカン星人の特徴である尖った耳や、一九六八年の映画『猿の惑星』に登場する不気味なほど真に迫った猿などを生み出したことで知られる。見込みのある選択肢がほとんどなく、時間が刻々と過ぎゆくなか、メンデスはふとした思いつきからチェンバースに、一般に、海外で撮影する映画のロケ地を下見する場合、何人ぐらいのスタッフがいるのだろうかと尋ねた。八人ぐらいだろう、とチェンバースは答えた。制作主任、カメラマン、美術監督、車両部主任、脚本コンサルタント、脚本家、事業部主任、そして監督。

「計画にぴったりだった」とメンデスは言った。それから数週間、メンデスと彼のチームは休みなく働き、六人の外交官が架空の会社で働くカナダ人を装うことができるように偽装を準備した。チェンバースは、そのスタジオ・シックス・プロダクションと名付けた会社をハリウッドに設立する手助けをした。オフィスはパラマウント社の古い撮影所を借り、電話や机、書類棚を揃えて、受付係を配置した。さらに本物らしく見せかけるために、チェンバースが、制作されなかったSF映画の脚本を提供し、その嘘の作品には『アルゴ』というタイトルが付けられた。このタイトルにはきわどい言葉遊びの意味もある。この企画をさらに広く知らしめ、本物のハリウッドの〝ざわめき〟で箔を付けるために、『バラエティ』紙や『ハリウッドリポーター』紙に全面広告まで掲載した。そのなかでは、制作中のこの映画は〝宇宙戦争〟を描いたものであり、海外でのロケを予定していると説明された。「いうまでもなく、私たちはこうした準備をイランに入る前にすべて終えなくてはならなかった。そして成功に導くためには、文書をつくることが欠かせなかった」とメンデスは言った。

すべてが揃い、取り残された六人のアメリカ人のための新しい身分証明書（オタワのカナダ政府の厚意によって用意された本物のカナダのパスポートも含まれていた）は外交特権に守られながらカナダ人の手でイランに運ばれた。事業部主任に扮したメンデスと、もうひとりのCIAの同僚は、一九八〇年一月二五日にテヘランに到着し、六人に作戦内容を説明した。変装は最小限に抑えられた。髪型を少し変え、サングラスをかけ、それらしい服装をするが、決して度を越してはならない。計画の成否はすべて、裏付けとなる書類の説得力にかかっていた。

三日後、〝制作チーム〟は午前五時三〇分発スイス航空チューリヒ行きの便に乗るべくメヘラバード空港へと出発した。対気速度計が不具合を起こしメンテナンスのために便が遅れたときは緊張したが、飛行機は乗客を乗せてようやく離陸した。イランの領空域を抜けると、全員分の祝杯が注文された。「ポケットのなかの小物、つまり名刺や何やかや――私たちは『うわべの装飾』と呼んでいた――といったものが売り込みに役立った」とメンデスは私に言った。「イランに入ったとき、私が持っていたのは映画制作に必要な書類だけではなかった。映画の売り込みに使えるように印刷した脚本を持っていたし、連れ出そうとしている六人の関係書類も手元に持っていた。彼らの名前を入れたスタッフクレジットを制作して、組合員証もつくり、その他、彼らが身に着けるあらゆる物を用意した。さらに、衣装のデザインやこれからつくる撮影セットのイラストをまとめた画集まで持っていった。イランの国家指導省に映画を売ろうという制作主任であれば当然必要になるはずのものだ。私たちは多くの人員を割いてこの仕事に当たった。個々の作業自体はさほど難しくないが、私たちはまず、すべてを計画することから始めなくてはならなかった。その後で、何もかも正しいと認証できる文書をつくる。さらに言えば、われわれはこの行為を『認証化』と呼んでいた。そして正式なインクなどを使って文書をつくり出す美術担当は、『有効化する者』と呼ばれた。つまりわれわれは全体の工程を、認証化および有効化と称していたんだ」。この計画はのちにベン・アフレックによって映画化され、オスカーを獲得した。監督のアフレック自ら、主役のトニー・メンデスを演じ、制作に当たってはメンデス自身も助言をしている。

メンデスは、虚偽の書類を作成するときには全感覚を集中すると力説した。「見た目、手触り、匂い」、そして紙を折ったときの「音まで」。だからこそ、紙に使われる繊維が実に重大な意味をもつというわけだ。ＣＩＡが独自の製紙設備を使用しているのかどうかについてメンデスは明言しなかったものの、文書を偽造する工程に関する幅広い知識を披露し、どこから見ても書類が本物に見えるようにするＴＳＤの仕事について包み隠さず教えてくれた。「まずは、その紙をつくっている実際の成分にできるだけ近づくことだ。実際に、この紙がどうやって今の姿になったのかということを、さかのぼって分析する。同じ場所にたどり着くためには、ゼロから始める以上にいい方法はないだろう？　最終的には、仲介人を通して海外からパルプを調達することになる。これは、正しい土台にたどり着くための秘密の任務ということになる」

つまり、現地の繊維を手に入れる目的で、実際に工作員が敵対する国に潜入することもあるという意味かと私は尋ねた。「私たちには私たちのやり方があったんだ」とメンデスは曖昧に答えた。「でも、そういうことをしていた人もいたと思うわ」とジョナが言った。「たとえば、市場がどこにあるかを突き止めれば……」とメンデスは言った。「世界のどこかにその素材を入手できる場所が必ずあるはずなんだ。それならそこに行って、あるいは誰かに行ってもらって素材を購入する。そこから始めればいい」。今度はジョナが賛同してうなずく番だった。「その気になれば、不可能なことは何もないわ」と彼女は朗らかに言い、そこから話題は秘密のインク、つまり紙の上に書いても何も見えないが、任務のために選択された物質に触れたときにだけ目に見えるようになる筆記具に移った。

「それはたとえば、搾ったばかりのレモン汁かもしれない」とメンデスは言った。「山羊の乳かもしれない。高価なウォッカの特別な銘柄かもしれない。うまくやれば……私たちがそうだったように、それからロシアがそうだったように、どの物質が使われているのかが正確にわからない限り、他人には何が書いてあるかがわからない。どのインクもかなり独特で、そしてかなり効果的だ。そのような処理を施していると、紙には確実に変化が起こる。秘密のインクを豊富に揃え、紙を目に見えない複写紙として使って、秘密のメッセージを書くことができる。インクは液体であってもいいし、ほかのものであってもいい。そして、情報の受け手側には、情報提供者からに違いないと確信できる秘密のメッセージを受け取ったら、そのメッセージが漏洩していないかどうかを判定するためにやらなくてはならないことがある」

ジョナ・メンデスがその話の続きを引き取って、TSDの技術者が、重大な手紙が悪意ある人間の手に渡って不正に開封されていないかどうかを、どのように判定するかを説明してくれた。「封筒に入ったメッセージを受け取ったら、その封筒が自分の待っていたもので、なかにメッセージが入っているとわかっている場合、とにかく慎重に、中身が他人に読まれていないかどうか、封を開ける前に確認しなくてはいけないの。そういうときは、ある化学物質を封筒に塗れば、三秒で結果が出る。封筒が蒸気に当てて開封されていれば一瞬発光するから。でもこの方法は一度だけしか使えない。私も一度、何者かが封筒の中身に接触した形跡を見つけたことがあるわ。私はそのときヨーロッパにいたんだけど、あまりに重大な件だったから、作戦部長がワシントンから私に会いに来たの。『間違いないのか？』と言うから、私はわかったことをもう一度伝えた。パリではすべての人員が配置変更になって、国外に送られた。誰かが封筒を開封した形跡があるという理由でね。かなりはらはらする仕事だったわ」

メンデスは、透かしによってもたらされる難題について説明してくれた。そして、模倣が困難だと思われる書類の例として、日本のパスポートにある富士山の繊細な描写を挙げた。「あれは三次元の透かしなんだ。明るい色だけでなく、暗い色も入っている。二種類の透かしが埋め込まれているからだ。繊維を分散させた箇所では、紙が薄くなって色も薄くなる。一方で、繊維を密集させた箇所では、より濃くなる。こうすることで、すばらしい富士山の透かしができ上がる。実際にはダンディロールという機械を使って透かしを入れるんだ」

ジョナはこうした最新の成果物を「新しいパスポート」と呼ぶが、これは時に、その固有の特徴を模倣しようとする者にとっては、予想もしなかった困難を生み出している。「思えば私たちがかつて抱えていた問題のひとつは、組織の美術家たちが完璧主義だったということなの。もちろん偽造を行なう者である以上、そうあるべきなのだけれど。でも、完璧であることが問題になることもある。何よりまずいのは、模倣する対象よりも優れたものをつくってしまうことよ」。南北戦争のとき、北部諸州の工作員によってつくられた南部連合の偽造紙幣が、南部で正式に製造されているものよりあらゆる点で質がよかったため、偽物であることがすぐに突き止められてしまった。より最近の例として、メンデスは、「われわれの仕事にまつわる都市伝説の一部」と呼ぶエピソードを披露してくれた。第二次世界大戦中にナチスがソヴィエトのパスポートを複製したという話だが、偽造を行なう者にとっては教訓となる話だ。つくり話かもしれないが、それでもやはり学ぶところがある。「そのドイツ人は几帳面だったから、複製元の書類にあった錆びたホッチキスの針を使わないようにしようと決めた。安っぽく見えるのを避けたかったんだ。代わりにステンレスの針を使った。ところが、実はこれが偽造防止のためのものだったんだよ。錆びたホッチキスの針がね」

冷戦期の大半で偽装工作の責任者を務めたメンデスは、時に世界中の危険地帯を渡り歩きながら、機密の任務を指揮し、状況に応じて臨機応変に対処する立場にあった。「極東での私の任務で特に重要だったのは、ある場所に近づき、宣伝ビラを利用した計画を作成することだった」と彼は言う。彼の経験上、印刷物によって敵の「心をつかむ」ことを狙いとした取り組みは、たいていは効果的だったそうだ。「一度、イラストを使った降伏許可証をつくったことがある。そこの住人はまったく文字を読めないとわかっていたからね。私たちはそのビラに、見た目がかなり形式張った許可証をくっつけた。切り取れば、こちら側への通行許可証として使えるように」。この日の午前中は、私としては彼と同席できたことで何から何

25ポンド砲弾にプロパガンダのビラを詰め込むイギリスの砲兵隊員。
1945年１月、オランダにて。

まで刺激的だったが、メンデスはプロパガンダのビラの設計について、「かなり精密なものだった。一定のバランスを保たなくてはならないんだ。そうでないとうまく飛んでくれない」と締めくくった。

メンデスが説明するには、紙を高所から落としたときに無事に地表に落ちるための「はためき係数」とでもいうようなものがある。「プロパガンダ空爆」とも呼ばれる、航空機からビラを落下させる作戦は、人類による飛行の歴史とほとんど同じくらいの歴史があり、一八七〇年から七一年の普仏戦争にまでさかのぼることができる。四か月のパリ包囲戦のさなか、ガスを詰めた気球がさまざまな目的のために配備され、その目的のなかにはビラの散布もあった。この方法が本格的に用いられるようになったのは第一次世界大戦からで、以降は心理作戦(Psychological-warfare operations 略してＰＳＹＯＰＳ)と呼ばれるようになった。

イギリスのプロパガンダ部隊の作戦部長サー・キャンベル・スチュアートは、第一次大戦で決定的な勝利を収めた後、興奮した筆致で回想録を書いている。そのなかに彼が指揮した「新しい戦場兵器作戦」に関する記録が見られる。「新しい戦場兵器作戦」は、ドイツが拡散していた「馬鹿げた虚言」に対抗すべく導入されたものだった。この作戦には、それぞれの敵国に向けたビラの改良を行なう各専門家および小説家H・G・ウェルズなどのイギリス最高の知性の持ち主たちが協力した。一方アメリカでは、第一次世界大戦への参戦にともない、高名なジャーナリストのウォルター・リップマンが連合国の宣伝担当となった。

多いときは「一日に約一〇〇万枚のビラをばらまく能力を有していた」とスチュアートは書いている。数千人の兵士が、「自分はあなたがたに招かれてここにきたのだ」と言って投降してきたことにより、このプロジェクトは成功したと評価された。ひとつ障害となっていたのは、ビラの散布に飛行機が使えなかったことである。ビラを撒いていたとわかった操縦士は即座に射殺する、とドイツが脅していたからだ。代わりに、週に二〇〇〇台の割合で製造された紙製の気球が配備された。気球はそれぞれヒューズを備えており、高度およそ五〇〇〇フィートに達すると、自動的に五〇〇から一〇〇〇枚のビラを放出するようになっていた。「気球に積み込むものは風向きによって選ばれた。ベルギー方面ならば、『ル・クーリエ・ドゥ・レール』というフランス語の情報紙、ドイツ方面ならば、敵兵士に対するプロパガンダのビラが用意された」。あるドイツの記者は、紙の洪水について「イギリスの毒が澄み渡った空から降り注いだ」と描写している。彼はこのビラを、北フランス・ベルギーの西部戦線で用いられた致死性のガスよりも憎むべきものと考えていたのである。

しかし、ビラの有効性を最も印象的に物語っているのは、敗軍の参謀総長であり、後にアドルフ・ヒトラーをドイツ首相に任命した人物として悪名を得ることになる陸軍元帥パウル・フォン・ヒンデンブルクの言葉だろう。「あれは新しい兵器だった。それまで、あれだけの規模であれだけ容赦なく用いられることは決してなかった武器なのだ」と彼は一九二〇年に出版した回想録で嘆いている。「降り注ぐビラ」によって、最前線の部下たちが、戦闘を続けても無駄だと信じ込んでしまった。「兵士たちは、すべてが敵の嘘であるはずはないと考えた。ビラに翻弄された兵士は、やがて他の兵士たちにも影響を与えてしまった」

第二次世界大戦におけるイギリスのドイツに対する最初の攻撃は爆弾によるものではなく、数百万枚のビラによるものだった。一九三九年秋のドイツによるポーランド侵攻の後の八か月間にわたって、占領されたヨーロッパの地域を対象にビラを落とした作戦である。九月三日には、英国空軍爆撃機軍団が六〇〇万枚の『ドイツの人々への通達』（重さにしておよそ一三トン）をドイツ第三帝国の北部および西部地域に落とした。

こうした攻撃は大戦中ずっと続いたが、誰もがこの作戦にそれだけの価値があると認めていたわけではない。最も強硬に反対したのが、イギリス空軍元帥サー・アーサー・ハリスだ。彼は、多くの人口を抱える地域への大規模爆撃のような、戦略的航空機攻撃の過激な信奉者だった。味方からも敵からも「爆撃屋ハリス」として知られており、一晩に一〇〇〇機もの飛行機でドイツの諸都市を襲撃することもあった。ハリス元帥はひたむきな決意をもって遂行した自らの任務以外の作戦にはまったく関心をもっていなかった。彼の部下の操縦士たちが命を危険にさらしているにもかかわらず、ビラ作戦は何の役にも立っていないと非難した。「個人的な見解を述べるなら、この作戦の唯一の成果は、五年という長い戦争期間中、ヨーロッパ大陸に必要だったトイレットペーパーを気前よく供給したことだ」。ハリスは自身の体験を記した回想にそう書いている。

日本軍に真珠湾を攻撃されて半年後、アメリカは戦争情報局を創設し、すべての枢軸国の兵士に向けたビラの作成を始めた。対イタリア作戦の最後の数週間だけで、最多で月二億枚がばらまかれ、時には一日で三〇〇〇万枚に達することもあった。一九四四年四月には、マーク・W・クラーク司令官が、この計画の有効性は「今や実地経験によって確立されている」と結論づけた。ある報告によれば、フランスで捕らえられたドイツ人捕虜の八四パーセントがビラを読んだことがあると認め、六七パーセントが「読んだ内容をすべて信じた」と言っている。太平洋戦域ではラジオ放送のほうが手段として好まれたものの、文書による作戦もそれに匹敵する激しさで実行され、日本語の新聞などをはじめ、作成されたビラは数億枚と伝えられている。

一方、ドイツでは戦場に配属された専門家たちが移動可能な印刷装置を用いてビラを作成するとともに、それを届けるための方策を多数考案し、そのなかにはV1ロケットでイギリス、ベルギー、オランダにばらまくという作戦も含まれていた。イタリアでの軍事作戦のさなか、あるアメリカ人連絡将校は、特に連合国の兵士に向けてドイツが作成したビラを七八〇種類も収集した。イタリア南部のモンテカッシーノを奪取するための戦闘に参加していた彼は、わずか一日で、しかも交戦中にこれらを集めたという。一九四四年五月一一日、ピーター・バッティ大尉は、聖ベネディクト修道院に立てこもるドイツ兵士を合同で攻撃する部隊のひとつであるインド第八歩兵連隊に配属された。「ドイツへの攻勢は国際色に富んでいた」と、バッティはビラの複製をいくつも掲載した『紙の戦争』というタイトルの本に記している。「イギリス、アメリカ、フランス、インド、モロッコ、ポーランドの軍隊が目的のために行動し」、それに翻弄されたナチスは次々と手を打ち、「敵」戦闘員にその言語をもって接触しようとしたのである。

「最初のうち、ドイツ軍はわれわれのことをイギリスの師団だと考え、英語で書かれた二種類のプロパガンダのビラを放ってきた。それからすぐに、われわれの右手にいたポーランド部隊の国籍が割れたので、ドイツ軍はしばらくの間、われわれをポーランド軍の一部だと認識し」、その言葉で印刷された九種類のビラをいっせいに放ってきた。そしてバッティの部隊がインド連隊だと判明すると、ウルドゥー語とヒンディー語が書かれた紙が目の前を覆い尽くすように降ってきた。バッティはそれらを拾い集め、ほかの物と一緒にリュックに詰めた。ビラに書かれていた内容は、どれもこれも似たりよったりだったと、ミシガンの学者で、心理作戦に関する多くの著述を行ない、ドイツ・プロパガンダ・アーカイブとして知られる情報センターを管理しているランドール・L・バイトワークは言う。「本国にいる恋人がアメリカ人に誘惑されているイギリス兵であっても、ロシアに売り渡されイギリスのために死んでいくポーランドの兵士であっても、宗主国のために血を流すインドの兵士であっても、重要なのは、兵士たちは自分のためでない何かのために戦っていたという点である」

第9章

プリントアウト

赤いリボンを扱う奴はどこにでもいる。奴はいつも近くにいて、ぐるぐる巻きにした赤いリボンを手に、どんなに大きな問題からでも小さな書類の束をつくる。庁舎の待合室では、国が派遣したどんなに厳しい代表団にも赤いリボンを何重にも巻き付ける。上下両院でも、奴は即座に奇術師よりもさらに多くの赤いリボンを口から吐き出すだろう。手紙でも、メモでも、電報でも、奴は自身から一〇〇〇ヤードの赤いリボンを紡ぎ出すだろう。奴はあなた方を大きな共同体に赤いリボンで縛り、騒がしい夕食の冷めたローストチキンのようにしてしまう。やがて最も価値あるひとつが赤いリボンを破ると(それは時間の問題だ)、そのリボンがぜいたくすぎたことに驚嘆するだろう。

——チャールズ・ディケンズ「レッドテープ」(一八五一年)

ああ、私は失敗した。赤いリボンが勝利したのだ。

——イギリスの外交官であるサー・フランシス・バーティから、同じくイギリスの外交官であるサー・チャールズ・ハーディングへの言葉(一九〇二年七月三日)

われわれは重力に打ち勝つことはできても、書類の手続きにはあらがえないこともある。

——ドクター・ヴェルナー・フォン・ブラウン(宇宙開拓者)(一九五八年)

紙のない世界がどれほど話題になろうと、「プリントアウトして残しておきたい」という欲求は官僚文化に欠かせないものであり、記録を電子化する時代が到来しても、紙を使った記録は存在し続けるに違いない。私自身は、こうしたノスタルジックな感傷とは断固として距離を置いているつもりだが、無関係というわけにはいかない。ベトナム戦争のとき、大学院を出たばかりの若き海軍士官だった私は、トンキン湾のアメリカの警戒海域に展開する空母に乗艦していた。二度におよぶ作戦航行の間、私は経験豊富な仲間から何度も聞かされた忠告の言葉――「自分を守るために紙を使えCover your ass with paper.」――の頭文字であるCYAWPを常に心に留めていた。

その後、ウォーターゲート事件の頃に調査報道ジャーナリストとなり、政府であれ、企業であれ、教会であれ、あるいは研究所であれ、組織にとって文書がいかに重要かを知った。文書が存在するおかげで、一見すると些細な情報の集まりにしかすぎないものが、価値のある別のものにつながっている。紙を使うことによって目に見える道しるべができ、調査する報道記者も弁護士も、「ペーパートレイル」[個人の過去の記録]と呼ばれるものをたどることができるようになった。「ペーパー(paper)」の類義語でもある「ドキュメント(document)」は「書類」を意味し、「文書で証明する」という意味の動詞でもある。この単語は、「オーセンティケイト(authenticate 法的に認証する)」という単語の代わりにも使われる。対照的に、「ペーパー・オーバー(paper over)」とは何かを隠蔽することを意味する。

紙を残すという行為は、人間がもつ本質的な自己保存の欲求と結びついており、文化、国家、地理、政治的境界とは関係がない。何かが起こったと「証明する」ことは、たいていの場合、それを裏付ける書類を見つけ出すことを意味する。経験豊富な調査者であれば、ひとたび資料が作成されると、その痕跡はいつまでも残ることを知っている。痕跡を消すために継続的に労力が費やされている場合には、残っているものを見つけだすことが課題となる。

たとえば、一九九九年にテキサス州知事ジョージ・W・ブッシュが大統領選挙への立候補を表明すると、ジャーナリストたちはブッシュの軍歴に光を当てた。だがすぐには信頼できる資料が見つからなかった。その後二〇〇四年にブッシュが二期目の当選を目指していたとき、同じ問題が再び浮上した。しかも今度は、CBSのベテランキャスター、ダン・ラザーが「明らかな証拠がある」

と宣言した。第四三代大統領ジョージ・W・ブッシュは、三〇年前の予備役期間中に「アメリカ空軍およびテキサス州空軍の規律に違反した」という理由で停職になった経験があるという証拠だ。

このことは、選挙の二か月前にニュース番組『60ミニッツ・ウェンズデー』で報道された。根拠として取り上げられたのは六通の「新たに発見された文書」である。伝えられるところによれば、それらの文書を書いたのは当時のブッシュの上官にあたる空軍の司令官だという。若きパイロットのブッシュが最低限の責務も履行せず、しかも健康診断を拒否したことを司令官は明らかにしていた。さらに、この資料によるとブッシュは、最悪の月といわれた一九六八年五月——二四一五人のアメリカ合衆国の兵士が東南アジアで戦死した月——に、アメリカ本土の「余裕のある」部隊に入ることを慌ただしく許可されていた。ベトナムにおける戦闘に参加しなくてもよいという特別扱いを受けたのだ。これは、ブッシュの予備役の内容を明らかにしようと躍起になっていた記者たちにとって非常に重要な情報だった。

しかし放送から数時間後、保守系のブロガーたちが匿名で、証拠とされたタイプ打ちのメモは一九七〇年代前半のものではないと投稿し始めた。メモで使われている活字は一九七〇年代前半には存在しなかったというのだ。原本を新たにタイプしなおしたものという可能性もあったが、それについては、プロの記者たちが軽率にもだまされたという認識が広まるにつれて、すっかり脇に追いやられてしまった。それから数週間も経たないうちに、CBSの報道部門の幹部五人が解雇、または辞任を求められた。そして二〇〇四年の大統領選挙の直後、ダン・ラザーはそれまで総合司会を務めていた『ナイトリー・ニュース』から降ろされた。ただし彼は依然として、資料自体は信憑性が高いという信念を曲げなかった。

二〇〇七年にラザーは、解雇は不当だとしてCBSを相手取って七〇〇〇万ドルの訴訟を起こし、「あの文書に記されたことについては、大統領もその周辺の者も誰ひとり否定していないではないか」と主張した。また二〇一二年に出版した回想録『ラザー、大いに語る *Rather Outspoken*』においてもその主張を繰り返している。だが、事実として残されているのは、かの有名なヘビー級のボクサーのモハメド・アリなら「ロープ・ア・ドープ」［ロープに寄りかかって身を守り、相手の消耗を待つ戦法］とでも呼びそうな戦法によって、もっと大きな物語の信頼性が傷つけられたということだ。このような皮肉な事態を『60ミニッツ』のプロデューサー、ジョシュ・ハワードが知らないはずはなかった。彼はこの論争のさなかに、『ワシントン・ポスト』の記者に「われわれが不注意だったと書かれても仕方ない」と認めた。メモをテレビ局に提供した人物としてCBSが特定したのは、テキサス州空軍を退役した元高官のビル・バーケットである。彼は、どこで誰からその証拠を入手したのかを公表するように求められても曖昧な証言を重ねるばかりで、その情報源については今もなお判明していない。この問題に関して最も真実の近くにいたと思われるのは、このような書類を書く立場にあった空軍中佐ジェリー・B・キリアンだが、彼はメモの信頼性について肯定も否定もできなかった。一九八四年に死亡していたからだ。

もちろん、あらゆるものが紙で残されているわけではない。抜け目のない人物は、後ろめたいことがあれば、窮地に陥らないよう自分に不利なものはそもそも書き残さない。それをよく心得ているたちの悪い実力者は、信用できる仲介者を通じて、下っ端に口頭で命令を下す。つまり、その人物の過失を証明できる信憑性の高い明白な証拠になる文書が存在しないとき、それは「否認できる能力」を与えてしまうということを意味するのだ。一例を挙げよう。ある政府機関が機密性の高い活動に関して、自分たちにとって不利な証拠となる文書を一切残していなかった事実が、一九七五年に明らかになった。アメリカの諜報機関による機密情報の収集方法に、不法行為がないかを調べる権限をもつ上院特別調査委員会が行なった、ある公聴会でのことだ。委員会に喚問された証人のなかで、ひときわ注目を浴びたのは、CIAで早くから「卑劣なペテン師」として名を馳せた元プロジェクト総括責任者、シドニー・ゴットリーブ博士だった。

ゴットリーブは一九五〇年代初めにLSD［強力な幻覚剤］の実験を開始した張本人で、のちに「MKウルトラ計画」というプロジェクトのリーダーに就任した。MKウルトラ計画とはCIA科学技術本部が秘密裏に実施した一四九の実験のコードネームだ。その計画では、アメリカとカナダの大学、病院、研究所、そして刑務所の計八〇か所で、何も知らされていない数百名を対象に薬物実験、行動療法、電気ショック療法が行なわれ、さらには被験者の同意なしに向精神薬が投与された。ゴットリーブは「この分野は機密性が高く、また、このような物質の潜在性用途についての記録を一切残しておきたくなかった」ため、CIAが炭疽菌や貝毒を用いたことに関する文書は一切保管されなかったと証言した。

一九七三年一月にリチャード・M・ヘルムズがあらゆる実験記録の破棄を命じたことが、さらなる証言で明らかになった。ヘルムズは当時退官を控えていたCIA長官で、しかも一連の実験に最初にゴーサインを出した人物だ。しかし一九七七年、情報公開法に基づく請求により命じられたファイルの捜索で、MKウルトラ計画に物資を供給していた団体や企業への支払いの明細を記した一万六〇〇〇ページもの報告書が発見された。

一九七九年に発足した第二次上院調査委員会に証人喚問されたのは、その二年前にジミー・カーター大統領からCIA長官に任命されたスタンズフィールド・ターナー退役海軍大将だった。「前任者たちはなぜあれほど厖大な文書を見つけられなかったのか」と問われたターナーは、「当時はこの種の詳細な記録は保管しないことが慣例でした」と答え、「不要文書センター」と呼ばれるCIAの保管施設で埃をかぶっていた一三〇箱が発見された事実に、彼自身も驚いていることを示唆した。それは極秘計画で得られた情報が「意図的に合衆国議会やアメリカ大統領から遠ざけられていた」という意味かと、ハワイ州選出上院議員、ダニエル・イノウエが尋ねた。ローズ奨学生としてオックスフォード大学への留学経験があるターナー退役海軍大将は、そのような判断をするための「証拠がいずれにせよありません」と慎重に答え、「記録された文書がないのです」と繰り返した。

これはもちろん、前回CIAが上院に弁明した際、ゴットリーブ博士が取った戦略とまったく同じだった。

国から予算を与えられた大規模な実験でありながら記録が残されていないというのは、MKウルトラ計画が初めてではない。そして、MKウルトラ計画は現代の記憶に残る最も非道な例というわけでもない。前例について語るためには、第二次世界大戦にまでさかのぼり、組織的に六〇〇万人の命を奪った複雑かつ長期的な計画、すなわち今日「ホロコースト」と呼ばれる、言いようのない惨事を引き合いに出さなければならない。そして、歴史に例を見ない嘘まみれの計画にもかかわらず、あれほどの規模の実験を効率的に進めるために不可欠な官僚の協力をどこで得たのか、そしてさらに誰が許可を与えたのかを検証しなければならない。当時行なわれた悪事の証拠になる文書は数多く残っている。だが、アドルフ・ヒトラーが許可したと誰もが知っている残虐行為とヒトラー本人とを結び付けるような署名やイニシャル入りの文書は、戦後長らく、ナチ・ハンターが延々と捜し求めなければならなかったほど手に入れるのが困難だった。

しかし、一九三五年九月一五日にヒトラーが署名をした一枚の文書で、残虐行為への関与はほぼ確認できる。今日では「ニュルンベルク法」として知られるこの文書は二〇一〇年にワシントンDCの国立公文書館に移管されたが、それまではカリフォルニア州サンマリノにあるハンティントン図書館にあった。一九四五年に陸軍大将ジョージ・S・パットン・ジュニアがこの文書を一時的に預けたのだが、その数か月後、パットンが交通事故で突然亡くなったため、文書の行き先は六五年間も宙に浮いたままになっていたのである。「ニュルンベルク法」はふたつの法律から成り、そのうち一方は「ドイツ人の血と名誉を守る」ことを保証するために起草された四ページの宣言書だ。この宣言書によりユダヤ人は公民権を剝奪されると同時に、劣等人種であると公式に認定され、純アーリア人との結婚や、性的関係を持つことを禁じられた。このふたつの法律はのちの惨事につながる基本的な概念を明確な言葉で述べたもので、ホロコーストの開始を宣言する文書とみなすことができる。パットンは四組の原本のうち二組を無断で私物化していた。彼がなぜそれを、当時開廷を控えていた戦争犯罪裁判に向けて証拠を集めていた法の専門家たちではなく、彼が少年時代

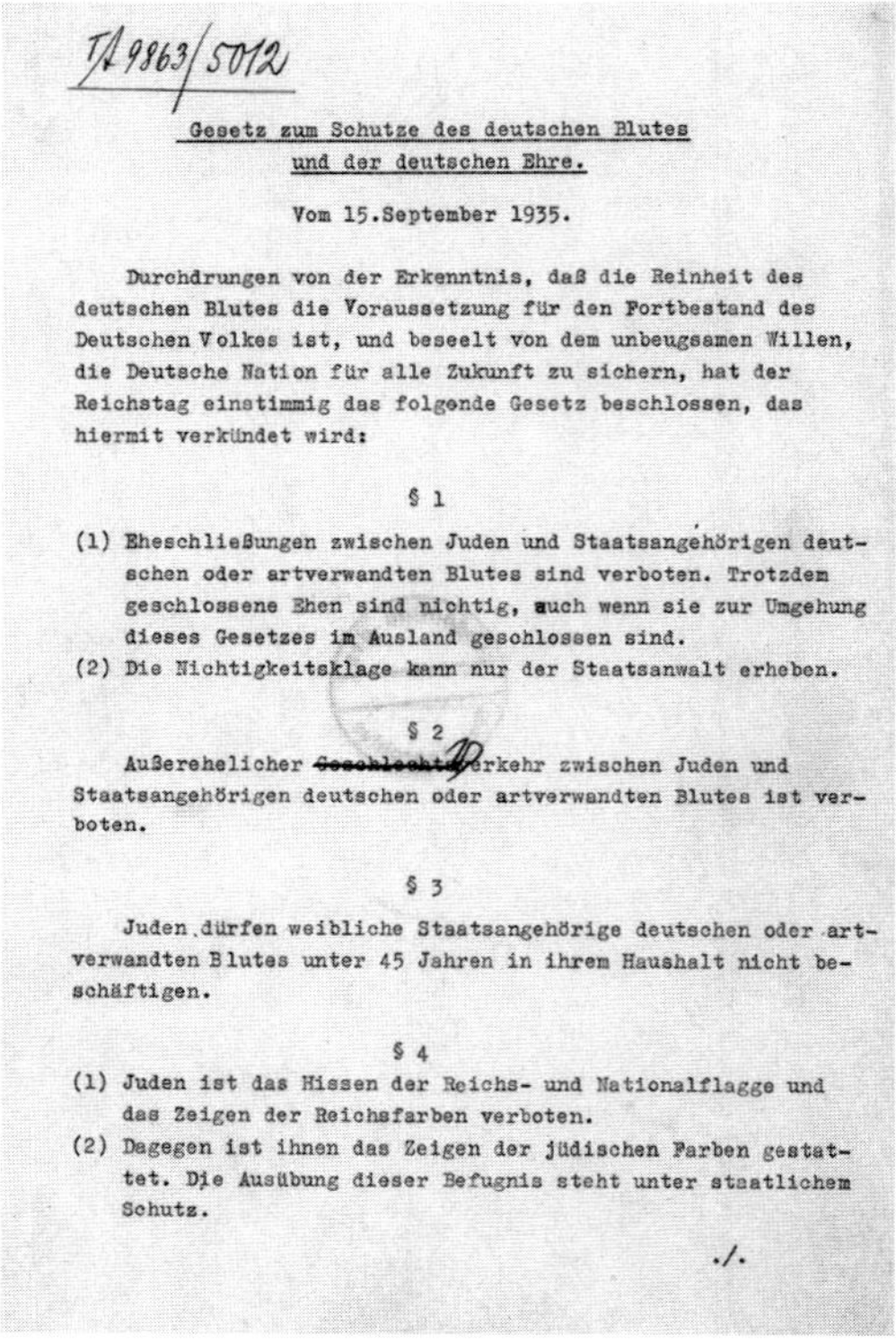
T/A 9863/5012

Gesetz zum Schutze des deutschen Blutes
und der deutschen Ehre.

Vom 15.September 1935.

Durchdrungen von der Erkenntnis, daß die Reinheit des deutschen Blutes die Voraussetzung für den Fortbestand des Deutschen Volkes ist, und beseelt von dem unbeugsamen Willen, die Deutsche Nation für alle Zukunft zu sichern, hat der Reichstag einstimmig das folgende Gesetz beschlossen, das hiermit verkündet wird:

§ 1

(1) Eheschließungen zwischen Juden und Staatsangehörigen deutschen oder artverwandten Blutes sind verboten. Trotzdem geschlossene Ehen sind nichtig, auch wenn sie zur Umgehung dieses Gesetzes im Ausland geschlossen sind.
(2) Die Nichtigkeitsklage kann nur der Staatsanwalt erheben.

§ 2

Außerehelicher ~~Geschlechts~~verkehr zwischen Juden und Staatsangehörigen deutschen oder artverwandten Blutes ist verboten.

§ 3

Juden dürfen weibliche Staatsangehörige deutschen oder artverwandten Blutes unter 45 Jahren in ihrem Haushalt nicht beschäftigen.

§ 4

(1) Juden ist das Hissen der Reichs- und Nationalflagge und das Zeigen der Reichsfarben verboten.
(2) Dagegen ist ihnen das Zeigen der jüdischen Farben gestattet. Die Ausübung dieser Befugnis steht unter staatlichem Schutz.

./.

「ドイツ人の血と名誉を守る法律」により、ユダヤ人とその他のドイツ人との結婚が禁止された。

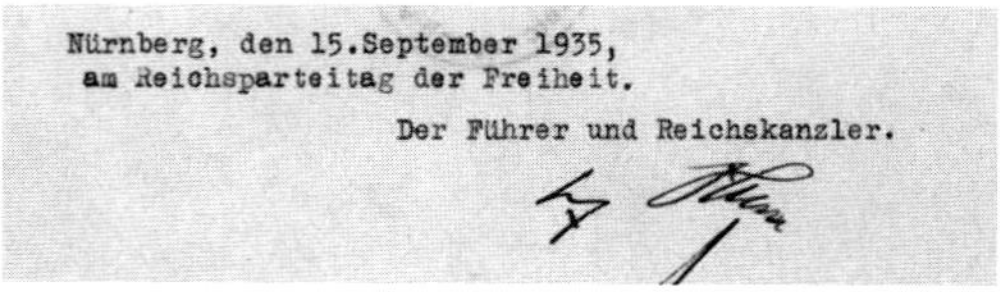
Nürnberg, den 15.September 1935,
am Reichsparteitag der Freiheit.

Der Führer und Reichskanzler.

「ドイツ人の血と名誉を守る法律」のヒトラーの署名。

を過ごした家があるカリフォルニア州パサデナ近くのハンティントン図書館に預けたのかについて、はっきりした理由は今もわからない。考えられるなかで最も可能性が高そうな解釈は、パットンは物事にとらわれない熱烈な記念品蒐集家だったというものだ。彼の戦利品のコレクションのなかには、ナチスが最も入念に計画した党大会が開催されたニュルンベルクのルイトポルト・アリーナの演台から取り外した大きな銅製の鷲と、金の鉤十字章も含まれていた。

国立公文書館に移されたふたつの法律文書は、「記録集二三八」に加えられた。この記録集は、一九四五年から一九四九年まで行なわれたニュルンベルク裁判で、生き残ったナチスドイツの最高指導者たちを確実に有罪にするためのきわめて重要な証拠として採用されたものである。この裁判で過剰なまでに文書に依拠する作戦を発案し、実行したのは、ハリー・S・トルーマン大統領からニュルンベルク裁判アメリカ主席検事に任命された当時の最高裁判所判事、ロバート・H・ジャクソンだった。ピューリッツァー賞を受賞したある歴史学者に「誰も知らない二〇世紀で最も重要な公人」と称されたジャクソンは、新たに設けられた国際軍事裁判でどのような手続きを踏むべきかを規定した憲章をまとめ、第一回公判用の証拠を揃え、検察を代表して冒頭陳述と最終陳述を行ない、ヘルマン・ゲーリングとアルベルト・シュペーアへの反対尋問を担当した。

「アメリカ合衆国が裁判所に提訴する件は、すべての犯罪に背後で関わっていた中枢部や権力者に関連するものです」と、ジャクソンは冒頭で述べた。「被告人たちは、地位も身分も高く、自身の手を血で汚すことはありませんでした。彼らは身分の低い人々を道具として使うやり方に長けています。われわれは計画や立案を行なった者、煽動した者、そして指導者を逃すつもりはありません。彼らがつくり上げた悪の組織さえなければ、世界はこの悲惨な戦争の暴力と無法状態にこれほど長く苦しめられることはなく、激しい戦いや動乱で荒廃することもなかったでしょう」。彼は動かぬ事実をもとに追及すると明言した。「われわれは、彼らの敵による証言に基づいて有罪を宣告してもらいたいとは考えていません。起訴状のなかで、帳簿や記録文書によって証明できない訴因はひとつもありません。ドイツ人は詳細な記録をつけることに昔から長けていて、一部始終を紙に残したいというゲルマン民族の情熱が、この被告人たちにも備わっているはずです」

一回目の公判が終わった直後、ジャクソンはワシントトンＤＣの国防大学での講演で自身の戦略を論じ、証拠として完全に否定された文書は「提出した四〇〇〇通近いもののうち、わずか二、三例にすぎません」と語った。「被告人たちは敵の証言ではなく、本人の署名によって有罪を宣告されたのです」。さらに、ジャクソンは公判で使用するために選び出した文書に添えた序論で、この型破りな手法についてさらなる見解を述べている。「ほぼすべての関係者から支持を得ているこの作戦は、あらゆる点を文書証拠に基づいて証明するというものです。この方法への反対意見は、文書はおもしろみに欠けるためマスコミが取り上げず、裁判が単調になって世間にも届かなくなる、というものでした。私もこの見方は大いに的を射ていると認めます。しかし、証人の多くはナチスに迫害され、彼らに敵意を抱いています。そのため、証言が偏見や記憶違いに基づいたり、偽証さえ行なわれたりしかねない点を、私は常に懸念しています。しかし文書であれば、内容の一部が欠落したり、失われてしまったり、改変される心配はなく、より健全な証拠になります。これは今回の裁判のために早急に作成した指針ではなく、最終的な歴史の審判まで見据えてのものです」

その後の一一回の公判では、教育者、公務員、強制労働をさせていた企業の重役、そして捕虜に薬物実験を行なった医師など、さまざまな分野の専門家が被告人となった。ジャクソンの後任として主席検事を務めたテルフォード・テイラーは、最後の訴訟手続きが終了した後、公判で使われた文書は将来の研究に大いに役立つだろうと記した。「外交官、実業家、軍の指導者に対する裁判で提示され明らかになった厖大な文書を考慮せずに、一九二〇年から一九四五年までのドイツ、または欧州の状況を包括的に研究することは不可能である」

ロバート・Ｇ・ストーリーも、ジャクソン判事の重要な補佐だった。ストーリーは当時を振り返り、「ヒトラー政権の犯罪性を証明する、驚くほど厖大な文書」を集めることができたのは、その内容を考えれば驚嘆すべき出来事だったと語った。「戦争が終わりに近づいたとき、文書を破棄せよという全体への命令は下されなかった。個人や企業、省庁の各自の判断にまかされたのだ」と彼は綴っている。「重要な文書は破棄されずに隠された。おかげでわれわれは、隠されていた貴重な文書証拠一式を回収したこともあった」。〝ナチスの冗長な哲学者〟ことアルフレート・ローゼンベルクの完全なファイル一式が発見されたのはバイエルン東部の廃城で、「厚さ五〇センチ近い偽の壁の裏に隠されていた」。別のがらんどうの城では、四八五トンにもおよぶドイツ外務省の記録文書が回収された。ハインリヒ・ヒムラーが東の占領地域での虐殺部隊の活動を記録したファイルも、保管場所が見つかった。

一九九一年のソヴィエト連邦崩壊直後から数年間の不安定な時代に、かつて突破不可能だと思われていた障壁が崩れた。KGBやほかの諜報機関の記録は、あたかも家内工業の商品のようにやすやすと入手できるようになった。確かな筋の内部関係者が、十分な資金を持ち、言い値を払ってくれる西側の研究者、ジャーナリスト、出版社を熱心に迎え入れたのである。この文書の宝庫の恩恵を受けた出版プロジェクトのなかで最も期待を集めたのは、ハンガリー生まれの投資家ジョージ・ソロスの出資でイェール大学出版局が始めた『共産党紙 *Annals of Communism*』シリーズだった。開始後には、ウィリアム・F・バックリー・ジュニアが新聞連載コラムで支持を表明した。同シリーズは二〇一一年中に二〇巻まで出版されている。一方、ワシントンDCの「研究者のためのウッドロウ・ウィルソン国際センター」は、一九九一年に「冷戦の国際史プロジェクト」を発足させた。これは新たに公開された当時の文書をウェブ内の情報センターに保管し、一連の資料の利用を促進するための研究プログラムを開発するものだ。

これまで公になった旧共産圏諸国の文書のうち世界に最も大きな波紋を投げかけたのは、ヨシフ・スターリンが一九四〇年五月に署名し、一九九二年に公開された命令書だ。これは一九三九年にポーランド東部へ侵攻したソ連赤軍が捕らえた二万一八五七名もの非武装のポーランド予備兵の処刑を許可したものだった。大量殺人が行なわれたのはソ連西部に位置するスモレンスクから先の辺境で、この残虐行為は、現場の名前から「カティンの森の虐殺」と呼ばれている。一連の責任はソ連ではなくドイツにあるというのが、五〇年以上にわたるソ連政府の公式見解だった。他国はこの言い訳を到底受け入れなかったが、スターリンの文書が公開されるまでは決定的な反証もできなかった。ロシア政府が突然罪を認めたのは、激動のグラスノスチ［情報公開］の時代に、前最高指導者ミハイル・ゴルバチョフが、七〇年間の共産党政権下で隠蔽されてきた歴史の「空白部分」を埋めると約束し、それが大々的に報じられたすぐあとのことだった。カティン事件に関するファイルの正本は、後任のボリス・エリツィン大統領の手でようやくポーランド国民に渡された。「今、私たちはポーランド国民への残虐な犯罪に関する最も重要な文書の受け渡しを目にしています」と、レフ・ワレサ大統領が国民を代表して語った。「脚の震えが止まりません」

その死刑執行令状は公になるまで原本しか存在せず、共産党本部内で厳重に保管されていた。保管場所を知り、見ることができるのは選ばれた少数だけで、「極秘」扱いだった。これは、政府が極度に機密性の高い情報を詮索好きな目から守るために常に取るべき対応の模範例である。アメリカではNODIS（no distribution 配布禁止）、LIMIDIS（limited distribution 限定配布）、そしてEXDIS（executive distribution 幹部のみ配布）の頭字語を用いて、機密性の高い文書の回覧に厳格な序列がつけられている。コピー枚数がチェックされ、文書の閲覧は厳重な管理下でのみ許される。

数え切れないほどの資料がデジタル形式で生み出され、書類棚に代わってパソコン内で保管される現在、機密保持違反が起きる可能性は飛躍的に増加した。二〇一〇年一一月、アメリカ国務省と世界の二七四の大使館で過去一〇年の間に交わされていたおよそ二五万通の公電がインターネットに公開され、パソコンを持っていれば誰でも好きなときに見ることができるようになった。政府が最も恐れていたことが現実となったのだ。複数の記事によると、膨大な情報をCDにダウンロードしたのは陸軍に属する位の低い情報分析官で、オフィスの自分の机で音楽を聴くふりをしながら実行におよんだ。その後の報道によると、この情報分析官、ブラッドリー・E・マニング上等兵には、「聞かざる言わざる」政策を取る陸軍で自分が同性愛者であることを告白したのちに受けた仕打ちに不満を抱いていたという、明白な動機があった。

マニングが賛否両論のウェブサイト、ウィキリークスに渡した二五万一二八七通の公電の大多数は「親展」扱いで、それはアメリカの情報セキュリティーシステムでは最も低いレベルだ。最も機密レベルの高い公電が漏洩しなかったのは、せめてもの慰めだろう。だが、外交官がきわめて外交官らしからぬ言葉で頻繁にやり取りをしていたことが判明したため、突然起きた公電漏洩事件は、アフガニスタンやイラクにおけるアメリカの軍事行動に対する計り知れない不安を世間に植えつけたことに変わりはない。

カナダの国連大使も務めた生え抜きの外交官ポール・ハインデッカーは、トロントの『グローブ・アンド・メール』への寄稿で、最大の被害をこうむったのは「信用と機密保持に基づいて外交関係を築くこと」だと語った。また、最も起きる可能性が高い後遺症は「緩和ではなく、より厳重な秘密主義」だと予想した。さらに、情報の

「さらなる細分化」が再び進められ、「情報の配布がより厳格になり、最高の機密レベルの資料は本当に『知っておかなければならない』ごく一部の人だけに開示されるようになるだろう」と記している。私がインタビューをしたある上級情報分析官はさらに簡潔な言葉でこう語った。「たった一言。紙のほうが安全です」

二五万通の「親展」公電は厖大に違いないが、すべての連邦政府機関で日々作成される機密資料の量に比べれば、数のうちに入らない。ピューリッツァー賞を二度受賞したジャーナリスト、デイナ・プリーストが率いる二〇名の『ワシントン・ポスト』紙取材班が調査にたずさわった一連の記事は、『トップ・シークレット・アメリカ *Top Secret America*』というタイトルで二〇一〇年に刊行された［二〇一三年、草思社刊］。プリーストと同僚のウィリアム・M・アーキンのふたりは、二〇〇一年九月一一日以降、さらなるテロ攻撃と闘うために開始された政府活動が「あまりにも肥大して身動きが取りづらくなり、しかも秘密主義が横行しているため、費用がいくらかかっているのか、何人雇われているのか、プログラムがいくつ存在しているのか、同じ仕事をしている機関がいくつあるのか、誰も把握していない」と報告している。

プリーストたちの調査によると、アメリカ同時多発テロ以降に公認された極秘諜報関連機関はワシントンDCと周辺だけでも三三棟のビルを占めており、そこで働く職員の数は「ほぼペンタゴン三つ分に等しく」、彼らが作成する文書の数は一日数百万通におよぶ。極秘情報の取り扱いを許可されているある分析官は、ひとりで年に五万通の情報報告書を配布するが、「多すぎて、いつも読んでもらえない」と嘆く。ある政府高官はあらゆる情報の取り扱いを許可されているため、「スーパーユーザー」と呼ばれている。彼は文書業務についてこうコメントした。「情報のあらましをつかむ前に、私の寿命が尽きてしまう」

それでも、ポール・ハインデッカーが『グローブ・アンド・メール』紙の論説で力説するように「漏洩は民主主義と同じぐらい古くからあるもの」だ。公人の実態を目の当たりにしたマスコミの評論家たちは「ブラッドリー・マニング―ウィキリークス」事件と、四〇年前に起きた国防総省秘密報告書（ペンタゴン・ペーパーズ）のスクープを比較した。しかし言うまでもなく、このふたつはまったく別の種類の事件だ。どちらの場合も機密情報が漏洩したのは同じだが、この報告書の執筆者のひとりだったダニエル・エルズバーグからニューヨークタイムズ紙や他の一六紙に提供された資料のほうが、はるかに機密性が高かったのである。しかも、エルズバーグは資料を入手するために綿密な計画を練り、オフィスのかなり奥まで侵入しなければならず、より大きなリスクにさらされる可能性があった。これは、紙がいかに安全で、なぜ高レベルの機密資料の媒体として今も選ばれ続けているかを、実に皮肉な形で証明したことにほかならない。

一九六七年、国防長官ロバート・S・マクナマラの指示により作成された旧題「国防総省ベトナムタスクフォース報告書」は、三六名の研究者や分析官の手による文書である。作成チームは国防総省、ホワイトハウス、国務省、CIAのみの文書をもとに、アメリカの東南アジアへの関与について総括した。インタビューも行なわず、ほかの省庁や軍に対して説明を求めることもなかったので、すべては完全に秘密裏に行なわれた。調査の際に利用したデータはすべて、各種文書から引用したものだった。

完成した文書は全四七巻、七〇〇〇ページにおよんだ。すべての巻の上部に「極秘」のスタンプが押され、さらに念を入れて「機密情報」のスタンプも加えられた。これは過剰な機密指定だったというのが今日の一般的な見解だが、それでも特にハリー・トルーマンからリンドン・ジョンソンまでの政権が四代にわたりいかにアメリカ国民を欺き続けていたかを記した箇所などは、十分衝撃的だった。ジョン・F・ケネディ政権が一九六三年のクーデターで死亡した南ベトナム大統領ゴ・ディン・ジエムを生前に追放する計画を立てていたことや、ジョンソン大統領が一九六四年の大統領選挙戦で「これ以上戦争を大きくしない」と確約していたにもかかわらず、戦闘活動の拡大をすでに決めていたことが、この文書によって裏付けられた。一五部しか複製されず、そのうちの二部は国防総省から業務を委託されていたシンクタンクのランド研究所に置かれたが、そこに勤務していた国防政策研究者のダニエル・エルズバーグは、国防総省勤務時代にこの報告書の作成に協力していたため、無制限の閲覧が許された。

エルズバーグはこの事件について、一九六九年の一〇月から一二月にかけて金庫のなかから文書を少しずつこっそり抜き出し、友人の力を借りて広告代理店の事務所で夜中に「一枚ずつ」文書をコピーしては、翌朝カリフォルニア州サンタモニカにあるランド研究所本部に原本を返しにいったと、自身の回顧録のなかで明かしている。「私が知る限り、何千ページもの極秘文書をリークした人は、それまでいなかった」と彼は記している。国防総省以外でこの資料について知る人は一〇人程度しかいないため、自分のしたことは見つかる可能性が高く、連邦刑務所で何年も過ごすことになるだろうとエルズバーグは覚悟していた。

だが、一九七一年六月一三日の日曜日にニューヨークタイムズ紙で連載が始まった文書の一部掲載に対する政府工作員の反応があまりに感情的だったことから、エルズバーグは刑務所に入れられずにすんだ。ニクソン政権は即刻の文書掲載差し止め命令を求めて提訴、一審は却下されたが控訴審では認められた。これを受けてニューヨークタイムズは上訴し、六月三〇日、最高裁判所は六対三でニューヨークタイムズ側の訴えを認めた。その結果、報道各紙は次号から連載を再開できることになった。文書は九回にわたり掲載された。二五年後、国立公文書館が公開した録音テープには、最高裁判所で負けた当日に激怒するリチャード・ニクソンの怒鳴り声が残されている。ペンタゴン・ペーパーズの別のコピーがブルッキングス研究所にあると勘違いしていたニクソンは、首席補佐官のH・R・ハルデマンに研究所に立ち入る手配をするよう命じた。

「あそこに侵入しろ」。ニクソンは怒りをあらわにした。「侵入して文書を持ち出し、ファイルをライフル銃で撃ってしまえ」。一九七三年、ニクソンの補佐官チャールズ・コルソンは上院ウォーターゲート委員会の証人喚問で、ホワイトハウスのスタッフがリベラル寄りのシンクタンクに火炎瓶を投げ込む計画を立てていたと証言した。実行を強制されることはなかったが、それから数日のうちに別名「鉛管工」と称する秘密工作員によるホワイトハウス特別捜査班が結成された。彼らの役割は、ニクソン政権の情報漏洩を食い止め、同時に敵に損害を与えるための情報を漏洩させることだった。どちらの任務も対象は機密書類で、ダニエル・エルズバーグは彼らの第一の標的になった。

以降の出来事は詳細な記録が残っており、それらについてはこれまで数え切れないほどの議論がなされてきた。G・ゴードン・リディとE・ハワード・ハントは、脅迫に利用できそうなカルテを盗もうとしてエルズバーグの精神科医のオフィスに忍び込んだが失敗し、一九七二年六月一七日のウォーターゲート・ビル侵入も失敗した。エルズバーグの信用を落とそうとしたもくろみの詳細が明るみに出たため、彼に対する刑事告訴はすべて取り下げられた。一九七四年夏に連邦議会は大統領弾劾手続きを行ない、一九七四年八月九日にリチャード・ニクソンは辞任した。この一連の流れは原因と結果がつながったものだと言えるだろう。これらの出来事を見てみると、ひとつの大きな失敗が容赦なく次を引き起こしているのがわかる。とすると、紙を追い求めたことがアメリカ大統領の失脚につながったのではないか、とも思えてくる。読者は論理の飛躍と思われるかもしれない。しかし、ほかのドラマでも大きな役割を果たしてきた紙という媒体が、脇役とはいえ、この事件でも力強い存在感を発揮していることに変わりはない。

記録保持の伝統は何世紀にもわたる。その起源はチグリス川とユーフラテス川に挟まれた地域、今日でいうメソポタミアの開拓民にまでさかのぼり、シュメール人、ヒッタイト人、アッカド人が五〇〇〇年以上も前に筆記法を導入した。最大の目的は、まず日常生活のさまざまな営為の記録である。だが、土とパピルスを使っていた彼らは、記録の保存の問題を抱えていた。「それは、紙の時代の記録保管係が直面する問題と似ていた」。かつてプロイセンの秘密文書・公文書館の管理官を務めたエルンスト・ポスナーが、古代の記録保持の歴史についての著作のなかでそう述べている。

ファラオの治世に、今のアメリカであれば農務省と名付けられるようなふたつの政府機関があり、それぞれ穀類計量部門、家畜集計部門と呼ばれていた。古代エジプトの司法当局は、告訴と弁護活動は書面をもって正式な訴訟案件とし、あらゆる仕事上の問題、物品の購入や賃貸、貸し付け、結婚なども書面化して初めて有効とするよう通達した。神聖なる伝統によって官僚的手続きは来世にまで関わり、死者についても、死亡日の証明書を提出することが義務づけられた。『死者の書』の現存する複製には、ジャッカルの頭を持つ神アヌビスが、天秤で死者の心臓を量る有名な絵が残されている。片皿に載っているダチョウの羽は真実と正義の象徴である。かたわらにはトートの姿がある。トートは筆記術の守護聖人かつ神々の書記係で、尖筆を手に計量の結果を記録しようとしている。

アテナイでは、政府の記録はアクロポリスのふもと、アゴラ（広場）近くにあるメトローンと呼ばれる建物に保管されていた。ほとんどがパピルスの巻物で、大量の公文書はぎっしりと、だが整然と収められ、長きにわたり良好な状態で保存されていた。その慣習は、三世紀にギリシアの哲学史家ディオゲネス・ラエルティオスによって間接的に称えられている。ラエルティオスは、ローマの歴史家であり修辞学者であったファボリヌスが、いかにしてソクラテスに対するメレトスの告発書の原本を、

オリジナルの赤いリボンでくくられた19世紀の政治的嘆願書の一式。メリーランド大学カレッジパーク校内、国立公文書記録管理局所蔵。

裁判から五〇〇年も経った後にあたりえたのかを詳述した。そして、その原本は「今もメトローンに残っている」と記している。

ギリシア人同様、ローマ人も大量のパピルスを用いたが、書記官の間では、木板に白色塗料や石膏を塗り、蝶番で留めたものが広く人気を博した。彼らは、その蠟引きされた表面を尖筆で彫ることで文字や絵を残した。この板の一束はラテン語で「caudex 木の幹」と呼ばれ、そこから「codex」つまり「本」という言葉が生まれた。このようにして木の表面に記録を残した初期の遺物は、溶岩の下のヘルクラネウム［古代ローマの都市。七九年にヴェスヴィオ火山の噴火で埋没］の遺跡でしか見つかっていないが、その幅広い人気を示す逸話は数多く残っている。

「赤いリボン」の正確な由来は判然としないが（オックスフォード英語辞典に初めて登場したのは一六九六年、メリーランド法の項である）、可能性のひとつとして、一六世紀に公的書類を種類別に整理し、深紅色のリボンでくくってまとめた慣習が挙げられる。イギリスの慣習法自体も、一二世紀のヘンリー二世の統治下での書面を用いる伝統的な慣例に基づき、あらかじめ提出され、しかるべき部門に再提出された議事録や決定事項を参照するための試みだった。

やがて、赤いリボンを目印に精査するやり方が、大量の書類の山の同義語となり、さらに「red tape 赤いリボン」という語句自体が、主に軽侮の意を込めてお役所的、官僚的仕事を指すようになった。本書の執筆にあたりメリーランド大学カレッジパーク校に隣接する国立公文書記録管理局を訪れたときには、慣習通りに束ねられた一九世紀の政治的嘆願書が、ちょうど保存のために分冊され、新たにファイリングされるところで、すぐそばに赤いリボンもひとまとめにして置かれていた。ようやく役目を終えたわけだ。訪問の記念にそのひとつをいただけたのは光栄だった。

国立公文書記録管理局の厖大な所蔵点数から考えると（およそ八〇〇億もの資料が全国規模で政府機関管轄のもと保管されている）、そこは比較的小規模で、独立宣言に始まる約二二五年分の国家の公的活動の記録が保管されていた。一方、トルコのイスタンブールにある首相府オスマン文書館と、スペインのセビーリャにあるインディアス古文書館には、結果的に両国の国境線を越えて広がることになった、五〇〇年以上前の公的に認可された活動の記録が残されている。

オスマン文書館には、三つの大陸を統治した王家に関するほぼ七〇〇年分の、一億五〇〇〇万点もの資料が保管されている。もともとは皇帝と宰相が保有していたものだ。一四世紀初頭、小アジアに拠点を置く皇帝はついに中東の大部分、北アフリカの大部分、現在のアルバニア、ブルガリア、ギリシア、ハンガリー、ルーマニア、クロアチア、ボスニア＝ヘルツェゴビナを含むヨーロッパの一部を支配下に収め、さらに黒海とコーカサス周辺、アルメニアを含む中央アジアまで領土を広げた。中東においては、さらにシリア、パレスチナ、エジプト、アラビア半島の一部、イラクを支配した。その手がおよばなかったのは、今日のイランにあたるペルシアとアラビア半島の東部だけだった。

公的活動の詳細な資料は多岐におよび、国際協定や国境問題から命令、法令、特権事項、信託、裁判記録、資産譲渡記録、建設計画書、人口統計データ、課税資料、作柄報告、軍事記録、公的書簡などがあった。その大半に、一八世紀以降イスラム世界で盛んに営まれていた製紙工場でつくられた紙が用いられていた。使用されていた言語はトルコ語とアラビア語とペルシア語が混じったオスマン＝トルコ語で、これは一九三〇年代にトルコ共和国のなかで法的に廃止されるに至った言語だ。西洋風の言語が好まれたためで、今日では読める人はほとんどいない。

　こうした古い言語に精通した翻訳者の不足は、研究者が直面している問題としてよく指摘される。もうひとつの問題は、オスマン帝国が印刷を許可しなかったために、ほとんどの資料が手書きで作成され、そのうちわずか四分の一程度しか分類され電子化されていないことだ。さらに、現存する資料にも（「研究に用いるにはあまりにももろい」などの理由で）参照がかなわないものが多い。だがそこには、第一次世界大戦中とその直後に一五〇〇万人のアルメニア人が殺されたとされる二〇世紀最初の大量虐殺に関する資料もあると考えられている。こうした資料は近年世界的な注目を集めていて、特にトルコ共和国が、これまで民族淘汰のための組織的計画が行なわれたことはないと主張したため、一部の研究家たちは、その真実を明らかにする極秘文書が抹消されたのではないかとの見解を示している。

　セビーリャのインディアス古文書館は、私が『忍耐と不屈の精神 *Patience & Fortitude*』を執筆していた一九九七年に訪れたが、スペインの大航海および征服時代の産物の宝庫だ。八〇〇〇万点におよぶ発見、平和条約、合意書、防衛資料、今のアメリカ合衆国南部から南アメリカ大陸の南端部まで拡大した国土の勢力図や、フィリピンや極東でのスペイン人の活動に関する多くの資料が残されている。これらの資料は、当時の冒険の記録だけでなく、一六世紀後半にフェリペ二世によって完成し、続く治世でさらに発展を遂げた「太陽の沈まない帝国」各地の領土における行政的取り組みについても詳細に記録している。

　「戦いを好むカール五世から、書類仕事に没頭したフェリペ二世への交代は、皇帝が征服者から役人へと転換した象徴だ」。イギリスの歴史家J・H・エリオットはスペイン帝国に関する名著のなかでそう述べている。官僚的治世の到来とともに、エリオットいわく「言葉で語られる政府」は次第に「文字で語られる政府」へと変わっていき、長い道のりを経て「書類で動く政府」へと向かう。こうした発展が、スペインがヨーロッパ内で製紙業の先駆者だった時期に加速したのは偶然かもしれないが、紙を利用できる環境が調ったことで、政府の記録保持志向に拍車がかかったことは間違いないだろう。

　赤いリボンはフィクション向きのテーマではないが、紙のもつ多くの側面同様に、有名な文学のなかで主題として脚光を浴びたこともある。一九世紀のフランスの小説家オノレ・ド・バルザックは『人間喜劇』で知られる百編以上の小説でフランス社会の欠点を描き出し、ヨーロッパの社会リアリズム文学を確立した。彼の作品は個性あふれる大量の登場人物で人気だが、とりわけ見事なのは、社会への風刺である。その対象は主に退屈な役人だ。バルザックの鋭い視点からすると、彼らは「権力をかさに着た小人」なのだった。

一八四一年の『平役人』でバルザックはフランス社会を鋭く批評し、政府の大臣らは「女性や王より偉いもの」、なぜなら人を顎で使い、あらゆる気まぐれに応えてくれる秘書や書記を呼びつけるからだ、と語った。「確かに、場合によっては――」とバルザックは茶目っ気たっぷりに続ける。「個人秘書は女性や白紙と同じぐらい哀れだ。あらゆるものに耐えなければならないのだから」。一八一五年のナポレオン失脚後から一九世紀半ばにかけて旺盛に執筆したバルザックは、フランス社会において紙が「あらゆることに耐え」なければならない状況を数多く目撃した。その状況とは、フランス革命後の混乱が新たな「体制」に収れんするまでの時期に当たっていた。

バルザックの死から一年後の一八五一年、イギリスでは、チャールズ・ディケンズが週刊誌『みんなのことば *Household Words*』に、自国民の気質について偏見に満ちたエッセイを寄稿した。題名はまさに「赤いリボン」。本章冒頭でも引用したが、このエッセイではさまざまな役人を嘲笑の的にしている。「役人というのは、この公的書類にあふれる大衆の質問を、重大なものから些細なものまですべてまとめて束にするために存在する」。また「おびただしい数の〝赤アリ〟の侵入も、イギリスにとってはそれほどの脅威ではない。耐えがたき赤いリボンに比べれば」。ディケンズはさらに『荒涼館』のなかでも、この官僚的慣習を槍玉に挙げている。これは一八五二年三月から一八五三年九月にかけて二〇回に分けて毎月出版された難解な長編小説で、イギリスの「大法官庁裁判制度」を主題に据えたものだ。この裁判は、信託や土地法など衡平法《こうへいほう》に関わるすべての問題に対する司法権をもち、どんなに些細な事案でも判決が出るまでおそろしく時間がかかることで有名だった。

リンカーン法曹院では、法律家は「終わりのない訴訟において、一万通りの手順のひとつと漠然と関わり」、多岐におよぶ「請求書、回答、答弁、命令、宣誓供述書、発布書、裁判官への参考資料、報告書、費用ばかりかかる無意味な書類の山」を抱える者とみなされていた。長く退屈な裁判の終わりには、徒労感だけが残った。「やがて大量の書類は運び出された。鞄に入れられ、またとても鞄に入りきらない膨大な周辺書類は、運ぶ者をよろけさせ、しばらくの間は床に放置され、再び取りに来られるのを待つのだ」

つまらない書類仕事といってまず思い浮かぶ作家といえば、もちろんフランツ・カフカだろう。その名前自体が現代の官僚的仕事の悪夢と同義にも等しい、悩める男だ。一九二四年の死により未完となった『城』は、書類仕事はイライラするものだという前提が主軸となっている。もしかすると、カフカがプラハの労働者傷害保険協会で働いた一四年間、ニーダーエスタライヒ州知事の言葉を借りれば、政府も私的機関も一九〇六年に施行された制度改革にともない「ファイルとインクで窒息しかけていた」頃のことを反映しているのかもしれない。カフカも友人に宛てた手紙のなかで「この事務所こそ本物の地獄だ」と綴っていた。

官僚的仕事の中心たる書類仕事は、印刷や出版の歴史における紙そのものの存在と同様にみなされてきた。つまり、あまり注目されたことがない。昨今、偶然にもカフカと同じ苗字をもつ研究者が、これをれっきとしたひとつの専門分野に昇格させる活動の先駆者となっている。どのようにしてこのベン・カフカ氏と彼の試みを私が知ったかというと、インターネット時代の恩恵にあずかり、グーグルで「カフカ」「書類仕事」「官僚的」と検索しただけだ。予想に反して、すぐにフランツ・カフカはヒットしなかったのだが、ニューヨーク大学のメディア・文化・コミュニケーション学の助教授であり、ニュージャージー州プリンストンの研究所の一員であるカフカ氏の名前が目に留まった。彼は、「書類仕事の重要性」についての記事を書いており、「現代国家の権力や過ちを理解する重要な要素だ」と熱弁をふるっていた。二〇一二年には、一八世紀終わりのフランス革命についての一大調査の記録である『筆記という名の悪魔――書類の力と失敗 *The Demon of Writing: Powers and Failures of Paperwork*』を上梓している。

ニューヨーク大学のカフカ氏のオフィスに電話をかけ、どうやって彼を知ったか話して打ち解けると、私たちはニューヨークで昼食をともにすることになった。かの作家とは縁もゆかりもないカフカ氏だが、書類仕事の倦怠感を象徴する高名な作家と同名であるという皮肉な事態に感謝していると語った。「ベルギーで実施された書類仕事削減法が『カフカ計画』と呼ばれたのをご存じですか?」と彼は言い、知らないが興味があると答えると、くわしく話してくれた。

ベルギーでは、政府の公式サイトによると、二〇〇三年に設立した業務改革部門が二〇〇以上の法や政策を

「馬鹿げた、無意味なもの」として廃止または能率化してきた。「単純化こそ力なり」という信条のもと、当局は年間にして一七億ユーロの削減に成功したと発表している。最初の四年間に行なわれた改革のなかには、珠玉ともいえる成果もある。たとえば、「中国人ビジネスマンへのビザ即時支給」「航空写真撮影にかかる特権の廃止」「授乳期の保障制度申請の電子化」「視覚障碍者の歩行杖使用許可制度の撤廃」「軍部による毎年の鳩のカウント作業および報告の廃止」「肉屋への管理用小冊子配布の廃止」さらに、書類にはあまり関係なさそうだが私が気に入ったのは「首脳への侮辱的言動禁止の撤廃」である。

ベン・カフカ氏は、ここで廃止されているようなものこそ、昔ながらの事務書類《ペーパーワーク》だと語る。「国家が要請する実にさまざまな書類を、私は『事務書類』と呼んでいます。本当は提出する必要などなくても、それでいいのです」と彼は言った。「それは架空の要請でもいい。国家はどんな場合でもこうした書類を提出することを求めます――請願書、申請書、認定書、許可証、などなど。こうした書類を称するために、私はこの用語を使います」。『筆記という名の悪魔』は、役所と関わる際に誰もが覚える「無力感」から生まれたのだそうだ。「書類は権力を『非人格化』します。人々はうろたえ、落胆します。私たちは書類が増えると思うだけで無力感を覚え、そこから権力の『非人格化』が引き起こされるのです。延々と書類の空欄を埋めなければならないと思うだけで、人をそれを敬遠したくなり、よるべない気持ちになるのです」

カフカ氏が書類の研究を本格的に始めたのはつい一〇年ほど前からだが、フランスにおける本の歴史の研究に端を発するという。さらに彼は、フランスの違法移民について書いた人類学者のミリアム・ティクティンの名前を挙げた。違法移民とは、正確には許可証を持たない人々を指す。ティクティンは、フランスに留まるための書類をなんとか手に入れようとする違法移民たちの、役所での奮闘ぶりを描いた人物だ。「セネガル人女性が医師の治療を必要としていても」とカフカ氏は書いている。「パキスタン人の農夫が自国の商業的開発の阻止を求めても、シカゴの投機家が防御策を講じても、人生や健康や財産の肝心な部分は今も紙の上にあるままなのだ」

学問的にはまだ発展途上の「書類研究」だが、カフカ氏は、フランス革命時に起こったきわめて魅力的な物語を考察することで大きな貢献を果たしている。それは、一二〇〇人の命を救った、ある下級役人（「公安委員会のたったひとりの職員」）の物語である。この役人は、一二〇〇人に斬首刑を宣告するために必要な書類を紛失することで彼らをギロチンから救ったのだ。個々の罪が許されたわけでも、それぞれが起こした事件が忘れ去られたわけでもない。刑執行にあたり、新たな法が求める必要書類が単に行方不明となったのだ――しかし、書類がない以上、刑の執行はできない。刑を宣告する側は、すぐにこの容認すべからざる状況を理解した。そして、公安委員ルイ・アントワーヌ・ド・サン＝ジュストが過度な書類業務と独裁的権力行使の全面的撤廃を推し進めた。「政府の冗長な書簡と規則は怠慢の表れだ。簡潔さがなければ統治は不可能だ」と彼は一七九三年の全国党大会で語っている。「書類という悪魔はわれわれに戦争をしかけている。これでは統治などできない」

一九四一年初頭の、バージニア州アーリントンに当時の陸軍省のための五角形の要塞を築くという慌ただしい動きは、間もなくアメリカが別の世界抗争に巻き込まれるだろうという陰鬱な見通しにより加速した。およそ四〇〇万平方フィートを擁するペンタゴンは世界最大のオフィスビルであり、総床面積はエンパイア・ステート・ビルの二倍を超える。二九エーカーの広大な敷地に建ち、五角形の内部は編み目のような一七・五マイルの通路で結ばれている。不規則に広がる変わったデザインのこの庁舎は、最大四万人を収容できるようになっていた。しかし、フランクリン・ローズベルト大統領は「危機が去ったとき」こそ、この建物の本来の目的が果たされると考えていた。起工式の数日前にローズベルトは、これをいずれは「政府のための記録保管場所」に転換すると宣言し、当時は首都周辺の倉庫に暫時保管されていた厖大な資料をそこに移すという計画を立てた。資料はすでに、七年前にペンシルベニア通りにつくられた国立公文書保管所には収容しきれなくなっていたのだ。しかし、ひとたび広々とした新たな本部に落ち着いた軍部（一九四七年に国防省と名を変えた）は、書類係の集団に場所を譲ろうとはしなかった。

しかし、純粋に歴史の保存に関心があり、生来の愛書家でもあったローズベルトは、一九三四年に国立公文書館設置法に署名する。政府の三つの部門の書類の管理権限を、ひとつの中央機関に委任することになった。新たな記録保管施設をつくるという彼の望みは、一九九四年にようやくかなった。ワシントン郊外にあるメリーランド大学キャンパスに隣接して、一七〇万平方フィートの面積をもつ国立公文書館カレッジパーク新館（「アーカ

メリーランド大学カレッジパークにあるアーカイブスIIが有する保管庫。

イブスII」と呼ばれる）が建てられ、保管にかかる負担が軽減した。

一九八五年以降に行政管理庁から切り離されて独立機関となった国立公文書記録管理局（ＮＡＲＡ）は、今日では全国に三七か所の施設を有し、一四の地域資料館と一三の大統領管轄図書館を網羅するネットワークを築きあげ、三〇〇〇人を雇用するまでに成長した。二〇一二年の所蔵文書総数はおよそ八〇〇億枚の資料を含むファイル一〇〇億点とＮＡＲＡは見積もっている。ここには動画や写真、録音資料など、昨今急増している電子資料は含まれていない。

所得税申告書、軍事報告書、政府関連施設の建設計画書、破産裁判資料、作柄報告書、連邦刑務所資料、入国管理記録、国勢調査報告、国立公園の地図、アメリカ建国にまつわる資料など、めまいがするほど膨大な数だが、それでも政府が生み出す事務書類のほんの一部にすぎない。ＮＡＲＡの規模も驚嘆に値するが、ワシントンのノース・キャピトル・ストリートにある政府印刷局（ＧＰＯ）では、一五〇万平方フィートの施設が年中無休で稼働している。アメリカ政府の公式印刷部門であるＧＰＯは、年間およそ一〇億ドルを費やしてあらゆる書類や報告書――連邦議会議事録、最高裁判所の報告書、社会保障局の小切手、国務省のためのパスポートなどを印刷している。こうした大量の文書は最終的にNARAにいくわけだが、そのうち永久に保存されるものは二〜三パーセントしかない。

一九三四年に国立公文書施設が設立される以前、公文書に関する責任は作成組織にあり、どれを保存するか決めるための規定どころか、保存方法に関する統一した規定さえなかった。「明文化された法律と構造のうえに成り立つ国家が、一世紀半も公的記録の保管を軽視し続けたというのは、それ自体驚くべきことだ」と、一九六七年に政府の記録保管に関する詳細な研究を行なった高名な文書館員であるH・G・ジョーンズは述べている。「同じ国家が、その良心が目覚めるやいなやたった一世代足らずで世界に誇る記録保持施設をつくったのは、さらに驚くべきことだ」。ひとつの基準ができあがると、最も危急な課題は、必要な手順ではなく十分な場所を確保することになった。アメリカ初の公文書館館長であるロバート・コナーは、未熟な態勢を厳しく批判している。彼によると、政府の書類は「国じゅうに散らばり、場所さえあれば、地下室だろうと半地下室だろうと、テラスの下やボイラー室だろうと、屋根裏や通路だろうと、そこに置かれ、床にごみと一緒に積まれ、使われなくなって久しい小部屋やら使われていない車庫やら倉庫やらさびれた劇場やら古く汚らしい建物やらに押しこまれ」ていたのだ。

デヴィッド・フェリエロ氏は、二〇〇九年一一月にバラク・オバマ大統領に第一〇代公文書館館長に指名された当時、ニューヨーク公共図書館の館長であり、アメリカ最大の地方図書館組織と最大級の利用者数を誇るウェブサイトを管理していた。就任して数週間後、新しい職場にまだ慣れていないフェリエロ氏に私は取材を行なった。ワシントンのダウンタウンにあるNARAの本館（アーカイブスI）で挨拶をし、インタビューはそこからシャトルバスで二〇分ほどの新館（アーカイブスII）で行なった。

「紙の文書をどう扱うかはあまり問題になりません。現在では管理の仕方がわかっているからです。その規定は全員が理解しています」と彼は語った。「全員」とは、当局に報告書を提出することが求められている二五六の連邦政府官庁と連邦機関のことだ。「ですが、ほとんどの組織では、何らかの形で電子記録への移行を進めていて、さらに各々が独自の運用システムを確立することが認められています。そのため、電子記録に関しては現在のところ誰にでも適用できる基準がないのです。私の仕事はそうした電子記録を確実に収集することです。この種の仕事は、紙媒体であれば、いわゆる『記録の有用性』のおかげで比較的簡単です。基本的に、私たちは各機関とともに、ある記録がどれぐらいの期間有用なものとみなされるか、ある種の書類を何年間保存するか、そして将来にわたって価値をもつ記録とはどんなものか、などを判断します。現在の電子情報のやり取りの複雑さは紙の書類をはるかにしのぎます」

とはいえ、これほど多くの政務が電子メールで行なわれている昨今でも、と前置きして、フェリエロ氏は言った。「メール内容を紙に印刷するところはたくさんあります」。しかも、プリントアウトするのが標準的な手順であり、それが公文書として保存されることになっている。彼の責務は、政府の記録を永続的に使用できるようにすることだという。「つまり、現実の世界でもネット上でも確かな安全性を確保し、文書がわれわれの管理下から外れたり、使用中に改変されないようにすることです。結局ふたを開けてみれば、私の職務は以前と変わりません。集めること、それらを守ること、情報の使用を促すこと、そして情報を永遠に利用できるようにすることに尽きるのです。これらが原則で、形式や使用者が違うだけです」

NARAには実にさまざまな書類が保管されているが、その広大な保管場所に収められることのない資料のひとつに、連邦選挙で用いられた投票用紙がある。投票用紙は、投票が行なわれた郡や州の管轄であり、結果が確定したあと二二か月以上保管されることはほとんどない。

しかし時には例外もある。最も有名な事例は、二〇〇〇年の大統領選の際にフロリダ州の有権者の投票した五九〇万票だ。三六日間にわたり、次期大統領をめぐる大論争の中心になった。二〇〇三年には、フロリダ州の六七の郡のうち六六の郡の投票用紙が、州都タラハシーの公文書保管係に引き渡された。この投票用紙は重要な考古学的資料であると主張する歴史家たちや法律家たちの強い要望を受けてのことだった（このとき、ベイ郡だけは命令が出された時点ですでに投票用紙を破棄していた）。投票用紙の保管を主張した人のなかに、フロリダ州の職員であるイオン・サンチョ氏がいる。彼はレオン郡の選挙管理人で、選挙制度改革を強く訴えていた。「投票用紙は、選挙の記録として二〇世紀で最も重要なものなのです」。彼は私の電話取材に対してこう語ったが、四五〇もの収納キャビネットを使うのは貴重な資源の無駄ではないかという私の主張には耳を貸さなかった。サンチョ氏の同僚、パームビーチ郡選挙管理人であるテレサ・

は、冗談まじりに別の方法を提案した。「たき火でもすればいいんじゃない？」

一定の基準がないため、フロリダ州の各郡ではそれぞれの形態の投票用紙を自由に使用できた。悪名高い「バタフライ方式」を採用していたところもある。これは投票用紙の中央に穴を開けるためのしるしがあり、その左右に候補者の氏名が羅列されているため、実に紛らわしかった。最初の集計では得票差わずか一七八四票という事実上の同票状態となったが、再集計の実施は世界を驚かせた。その際に「パンチの切れ端つきの不完全な穴」「パンチの跡だけで穴はない」「パンチのへこみのみ」など不完全な穴を説明するさまざまな言葉が用いられた。最終的な投票者の意思がはっきりと認められるまで、投票用紙は細かく調べられた。「私たちは、皆さんが何を考えていたのか、この一枚から判断しようとしているのです」。ある職員は、いらだちを隠さずこう語った。

二〇〇〇年一二月一二日、連邦最高裁判所が再集計を禁止するとの判決を下したのち、厳密な規定のもとに、ジョージ・W・ブッシュがわずか五三七票の差で選挙に勝ち、大統領になるために必要な選挙人団の過半数を得た。すぐに選挙制度改革を求める声が国中でわき起こり、これを機にタッチスクリーン方式の機械が広く導入されるに至った。その結果、紙として証拠が残ることがなくなり、管理システムは完璧だと謳う機器の販売企業の言葉を全面的に信頼するほかはなくなった。二〇〇六年までに、国内の約三〇パーセントの有権者が紙を使わない電子機器を使っている。だがその後まもなく、このシステムは改竄に対して脆弱であることがわかり、ほとんどが「光学式に読みとる投票用紙」へと変更された。これはコンピューター処理で結果をまとめるが、各投票内容の記録も紙の上に残すことができるという方法だ。

時計の針を逆に戻すようなこの大きな方向転換は、フロリダ州で最も劇的に行なわれた。同州は二〇〇〇年の茶番劇のあとでタッチスクリーン式の機器をいち早く導入したが、二〇〇八年には州知事チャールズ・J・クリストの熱心な働きかけにより新機種に入れ替えられた。「投票では、その記録を残せるようにしておくべきです」とクリストはデルレイ・ビーチの集会で述べている。「難しくはありません。当然のことです。何よりも、これは正しい行為です」

第10章 機密書類とリサイクル

現代の皇帝たちは、ある単純な真実から結論を導きだした。真実とはつまり、「何であれ、紙の上に存在しなければ、そもそも存在しない」ということだ。

――ノーベル文学賞受賞者、チェスワフ・ミウォシュ『囚われの魂 *The Captive Mind*』（一九五三年）

一九七九年一一月四日、テヘランのアメリカ大使館がイランの武装グループによって占拠された。この事件は外交の世界を大きく揺るがし、アメリカ政府を混乱に陥れ、二期目の大統領当選を目指していたジミー・カーターの敗北の一因となった。四四四日間にわたって人質となっていた五二人のアメリカ人は、一九八一年一月一九日、ロナルド・レーガンが大統領に就任するとすぐに解放された。大統領の座を離れようとするカーターにとっては、とどめのような屈辱だった。カーターはこの九か月前、ある救出作戦の実行を指示したが失敗に終わり、砂漠の集結地にいた八人の兵士が死亡していたのだ。この占拠事件では、誇り高き超大国が大きな恥をかかされたということに加えて、重要な機密書類が失われるという大きな損失も出た。大使館職員が人質にされる直前、解読されないよう大急ぎで細かく裁断したのである。

しかしこのとき、それまで諜報界の誰も想像だにしなかったことが起こった。イラン側は、複雑なペルシア絨毯を織る技術をもつイランの絨毯職人たちを呼び集め、現場に残された細長い紙片から文書を復元したのだ。その後、文書は複写され、「イマーム戦列支持ムスリム学生団」の名のもと（おそらく出版社がそう名乗ることを選んだのだろう）［「イマーム戦列支持ムスリム学生団」は、米大使館を占拠した学生グループが名乗っていた名称］、『アメリカのスパイ活動の巣窟からの文書 *Documents from the U.S. Espionage Den*』（全七七巻）として刊行された。ジョージ・ワシントン大学国家安全保障文書館の常任理事、マルコム・バーンは、復元作業にかけられた労力を称えるようなふりをして、こう語った。「一インチあたり四〇〇の結び目をつくるということを何世紀も続けてきた文化のなかでは、これぐらい、たいしたことではなかったのだろう」。当時のシュレッダーが、現在のように紙を縦横に切り刻むのではなくただ細長く切るだけだったということも、復元を容易にした。現在アメリカではすべての政府機関において、機密文書を破棄する際は縦横に刻む方法を使うよう指示が出ている。

シュレッダーの歴史は比較的新しい。一九〇九年、ニューヨークのホースシュー社の多作な発明家、アボット・オーガスタス・ロウが「くずごみ容器」として特許を取ったが、この時点では単なる構想でしかなかった。一九三五年にはドイツの工具作製者で反ナチス文学を活発に発表していたアドルフ・エーインガーが、作品の抜き刷りを人に見られないようにするため、バイエルンのヌードル切断機をもとに、クランクで作動するシュレッダーを即席でつくった。ほかにも需要があるはずだと確信したエーインガーは戦後、EBAマシネンファブリック社を設立した。同社はすぐにこのシュレッダーを銀行、法律事務所、政府機関に売り込んだ。現在では、EBAクリュッグ・アンド・プリースター社の一部門として、一時間当たり一〇〇〇ポンドの重さの紙を裁断できる高性能な機械を生産している。

個人情報の盗難や、医療や金融関係のデータの保護に対する関心が高まる今、アメリカでは多くの企業がさまざまなタイプの機械を生産している。最近では、書類を処分するだけでなく、不要なハードディスクを完全に破壊する機械も販売されている。ハードディスクを破壊することを業界では「解体」と呼ぶが、これも、拡大を続ける「情報破壊」の分野のひとつだ。くず紙やがらくたのなかに大量の機密情報が含まれているという認識が、書類廃棄業界を活気づけてきた。今では多くの企業が、加工・流通の全課程において厳格な守秘義務を課し、不要な書類を現場で何トン分も処理できるトラックを利用している。この分野の先頭に立つ企業のひとつであるシュレッド・イット・インターナショナルの広告には、こんな警告文が掲載されている。「そのメモを捨てるって？

あなたが思っているよりずっと高くつくことになりますよ」

シュレッダーの存在を一般大衆が知るきっかけとなったのは、一九七四年のウォーターゲート事件の審問だった。審問では、民主党全国委員会本部ビルへの不法侵入に関与したホワイトハウスの〝鉛管工〟グループ［ニクソン政権が盗聴や工作活動をさせていた特別チーム］のひとりであるG・ゴードン・リディが、その二年前、検挙が始まった翌日に自身の職場に行き、目に入るものすべて（リディのグループの活動資金である一〇〇ドル紙幣の束も含めて）をシュレッドマスター400に放り込んだということが明らかにされたのである。その一〇年後には、これに匹敵する悪名高い出来事が明るみに出た。レバノンでテロ組織ヒズボラに拘束され人質となった七人のアメリカ人の解放を目的とした政権の極秘計画に関連する重要書類が破棄されていたことが明らかになったのである。破棄を指示したのは海兵隊中佐のオリバー・L・ノースだ。彼がレーガン政権の補佐官として担当したこの件は、イラン・コントラ事件としてたちまち世に知られるようになった。一九八七年七月に両院調査委員会で証言したノースは、ある日の朝、司法省の職員が隣の部屋で別の資料を調査している間に、大量の重要文書を、縦横に裁断できるシュレッダー、シュレイヒャー・インティムス・007Sによって処分したと話した。「彼らが彼らの仕事をしているうちに」ノースは言った。「私は私の仕事をしました」

ノースの秘書ですらりとした金髪のファウン・ホールという名の女が、この審問のなかでコミカルな役割を演じた。彼女は、書類を差し替え、シックな革のブーツのなかや服の下に隠して旧行政府ビルから持ち出した。ホールによると、自分の最大の「失敗」は、ファイルから「原本の痕跡を消し」、捏造した書類と交換するという作業を終わらせられなかったことだという。彼女は自らの違法行為について気楽な調子で語った。「〝極秘〟だと分類されたもの」を世に出さないようにするためには、「法律を超えなくてはいけないこともあるのよ」。しかも、ソヴィエト連邦の工作員がかぎまわっているかもしれない場合にはなおのことだという。そんな彼女に対して、ウォーレン・B・ラドマン上院議員はこう言い聞かせた。「いいですか、近づいていたのはKGBではないのですよ、ミス・ホール」。上院議員の真面目な顔が思い浮かぶようだ。「FBIだったのです」

さらに、二〇〇二年にも書類の裁断についての話題が新聞の一面を飾った。会計事務所アーサー・アンダーセンの二名の会計士が、エンロン社が消費者と株主を欺いていた証拠となる会計監査報告書を破棄した罪で有罪とされたのだ。加えて、エンロン社の経営陣は「ただ捨てるだけではならない。破壊しなくては」がモットーの〝書類管理〟会社、シュレッドコウ社のサービスまで利用していたことが、のちに明らかになる。この出来事を受けて制定されたのが、サーベンス・オクスリー法だ。法案を提出したのは、上院議員のポール・サーベンスと下院議員のマイケル・G・オクスリー。これは「アメリカのあらゆる省または機関の管轄における調査または適正な管理を、遅滞させたり、妨害したり、影響を与えたりする意図をもって、記録、書類、その他有形のものを、故意に改変、破棄、毀損、隠匿、もみ消し、偽造、虚偽記載する」者を刑事犯とするというものだった。

とはいえこれらの悪質な不正行為も、一九八九年一〇月に東ドイツの秘密警察が企てたこと、すなわち、四〇年以上にわたって続いた社会主義政権が集めた人物調査書類が、間もなく政権を握る新政府の手に落ちるのを防ぐために企てたことに比べると、ちっぽけに思える。ベルリンの壁が壊され始めた頃、シュタージと呼ばれ恐れられた国家保安局の職員たちは、アウゲイアス王の牛舎を清掃するかのような仕事に着手した［アウゲイアス王はギリシア神話の登場人物。王の牛舎は三〇年間掃除されたことがなかったが、ヘラクレスはそこに川の水を引き、わずか一日で掃除した］。しかし、ヘラクレスのようにはいかなかった。職員の奮闘むなしく、三か月後に期限がきたときも、その作業は終わりにはほど遠い状況だった。

『デア・シュピーゲル』誌が〝恐怖のファイル〟と名付けたこの極秘文書は、東ベルリンのシュタージ本部の地下にある、すべてつなげると一二五マイルにもなる金属棚に保管されていた。棚一マイル分に収まっていた紙は一七〇〇万枚。とても処分しきれない数だ。紙を勢いよく取り込むことから〝引き裂く狼〟と呼ばれていたシュレッダーがあまりの仕事量のために次々と故障すると、不安にかられた職員たちは、書類を手で引きちぎり始めた。職員を総動員して作業が行なわれ、一九九〇年一月までに四五〇〇万枚の紙が六億の断片に分解されたが、文書の九八パーセントは手つかずのまま残され、東ドイツ政府の不正に関する衝撃的な像が明らかになった。

保安大臣エーリッヒ・ミールケの指示のもと、シュタージは組織的に、ドイツ民主共和国（東ドイツ）の人口のおよそ三分の一に当たる六〇〇万の国民の私生活に関する情報を集めていた。あらゆる種類の個人情報が標的にされた。情報のほとんどは一七万五〇〇〇人の一般市民からよせられたもので、なかには、夫が妻を、妻が夫を、子供が親を、医者が患者を、聖職者が教会区民を通報する例もあった。そして東西ドイツ統一後の一九九二年、監視対象になったすべての人に自身の調査書類を閲覧する権限を与えるという法案が可決された――たとえ、自分の情報を知るのは痛みをともなうことであり、誰がその情報を提供したのかを知るのはさらに身の毛がよだつことであったとしても。ドイツのメディアに不法行為についての記事が現れ始めると、裁断された書類を復元する計画への支持が広がった。書類は一万六二五〇のごみ袋に詰め込まれ、焼却されるときを待っていたが、運び出される前に押収されたのである。

一九九五年、書類の断片をつなぎ合わせるために、三〇人の公務員からなるチームが結成された。チームは粘着テープ、ピンセット、拡大鏡といった道具を手に作業に取りかかった。そして、一二年におよぶ奮闘により、四四〇袋分の資料が復元された。出だしとしては上々かもしれないが、このペースでは、すべての仕事が完了するまでに四〇〇年以上かかることになる。何しろ、書類を裁断する以上に骨の折れる作業なのだ。そのためドイツ政府は、この作業の進行を加速させる提案を求めた。するとニ〇〇七年、ベルリンの非営利調査機関であり、民間および政府の仕事を請け負っていたフラウンホーファー生産システム・デザイン技術研究所が名乗りをあげた。彼らは、パターン認識のできる「イーパズラー」という機械を用いる実験プロジェクトを提案した。プロジェクトの期限は二〇一二年、予算は八五〇万ドルだ。設計者たちによると、「イーパズラー」は、各断片の組成、形、色、厚み、書体、輪郭、破れた箇所の形態を分析し、デジタル画像を組み立てて完全な文書を再現することができるのだという。

幸いなことに、シュタージの工作員は、紙片をばらばらの袋に詰めてはいなかった。おかげで技術者たちは、同じ袋に入っている紙片はほぼ同時に裁断されたものだという想定のもとで作業を進めることができた。二〇一二年九月、彼らが四〇〇袋分のファイルの復元に成功し、この計画が継続される予定であることをBBCが報じた。さらにAFP通信の報道では、ドイツ政府が限定的な閲覧を一般に認めてからの二〇年で、三〇〇万人近いドイツ市民がシュタージの人物調査の閲覧を申請したという。こういった事実から、機密文書を扱う官僚が学ぶべき教訓があるとすれば、それは、絶対的な安全を確保するためには、紙を燃やしてしまうか、メリーランド州フォート・ミードの国家安全保障局（NSA）本部で実行されているように（私は、ここにある工業用レベルの設備を本書のために見せてもらった）、その場でパルプにしてしまうしかないということだ。パルプにしてしまえば、廃棄した紙を再利用できるため、環境への負荷も減る。ちなみにＮＳＡはウェブサイト上で、毎年リサイクルによってダイオウマツ二二〇〇本に相当する資源を節約していると主張している。

私自身、「年間予算が六〇億ドルから一〇〇億ドルとされる謎の多い機関ＮＳＡが、いかにして地球上を飛び交う電波に乗ったデータを監視しているか知りたい」という好奇心があったことは否定しない。それに、メリーランド州フォートミードのＮＳＡ本部に併設される国立暗号博物館の館長から聞かせてもらったＮＳＡの歴史も、非常に興味深かった。当然のことながら、この機関の成し遂げてきたことには常に〝紙〟が関わってきた――もちろん、〝ワンタイム・パッド〟［乱数表を一回ごとに使い捨てる暗号のこと。暗号帳の一度使ったページをすぐに破り捨てることから］としても。結局のところ、機密情報のやり取りをする際に最も信頼できるのは、過去も現在も変わらずワンタイム・パッドなのだ。

しかしそれ以上に知りたかったのは、この重要な機関がどのようにして、自分たちにとって意味を失った機密書類を処理しているのかという点だ。「おそらくよそのパルプ化工場とほとんど変わりありませんよ」。ＮＳＡの広報担当者は、どうしても一目見たいと主張する私の熱を冷まそうとするかのように、あっさりと言った。しかし依頼してから七か月後、無事に訪問の許可が出た。私が見学したのは、有り体に言えば「事務書類から低級のパルプを製造する」作業でしかない。だが、私の訪問時の担当者、クレイグ・ハーマンが言うには、この作業の〝ミッション〟は「高い機密に属する書類を安全かつ計画的に処理する」ことだという。ある概算によると、ＮＳＡで一年間に処理される書類は一億枚にのぼる。これは一九八〇年代から九〇年代前半にかけての毎年の処理枚数の三〇パーセント減という数字であるが、現在は紙ではなく電子データの利用が増えていることを考えると、相当な数である。ＮＳＡの暗号解読班（世界各地で雇い入れた数学者の集団）が作成した書類のうち、永久に保存されるものはおよそ一〇パーセントで、残りはパルプ化される。パルプ化という方法の信頼性の高さから、ＮＳＡでは、周辺の情報機関や国防総省のオフィスからトラックで運び込まれる機密書類の加工も行なっている。外部から運び込まれる書類だけで年間約六〇〇万ポンド、一日に加工する書類の量は二万七五〇〇ポンドに達する。

政府監査院の公式報告によれば、NSAが作成し、機密に分類すべきだと判断されたデータの量は、アメリカ政府のその他のあらゆる部門や機関の「すべての活動を総計したより多いかもしれない」という。ジェイムズ・バムフォードは『パズル・パレス――超スパイ機関NSAの全貌』〔早川書房、一九八六年〕のなかでこう書いている。「CIA、国務省、ペンタゴン、その他すべての政府機関を合わせたよりも多くの機密を保持しているNSAは、おそらく地球上で最大規模の秘密情報を有しているだろう」。また、デヴィッド・カーンは著書『暗号戦争』〔早川書房、一九七八年〕のなかで、こうした機密が電子情報の形で管理される機会が増えても、紙と鉛筆は相変わらず暗号解読に不可欠であると主張し、私の電話インタビューでもその点を強調した。「彼らは縦横に罫線の入った紙に色鉛筆で何やら書き込んでは、ページを入れ替え、意味のあるパターンを探し、同僚と相談し、ときにコーヒー休憩を取る」。カーンは暗号解読班の日常業務について語った。「全員が集中しているなか、誰かが突破口を見つけたときの快哉を叫ぶ声が時折響きわたる。彼らには、一般的な仕事をしている人にはない利点が少なくともひとつある。それは、夜に仕事を自宅に持ち帰れないという点だ」

NSAでは、もはや意味のなくなった紙片（大部分はこれに相当する）は、構内のあちこちに設置された五二個の〝ダストシュート〟のどれかに捨てることになっている。「われわれの任務には、〝機密解除〟の意味があります」ハーマンはパルプ化施設に向かう車内で言った。その施設は支援業務ビル（Support Activity Building）というもののひとつで、NSAの心臓部を成す不透明ガラスに覆われた四つのビルからほど近い場所にあった。外側にSAB2という簡単な表示がある建物のなかで繰り広げられていたのは、ほかのどこの古紙再生工場でも見られるような光景だ。ただしこの場所で行なわれていることは、世界のどこであっても再現不能なのだ。

ベルトコンベヤーで運ばれたのちに巨大な青いタンクに詰められ、生まれ変わるときを待っているのは、新聞紙や会社の業務管理表ではなく、何千という機密書類だ。「紙はすべて、焼却袋に入れてわれわれのところに送られます」とハーマンは言った。だが、実際に焼却処理されるのは、水に溶けない素材の紙だけだ。私が処理施設に入ると、一日の業務で出た紙ごみが空気式運搬システムを通って到着するところだった。これはいわば地下に張りめぐらされたトンネルで、職員たちは簡単に〝吸引パイプ〟と呼んでいる。このパイプは、タービンによって発生する吸引力で物体を時速六〇マイルで移動させることができるという。風に乗ってこの施設に届くまでの間に焼却袋はばらばらになり、中身は単なる紙の状態で到着する。施設内を歩いている途中、私はふいに後ろに下がるように指示された。周辺地域の別の〝顧客〟のもとからやってきた何台ものトラック（どれも地味で何のマークもついておらず、どこから見ても典型的なごみ収集車に見える）が列になり、大きな吸い込み口に積み荷を降ろすところだった。

中央制御室では、技術者たちが「全ダストシュート監視スクリーン」と呼ばれるモニターの前に座り、すべてのごみ袋の動きを監視していた。モニターにはまずどの〝投入口〟が開いたのかが表示され、その後、枝分かれしたネットワークを資源が移動してくるようすが示される。特徴的なのは、ここに運び込まれる紙の大半（特に八・五×一一インチのオフィス用ボンド紙）は「裁断されない」という点だ。「繊維を保ちたいので」とハーマンは説明した。この施設には、質のいいパルプを製造し、契約業者に販売するという別の目的もあるのだ。ちなみに私の訪問中にウェアーハウザー社との契約が成立したという話だった。契約業者はそのパルプから、ピザの箱、卵のパック、低品質の包装用再生紙など、さまざまな製品をつくるそうだ。膨大

だからこの施設では、紙片を細かく裁断することなく、そのままの状態で一万ガロンの容量をもつパルプ製造機に入れて、灰色がかったどろどろの物体に変える。最初は九〇パーセントが水で一〇パーセントが紙だが、処理が進み、水分が抜けていくにつれて、その割合が逆転していく。工程の最後では、二〇〇〇ポンドごとに分けて梱包されたパルプが積み降ろし用プラットフォームのそばで台車に載せられる。ここで正式に〝機密解除〟され、民間の世界で日常的な用途に用いるために運び出されるのだ。私の訪問も積み降ろし場で終了となった。そして、この不思議な一日の記念品をふたつプレゼントされた。ひとつは小さなメダルで、片面にNSAの記章、もう片面には「われわれは決して引き下がらない、これまでも、そしてこれからも」というモットーが記されていた。そしてもうひとつはジップロックのビニール袋で、なかに何オンスかのパルプが入っていた。そのパルプには、政府の極秘情報が記載されていたという痕跡など、まったく残っていなかった。

すでに語りぐさになっているが、アメリカの廃棄物集積場から集めた新聞紙やくず紙を、中国で生産される製

品を梱包するための段ボールに変え、世界で最も裕福な企業家のひとりとなったある女性の話を紹介しよう。あらゆる運命が見方をしたような中国陸軍将校の娘、張茵《チャンイン》のことだ。彼女はもともと香港にある紙の輸入会社で会計係として働いていたが、一九八〇年代半ばに会社が倒産し、新しい仕事を探さなくてはならなくなった。

当時三〇代だった張は、香港で別の会社を探すのではなく、カリフォルニアに向かった。そして一九九〇年、貯蓄のうち三八〇〇ドルを切り崩し、台湾出身の内科医の夫とともに美国中南株式会社を設立した。ポモナにあるアパートを事業の拠点に、ふたりは中古のダッジ・キャラバンでアメリカ中をまわり、何トンものくず紙を購入しては中国に送るという契約を結んでいった。中国に届いた紙は〝再生利用の〟繊維を必要としていた工場に売却され、爆発的な成長を遂げる中国経済を後押しした。

中国の発展に弱点があるとすれば、木材パルプが国内では十分に調達できないという点だろう。産業に欠かせない材料でありながら、北米からのパルプの輸入額は膨大なものとなっていた。これは、一九五八年から一九六一年にかけての「大躍進政策」で農工業を熱狂的に推し進めたことに起因する。このとき、手つかずの樹木が残っていた森林を、見境なく破壊してしまったのだ。中央政府が環境に配慮した計画を立てずにひたすら農工業を奨励したことで、何百万という木が切り倒され、中国全土に設置された即席の溶鉱炉で燃料となった。残された広大な土地は浸食を受け、やがて三〇〇〇万人が亡くなったといわれる大飢饉の原因にもなった。こうして国内で材木を調達できなくなった中国は、世界最大のパルプ・木材製品の輸入国となり、巨大な輸送船をブラジルやインドネシアといった木材輸出国に送るようになった。多くの場合は、丸太を細かい小片にして船に積み込む。できる限り大量に積み込んで、本国に戻るためである。

張が驚異的な成功を収めたのは、鋭い洞察力によって需要を知り、それを利用する巧妙な戦略を練り上げたからだ。彼女は、廃品やごみ捨て場の所有者と契約を結んで大量の新聞紙やくず紙を買い取り、それを、アメリカで貨物を降ろした中国に戻る船に積んで送った。廃品やごみ捨て場の所有者は自分の敷地をきれいにできるので喜び、船の持ち主は、かの有名な〝段ボールの女王〟（ジャーナリストのなかには彼女を〝紙の女王〟、〝ちり紙の女王〟、〝紙くずの女帝〟などと呼ぶ者もいた）に協力でき、しかも運送料をもらえるということに感激した。

一九九五年、張は再生繊維の仲介業務を行なう会社として中国に玖龍紙業を設立し、その三年後には自社で段ボールの生産を開始した。二〇一〇年には中国の四つの経済特区で工場を稼働させ、年間九〇〇万トン弱の段ボールを生産するまでになっていた。彼女の会社はわずか一五年間で中国国内で最大、世界でも上位五社に入る包装用段ボール製造企業となったのである。上海に拠点を置く『胡潤レポート』は、『フォーブス』誌のリストにならい、中国の企業家・資本家のランク付けをしているが、それによれば、二〇一〇年の張の個人資産は五六億ドルと推定されている。二〇〇七年三月に玖龍紙業が香港証券取引所に上場すると、株価は最初の六か月で四倍になった。「中国の製造業者は、くず紙を何としても手に入れたいのです」。張は記者会見でそう述べた。「この仕事を始めたときは私と夫ふたりだけでしたし、私は英語をまったく話せませんでした。ゼロから学ばなくてはいけなかったんです。人はくず紙をごみだと考えていますが、私には豊かな森林に見えます。私は、需要を満たす手助けをしただけなのです」

世界中の人にとって、〝グリーン〟（もともとgreenといえば「体調不良」や「羨望」を表す表現だったが、あっという間に環境保護に関連する意味を獲得した）という言葉を聞いたときに最初に思い浮かぶ「原料に再生物を多く利用している製品」は紙だろう。これまで見てきたように、中国人は最初期のパルプの材料としてすり切れた漁業用の網を用い、それから何世紀もの間、中東、ヨーロッパ、北米では綿やリネンのぼろ布が最良の資源とされ、大量に用いられた。現在では紙そのものが再び原料に戻る。それこそ、私がニュージャージー州にあるマーカル製紙工場を訪ねることにした理由だ。この事業は、〝グリーン〟という言葉が現在の意味で用いられるようになるより何十年も前からずっと〝グリーン〟であった。

二〇一二年に、コネチカット州グリニッジのアトラス・ホールディングスの系列会社であるサウンドビュー・ペーパー社に買収されたマーカル社は、一九三二年、シチリア島からの移民、ニコラス・マーカラスによって創設された。マーカラスは最初、パターソンの町で機械工見習いとして週給二ドルで働いていたが、やがて、パターソン東部の地域（一九七三年以降はエルムウッド・パークという名称で呼ばれるようになった）に仕事場をかまえ、木材および木材パルプ産業から提供された繊維を用いて、平凡な紙製品の製造を始めた。だが、第二次世界大戦によって原料が不足すると、マーカラスは代わりとなる資源を探し始める。「彼はニューヨークをコンクリ

マンハッタンのオフィスビルからニュージャージー州エルムウッド・パークのマーカル製紙工場に届けられたくず紙は、リサイクルされ、トイレットペーパーやキッチンペーパーに生まれ変わる。

ートの森林だと考えていました」。創業者の孫で三代目の社長、名前も同じニコラス・マーカラスは、ニュージャージー州バーゲン郡の新聞『レコード』の記者の前でそう回想している。二〇〇九年に工場を訪ねてみると、マーカラスの言葉の意味がよくわかった。私が訪問したのは、新経営陣が「グリーンな地球への、小さくて簡単な一歩」というキャッチコピーのもとで、トイレットペーパーの新ライン〝スモール・ステップス〟を発表してから数か月後のことだった。彼らは、会社の歴史で初めて、半世紀以上前の自社製品の品質を取り戻そうとしていたのだ。

本書のために私が訪れたほかのすべての工場と同様、マーカル社の工場も、さまざまなデザインのパルプ製造機が〝錬金術〟を行なう場所だった。これによってセルロース繊維はリールに巻かれた紙に姿を変えるのだ。だが、この工場にはちょっとした特徴があった。機械の周囲を囲んでいるのが、木材チップ、綿、亜麻など、通常のパルプ製造に用いる原料ではなく、高さ二〇フィートの山となった販売カタログ、スーパーマーケットのチラシ、雑誌、〝不達郵便〟（配達されず廃棄された郵便物）、そして、パソコンのプリントアウトや企業の報告書など、マンハッタンやニュージャージー北部のコンクリートの大渓谷で働く人たちが青いプラスチックの容器（二一世紀のオフィスビルでよく見かけるようになった）に入れた、あらゆる種類の紙だったのである。

「私たちは、再生物ではない木材はティシューにも一切使いません。一〇〇パーセント再生繊維を使用しています」。マーカル社の研究開発主任および上級副社長だったランドール・スリガは、見学の始めに言った。そこにはさまざまな略語が記された容器が置かれていたので、私はスリガに意味を教えてほしいと頼んだ。彼の説明によれば、ＣＯＷは「オフィスから出た清潔な廃棄物（clean office waste）」、ＭＧは「雑誌（magazines）」、ＰＷは「使用済みの廃棄物（post-consumer waste）」、ＩＳＧは「不溶性の接着剤（insoluble glue）を含む素材なので特に注意を要する」ことを表しているという。curb-side（街角）という表示の意味は自明だった。そこから、その日の朝につくられる製品（たとえばキッチンペーパー、紙ナプキン、ちり紙、トイレットペーパーなど）に合わせて原料を取り出し、〝ブレンド〟するのだ。

マーカル社の工場では新聞をまったく見かけない。新聞は新聞用紙や段ボールを製造する別の会社に売却されているのだ。「新聞紙は繊維が粗く、私たちの用途には向きません」とスリガは言った。一方、書籍は完璧に条件を満たしている。ハードカバーの場合、表紙を剝ぎ取られた状態で届けられる。「電話帳は好ましいですね。それから、わが社ではロングアイランドの郵政公社と契約して、販売中止になった切手もパルプ化しています」。さらにスリガは、Ｏ・Ｊ・シンプソンの悪名高い回想録『もし私がやっていたとしたら If I Did It』をリサイクルする契約は、どこが結んでいたのか知らないと続けた。この回想録は、二〇〇六年の発売直前に世間の激しい怒りを受けて販売中止になった。ハーパーコリンズ社が四〇万部刷っていたともいわれるこの本がすべてアメリカのトイレで衛生上の役に立つ用途に使われたとすると、相当大量のトイレットペーパーになったことだろう。一冊につき二ポンドだと考えれば、合わせて四〇〇トンになる計算で、「これはちょうど、マーカル社で使用する一日分のくず紙に相当します」とのことだ。

製品に再生紙のみを使うことで、マーカル社は年間二〇〇万本の木を節約している。一日に四〇〇から四二五トンの紙を生産するニュージャージーの工場では、二四時間で二〇〇万から三〇〇万ガロンの水を使用しているが、その水はすべてパセーイク川から汲んでいる。「再生紙を一トンつくるごとに七〇〇〇ガロンの水を節約することになります。つまりわが社では、年間一〇億ガロン近い水を節約しているということです。もし生産ラインをすべて稼働させれば、この施設では、一日に一〇〇万ロールのトイレットペーパーを生産できます」。ほかの業者もさまざまな度合いで再生紙を使用しているとうたっているが、マーカルは主要な生産者のなかで唯一、再生物でない繊維を全工程において一切使用していない。この方針は一九五〇年からずっと変わっていない。キンバリークラーク、P&G、ジョージア・パシフィックほどの大手ではないが、マーカル社の生産量はかなりのものので、ティシューペーパー製造業者としてはアメリカ国内で上位一〇社に入る。たとえ多少のやわらかさを犠牲にしても木々を守るという会社のモットーは、多くの人から支持を受けている。

『ヴォーグ』『GQ』『ヴァニティーフェア』のような光沢のある雑誌を扱う際には特定の添加剤、とりわけ、特徴的な手触りや見た目を生み出すクレイ（粘土）を取り除く工程が必要だ。「雑誌の質によりますが、その重量の二〇パーセントから三〇パーセント、場合によっては四〇パーセントは、ティシューをつくるのに適しません。つややかにコーティングされた高級雑誌のページからは、取り出せる繊維の量が少ないのです。繊維をパルプ化する前に、すべてのクレイを取り除かなくてはなりません」。マーカルでは雑誌から出た廃棄物――「まさに泥のようなものです」――を再利用して商業用の吸収剤をつくっている。これは「カオフィン（Kaofin）」という銘柄で販売され、工業生産で発生した汚れをきれいにするために用いたり、家畜用の生分解性の寝わらとして使われている。

マーカル社では製品を白くするためn塩素系漂白剤は使っておらず、亜ジチオン酸ナトリウムを使用する独自の処置を行なっているという。「熱湯で繊維を洗い、ばらばらにして、さらに洗浄します。会社ごとに異なる方法を採用しているので、製紙機械は指紋のようなものと言えます。機械が別なら、同じ紙はできません。本物の製紙業者なら、紙を見ただけでそれがどこの工場でつくられたものかわかります。普通の人には決してわからないでしょうけれど」

スリガは、最高の製紙業者は刻々と変化する材料を扱う〝芸術家〟であるべきだと語った。「私たちがここで扱っている原料は、言ってしまえばただの〝ごみ〟です。毎回毎回雑ざり方も違えば、扱われ方も違います。ある日、雑誌をこれぐらい、オフィスの廃棄物をこれぐらい、街で集めたものをこれぐらい……と投入してうまくいっても、日が変わればまた状況は違います。ですから、常に微調整が必要です。そうやって、消費者が望む製品をつくり続けているのです。消費者のお眼鏡に適わなければ買ってもらえないのですから。技術者は二四時間絶えず入ってくる異なる繊維――硬材、軟材、トネリコやカエデなど、いろいろあります――をどのように処理するか心得ていなくてはなりませんし、組み合わせが変わっても対処できなくてはいけません。実は、私たちはさまざまな種類の古紙を保存し、〝スパイス〟のように用いているんですよ。ブレンドを調整しなければならなくなったときには、この〝スパイス〟とわれわれの〝技術〟を投入するのです」

第11章 額面の価値

口約束は、紙切れ程度の価値もない。
——映画プロデューサー、サミュエル・ゴールドウィン（一八七九～一九七四）の言葉（とされている）

グリーンバック、裏が緑のドル紙幣、
ほんの小さな紙で、クロロフィルで覆われている。
——レイ・チャールズ『グリーンバックス』（一九五五年）

紙くず同然の紙幣もあるということを実際に確かめるために、私は二〇〇九年の初めにインターネット通販サイト「イーベイ（eBay）」を通じて、すさまじいインフレで驚くほど価値の下がった紙幣を購入した。おそらく前世紀で最もよく知られた例は（そして私が探求を始めるきっかけともなったのは）、第一次大戦後の時期にワイマール共和国が発行していたドイツマルクだろう。当時、発行されたばかりの紙幣を手押し車いっぱいに積んでいっても日刊紙すら買えなかったという。一九一四年にヨーロッパで戦闘が勃発する前、ドイツの通貨は、イギリスのシリング、フランスのフラン、イタリアのリラと同程度の価値を共有していた。いずれもほぼ同じ為替レートで、アメリカのドルに対しては一対四か五で取り引きされていた。ところが、ハイパーインフレの危機感が最も高まっていた一九二三年の一二月までに、一ドルは四兆二〇〇〇億マルクに達していた。

ドイツマルクの暴落の原因としては、ドイツが第一次世界大戦の戦費を節約や課税ではなく借金のみでまかない、さらに通貨の信用保証に金を用いるのをやめたことだという説がある。もっと直接的に、崩壊の原因はベルサイユ条約の条項にあるという人もいる。条約で定められた賠償金が高額なためドイツは支払いを履行できなくなり、フランスとベルギーは一九二三年一月に鉄と石炭の生産地であるルール地方を占領した。どちらにせよ、不安を募らせた市民がマルクを引き出して品物や資産に替えようとしたため、中央銀行は貨幣を次から次へ発行することになってしまった。

1923年、危機的なハイパーインフレのさなかに、ワイマール共和国の貨幣ライヒスマルクの有益な利用法を見つけたドイツ国民。

「かくして印刷機が稼働した。ひとたび動き出せばそれを止めるのは困難だった」と財政分析家ジョージ・J・W・グッドマンは、アダム・スミスというペンネームで出した世界の貨幣についての考察『ペーパー・マネー』〔ティビーエス・ブリタニカ、一九八一年〕のなかで論じている。「物価の高騰はまさにめまいがするほどだった。カフェのメニューは価格の改定が間に合わなかった。フライブルク大学の学生がカフェで一杯のコーヒーを注文した。メニューの値段は五〇〇〇マルクだった。彼はおかわりをして二杯目も飲んだ。勘定書が来てみると、そこには一万四〇〇〇マルクとあった。『お金を節約したかったら』と彼は言った。『そして同じ値段のコーヒーを二杯飲みたかったら、両方を同時に注文しなくはならない』」

ベルリンの出版人レオポルト・ウルシュタインは、アメリカのある夫婦が国内でシェフに一ドルのチップを渡したという話を書いている。だがそれは、一家の信託資金を開設できるほどの大金だった。何度もコピーされて広く出まわっているこの時期の報道写真の一枚には、ライヒスマルク紙幣を自宅の壁紙にしている男が写っている。ほかにも有名な二枚の写真がある、膝をついて、床に積み上げられた札束をかまどの焚き付け用に使っている女性の写真と、三人の少年がほとんど利用価値のない紙幣を積み木代わりにして頑丈なピラミッドをつくっている写真である。また、バウハウスの芸術家ラースロー・モホリ・ナジは、ダダイズムのコラージュとして、額面一〇〇〇億マルクの紙幣などを組み合わせた作品を制作した。同じような意図から、一〇〇〇マルク紙幣をワインボトルのラベルに使用した抜け目のないワイン業者もいる。一本でも残っていればビンテージものとしてありがたがられたことだろう。

一九二一年から一九二三年にかけて、政府に委託された一三〇を超える印刷所で、何十億というライヒスマルクが休みなく生産されていた。一〇〇京の五〇〇倍、五×一〇の二〇乗という額のマルクが流通していた時期もある。状態のよい紙幣が今でも残っているが、業者が売りに出している比較的状態のよいマルク紙幣は、コレクターが入手するにもずいぶん金がかかるとすぐにわかった。今日私たちが「短命な印刷物」と考えるほかのもの、言い換えれば紙の上に描かれたものについて、制作者はそれが長い期間保管されることを意図していない。同じように、ワイマール共和国の紙幣の大半は、それが有用であった時期が過ぎるとともに廃棄された。そのため、おかしなことに現在まで残っているマルク紙幣は、それが通貨であったときよりも骨董品として価値があり、したがって私が散財してもいいと思える金額ではとても入手できない。

アメリカ独立戦争の時期に大陸会議によって発行された紙幣も同じような結末となった。価値の暴落ぶりは、値打ちのないものに対して「大陸紙幣ほどの価値もない」という言い方がされるほどだった。一七七九年の春先に、憤慨したジョージ・ワシントンが議会の議長に選ばれたばかりのジョン・ジェイに宛てて手紙を書き、戦場にいる自身の軍がどれほど食料や補給物資の必要に迫られているか、また「荷車に満載した紙幣を使っても、かろうじて同じく荷車一杯分の食料が手に入るだけ」という状況であると報告した。現在、本物の〝大陸会議〟紙幣を買おうとすると、一枚あたり五〇ドルから五〇〇ドルは必要だ。紙幣の状態や稀少性によっては、もう少し高いかもしれない。したがってこれらの紙幣もまた、私の蒐集対象にはならない。同様に一八六〇年代のアメリカ南部連合国の紙幣も、その当時は大陸紙幣やライヒスマルクのように嘲笑の的となったが、コレクターには人気がある。

最終的に私は、アルファベットの最後、Zで始まるジンバブエから始めることにした。ジンバブエといえば、

2006年発行の100兆ジンバブエドル紙幣、イーベイ経由で格安で購入したもの。

主要なメディアがこぞって近年の国内経済の破綻を報じ、ロバート・ムガベ政権は、制御不能なインフレに遅れを取るまいと、躍起になって新しい紙幣を印刷した国だ。「ここでは、ほかのあらゆる品物と同じようにトイレットペーパーの値段が日々急上昇している。現在流通している最も小額の紙幣、五〇〇ジンバブエドル札について、さし当たりもっといい使い方があるという冗談が生まれている」とマイケル・ワインズは二〇〇六年の『ニューヨークタイムズ』に書いている。二年後、ロンドンの『デイリー・テレグラフ』は、ジンバブエドルは一九八〇年の独立当時、アメリカのドル紙幣よりも価値があったが「ロバート・ムガベの失政により、一ポンドが二〇〇〇億ジンバブエになるという状態に追い込まれ、さらに下落が加速している」と報じた。その頃には、国営新聞『ヘラルド』は現地の通貨で一部あたり二五〇億ジンバブエドルで販売されていた。

　新札には、一億、二億、一〇億、一〇〇〇億、一兆とまさに信じがたい額面金額が印字され、驚くべきことに一〇〇兆ジンバブエドルまである。それでもまだ「はした金」である。私はその「はした金」を購入するに至ったのだが、それ以上に、紙幣そのものがかなり魅力的で、国際的な紙幣に特有の偽造防止の糸や透かしが入っている。この安全な紙を製造したのはミュンヘンのギーゼッケ・アンド・デブリエント社である。ここは高い安全性をもつ紙幣を供給することで国際的に信頼されており、一九二〇年代にワイマール共和国にライヒスマルクを供給していた会社のひとつでもある。

小さな紙片に果たしていくつまでゼロが記載できるのだろうか。その問題も、政府が紙幣の発行を一時中断すると公表したことで、どうでもよくなった。ジンバブエの経済計画担当大臣エルトン・マンゴマは、「通貨の価値をこれ以上支えてもどうにもならない」と示すことで、危機の重大さを暗に認めた。この措置は国際社会の強い要請に対してなされたものだが、同時にギーゼッケ・アンド・デブリエントがこの不運な国家にそれ以上紙を供給するのを拒否したことも影響していた。そこで二〇一〇年までは、品物やサービスを受け取るための手段として物々交換が広まった。だが、政府はほとんどの取り引きでアメリカドルを法定通貨として認めていた。

完全に機能を果たさなくなった紙幣の例として、私はさらにウガンダの美しい紙幣を入手した。駆逐された独裁者イディ・アミンの堂々たる肖像が描かれ、発行当時は一〇シリングの価値があった。また、善良そうな笑みを浮かべたサダム・フセインが描かれたイラクの立派な一〇〇ディナール札や、やがて国を追われることとなるモハマド・レザ・パーレビ国王をもてはやした一九七〇年代のイラン紙幣も入手した。ちょうどその頃、アフリカ沿岸で海賊の一団がアメリカの商船を拿捕して船長を五日間人質に取り、米海軍特殊部隊シールズによってそのうち三人が射殺されるという事件があった。海賊たちはアメリカドルでの身代金を要求したが、それはさほど驚くことではないだろう。そこで私は、海賊たちの隠れ家であり停泊所でもあった、安定した通貨が存在しないソマリアで発行された紙幣を手に入れようと決意した。

一方で私は、ナチスドイツはアドルフ・ヒトラーの肖像を載せた紙幣を発行しておらず、ファシズムのイタリアもベニート・ムッソリーニの紙幣をつくらなかったと知って驚いた。ふたりとも、あれほど自己顕示欲が強いのだから、自分の肖像の入った紙幣をつくらせて当然だろうと思っていたのだ。ふたりの独裁者は、多くの郵便切手に描かれていた。だが、私が興味をもったのはあくまで紙幣である。私のコレクションの棚は、あくまで〝額面上の価値〟という概念に光を当てるためにつくられたものだった。

本書を書くための調査を開始したときから前提となっていたのは、紙は有益な物質であり、どんな用途に使われるかによって定義されるということである。その機能を短期的にしか果たさない例として、雑誌、チラシ、ダイレクトメールなどがある。だが、紙という素材はリサイクル業者の間で新たな生命を得て、再びほかの生産的な用途に用いることができる。数年前のこと、『北京晩報』という新聞が分厚い特別号を発行した際に、一部ずつ販売するよりまとめて廃品回収にまわして得られる金額のほうが高いとわかり、新聞売りは街中での販売をやめ、廃品業者に直接持ちこんだという。

しかし、紙はあくまで紙でしかない。注目すべきは、あらゆる書類の価値はその表面に何が書かれ、描《えが》かれ、印刷されているかによって決まるという点である。貨幣はそのわかりやすい例だが、倒産した会社の株券や、目先の利益にとらわれた大学が履歴書の水増しを望む人たちに売る偽の学位、形ばかりの借用証書などはその価値が議論の対象となる。

カナダの広告実業家が一九七九年に設立した企業は、人目を引く装飾を施した、星の位置と個人名を記載した証明書を三〇年以上にわたって作成している。空にある星をその顧客のために名付け、それを証明するとともに、そのことを台帳に記して後世に残すこの事業は「宇宙のなかのあなたの場所」と名付けられている。国際天文学連合は、このように任意に命名されたものは、いかなる公的認可を受けた団体によるものでも承認されるものではないと繰り返し指摘しているにもかかわらず、インターナショナル・スター・レジストリー（国際星名登録）社として法的に認められたこの会社は、すでに「何十万枚」もの証明書を販売している。料金はさまざまで、顧客が名前にどれぐらい固執するかによって金額が異なる。「詐欺行為に等しい」とスワースモア大学のある天文学者は『タイム』誌に述べたが、星に魅せられた人々は相変わらず天体に自分の名前をつけ、そのことを証明していると彼らが信じる書類を手にできることに魅了されている。

ここで、私が好きな映画のあるシーンが思い起こされる。一九九三年の映画『ボビー・フィッシャーを探して』のなかで、チェスの神童と呼ばれる幼いジョシュが、自分はいつになったらチェスの先生が言うところの「グランドマスターの称号」を得られるのだろうと思い悩む。するとベン・キングズレー演じる厳しい指導者は、少年の目の前に次から次へと白紙の用紙を差し出し、称号を得るのが目的なら空欄に名前を記入せよと言う。つまり「結局、それはただの紙にすぎない」ということだ。

もちろん、手漉きの紙というのはそれ自体が美しく豪華であることが多く、名だたる芸術家にとって最良の素材である。だが、文化の伝達を担う媒体としては、紙は人間の思想の考え抜かれた表現を伝えるものであり、それ以上でもそれ以下でもない。どのような思想が表されるにせよ、どのような形態を取るにせよ、たとえば絵画の巨匠による実験的な素描であれ、新進の詩人による自筆の下書きであれ、人気のある著名人の率直な意見であれ、分子物理学者の徹底的な計算であれ、この著しく用途の広い紙という素材ほど、その上に書かれた知的な内容のみで価値を評価されるものはないだろう。そこには、矛盾が見られる。書類の価値が永遠であったとしても、書類そのものの物理的な特性とはほとんど関係ない。その価値は、経済的、芸術的、歴史的、神学的、文学的、あるいは単に個人的に評価される。にもかかわらず、それが本物か偽物かという論争になった場合には、しばしばその素材である紙が真贋を決定する要素になる。偽造をする者が成功するためには、そこに書かれた言葉や絵を複製するだけではいけない。つまり、それらが書かれている紙そのものももっともらしくなくてはいけないのだ。

大昔に製造された未使用の紙を見つけるのは簡単ではない。ゆえに、図書館の棚に並んだ古書から何も書いていないページを切り取ることで紙を略奪するという方法が取られるようになった。実際にその方法を駆使した最も悪名高い事件が一九八五年に起こった。かつて英領北アメリカで初めて印刷された文書の原本であると騒がれたものが、実は偽物だったという事件である。この小さな片面刷りの紙の本物は、一七世紀に「自由市民の宣誓書」として知られていた。偽造した犯人マーク・W・ホフマンはユタ州出身で、記念品の販売業者だったが、末日聖徒イエス・キリスト教会（モルモン教）の初期の活動に関する一連の書類を偽造し、それをモルモン教会に高値で売りつけるという、文化的詐欺とも言える悪行を働いていた。それでひともうけしたホフマンは、アメリカ植民地時代において最も名高い印刷物といわれる書類に目をつけた。この書類は何世代もの間に完全に消失しているといわれているので、一枚でも発見されればひと財産築けるという代物である。ホフマンの細工の腕は見事だった。彼にだまされた専門家のなかには、ニューヨークの著名な手書き原稿の販売業者だった故チャールズ・ハミルトンがいるが、彼はのちに、ホフマンの偽造書を「芸術作品」と呼んだほどだ。だがそれ以上に、ホフマンの傑作を魅力的なものにしたのは、彼が歴史の記録を見事に活用したことだった。

一八世紀、ロンドンの二流文学者ウィリアム・ヘンリー・アイアランドは「失われたシェイクスピアの戯曲」をでっち上げた。本物かどうか騒ぎとなり、エドモンド・マローンという研究者が偽物だと断じて終わった。だが、「自由市民の宣誓書」は、シェイクスピアの戯曲の偽物とは違って、想像の産物ではない。もともと、その誓約文は良心の自由を鼓舞すべくマサチューセッツ湾植民地の植民者によって起草され、長らくアメリカ民主主義の発展において重要な役割を果たしたものであると考えられてきた。一六三九年、現代のはがきぐらいの大きさの原本が約五〇部、ケンブリッジにあるスティーブン・デイの印刷所で作成されたと考えられている。デイはその一年後、賛美歌集『マサチューセッツ湾詩篇集』を印刷している。それは一一部が現存しているため、タイポグラフィーの技術者であれば、そこから、デイの仕事であると信じ込ませる本物らしい字体をつくりだすことができた。また、宣誓の文面もすでによく知られている。「ホフマンにはだまされた」と、ハミルトンは『ニューヨークタイムズ』に語った。「あいつは皆をだましたんだ」

ホフマンは、ニューヨークのアーゴシー・ブック・ストアで雑多な文書を並べたショーケースを覗いた際にたまたま発見したと言い張り、その話を裏付けるために現金二五ドルの領収書もでっち上げた。ホフマンがのちに認めたところによれば、彼は一九世紀の物語詩の上部に「自由市民の宣誓書」の文言を載せたものを店の棚に紛れ込ませ、さらに領収書をでっちあげて、この偽の文書がずっと保管されてきたように見せかけた。この偽文書は、一九八五年に一五〇万ドルの価格で売りに出されたが、アメリカ議会図書館やアメリカ古書協会までもが手に入れようとしたという。

ホフマンはその後、この陰謀が破綻し始めたために、世間の目をそらせる目的で、鉄パイプ爆弾でふたりを殺害し、ほかにも重傷を負わせるという事件を起こす。その一件については多くの記録に残されているので、ここではこれ以上は触れない。ひとつだけここで強調しておきたいことは、彼の偽造行為は、その時代の本物の紙片が現在どこに残っているかを突き止められない限りは成し遂げられなかっただろうという点である。死刑を避けるために交わした司法取引による宣誓証言のなかで、ホフマンはブリガムヤング大学の特別収蔵図書館で見つけた一七世紀の本から何も書いていない紙を数枚持ち去ったことを認めた。また、捜査員たちに対しては、「自由市民の宣誓書」のために選んだ紙には、製紙の過程で生じる線がついていて、それは『マサチューセッツ湾詩篇集』とほぼ同じだったために紙の専門家でも見破れなかったのだろうと話したという。

文書を偽造するために古い書物から何も書いていないページを切り取ったのは、ホフマンが最初ではない。一九世紀の画家ジェームズ・アボット・マクニール・ホイッスラーは、自分の作品に利用できるような昔の素材を求めて歩きまわった。ホイッスラーといえば円熟期の油絵が最も有名だが、アメリカ海洋大気庁の沿岸測量部に製図者として雇われ、そこで磨いた技術を生かして多様な技法を修得した。ホイッスラーは、デッサン、ドライポイント、リトグラフ、エッチング、水彩、パステルに熟達し、彼の伝記を書いたジョセフ・ペネルは、あらゆる時代を通じて傑出した版画家として、レンブラントやアルブレヒト・デューラーとともにホイッスラーの名を挙げている。

自分の版画にふさわしい紙を選ぶことにかけては、ホイッスラーは完璧主義者だった。エッチングにはイタリアの紙片、リトグラフには古いオランダの紙片を好み、経済的に厳しい時期には紙を見つけるための斬新な方法を考えだした。一八七九年、ホイッスラーはヴェネチアで一組のエッチングを制作することとなり、そこでアメリカのエッチング画家オットー・H・バッヒャーと親交を持った。バッヒャーは後年、ホイッスラーがしばしば「古くてかび臭い古書店を何軒もまわっては、白紙のページがある古本をすべて買い、そのページを自分の作品に使うために切り取った」ことや、そういう紙の発見にホイッスラーがどれほど歓喜したかについて書いている。「ロンドンだったら、この手の紙を一枚手に入れるために一シリングは払わなきゃいけない」と、ホイッスラーは手に入れた掘り出し物に大喜びだったという。

バッヒャーは、がらくたを売る店の外で、撚糸で結ばれたたくさんの古紙を見つけたという話をし、ホイッスラーを自分のアパートに連れていってそのコレクションを見せた。「彼は非常に感動して、すぐに残らず分けてくれと言った」。ホイッスラーは、どうしてもその紙が欲しかったのか、お返しに自分が最近制作したばかりの作品を渡すと約束した。バッヒャーは後年、その絵をメトロポリタン美術館に売り払った。「ホイッスラーは、そのとき入手した紙を使って、すばらしい試し刷りをいくつかつくった。紙は年月を経て深みのあるやわらかい色をしていて、表面には古い優美な透かし模様が入っていた。イタリア語の手書き文字が書かれている紙片もあった。時間の経過に耐えた紙は、たとえその上に何か書かれていたとしても、彼が使うことを妨げず、それどころかさらなる魅力を与えていた」

ホイッスラーが紙に求めるものは、たぐいまれな美しさを持つ独自の芸術をつくり上げることにあり、一方マーク・ホフマンが紙に求めるものは、大規模な詐欺を成功させることにあった。もし議会図書館がホフマンの求める一五〇万ドルを支払っていたら、これまで売買されたもののなかで最も高価な紙片のひとつに数えられたことだろう。だとしても、最高額の記録であり続ける時間はさほど長くなかったはずだ。すぐに、さらに価値のある紙が出てきたからだ。特別なものへの需要は常にあり、一九三〇年代の大恐慌以来、どれほど世界経済に打撃を与える不況が起こっても、その需要がなくなることはなかった。その熱狂は、実にさまざまなジャンルにおよんでいる。

二〇〇六年には、〝きわめて先進的で洗練された東海岸のコレクター〞と評される人物が、一八九〇年に印刷された一〇〇〇ドルのアメリカ銀証券に二三〇万ドルを支払った。これは、同じ組のものはわずか二枚しか現存していないとされるうちの一枚である。ベースボールカードのコレクターにとっての聖杯は、T206シリーズのホーナス・ワグナーのカードで、これはアメリカン・タバコ・カンパニーが紙巻き煙草のパッケージにおまけとして入れたものだが、肖像を描かれたピッツバーグ・パイレーツの人気の強打者、ワグナー本人からの要請ですぐに回収された。五〇から六〇枚が残っているとされるなかで、透明の包装に入ったまま何十年も完璧に保存されてきたものは、売買市場でとんでもない高値がつく。それでもやはり、多色刷りの厚紙は劣化している。一九九一年には、アイスホッケーの名選手ウェイン・グレツキーとその友人が、そのカードを手に入れるために四五万一〇〇〇ドルを支払ったというニュースが流れた。さらに二〇〇七年にはカリフォルニアのコレクターが二八〇万ドルを払ってカードを入手した。別のもっと状態の悪いワグナーのカード（それでもコレクターの目にはすばらしいものとして映る）は、二〇一三年四月のネットオークションで二一〇万ドルで落札された。

郵便切手のコレクターは切手蒐集家（philatelist）とも呼ばれるが、彼らもまた、自分が喜々として支払った金額を隠そうとはしない。ぼろぼろになるまで流通し、やがてひっそりと回収される紙幣とは異なり、切手は一回しか使われず、郵便物とともに送付されると、消印によって「無効化」される。切手は世界各地で何十億という単位で製造されており、最終的にはごみとして処分されるのが普通だが、それぞれのデザインやそれをつくりだす技巧を考えれば、社会的生産物として多大な魅力を有している。近年、最も人気のある掘り出し物が売買された例として、たとえば一八四七年にインド洋のイギリス植民地だったモーリシャスで印刷された二枚一組のめずらしい切手が一九九三年に三八〇万ドルで売れたり、三スキリング切手として知られるスウェーデンの独特な切手が一九九六年に二三〇万ドルで売れたりしたことが挙げられる。このスウェーデンの切手は、一八五五年に、本来の緑ではなく、わざと黄色がかったオレンジの用紙に印刷されたものである。また一九八八年には、ベンジャミン・フランクリンの肖像が入った一八六八年発行の一セント切手が九三万ドルで売れた。これは、Zグリルと呼ばれる小さな正方形を並べた型押し加工が施されたもので、実物は二枚しか残っていないといわれる。

一八四〇年にイギリス政府が発行した糊付きの切手は斬新なものだった。一七世紀以来、民間業者に配達を依頼してきた時代後れの郵便制度を合理化するための前例のない努力の結果として生まれた切手である。物品を郵送するために適切な均一料金を事前に支払う――現在では当然のことと思われているこの手順は、元学校教師で社会変革者として評価されるサー・ローランド・ヒルが安価な紙を利用するという解決法を考えだすまで、前例のないものだった。一八三七年の有名な報告書『郵便制度改革、その重要性と実用性』において、ヒルは「印字が施され、切り離しのできる、およそ一インチ四方の小さなラベルの裏側に粘着性の物質を塗ることで、糊を使わずに貼り付けることができる」という説明をしている。三年後、ヴィクトリア女王の肖像が描かれた切手が登場し、一ペニーという値段で(現在、コレクターにはペニーブラックとして知られている)、〇・五オンスまでの重量であればイギリス諸島のどこにでも郵送できるようになった。

最近になって、短命な紙製品の分野に新たに登場したのが漫画本である。漫画本はアメリカ独特の大衆向け娯楽の形態で、一九三〇年代以前は存在していなかった。こうした「教養性の低い」娯楽の対象となる読者層は常に若い男たちだったので、子供向けの本と同じく「ぼろぼろになるまで読まれる」ことが多く、さらに新聞用紙に印刷されるために弱く傷みやすい。そのため、「未使用」の稀少品が市場に出まわると常に高い値が付けられる。

初めて一〇〇万ドルの大台を超えたのは、スーパーマンが初登場した『アクションコミックス』誌の一九三八年六月の創刊号の「新品に近い」一冊で、二〇一〇年二月二二日に一〇〇万ドルでニューヨークのコレクターの手に渡った。わずか三日後には、初めてバットマンが登場した一九三九年五月の良品（『ディテクティブコミックス』二七号）が一〇七万五〇〇〇ドルで売られた。さらに一か月後、別の『アクションコミックス』創刊号（映画雑誌の表紙に挟んで五〇年間保管されていたため、熱や光にさらされていなかった）が一五〇万ドルで売れた。二〇一一年一一月には、この本のさらに別の一冊が二一六万ドルで売れた。それまでハリウッド俳優のニコラス・ケイジが所有していたものである。これは、かつて売店で売られていた価格、一〇セントの実に二一〇〇万倍で、一九九七年にケイジが支払った一五万ドルと比べてもかなりの高額であった。この本は二〇〇〇年にケイジの自宅から盗まれたと伝えられているが、二〇一一年四月、カリフォルニア州のサンフェルナンド・バレーに廃棄されたロッカーのなかから発見された。

原稿という分野においても競争は同じように激しく、人々が投資する金額はさらにつり上がる。原稿は当然、大量生産されないものだからだ。二〇〇三年五月二二日、ニューヨークのヘッジファンド、キャクストン・アソシエイツの創設者ブルース・コフナーは、ルートヴィヒ・ヴァン・ベートーヴェン作『交響曲第九番』の四六五ページにおよぶスコアに三四八万ドルを支払い、三年後にその他一三八点の音楽関係の貴重な品とともに、まとめてジュリアード音楽院に寄贈した。この類いまれなコレクションには、一一年以上の歳月をかけて集められたブラームス、シューマン、シューベルト、ショパン、ストラヴィンスキー、バッハ、リスト、ラヴェル、コープランド、モーツァルトの自筆による主要な作品のスコアなどが含まれていた。「これはある意味で、作曲家が創造したものに対する素朴な敬意と言えます」と、アマチュアのピアニストでありジュリアードの理事長を務めるコフナーは、こうしたすばらしい品々を集める動機について語っている。「言ってみれば、聖像なのです」

一八六四年に大統領として二期目の当選を果たしたエイブラハム・リンカーンがホワイトハウスで行なったスピーチの四ページの草稿に、二〇〇九年二月九日にあるコレクターが三四四万ドルを支払った。同じ年の一二月には、一七八七年に甥に宛ててジョージ・ワシントンが合衆国憲法の承認について書いた手紙が三二〇万ドルで売れた。二〇一〇年の前半には、ある匿名の慈善家がパリのフランス国立図書館のために、カサノヴァの名で知られる一八世紀ヴェネチアの放蕩者ジャコモ・ジローラモ・カサノヴァ・デ・サンガールの手書きの回想録を入手した。

三七〇〇ページにおよぶ黄色い紙からなり、すべてフランス語で書かれたこの文書は、一八二一年以降、ドイツの出版社F・A・ブロックハウスが保有していたもので、第二次世界大戦で破壊されたと思われたが、後に銀行の地下金庫室に保管されていたのが見つかった。当時その売り値は公表されておらず、五〇〇万ユーロではないかともっぱらの噂だった。だが最近の調査では、より正確に七二〇万ユーロという値段が明らかにされている。どちらにせよ相当な金額ではあるが、それでも二〇〇九年一二月八日、ロンドンの競売商クリスティーズにて支払われた四七九〇万ドルに比べればまだまだ小さい。これはイタリアのルネサンスの巨匠、ラファエロ・サンツィオ（単にラファエロと呼ばれることが多い）が一五〇八年から一五一一年の間に描いたスケッチの落札価格である。『女神頭部』と呼ばれるこのスケッチは、『パルナッソス山』に描かれた人物の基礎となったものだが、『パルナッソス山』は、バチカン宮殿の「署名の間」を飾る四つのフレスコ画のひとつとして教皇ユリウス二世から依頼され、ちょうどミケランジェロがシスティーナ礼拝堂の天井画を描いていたのと同じ時期に制作された。

こうした美術の巨匠による作品と同じカテゴリーに入るわけではないが、それでも市場の一分野を占めているのが、一流写真家によるオリジナルプリントである。銀で塗装した銅の板に陽画を焼き付けるため、それぞれが唯一無二である銀板写真とは異なり、写真の現像はネガをもとにしているので、特別に加工された用紙の上に多数の複製をつくることができる。二〇一二年までにオークションで一枚の写真に入札された最高額は、二〇〇六年にエドワード・スタイケンの『池と月光』についた二九〇万ドルである。一九〇四年の作とされる現代主義の一枚は、メトロポリタン美術館がサザビーズに委託したもので、現存するオリジナルプリントはあと二枚しかなく、そのうち一枚はメトロポリタン美術館が収蔵している。同じオークションでは、西海岸の売買業者が、写真家アルフレッド・スティーグリッツが画家ジョージア・オキーフを写した二枚の写真に二八三万ドルを支払った。二〇一〇年の二月には、エドワード・ウェストンの有名な『オウムガイ』の署名入り写真が、一〇八万二五〇〇ドルで落札された。これは一九二五年に直接このカリフォルニアの写真家から一〇ドルで購入されたものだった。ウェストンのよく知られた別の作品『ヌード』は、二〇〇八年に一六〇万九〇〇〇ドルで売れた。

短命な物質である紙の特徴は永遠には残らない。廃棄や焼却という運命を逃れた紙は徐々に意味ありげな雰囲気をまとい、古い時代の名残として評価されるようになる。本書の草稿を書き終えようとしていた頃、私はアリゾナ州ツーソンに住むジョン・グロスマンというグラフィックアーティスト兼デザイナーの存在を知った。彼は三五年以上をかけて二五万点におよぶ紙のサンプルを蒐集している。コレクションは実に多種多様で、古いカレンダー、葉巻ケースのラベル、トレーディングカード、バレンタインデーのカード、挨拶状、名刺、はがき、劇場のチケット、紙人形、楽譜、うちわ、さらには買い物袋まである。グロスマンはそれらをデラウェアのウィンターサー博物館に長期保存することにした。博物館の図書館長E・リチャード・マッキンストリーの話によれば、グロスマンは一日に平均して二〇点を集めるという生活を三〇年以上続けていた。「紙は短命だから、そのほとんどは消えてなくなってしまい、多くは残っていない。だからこそ、残ったものには注目すべき価値がある。そして、その多くが美しい造形をもっているために保存した人がいたという証拠でもある」

グロスマンと妻のキャロリンは、長年サンフランシスコを拠点にしていた画家でありグラフィックデザイナーでもある。グロスマンにとって、紙を蒐集した動機のひとつは職業上のものだったが、同時に本能的なものでもあった。グロスマンは蒐集品を業者から、個人から、あるいは展示会で、そして最近ではネットで購入するが、入手するものはすべて一八二〇年から一九二〇年にかけての多色石版刷りの進展を象徴するものでなければならないというルールを自分に課した。当時、商品やサービスを宣伝する手段として多色刷りの技術が登場した。グロスマンにとって大きな魅力だったのは、そうした芸術品の「新鮮さとめずらしさ」だった。それらは、ヴィクトリア女王とエドワード七世の時代のイギリスとアメリカの風習や気風や理想が実に多彩であったことを描き出している。

コレクションの目玉のひとつは、初めて市販されたクリスマスカードである。一八四三年にイギリスの画家でデザイナーのサー・ヘンリー・コールからの依頼で制作された。一八八七年にヴィクトリア女王の即位五〇年を記念して編纂されたアルバムには、一九世紀後半のイギリスの生活が描かれた何千枚という多色石版刷りの絵が集められ、全体で四一ポンドもの重さがあった。グロスマン夫妻は蒐集品を二九個の耐火金庫や書類棚に保管していたが、すべての中身を合わせるとひとつにつき八五〇ポンドほどの重さになった。その後、一八個の車輪を持つ貨物トラックに載せて、アリゾナからデラウェアに移動する。「カリフォルニアからツーソンに引っ越したとき、私たちはかなり大きな家を見つけることができた」とグロスマンは私に言った。「コンクリートの建物なので」床が抜ける心配はない。二〇一三年二月、ウィンターサー博物館はグロスマン夫妻からコレクションを買い取ったと発表した。費用は明らかにしていないが、博物館の歴史上「一回の購入額としては最大」であることを認めた。

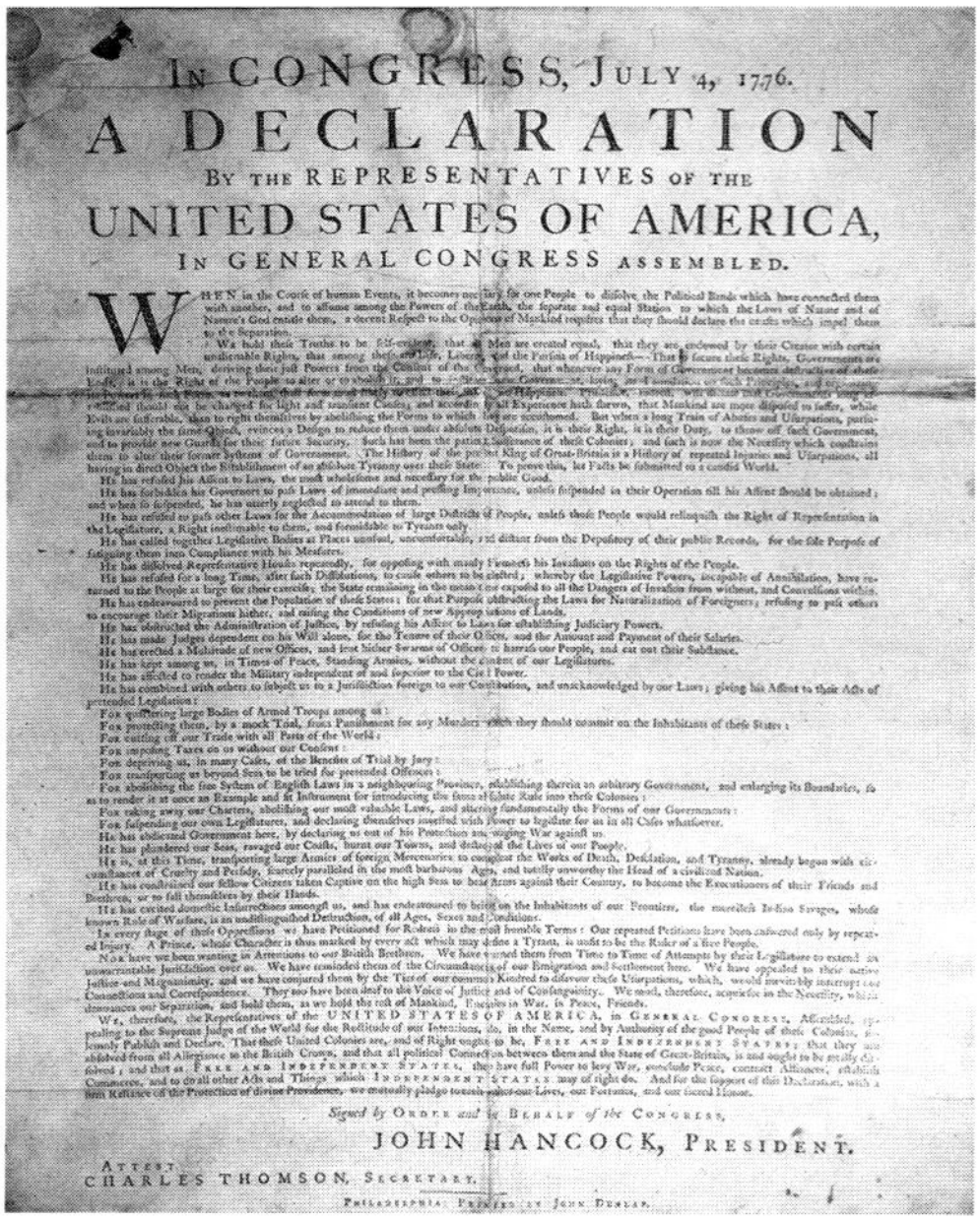
IN CONGRESS, JULY 4, 1776.
A DECLARATION
BY THE REPRESENTATIVES OF THE
UNITED STATES OF AMERICA,
IN GENERAL CONGRESS ASSEMBLED.
Signed by ORDER and in BEHALF of the CONGRESS,
JOHN HANCOCK, PRESIDENT.
ATTEST.
CHARLES THOMSON, SECRETARY.

ダンラップの印刷によるアメリカ独立宣言

　これまで最も人々が探し求めてきた紙、それは初めて印刷されたアメリカ独立宣言である。一七七六年七月四日、第二回大陸会議の要請により、フィラデルフィアの印刷業者ジョン・ダンラップが製造した。片面刷りでわずか二〇〇部しか印刷されなかったと推定されている。現存していると推定される二六部（そのうち四部は独立から二〇〇年目となる一九七六年以降に発見された）のうち、一九七六年以降に発見された四枚を除くすべてが政府の倉庫、博物館、歴史協会、研究図書館の所有物となっている。

　現在までのところ、ダンラップが印刷した独立宣言に支払われた最も高い金額は八四〇万ドルである。二〇〇〇年八月に、有名なテレビ番組プロデューサーのノーマン・リアとシリコンバレーのソフトウェア会社の大物デヴィッド・ヘイデンが、サザビーズの運営するネットオークションで共同入札した額だ。この紙片は一一年前に発見されたもので、年代ものの額縁の裏に隠されていたのだった。フィラデルフィア郊外の蚤の市でその額縁に入った絵画を四ドルで買ったとされる人物の素性は明らかにされておらず、私をはじめ、オークションを注視していた疑い深い人々のなかには、その話の信憑性に疑問を持つ者もいた。というのも、サザビーズの広報は、幸運な発見者は、退屈な絵そのものではなく古い額を気に入り、だからこそ額縁を分解したところ、なかに隠れていたものを見つけたのだと説明したのだ。

「絵画は処分された」と競売会社は断言した。さらに「額縁自体も、所有者が粗雑でおもしろみがない品物だと判断したので、同じように処分され、この書類だけが貴重なものとして残された」。額縁を販売した人物の素性がわからないとのことで、この紙が保管された経緯をたどるための糸口もない状態だった。書類そのものの真贋には異議を唱える余地がなく、それどころか状態はとてもよいとみなされた。記録されている紙片で行方知れずになっているものもなく、売却は予定通りに行なわれてこの紙片は新しい持ち主のもとに渡った。もし、この紙片がどこか小さな町の歴史協会の公文書の棚にしまい込まれ、何十年も前に間違った場所に分類され、さらにそれがきちんと目録に載せられていなかったためにそこから持ちだすことができたという話だったとしても、それが事実かどうかを明らかにする術はない。そうしたことは、頻繁に起こっているからだ。

まさにそうした経緯で最近発見されたのは、二〇〇九年の独立記念日前日に公表された別のダンラップの印刷物である。その文書はアメリカの書店経営者がイギリスの国立公文書館で調査中に発見したものだ。新品に近い状態で折りたたまれた紙片が、独立戦争時にアメリカの入植者が書いた大量の手紙に紛れ込んでいたのが見つかったのだ。これは東海岸を巡視していたイギリスの戦艦が没収したものであると考えられた。イギリスに届くとそうした押収品は即座に分類され、その後何十年間もそのまま放置される。イギリスで偶然発見された独立宣言の初刷は、これで三枚目になる。残りの二枚はすでに一七七六年に将軍ウィリアム・ハウによってロンドンに送られていた。

思いがけず発見された今回の財産に困惑したイギリス政府が売りに出すのではないかという憶測が、コレクターの間に広がった。「アメリカの団体にこの紙片を借りたいといわれれば、貸し出しを検討するだろう」と政府のスポークスマンが『デイリー・メール』紙に語ったが、そのような申し出がなければこの書類は今ある場所にとどまり続けることになるだろう。「実に刺激的な発見だ」と別のスポークスマンは『ガーディアン』紙に語った。「独立宣言は事実上アメリカ誕生の証明である。これは世界史においても非常に重要な書類のひとつと言える」。

こうして再度、一枚の紙に値の付けられないほどの価値があると考えられるようになった。

一九七五年、アメリカ議会図書館は現存するダンラップの独立宣言のうち一七枚をワシントンに持ち込み、書物の歴史の研究者フレデリック・ゴフ率いる専門家チームのもとで詳細な研究を行なうことを決めた。それぞれの紙を検査するとわずかな差異が認められた。それは校正作業が大急ぎで行なわれたことを示している。研究者たちはそこから、印刷機から出てきた紙の順番を推測できた。また、一二枚の紙にはオランダの透かしが入っていたが、単に最も入手しやすい用紙だったからという理由で選ばれたのであろう。製紙の過程でできる線をくわしく調べてみると、印刷された文字がわずかに斜めに傾いていることがわかり、これは「その晩、ダンラップ印刷所がどれほど切迫していたか」を表している。擦れた跡も残っていて、インクが完全に乾かないうちに紙が急いで折りたたまれ、送り出されたことがわかった。

一七七六年七月八日、フィラデルフィアで現地市民軍中佐のジョン・ニクソンによって初めて独立宣言の公開朗読が行なわれた。マサチューセッツでは七月一四日、ウースターでアイザイア・トーマスによって初めての公開朗読が行なわれ、その四日後にはボストンのマサチューセッツ州会議事堂バルコニーから正式に独立が宣言された。独立宣言の文書が各地に到達するたびに、その文面が現地の新聞に印刷された。七月だけで二九もの異なった出版社から刊行され、片面刷りの版もいくつも複製されたが、そのほとんどはずっと前に消失している。ダンラップの印刷による版も、時とともにその四分の三が失われた。古物蒐集家の力が十分に発揮されることもなかった。もちろん、紙片を手に入れた人物が記念品として残しておいたというケースもある。ジョン・ニクソンが読み上げた文書を手に入れた人によって一九五一年にフィラデルフィアの独立記念国立歴史公園に寄贈されたり、将軍ワシントンが手にしていた紙片の上部の断片を入手した人によって議会図書館に贈られたりもしている。

一方で、その他は、ずさんな扱いでぼろぼろになるか、あるいは単に無関心や無知から紛失したり捨てられたりした。ハウ将軍によってロンドンに送られた二枚は、二〇〇九年に発見されたイギリスでの三枚目の紙片と同じ場所に保管されている。

一八二六年、トマス・ジェファーソンは他界する八か月前に、独立宣言を「我らの団結の尊い絆」と呼んだ。その文言は神聖なものとされ、アメリカのすべての小学校で教えられている。丸暗記は好ましくないといわれるようになる前は、ほとんどの子供が全文を「そらで」覚えさせられた。独立宣言はまさにアメリカ合衆国が国家として存在を始めた瞬間を示す記録文書であり、ワシントンにある手書きの羊皮紙は、首都における観光の目玉でもある。きわめて頑丈な陳列棚に収められたその紙は「清書」として知られ、第二回大陸会議の代表者五六人の署名が見られる唯一の紙である。しかし、それらの署名を集めるには数週間を要した。これは、暑い夏の夜にジョン・ダンラップによって急いで印刷され、そこに記された日付通りに馬に乗って送り出された栄誉ある一枚目に続く、二枚目の宣言書であった。

古書や古文書マニアの世界において、ケネス・W・レンデルは、不動の地位を築いていると言っていいだろう。このマサチューセッツ出身の人物は、五〇年近くにわたって最良の品物を求める人々の中心的存在だった。彼の顧客のなかには、マルコム・フォーブズ、アーマンド・ハマー、イギリス女王エリザベス二世などがいる。レンデルは書類の検証に関する国際的な権威でもあり、アドルフ・ヒトラーや切り裂きジャックの日記が捏造されたものであることを明らかにして話題になったこともある。本の販売もしていて、マイクロソフトの創業者ビル・ゲイツが個人図書館を建設しようと決めたときに頼りにした人物がレンデルだった。その図書館は、近年市場に出まわっている古書のなかでも最高峰のものが収蔵されていると噂されている。

レンデルの活動の一端でありながらあまり知られていないのが、第二次世界大戦にまつわるあらゆる種類の文書の蒐集である。こういった文書を大規模に個人で蒐集し、販売するのはめずらしく、レンデルは例外である。この戦争に関するありとあらゆる書類を夢中で集めたレンデルは、それらを所蔵するためボストン郊外に面積一万平方フィートにもおよぶビルを建設した。第二次世界大戦博物館として知られ、収蔵品は、招待もしくは予約がなければ閲覧できない。レンデルは私に、一九六〇年代にこのような資料を集めるようになったきっかけは、それらの資料に大きな歴史的な意義があるとわかっていたにもかかわらず、買い手を見つけることができなかったからだと話した。「最初は売り物にするつもりで手紙や書類を買い集めたものの、誰も興味をもってくれなかった。だから自分で保管するようになったんだ。コレクターたち、そして博物館や図書館の人間ですらしょっちゅう見落としている重大なことがある。それは、チャンスというものの価値だ。私は目の前に何があるかを理解したら、一瞬たりともためらわなかった」。彼が買い集めた資料は実に幅広い。配給手帳、プロパガンダ広告、戦意高揚のためのポスター、海外への電報、速達便、公式声明書、新聞、雑誌、戦時広告、それに捕虜の日記などもある。

レンデルは次第に紙以外の品物もコレクションに加えるようになる。現在までに七〇〇〇点が追加され、そのなかには、あらゆる種類の武器、五台のエニグマ暗号機、多数の軍旗、すべての参戦国の軍服、勲章、パラシュート、そしてM4中戦車（シャーマン）までもが見られる。なかでも巨大な鉤十字と青銅の鷲は特に注目される。かつてルイトポルト・アリーナでヒトラーが立った演台を飾っていたもので、レンデルはこれらをジョージ・S・パットン将軍の遺産相続人から入手した。

私はレンデルの「コレクション保管室」に置かれている、紙に関する簡単な目録を見せてほしいと頼んでみた。彼がすらすらと挙げたもののなかで私がぜひ見たかったのは、ミュンヘン協定の草稿だった。これは、協定が最終的にタイプ打ちされる前、一九三八年九月二三日にアドルフ・ヒトラーとネヴィル・チェンバレンが注を加えたものだった。この協定でチェンバレンはナチスによるズデーテン地方の併合に賛成し、そのことが、世界史に宥和政策という新しい概念を導入したとされている。レンデルはこの草稿を、ネヴィル・ヘンダーソンの息子から買い取った。ネヴィル・ヘンダーソンはイギリスの大使としてミュンヘン会談に立ち会ったが、草稿が廃棄されると知って持ち帰ったらしい。この文書を手に入れる資金を工面するため、レンデルは自分が所有する価値ある骨董品の一部を売却した。「当時私がもっていたより多くの金が必要だったが、こんな機会はもう二度とないとわかっていた。それで、もしあなたが一枚の紙がもつ力について私に尋ねたら、あなたが今まさにその手にもっている書類こそがとんでもない力をもっていると答えるよ。その書類は、第二次世界大戦を引き起こしたのだから」

第12章 日記と手紙

詳細な日記がなければ、きみたちの旅は空を飛びまわる鳥の飛行と何ら変わりがない。書いたものは何であれ保存せよ。私はかつて、自分自身の愚かな記録を発作的ないらだちと屈辱のなかで大量に燃やしてしまった。今それを取り戻すためなら何だって捧げるだろう。「これらの公明正大な人間、それは汝自身である」。自分自身を省みることは、あらゆる聖職者の説教よりも有用であり影響力がある。

——ジョン・アダムズ、イギリスの両親のもとへ向かう準備をしていた孫たちへの言葉（一八一五年）

一七九一年、ジョージ・ワシントンのアメリカ大統領一期目の在任期間中に設立されたマサチューセッツ州歴史協会は、聖職者ジェレミー・ベルナップの創案によるものだった。ベルナップはハーバード大学の卒業生で会衆派の聖職者であり、彼の人生におけるただひとつの目的は、アメリカでの経験を記録に残すことだった。市井の学者として、ベルナップはニューハンプシャーの歴史について綿密な調査を行ない、ささやかな名声を得た。その研究は、ベルナップが花崗岩の州として知られるニューハンプシャーで村の牧師として過ごした二〇年の間に発見した資料に支えられていた。そうした資料のほとんどは、ほかの人々にはがらくた扱いされてきたものだ。「底に宝石があるかもしれないとなれば、私は家畜の糞の山だって喜んでかきまわすだろう」と彼は大胆に宣言している。一七八四年から一七九二年にかけて三分冊で出版されたベルナップの歴史書は、アレクシ・ド・トクヴィルの賞賛を得た。トクヴィルは次のように書いている。「読者はベルナップのなかに、これまでのどんなアメリカの歴史家より包括的な知識と説得力のある思索を見出すだろう」。同じように感銘を受けたノア・ウェブスターは、ベルナップを「アメリカのプルタークである」と称えた。

文字が書かれている、ありとあらゆるものを保存しようとするベルナップの熱意は何十年も時代を先取りしていたといえるが、彼はアメリカ初の歴史協会の運営について明確な方針を有していた。「私たちは研究団体として、受け身ではなく、積極的に動くつもりだ」と援助を約束してくれた同僚に手紙を書いている。「牡蠣の養殖場のようにただ潮が流れてくるのを待つのではなく、文字に現れた情報、とりわけ歴史に関わるものを探し求め、見つけ出し、保存し、伝達するのだ」。その活動のひとつは、当時の著名人に働きかけ、家族のもっている書類を寄贈してもらうことだった。その結果、数多くの国内の記録文書を手に入れることにつながった。特に貴重なのは、マサチューセッツ州のブライトンおよびクインシーに暮らすアダムズ家が四世代にわたって保持していた書類や、ニューイングランド地域の名門であったウィンスロップ家、メイザー家、キャボット家、ロッジ家の書類である。同じくベルナップは、聖職者、実業家、さらにはバンカーヒルの戦いに参戦したピーター・ブラウンのような一般の人が書いた文書の獲得も熱望した。一七七五年六月二五日にピーター・ブラウンが母に送った手紙は、「兵士として戦争に送られた人間の感情を伝える最も意義ある文書」であると評されている。

マサチューセッツ州歴史協会というと単一州の資料を保管しているだけのように聴こえるが、実際には国全体の資料を対象としている。新しい共和国の誕生期におけるベルナップの活動は非常に重要なものであり、結果的に協会の設立につながった。現在では、保管されている文書はおよそ一二〇〇万点にのぼり、そのほとんどが寄贈品である。たとえば、手紙、日記、手帳、日誌、スケッチ、図面などがある。私はこれまでに何度か、その協会のふたりの主任司書を介して、保存されているものを見せてもらったことがある。最初に閲覧したのは一九八八年だが、それ以来私が行なった調査は、七年後に著書『静かな狂気 *A Gentle Madness*』としてまとめた。

その際に私を案内してくれたのがスティーブン・T・ライリーだった。ライリーは後にマサチューセッツ州歴史協会の名誉会長になり、同世代で最も優れた司書であると評価されている。ライリーが見せてくれた当時の貴重な保存品のなかには、一七八三年にジョージ・ワシントンがニューバーグで行なった演説の原稿、コットン・メイザーが一七世紀にまとめた四五〇〇ページからなる未発表の教会の歴史書『ビブリア・アメリカーナ』、リチャード・ヘンリー・デーナーの『帆船航海記』［海文堂出版、一九七七年］の自筆原稿、ポール・リビアが所有していた独立戦争時代の多数の書類、そして一九世紀の歴史家フランシス・パークマンが調査中につけていた詳細な日誌などがある。この日記はのちに、彼の最高傑作『オレゴンへの道 *The Oregon Trail*』となった。ライリーが最も気に入っているものとして選んだのは、エイブラハム・リンカーンとエドワード・エヴァレットの間で、一八六三年一一月一九日にゲティスバーグで行なわれたそれぞれの演説の後に交わされた二通の手紙である。「あなたが二分間の演説で行なったように、私も二時間の演説によってこの出来事の中心的な考えに近づくことができたのだとうぬぼれることができるとすれば、喜ばしい限りです」と、エヴァレットはそれぞれのスピーチが終わってから数時間以内に大統領に手紙を送っている。リンカーンはその翌日に大統領官邸から返信を送ったが、その内容は寛大なものだった。「昨日の私たちのそれぞれの役割においては、あなたの演説を短くするわけにも、私の演説を長くするわけにもいかなかったと思います。私が言ったことは完全に失敗だったというわけではないとあなたが思っておられるとわかり、大変嬉しく思います」

二〇年後に私を迎えてくれたのは、ピーター・ドラミーだった。私が初めて協会を訪れたときには若い司書のひとりにすぎなかったが、二〇〇四年に「スティーブン・T・ライリー司書」という役職に任命されていた。先を行くライリーと同じように、ドラミーも紙とともに生きていた。紙は古ければ古いほどいいのだという。仕事への情熱は強く、資料に関する知識はまるで事典のようだった。ジョン・アダムズの伝記でピューリッツァー賞を受賞した歴史家デヴィッド・マカローは、その伝記の謝辞のなかで「比類なき知識を持つマサチューセッツ州歴史協会の司書ピーター・ドラミー」が、収蔵品を研究する際に手助けをしてくれたことに謝意を表している。二〇〇四年、私が自分の著書『すべての本とその読者 *Every Book Its Reader*』のためにマサチューセッツ州歴史協会でマカローにインタビューをしたとき、彼が特に感銘を受けたのは、ドラミーが資料の山から持ってきたすべての書類の関係を必死に見出そうとしていたことと、

1638年にウィリアム・ブラッドフォードからジョン・ウィンスロップに送られた手紙（マサチューセッツ州歴史協会所蔵）には、同じ紙にウィンスロップの返信が書かれている。

それらの解釈を通して二五〇年のアメリカの歴史における重大な出来事や優れた知性がいかに交差していったかが明らかになったことだと語った。「すべてがピーターの手でよみがえった」とマカローは言った。

ドラミーは、妻と私を図書館の最も厳重に警備されている区域に案内してくれた。「秘蔵品保管庫」という名の奥まった部屋だ。最初に私たちに示したのは、彼が個人的に最も気に入っているという、一二インチ×八インチ弱の大きな書類だった。かなり昔に折りたたまれた箇所には折り目がついていた。「これは、プリマス植民地の初代総督ウィリアム・ブラッドフォードから、マサチューセッツ湾植民地初代総督ジョン・ウィンスロップに送られた手紙です」とドラミーは説明した。一番下の署名の左に書かれた日付が一六三八年四月一一日となっている。「プリマスはここから南に四〇マイルしか離れていませんが、これが書かれた当時はそれぞれ独立した植民地だったのです」

手紙の本題は、論争になっていた境界線に関することで、決然としながらも相手への配慮が感じられる文章が綴られていた。この文書が書かれた前年、ふたつの植民地はピクォート族との戦いで結束していたにもかかわらず、境界線の問題は未解決のままだった。最初に入植した清教徒がプリマス植民地の最北端の街ととらえていたシチュエートは、実際にはマサチューセッツ湾の境界内にあるのではないかということや、マサチューセッツ湾の人々が入植したヒンガンが、実際には英国政府がプリマスの領地であるとした区域に含まれるのではないかといったことが問題になっていた。ブラッドフォードはこの機会を利用して教会に異を唱えた。一六三六年から三八年にかけて起こった反律法主義論争の直後に追放されたアン・ハッチンソンが支持者たちとともにプリマスに移動する可能性が大きくなっているという懸念を表明し、ウィンスロップに対して、ハッチンソンの支援者であるメアリー・ダイアーのさらなる情報を求めている。ダイアーはその後一六六〇年に信仰の自由を求める殉教者として命を落とす。

この手紙は行間が狭く、慎重な筆跡で書かれている。紙はもちろんヨーロッパで手づくりされたものであり（英領北アメリカに最初の製紙工場が設立されるのは五二年後のこと）、保存状態が非常によい。ウィンスロップによる熟慮を重ねた返信の概要が、同じ手紙の裏側に下書きされていた。受取人の住所が描かれているだけだったので、そこに下書きしたのだろう。「植民地では紙が不足しており、浪費するわけにはいきませんでした。とても貴重なものだったので、ふたりの総督による重要なやり取りさえ、一枚の紙で行なわれたのです」とドラミーは言った。

「ですが、このように紙が大事にされる傾向は一七世紀に限られたことではありません」。ドラミーは続けて、一八〇〇年代の卓越した改革者であり奴隷廃止論者だった政治家、ホーレス・マンの例を挙げた。「ホーレス・マンは一七九六年にマサチューセッツ州のフランクリンという小さな町に生まれ、質素な環境で育ちました。そのため、講演や演説の原稿を書くときは、自分が受け取った手紙の裏や手近にあった紙を使いました。未使用の紙などどこにもありませんでしたから。彼に関する資料を集めると、ふたつのまったく違う内容が一枚の紙に書かれていることがよくあります。これは、後世に文書を整理する人間にとっては非常に問題です。一枚の紙に別の事柄が書かれているからです。ウィリアム・ブラッドフォードの資料は一六三〇年代のものですが、ホーレス・マンのほうは一八三〇年代です。それだけの年月が経っても、まだ同じことをしていたというわけです」

初期のアメリカ人が紙を大事にしていたということは、次にドラミーが広げた品物でさらに明らかになった。それは革紐で縛られている小さなノート、ジョン・アダムズの初期の日記だということだった。「これは一七五五年に始まっています。アダムズがハーバードを卒業して教師になるためウースターに移った頃です」。ドラミーは、この壊れやすい八つ折り判のノートを手にとってページをめくるよう、私を促した。「文字がどれほど詰まっているかを見てください」と言いながら、アダムズがどれほど簡潔な文を書いて文字数を節約しているかを説明してくれた。「ここでも紙は高価なものだったので、こんなふうに小さく書いたのです。この施設には何千もの日記がありますが、独立戦争時の日記だけで何百という数になると思います。そのすべてが、これと同じように小さなノートだということです。そして、どのノートも、一インチの空白さえ無駄にしていません」

私はさらにジョン・ウィンスロップにまつわる別の品を見せてもらった。先ほど見たばかりのウィリアム・ブラッドフォードへの返信よりもはるかに有名なもので、過去三世紀の間に何度も参照された痕跡が刻まれていた。「これは何百年もの間、人々を引き付けてきました。たくさんの人が手に取ってめくったものです」。ドラミーはそう言って、子牛皮紙に私が新たに指紋をつけることを許してくれた。これは二冊しか残っていないウィンスロップの日誌のひとつで、彼がヤーマスの港からアーベラ号に乗って航海に出た一六三〇年から死を迎える一六四九年まで書き続けられた。ヨーロッパ人による北アメリカへの入植が始まったばかりの時代の当事者による最も重要な記録であると誰もが認めるものである。「これはウィンスロップの三冊目の日誌でした。よく観察すると、これがいかに徹底的に読み込まれてきたかがわかると思います。そして内容を読むと、実際に多くの人がこの日誌のページをめくったことがすぐにわかります。あなたが目にしているものは、書類というものがいかに人間に影響をおよぼすかを示す好例なのです」

一九八四年、ペンシルベニア大学の歴史学者で、当時ウィンスロップの日誌の最も新しい校訂版の編者であったリチャード・S・ダンは、この複雑な作業に取りかかる研究者が遭遇する問題についてこう述べている。「この一連の原本は、初期のアメリカのあらゆる書類のなかで、解読するのも校訂するのも最も困難なものである。現存する二冊の筆跡は読みにくいこときわまりなく、インクは色あせ、紙にはたくさんの染みがついており、すり切れたり裂けたりしている。また、欄外の書き込みや文を挿入したり消したり下線を引いたりした箇所がいくつもある」。何十年間もこれらの原本を直接研究してきたほかの学者たちには、一七世紀のウィリアム・ハバードやコットン・メイザー、一八世紀のトマス・プリンスやエズラ・スタイルズやジョナサン・トランブルやジェレミー・ベルナップ、一九世紀のジョン・サヴェージなどがいる。一九八四年の校訂版には、先行する三つの版が存在している。一九八〇年版、一八二五年～二六年版、一九〇八年版である。日誌のなかでも最も長い、三六六ページある二冊目は一八二五年にサヴェージの家の火災で焼失した。だがサヴェージが当時読みやすいように書写したものが残っていることから、二冊目の概要は伝えられている。二〇世紀の歴史家でこの日誌を研究した人には、バーナード・ベイリンやウォルター・ミューア・ホワイトヒルがいる。

ほかにも、ウィンスロップの紙に対する高い評価がうかがえることがある。一六三〇年三月二九日、アメリカに向かう壮大な旅の記録をつけ始めたとき、ウィンスロップはすでに別の目的に使用していた日誌の後ろのページを使った。単純に本の上下を逆さまにして、裏表紙側から書き込んで余白をすべて埋め、続いてすでに失われてしまった二冊目に取りかかった。私が実際に手にした三冊目だけが、何にも使われていなかった紙に書かれたものだ。

閲覧室から出るとドラミーは立ち止まり、大量の文書が保管されている一角を示した。そこにあるのは、書状、信書の控え、日記、文学作品の原稿、演説の原稿、そしてさまざまな法律文書や業務文書といったおよそ五〇万ページにおよぶ資料で、アダムズ家四代にわたって集められたものである。これほど狭い場所にそれほど厖大な数の文書が保存されているのかと、その数に圧倒された。アメリカ第二代大統領ジョン・アダムズに始まり、その息子で第六代大統領のジョン・クインシー・アダムズに続き、その次にジョン・クインシーの子孫につながり、彼の息子で南北戦争時のイギリス公使チャールズ・フランシス・アダムズが三世代目となり、そして四世代目のチャールズの息子たち、作家ヘンリー・アダムズ、歴史家ブルックス・アダムズなどにつながっている。

それらの文書は一九五六年にマサチューセッツ州歴史協会に移管された。それ以来現在に至るまで、出版に向けた校訂作業が原本の研究者チームによって半世紀以上も続いており、二〇一〇年までにハーバード大学出版からすでに五二巻が出版されている。マイクロフィルムに収められた文書はリール六〇八本にもなり、その長さは全部で五マイル以上あった（一九九〇年代にはデジタル保存も始まった）。だが、規模そのものより印象的なのは、一族に関する文書資料が集められたものとしては、アメ

ジョン・クインシー・アダムズの日記のひとつ

リカにおいてはまず間違いなく最も重要なものだという確かな実感である。「アダムズペーパーとして知られる収蔵物は非常に貴重であり、かつ内容も卓越している」。初期の編集主幹を務めたL・H・バターフィールドはこのように記した。「これだけの歴史的な記録が、しかもこれだけさまざまな分野におよび、一六四〇年から一九二〇年までという長きにわたってアメリカの生活を網羅したものが一か所に集められるというのは、この国のほかの一族ではあり得ないことだ」

これらの記録文書がドラミーに与えた個人的影響力は言葉にしがたいほどだ。「ここには、まさに歴史が息づいています」と彼は簡潔に言った。資料のなかで最も有名なものは、ジョン・アダムズと妻のアビゲイルが一七六二年から一八〇一年にかけて交わした一一六〇通の手紙である。それは、二〇〇一年のデヴィッド・マカローによる伝記や、二〇〇八年にHBOで放送されて高く評価された全七回のテレビシリーズにおける中心的なモチーフであった。それ以外にも同じくらい人を引き付けるものがあるが、特に重要なのは、ジョン・アダムズとその跡を継いで大統領となったトマス・ジェファーソンの間で交わされた書簡である。

「ジェファーソンとアダムズの往復書簡がすばらしい

理由は、そして私たちがその内容をよく理解できる理由は、ジョン・アダムズとアビゲイルがジェファーソンからの手紙をすべて保管し、一方でジェファーソンに送った手紙はすべて写しをつくっていたからです。そのおかげで私たちは双方の書簡を、つまりひとまとめの文書としてここに保管できているのです」。さらにジョンとアビゲイルの手紙やジェファーソンとアダムズの手紙と同じくらい欠かせないものが、ジョン・クインシー・アダムズの日記だ。彼が一二歳だった一七七九年から七〇年間も律儀に書き続けられてきたもので、最後に書かれたのは本人が倒れる数週間前である。一八四八年にワシントンの下院議会で倒れた彼は、その二日後に亡くなった。L・H・バターフィールドはこの日記を「これまでにまとめられたこの種のもののなかでも、最も広範囲にわたる忠実な記録だろう」と述べている。半世紀の間、日記が途切れたことは一度もなく、毎年きちんと三六五日、閏年には三六六日書かれた。ところが当のクインシー・アダムズは長丁場の苦労について「木製の義足をつけて馬と競争するようなものだ」と不満を漏らし、「永遠に増殖する無益な日記帳」を書いている、といらだち混じりに述べている。

およそ一万四〇〇〇ページ、五一一冊におよぶ日記は、当初はジョン・クインシーの息子チャールズ・フランシス・アダムズ（彼自身も熱心に日記をつけていた）によって縮刷版の出版が検討された。最近になって、ハーバード大学出版局の協力によって全文の刊行が検討されている。「この日記は、紙の記録物に関するひとつの興味深い例です。誠実に書かれた手紙であっても、何十年もの間書き続けた日記であっても、それは同じです」とドラミーは言った。「これは単なる記録ではなく、修練の記録でもあります。このような日誌を一日も欠かさず書き続ける人は、単に日記をつける以上のことを成し遂げています。また、その人が何者であったのかということがよくわかります。ジョン・クインシー・アダムズの日記は非常に有名で、彼の存命中にも人々はよく話題にしました。議会において過去の経緯がよくわからない問題が持ち上がったときには、誰かがこう言ったものです。『そのことについては、ジョン・クインシー・アダムズが日記に書いているはずだ』。そしてそれが証拠になると考えられていました」

最後に、私たちはアダムズ家の保管文書のなかでも特に有名な二通の手紙を見せてもらった。一通はジョンからアビゲイルに宛てたもので、フィラデルフィアで誕生した新しい国の形態を説明していた。もう一通はアビゲイルからジョンに宛てたもので、わかりやすい言葉づかいで、新たな共和国についてどのような計画が立てられようとも「女性のことを忘れないように」と彼に促していた。また、ドラミーは多くの手紙のなかに、「親愛なる友よ」といった通常の挨拶の言葉が抜けていることを指摘した。それは、忘れたわけではなく、紙を節約しながら、紙の表面が埋まるまで何日もかけて手紙を書いていたからだった。

ドラミーはジョンの手紙を声に出して読むよう私を促した。日付は一七七六年七月三日で、前日にあった重大な出来事を話題にしていた。「アダムズは、独立への投票が行なわれた七月二日こそ、後の世代が記念する日になると思っていました。独立が公に布告された日ではなく……」とドラミーは言った。「この手紙が書かれた七月三日には独立宣言はすでに起草され、承認されていました。ですが、まだ活字として印刷はされていなかったのです。ジョンはアメリカ独立宣言起草委員会の一員であり、独立の直接の当事者です。そしてこの手紙の最も注目すべき点は、その日が記憶されるであろうと予想していることとです。ただし、その日付は違っていましたが」

私は丁寧に手紙を手に取り、ボイスレコーダーに以下を吹き込んだ。「私が信じているのは、この日が後に続く世代によって、毎年の記念日として祝われるだろうということだ。この日は、全能の神への厳粛な献身による解放の日として祝福されるべきだ。この日は、この大陸の端から端まで、そして未来永劫にわたって、壮麗なパレードと盛装と祝砲と鐘の音とかがり火と照明とともに式典が行なわれるべきである」。私はその文書の写真を何枚か撮った。するとドラミーが言った。「ジョン・アダムズは、私たちは独立記念日を祝うべきであると正確に言い表しました。ただ、そのときに彼が唯一わかっていなかったのは、それが七月四日になるという点です」

愛するアビゲイルに宛てた個人的な手紙ではあるものの、アダムズは明らかにもっと広い読者を意識しているように私には思われた。「アダムズは後世のためにすべてを記録しているのですね」と私は言った。「その通りです」とドラミーが答えた。「そして内容も完璧でした。繰り返しになりますが、この手紙には前置きがありません。なぜならアダムズは妻に一日に一通以上、同じ紙の上に手紙を書いていたからです。筆跡がより細かく整然としていて、抑制された筆致なのがわかると思います」。紙自体も、ほかの多くの文書より小さく、戦争が原因で紙不足だったことがわかる。

アダムズペーパーの次に私たちが見せてもらったのは、

トマス・ジェファーソンの経歴と生涯が書かれた記録文書群だった。そのなかにはおよそ八八〇〇通の書簡があり、そのうち三二八〇通はジェファーソン自身が書いたものだった。ほかにも、ジェファーソンが五〇年以上にわたって書き続けた日誌や、さまざまな法律文書、一七八二年に編纂した個人蔵書の目録、五〇〇枚におよぶ建築物の設計図などがある。ジェファーソンにまつわる所蔵品としては、第三代大統領であった彼が設立したシャーロッツヴィルのバージニア大学にも相当数の文書が保存されている。だが、ここにあるものはその規模をしのいでいた。ドラミーが私たちに見せようとしている資料が、ジェファーソンの曾孫である、ボストンのトマス・ジェファーソン・クーリッジによってマサチューセッツ州歴史協会に寄贈されたのは一八九八年のことだった。

最初に見たのは、ぼろ布からつくった美しい紙にジェファーソンが書いていた日誌だった。正式な題名はついていないが、協会の目録には「トマス・ジェファーソンの農園帳簿」と記載されている。何の変哲もない名前だが、要するに一七七四年から一八二四年にかけて南部にあったジェファーソンの所有地（日誌によれば一万六〇〇〇エーカーであったという）での仕事や経営に関する詳細な記録である。畜殺された豚の頭数、納屋などの修繕の記録、食料の購入と支払いの総額、土地を耕し、種をまき、苗を植え、収穫するといった作業、収穫量の見込みと実際の収穫量といった季節ごとのありとあらゆる記録が残されていた。

「当時のアメリカにおけるプランテーションの経営がどのようなものだったかを知りたければ、これを見ればよいのです」とドラミーは言った。「現代の研究者は当時の日常生活がどのようなものだったか知りたいと思っています。この資料が唯一のものと言うつもりはありませんが、これは並外れて詳細な記録です」。私の妻は、水力利用の砥石車が一定時間に何回転するかということを正確に示した記述に夢中になっていた。「ジェファーソンは技術者でもありましたから」とドラミーは言った。「だから、この道具に特に興味があったんですね」。私はジェファーソンの筆跡のすばらしさに驚嘆した。するとドラミーは言った「それは、彼の生涯を通じて変わりませんでしたよ。最後に書いた手紙も、若い頃に書いたものと同じように、はっきりとして読みやすい字でした」。協会の所蔵品のなかには、農園帳簿と対になる〝菜園帳簿〟と呼ばれるものもあった。そのなかでジェファーソンは、父親から相続したリバンナ川沿いの一四〇〇エーカーの広さの土地に植えた野菜、果樹、花、木の記録を残している。同様に種をまいた場所や収穫や天候についての情報も記した。それは一七六六年から一八二四年まで続いた。

農園帳簿を調べた人が興味をそそられるのは、何百人という小作人や、ジェファーソンの農場の世話と家事をした「使用人」たちの名前とその詳細な個人情報である。「アメリカの歴史において重要なジレンマが、この日誌のほぼすべてのページに存在します」とドラミーは言った。「この人たちは、ジェファーソンの奴隷です。これは偽りのない事実です。何百という人が記載されています」。この日誌には奴隷たちの名前や所在が記載され、そのなかにはサリー・ヘミングズの名前もあった。彼女は一九九八年に行なわれたDNA鑑定によって、ジェファーソンの息子の母親であると判定された。彼女のほかの子供たちの名前も多くのページに記載されている。また、衣類、寝具、食料なども項目ごとに記録されているが、それらは奴隷たちに配られたものである。「ここにあるすべてが彼の管理下にあり、その記録にはまたしても細心の注意が払われています。彼が、モンティセロの八〇マイル南に所有していた〝ポプラフォレスト〟という別宅や、ほかのさまざまな所有地の情報も記されています」

ドラミーがさらに見せてくれたもののなかには、ポール・リビアが図案を描き、独立戦争時に印刷された多くの紙幣や、さまざまな金額の印紙もあった。印紙は一七六五年の印紙税法に基づいてイギリス政府が発行したもので、印刷された期間は非常に短く、現在では稀少である。「現存している収入印紙はきわめて少なく、見つけることはほとんど不可能です」と彼は言った。「ほぼすべてが破棄されてしまいました。たいていは、入植者たちの怒りによってです」。ではなぜ、ここにある印紙は保管されたのだろうか。話は一七九一年にこの歴史協会が設立されたときにさかのぼる。「この印紙を保存しようとしたのは、ただひとり、私たちの協会の創始者ジェレミー・ベルナップしかいなかったと思います。これがどういうものなのか、彼は初めからわかっていたのです」。ドラミーはそう総括をし、三時間におよぶ貴重な品々の案内はついに終わった。「そうそう――」階下の事務室に向かいながら彼は言った。「私は時々、ここにある書類のひとつひとつを完全には愛し尽くせていないのではないかと思うことがあります。なぜなら、一二〇〇万通の書類のなかで、私をがっかりさせたものは、これまでひとつもなかったのですから」

ワシントンDCのフォルジャー・シェイクスピア図書館の地下保管室を訪ねると、まず目にするのは、世界に類のないウィリアム・シェイクスピア作品のコレクションである。ほかの研究図書館、たとえばボストンのマサチューセッツ歴史協会、オースティンのハリー・ランサム・ヒューマニティーズ・リサーチセンター、あるいはハーバード大学のホートン図書館、イェール大学のバイネッケ稀覯書図書館、シカゴ大学のスペシャル・コレクション・リサーチセンターなどにおいては、多種多様なテーマに関わる原本を所蔵し、広範囲にわたるきわめて貴重な書物が存在する。一方、フォルジャー図書館は、文学と時代を変える力をもったただひとりの人物のおかげで一九三二年に成立した。

その後、この図書館は蔵書の範囲を広げ、六万枚の原稿と五万枚の紙に描かれた図版を誇り、特にエリザベス一世時代およびジェイムズ一世時代のものが多い。さらに二五万六〇〇〇冊の研究書があり、そちらにも相当な価値がある。ただしこの劇作家の自筆の原稿は何も残されていない。イギリスに保管された数枚の法律文書に書かれた六つの署名がすべてであり、あとは大英図書館にある一四八行の未完成の戯曲の一部に自筆の可能性があるだけだ。印刷された書物を通してのみ、彼の才能は今に伝えられているのである。

現在、一六二三年刊の『シェイクスピアの喜劇、史劇、悲劇 *Mr. William Shakespeares Comedies, Histories, & Tragedies*』（ロンドン版）は、七五〇部のみが出版されたといわれており、「ファースト・フォリオ」と呼ばれている。これを所有することは、文学界におけるダンラップのアメリカ独立宣言を個人で所有するようなものである。ダンラップの片面刷りと同様に、ファースト・フォリオは極端に少ないわけではなく、世界中に二〇三部が残っているが、個人が所有するものはひと握りしかなく、売りに出されるというめったにない機会には、それを求める人たちの間で熾烈な競争が起きる。この本には三六の戯曲が含まれ、そのうち半分は、『テンペスト』『マクベス』『十二夜』『尺には尺を』『恋の骨折り損』『アントニーとクレオパトラ』など、それまでに出版されたことのないものだった。一六一六年のシェイクスピアの死後間もなく、国王一座で劇作家の同僚だったふたり、ジョン・ヘミングズとヘンリー・コンデルによってシェイクスピア作品のすべてを一冊にまとめようという大胆な試みが始められた。本文は、本の題名が明白に示しているように「真正の原本に沿って」編纂され、シェイクスピア作品の公認された版であると主張するにふさわしいものとなっている。

二〇〇一年に電話で入札した匿名の人物は、のちにシアトルのポール・G・アレンであるとわかったが、彼は結局クリスティーズによってニューヨークで売りに出されたこの本に六一六万ドルを支払った。これは、五年後にロンドンのサザビーズで落札されたファースト・フォリオの値段を一〇〇万ドル近く上まわっている。この本に対するこうした関心の高さは、これが〝完全版〟である、つまり欠けているページがないという点にその理由がある。さらに、紙を覆うように一七世紀の茶色の子牛皮に空押しをした装幀、そして、以前の持ち主にもその理由がある。詩人ジョン・ドライデンの家で何世代にもわたって受け継がれていたのだ。

私は、その本が、自著『忍耐と不屈の精神 *Patience & Fortitude*』のなかに書いたシカゴの本の蒐集家、故アベル・E・バーランドの所有物であったときに何度か手にしているが、その本がいかにすばらしいものであったとしても、それはあくまでたくさんあるうちの一冊にすぎない。その本を目にした人が受ける衝撃を百倍にするものが、フォルジャー・シェイクスピア図書館のファースト・フォリオのコレクションに存在する。そのすべてが収められた棚は、連邦金塊貯蔵所のあるフォート・ノックスにでもありそうな、鍵のかかった鉄の扉の奥に置かれている。一九九〇年代前半に、そこに平積みにされていたフォリオを初めて見た私には、まるで大量の金の延べ棒のように思えた。

この図書館を設立したのは、かつてスタンダード・オイル・ニューヨーク社の社長だったヘンリー・クレイ・フォルジャーと、その妻エミリー・ジョーダン・フォルジャーである。フォルジャーは一九〇九年に母校のアマースト大学のために書いた短い文章のなかで、自分には「自慢の種になる」子供はいないが、その代わりに、妻と一緒に集めたシェイクスピアの作品が「規模的にも内容的にもアメリカで一番、もしかすると世界で一番かもしれない」ことを誇りにしていると書いていた。彼は、三〇年前にアマースト大学で受けたラルフ・ウォルドー・エマソンの講義に刺激を受け、それがシェイクスピアに対する情熱を生涯持ち続けるきっかけとなった。同様に彼の妻にも、母校のヴァッサー大学で「シェイクスピアの真の原典」と題した修士論文を書きたいという十分な動機があった。夫妻はできる限り多くのファースト・フォリオを手に入れるためなら、金銭も労力も惜しまなかった。そしてついに、世界中に現存するフォリオの三分の一以上を買い占めるに至る。対照的に、ロンドンの大英図書館には五冊、オックスフォードのボドリアン図書館には一冊しかない。

「これが観賞用の一冊です」。フォルジャー図書館の司書スティーブン・エニスは冗談を言いながら、この一五年で二度目の訪問となる私を保管室に案内し、ほかの本と比べればあまりさえない一冊を指し示した。最も華々しい一冊には、前の所有者であるアイザック・ジャガードの署名が入っている。ジャガードはロンドンでこの本を印刷した業者である。そのためこの一冊は、非公式とはいえ、世界中のファースト・フォリオのなかの「ナンバーワン」であると考えられている。これらの本が図書館の最重要品であることは間違いないが、より小さな四つ折り判に印刷されたシェイクスピア劇の卓越したコレクションもある。その多くは未公認の海賊版であり、戯曲集が世に出る前からあった。したがって、それらは最も古くから残っている原本ということになる。

ファースト・フォリオの有名な一節は「多様な読者」に向けられているが、そのなかでヘミングズとコンデルは未公認の四つ折り判について、「不正な版であり、ペテン師による詐欺と盗みによって損なわれている」として退けている。綴じていない状態で売られ、ぼろぼろになるまで読まれていたので、現在ではごくわずかしか存在していないが、原稿が一切残っていないため、そうした四つ折り判はシェイクスピアが実際に何を書いたのかを示す最も古い証拠であるとされている。それに関連して、近代初期のイギリスの舞台でどのようなものが上演されていたかを知る手がかりにもなっている。

文章にも差があることの証拠を探す研究者にとっては、四つ折り判は意味がある。世界で最も稀少なシェイクスピアの四つ折り判であり、一冊しか現存していないのは、一五九四年の『タイタス・アンドロニカス』で、ヘンリー・クレイ・フォルジャーが一九〇五年にスウェーデンの郵便局員から二〇〇〇ポンドで購入したものである。郵便局員は、父親から相続した品々のなかに、一八世紀のオランダの宝くじ二枚で包んである本を見つけたのだった。どのようにしてその四つ折り判がイギリスからスウェーデンに渡ったのか、なぜそれがオランダの宝くじの紙に包まれていたのか、どのようにしてそれが一介の公務員の手に渡ったのか、それらは今もなお謎のままである。

二〇〇九年一月にフォルジャー図書館の司書に任命される前、スティーブン・エニス（巻末注を参照）は、アトランタのエモリー大学の「手稿・古文書・稀覯本図書館」の館長であり、幅広い収蔵資料蒐集の責任者を務めた。長年コカコーラ社の社長を務めたロバート・W・ウッドラフの何百万ドルという出資金のおかげもあって、二〇世紀文学を専門とする卓越した研究機関のひとつとなった。印刷された本の豊富さもさることながら、二〇〇四年には七万五〇〇〇冊におよぶ二〇世紀の詩の蔵書が増え、この種のコレクションとしては世界でも屈指のものであるといわれている。だがそれはこの図書館のすばらしさの一例にすぎない。というのも、エモリー大学の所蔵品の強みは、ウィリアム・バトラー・イェイツ、ジェイムズ・ディッキー、フラナリー・オコナー、シェイマス・ヒーニー、テッド・ヒューズ、アンソニー・ヘクトといった作家たちの手書き原稿にあった。

「いろいろな点で驚くような変化がありました」。私が、エモリー大学とフォルジャー図書館を比較するとどうかと尋ねると、エニスは言った。「大学の特別所蔵図書館から、独立した研究図書館の司書になるために移ってきたわけですが、それはつまり、手書き原稿に焦点を絞った図書館から稀覯本に最大の強みをもつ図書館に、二〇世紀と二一世紀に焦点を絞った図書館から一六世紀と一七世紀に焦点を絞った図書館に、著者の文書をフィート単位で測る図書館から中心的な作家がまったく自筆原稿を残していない図書館に移ったということなのです」

両方の図書館に共通していることは、文化の業績を保存することに力を注いでいて、その業績は紙の上に記録されているという点だ。ただし、私がフォルジャー図書館を訪問した目的はそうした資料の中身ではなく、それが伝えられた媒体そのものを調査することにあった。そのために、そうした資料が物理的によい状態を保つことを目的とした図書館の三階にある静かな空間でしばしの時間を過ごしたのだった。私はそこで、J・フランクリン・モワリーに出会った。さまざまな紙の修復における革新的な手法で国際的な評価を受けている人物で、一九七七年から二〇一一年までヴェルナー・ギュンダシャイマー保存研究所で所長として働き、二〇一一年には個人事務所を設立して画廊、美術館、図書館、販売業者、個人のコレクターといった顧客を抱えている。モワリーは親切にも、自身がその発展に力を貸した保存技術のいくつかを実演しようと申し出てくれた。研究室の作業台の上に四冊の本が並べられていたが、四冊はいずれもファースト・フォリオで、地下の保管室から運び出されたものだった。

「私たちは毎日これで遊んでいる」と言いながらモワリーは笑った。そして私に一冊ずつ実際に触って写真を撮る許可をくれた。ここにある本は、そのとき行なわれていた、すべてのファースト・フォリオを対象とする全世界の一斉調査のために精査中だった。「やっと五六冊まで終わったところなんだ」と彼は言い、図書館にある八二冊をすべて調べ終えるまでにはさらに一か月かかると思うと付け加えた。「すべてのフォリオについて、現在、物理的にどんな状態かを報告しなければならない。つまり一冊ずつ作業する必要がある。今行なっている作業は、装幀や製本や型押しについて、細かく記述することだ」。フォルジャー図書館にある大半の本は、木材パルプが製紙に導入されるより前の年代に印刷されたため、用紙の品質は全般的に良好である。ファースト・フォリオはすべて高品質な輸入物の紙に印刷されており、ノルマンディー地方から入ってきたものと考えられている。「この図書館で働く利点は、隣の議会図書館とは対照的に、所蔵されているほとんどの文書の紙質が全般的にきわめて上質であるということだ」とモワリーは言った。「ここでは一六世紀、一七世紀、一八世紀の史料を扱っているが、紙がすばらしい。すべてがぼろ布パルプの紙だったんだ」

　紙の破れた箇所を見えなくするよう修復する場合にモワリーが素材として選んだのは、一九八〇年代に彼が日本の手漉き和紙の製法をもとに開発した極薄の紙であるという。パルプについては、ミツマタ七〇パーセント、コウゾ三〇パーセントという配合で、前者は繊維の長さが、後者は丈夫さが特徴だった。「私はこれを〝防水薄紙《ゴッサマー》〟と呼んでいる。なぜなら、水に浮くからだ」。彼はそう言って、さっそく一七世紀の本にできた破れ目を修復してその効果を私に見せてくれた。「和紙の利点は、その薄さに比べて驚くほど丈夫なことだ。似たようなものを見つけることはできないだろう」。モワリーはまた、修復用の紙を開発した動機は、一九四五年にフォルジャー図書館に寄贈され、積極的な保護を必要としていた六五四ページの装飾写本の傷ましい状態を見たことにあると言った。

　一六〇八年版の『トレヴェリオン雑記集 *Trevelyon Miscellany*』として知られるその本は、トマス・トレヴェリオンという名の素性がよくわからないイギリス人の手によるものだった。彼についてわかっていることはほとんどなく、一七世紀の初めに、すべて手書きで二冊の本を著したということのみである。本のなかには、幅広い図画を原典として書き写した題材が描かれ、エリザベス一世時代およびジェイムズ一世時代の日常生活を示す類のないものとなっている。もう一冊のトレヴェリオン雑記集は一六一六年版であるが、これは故J・ポール・

マサチューセッツ州ケンブリッジのワイズマン保存センターで修復中の、ハーバード大学図書館の1786年の貸し出し記録簿。

ゲティ・ジュニアが、ロンドン北西のバッキンガムシャーのワームズリー・ハウスに創設した図書館に収蔵するために入手したものだ。

フォルジャー図書館に届いたときには非常に注意を要する状態だった一六〇八年版の雑記集は五〇年間手つかずのままで、特定の難題を解決できる十分な技術の進歩を待っていた。モワリーが開発した防水薄紙はこの本に最も有効であることがわかった。ただし、紙片のなかにはさらなる修復が必要なものもあった。モワリーは新たな修復法をドイツで学んでいた。縦方向にふたつに分かれた紙片に対して、ふたつの間に別の紙を差し込んで補強し、再びつなぎ合わせるというものだった。

そして「紙葉成形」という名の別の技術を実演するために、モワリーは私を研究室の隅に連れていった。彼はそこで「タムワース城のフェラーズ家の文書」として知られる書類の山を相手に作業を行なっていた。一九七七年にフォルジャー図書館が入手したもので、書類の年代は一五〇〇年から一七世紀中頃までとされており、「ここに来たときは本当にひどい状態だった。かびだらけで、ばらばらで、目録作成者が手にすることさえできなかった。誰もここに何が書かれているのかわかっていないんだ——今でもまだ」。モワリーが使おうとしていた装置には、一九八〇年代に彼の設計に合わせて開発されたコンピューターシステムが組み込まれている。最も重要なパーツは、年代物のデジタルカメラと五インチのフロッピーディスクとを読み込めるアタリ社製の古いコンピューターである。「海洋学者でコンピューターにくわしい友人がいた。今はマサチューセッツ工科大学の教授だけど、そいつが手伝ってくれてこのシステムができ上がったんだ。ほかのどんなやり方よりも間違いなくこれがいいはずだ」。コンピューターとともに、特別に形を整えた水盤が稼働する。彼はそれを「紙葉成形器」と名付けていたが、私の目にはごく普通の水盤に見えた。

「これは要するに単純な製紙機械だ。水に脱イオンと再石灰化を施す装置があり、濾過した水を溜めるようになっている。書類はふるいの上に載せるようになっているが、効率よく作業をするために、一度にできるだけ多くのページを並べられる」。激しく損傷した一枚の紙葉が、ほかの紙片とともにすでにふるいの上に載せられていた。モワリーは、黒い画素で埋めるべき箇所を表示したデジタル画像を作成した。そして、紙の厚さを計測すると、どれだけの量の懸濁液（スラリー）が必要かを判断した。「これが、すべての穴を埋める。この紙葉を成形するのは五分でできる。そしてこのふるいの上を埋め尽くすように並べることができる」。これまでカレッジ・パークの国立公文書館アーカイブス・ツー、ロサンゼルスのゲッティ研究所、ハーバード大学のワイズマン保存センターなどで、同じような修復法を見てきた。フォルジャーやほかの研究図書館が一枚一枚の紙片を保存するためにどれだけのことをしているかと考え、紙という媒体そのものではなく、その中身こそモワリーがそこまで特別な作業を行なう理由なのだろうかと尋ねた。彼はその質問をおもしろがったものの、少し考え込んだ。そもそも紙が問題になったとき、われわれはどうやってその価値を計ればいいのだろう？

「つまり、それ自体に価値がある紙が存在するかどうかということだね？　それはないと思う。おそらくないだろう。でも、あなたが言っていることは非常に興味深い。なぜなら、ここで非常に古い印刷された本を調べているとよく見つかるものがあるが……何しろここには全部でそういった本が二五万冊ほどあるので……それは価値のないものとして廃棄された古い紙片が、不要品として他の本の装幀の補強に使われているものだ。捨ててしまう代わりに、人々は補強のためにその紙を用いた。素材そのものに価値があるので、無駄にするわけにはいかなかった。何が書いてあるか、何が印刷されているかは関係がない。私たちは、そうしたものにしょっちゅう出会っている。それは、どの場所でも起こっていることだ」

モワリーは、彼が助力した二〇〇九年の『館長の目——フォルジャー図書館保管室からの発見』と題した展示に言及した。展示物のなかに一七世紀の宗教や政治に関するパンフレットがあった。それぞれ一枚の紙に印刷されたもので、フランスおよび北海沿岸低地帯の安価な紙が材料になっていた。モワリーはこれらを、図書館の古い本を保存のためにいったんばらばらにする過程で発見した。図書館内では「製本された短命なもの」と呼ばれている、こうした収蔵物には合計で約一万にもなるパンフレットが存在する。研究者のなかには、これは当時の「ブログ」だと言う者もいる。ただし、そのほとんどは目録には載っておらず、大半は調査もされていない。

「だが、ここにあれば心配いらない」とモワリーは言った。「あるべき場所。それがこの図書館だから」

第3部

第13章　天才たちのスケッチ

詩人の目は、恍惚とした熱狂のうちに飛びまわり、
天より大地を見わたし、大地より天を仰ぐ。
そして想像力がいまだ人に知られざるものを
思い描くままに、詩人のペンはそれらのものに
たしかな形を与え、ありもせぬ空《くう》なる無に
それぞれの存在の場と名前を授けるのだ。
——ウィリアム・シェイクスピア『夏の夜の夢』第五幕、第一場、一二行〜一七行［小田島雄志訳、白水社、一九八三年］

信じられないかもしれないが、芸術家や作家、作曲家、科学者、建築家、発明家、技術者、振り付け師など、あらゆる分野の思索者たちが一瞬のひらめきを書き留めたノートを見れば、その驚くべき創造のプロセスを知ることができるという考え方が学術研究の世界で一般的になったのは、比較的近年のことである。人々がそう気づき始めたのは一九世紀後半で、二〇世紀に入るとより広く認知され、実践されるようになった。美術史家のクロード・マークスは、一九七一年に名画家や名彫刻家のスケッチブックの調査を行ない、「さまざまな表現形態のなかで、スケッチこそが芸術家の内面的ヴィジョンと最も密接につながっている」と記している。この言葉はすべての知的探求の分野に当てはまるといえるだろう。「ある種、筆跡のようなものだ」。スケッチは創造にたずさわる者の「思考や意図、万物に対する解釈」をあらわにしており、同じ形跡は、ほかのどの場所にも見つけるこ

とはできないと彼は続ける。マークスは調査のなかでありとあらゆるスケッチに目を通し、中世の羊皮紙に書き留められた発想に現代にも応用できる実用性を見出した。そしてフランスの芸術家、アデマール・ドゥ＝シャバンヌが一〇二五年頃に『新約聖書』をペンとインクで写し取った小さな巻物を、世界最古の芸術家のスケッチブックとしている。

スケッチを習慣にしていた人物として真っ先に思い浮かぶのは、あの万能の天才、レオナルド・ダ・ヴィンチだろう。彼はスケッチをすることで思考を広げた。その分野は科学や数学、建築学、彫刻、解剖学、工学、流体力学、音楽、光学、植物学、視覚芸術のあらゆる領域におよんだ。このルネサンスを象徴する人物は、おそらく古今東西で誰よりも多くの天分に恵まれた人間といっても過言ではないだろう。そして、レオナルドの創造の全エネルギーが表現された場所は、彼が生まれた一四五二年――ちょうど、ドイツでヨハネス・グーテンベルクが活版印刷の技術を開発していた時期――の二〇〇年前にイタリアに伝わった「紙」の上なのだ。二〇〇六年、ロンドンのヴィクトリア・アンド・アルバート博物館は、レオナルドのスケッチをテーマに展覧会を開催した。もちろん私も、この展覧会『レオナルド・ダ・ヴィンチ――エクスペリエンス、エクスペリメント、デザイン』には強い関心を寄せていた。展覧会の主旨は、キュレーターでありオックスフォード大学の名誉教授でもあるマーティン・ケンプの言葉を借りれば、レオナルドが「紙の上で繰り広げた思考」を示すことだった。

昨今の人気展覧会とは異なり、六〇点の展示物は小さな一部屋のショーケースのなかにこぢんまりと陳列されていた。ある評論家は『ガーディアン』紙に次のように記している。展示品の大部分は「とても古い、褐色を帯

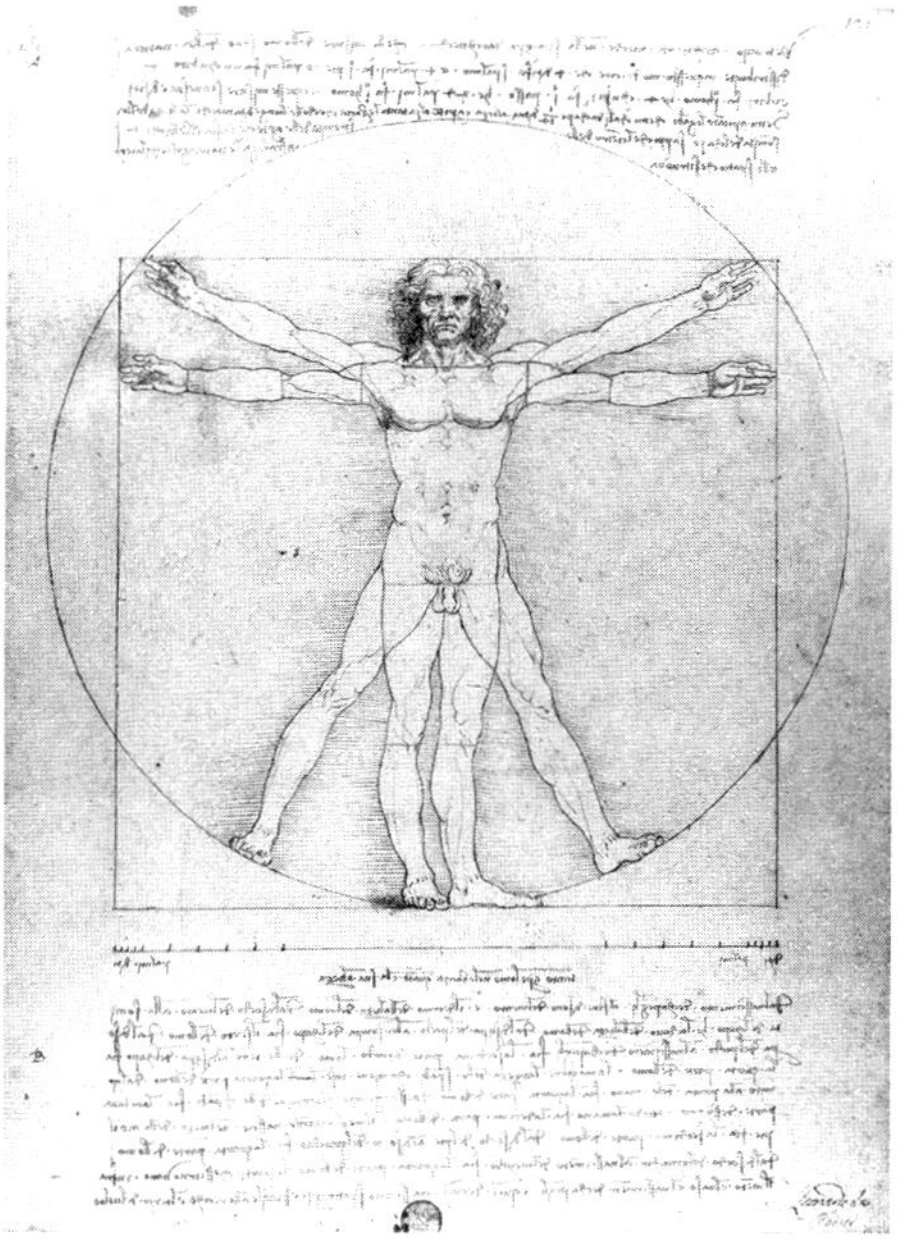

1487年にレオナルド・ダ・ヴィンチが紙に描いた「ウィトルウィウス的人体図」。

びた紙で、汚れや染みが多々見られ、もろくなっているものも退色しているものもあるため、薄暗い照明の下で展示されている」。「にもかかわらず、レオナルドの素描は何と生命力にあふれていることだろう。まるでこの世のすべてがそこに息づいているかのようだ。紙葉という紙葉の上で彼の素描は、あたかも身悶えするがごとく、その枠に収まらんばかりの勢いで伸びやかに展開されている。そして余白は素描に添えられた覚え書きや所見、思索や分析、空想でびっしり埋められている」

ケンプはこの展覧会の図録で次のように記している。レオナルド以前にも発明の才に富む者たちはスケッチをしていたが、レオナルドほど「紙という素材を思考の実験室として利用した者はいない」。さらにこう続ける。「その時代におけるあらゆる方面の知識を網羅しながら、観察や思考の視覚化、ひらめきによる選択や理論、議論と討論を、紙の上でこれほどまで激しく繰り広げた者は誰ひとりいなかった」。たやすく紙が手に入るわけではなかった一五世紀のヨーロッパにおいて、レオナルドは紙の供給量に限界があることなど少しも気にせず、惜しみなくそこに思考を書き留めた。そんな時代においてさえスケッチの量が桁外れだったのだから、彼がもし「紙が豊富に入手できるようになる、その後の時代」に生きていたとしたら、まさに常軌を逸する量のスケッチを残していただろうというのがケンプの所見だ。

レオナルドにとって紙は、いわゆる石工や大工が扱う鑿や金槌のような単なる道具ではなく、豊富なアイデアに「それぞれの存在の場と名前」を授けるために、なくてはならないものだった。紙を扱う私が、これを見逃すわけにはいかない。私はある朝、オックスフォードシャーのウッドストックにあるケンプの自宅に電話をかけた。彼が四〇年にわたって向きあってきたレオナルドの手稿や素描について話を聞くためだ。

私は、いかにして彼がこの貴重な資料を頻繁に閲覧する特権を与えられ、いわばレオナルドの生の声を「読む」という作業に取り組んでいるのかに関心があり、ぜひともその理由を知りたいと思った。レオナルドの手稿を所蔵する多くの施設は、たとえどんな名士が嘆願しようとほとんど特別扱いしてくれない。だが、私のケンプへの最初の質問はより単刀直入で、まさに本書の主旨そのものだった。紙なくして、レオナルドはこれほどまでに大量の類いまれなる記録を残すことができただろうか、という疑問である。これに対して、「紙を使わずにこのようなものが残せたとは思えません」とケンプはきっぱり言い切った。「羊皮紙は貴重だったので、次から次に使うというわけにはいきませんでした。だから紙がなければ無理だったでしょうね。タイルのようなものは一時的にものを書き留めることはできても、ある程度書き進むたびに消さなくてはなりませんし、大量に保管しておくこともできません。保管することも、彼の仕事にとっては欠かせない要素でした。だからレオナルドがしたことも、彼の仕事のやり方も、紙なくしては絶対にあり得なかったはずです」

ここでレオナルドを特別重視しているのには、それなりの理由がある。この比類なき万能の天才について得られる知識は、主として私的な手稿という形で残されているからだ。彼の成熟期の油絵のなかでも特に完成度が高いとされる『モナリザ』は、パリのルーヴル美術館で今なお最も観光客を引き付ける作品であり続けているが、そういった油絵で、レオナルド自身が描いたと考えられるものは、実は二〇点を超えないのではないかというのが今日の常識だ。レオナルドの最もよく知られている壁画『最後の晩餐』は、もはやほとんど原形をとどめない状態ながら今もミラノで持ちこたえているが、その一方で、彼の彫刻作品で完成されたものはひとつとして現存しない。レオナルドは生涯で一度だけ出版物の挿し絵を描いたことがあった。一四九八年からベラム［子牛や子羊、子山羊の皮でつくった上質の皮紙］にインクで描いた一連の図案で、一五〇九年に刊行されたルカ・パチョーリの『神聖比例論』に木版画の挿図として挿入された。そしてレオナルドが発明した装置はといえば、ほとんどが画板から飛び出すことはなかった。

完成作品の大部分、あるいは今日の学術用語でいうならば臨界量［特定の結果を得るための必要最小限の量］が存在しないなかで、レオナルドの天賦の才を理解するための「鍵は間違いなく、現存する彼の素描と、そこに添えられた手書きのメモにある」と断言するのは、ルネサンス美術の研究者として著名なカーメン・C・バンバッハだ。さらに彼女は、「スケッチや図形が描かれたあらゆる紙葉と、ノートブックとして綴じられた手稿の全紙葉を数えれば四〇〇〇枚以上にもなり」、それだけ「厖大な数の素描が残っている」ことは「ほぼ奇跡に近い」と述べている。レオナルドが数多い仕事のために使った紙の種類は種々多様だ。原寸大の下絵を描くための画用紙は、ボローニャから仕入れていた。彼の原寸大の下絵はカルトンと呼ばれている。イタリア語の「カルトーネ(cartone)」、またオランダ語の「カルトン(karton)」に由来する言葉で、もともとは頑丈で厚みのある紙や板《いた》紙《がみ》を指す。レオナルドは大判の紙を好んで、大量に買い込んだ。おそらく彼が住んださまざまな都市の商人から買いつけ、自ら折って綴じていたと思われる。レオナルドがこの資料をきちんとした体裁に整えて出版したいと考えていた可能性を示すいくつかの証拠があるが、現実に出版されることはなく、一五一九年に彼が死去した際、すべて遺品として彼の献身的な弟子、フランチェスコ・メルツィの手に委ねられた。

レオナルドの手稿は、彼の死からいくらも経たないうちに価値が認められるようになった。手稿自体の美しさとレオナルドの類いまれな技量ゆえに、あるいは資産として蒐集家たちから尊ばれたがために脈々と生き長らえたのかもしれない。だが困ったことに、一五七〇年にレオナルドの遺品を相続したメルツィの子孫が、綴じられていた手稿の多くを解いてばらばらにし、一紙葉単位で散逸させてしまった。さらに厄介なことに、レオナルドの奇癖として知られる筆記体の鏡文字——左右逆さの文字が右から左に向かって書きつけられている——のみが記された素描のない手稿は、あまり珍重されなかった。そのため不運にも、最初にあったとされる数の八〇パーセントが失われてしまったのだ。

イタリア人の彫刻家ポンペオ・レオーニ、ローマの図書館司書のカッシアーノ・ダル・ポッツォ、一七世紀のイギリス人蒐集家で第二代アランデル伯爵のトマス・ハワード、稀覯書愛好家として惜しむことなく貴重な所蔵品をヴィクトリア・アンド・アルバート博物館に寄贈した、評論家で伝記作家でもあるジョン・フォースターら、ひと握りの鑑識眼のある蒐集家が、残っている手稿の一部を保管していると言われている。それ以外のものは今日、ウィンザー城の王室図書館、英国図書館、パリのフランス学士院図書館、マドリードのスペイン国立図書館、ミラノのアンブロジアーナ図書館に所蔵されている。アンブロジアーナ図書館には、ポンペオ・レオーニによって集められた一二巻のアトランティコ手稿（一四七八年から一五一九年までに記された一〇一九枚がまとめられたもので、飛行技術、軍事技術、楽器、数学、解剖学、植物学と、驚くほど多岐にわたる分野を網羅している）も所蔵されている。また、レスター手稿（石油王アーマンド・ハマーが所有していたが、一九九四年にクリスティーズで競売にかけられ、三〇八〇万ドルでマイクロソフトの創業者、ビル・ゲイツの手に渡った）は、個人が所有するものとしては唯一、大規模な科学的考察がなされている。落札価格は、一冊の本に賭けられた額としては史上最高額で、両面に書き込みがなされたふたつ折りの一八枚の紙、計七二ページの書物の体裁になっている。

レオナルドが若い頃からどのように紙を手に入れて、これほど多くのものを生み出せたのかについては推測しかできないが、物資を供給する後ろ盾がいたとすれば、それは、三五年間、フィレンツェで公証人をしていた彼の父親、セル・ピエーロ・ディ・アントニオ・ダ・ヴィンチだろう。仕事に必要な材料を供給してくれる人物なのだから、間違いなくレオナルドとの関係は良好だったはずだ。一四六九年、一七歳になった自身の婚外子レオナルドを、フィレンツェの著名な彫刻家、アンドレア・デル・ヴェロッキオの工房に弟子入りさせたのもセル・ピエーロだと考えられている。彼は息子の才能の証しとして素描をヴェロッキオにいくつか差し出した。一六世紀の美術史家で評論家のジョルジョ・ヴァザーリは、レオナルドについて次のように語っている。「長期にわたって絵を描くことや彫刻をすることをやめたことはなく、それらは、ほかの何よりも彼の描く夢をかなえてくれる仕事だったのである」。徒弟時代のレオナルドについて、さらにヴァザーリはこのように記している。「彼は、ひとつの芸術分野としての絵画を学んだのではなく、絵画にまつわるありとあらゆることを学んだ。また、まるで神のような驚くべき知性に恵まれたレオナルドは、優れた幾何学者でもあった」

ヴェロッキオの工房で彫刻家の見習いとして一〇年を過ごしたレオナルドは、どの媒体を用いるときも、本当の意味で三次元的な作品をつくろうとした。「目で見たものについて考えるために線画を利用するという柔軟な発想ができる者はレオナルドを置いてほかになく、また彼ほど自分の思考を見る者に知らしめるプレゼンテーションの手腕に長けた者もいませんでした」とケンプは語った。しかも、図形による解説を平面に記すときの、幾何学的イメージを平面に置き換える能力は革新的なものだった。ケンプは別の著作においても、レオナルドを「三次元の立体と空間を視覚化できる偉大な人物のひとり」だと明言し、「彫刻家としてもミケランジェロやベルニーニに並ぶほどであり、科学者としてもケプラーやアインシュタインに匹敵する才能の持ち主だ。彼ら同様レオナルドは、立体や空間を頭のなかに思い描き、自由自在に操ることができた」と記している。レオナルドは、紙の上にものを描くことを「ディセーニョ（disegno）」と言った。英語で「デッサン」あるいは「デザイン」にあたる言葉だが、彼はそれを「原理に精通した実践的な技能」を意味する言葉として用いた。現代ならば、製図工の技能と呼ぶところだろう。

「私は、大多数の手稿をじかに閲覧するという特権を与えられました。私に言えるのは、レオナルドをどう読むかということに関して、答えはひとつではないということです」とケンプは私に語った。「彼のノートはそれぞれ状態が異なるので、原形をそれなりにとどめていたとしても、どれも違った方法で取り組まねばなりません。時として彼は、あの独特の鏡文字で、私たちが表だと考える場所から書き始めておきながら、別のテーマを思いつくと突然、紙をひっくり返して裏に書き始めるのです。多くのアイデアが、そこに書かれていたかと思えば今度は別の場所に現れ、時に訂正され、別のノートからも引用され、後日、新たなアイデアが書き加えられることもあります。彼の書き方はまったくもって一貫性がなく衝動的で、見る者を猛烈に興奮させる一方でいらだちも感じさせます。そこから首尾一貫した思考の道筋を見出すことが至難の業だからです。レオナルドのスケッチを読み解くことは、一般的な人々のノートを読むこととは、まったく違うのです」

レオナルドの手稿に接することを許される専門家はごくわずかなため、ほかの研究者たちは複製された代用品に頼らなければならない。そういった困難な作業を支援するために、ケンプはユニヴァーサル・レオナルドという国際的な共同プロジェクトを立ち上げ、目下、施設に保管されているすべての手稿のデジタル化を目指している。世界の研究のためになる重要な一歩ではあるが、それでもやはり実物に触れるにはおよばないとケンプは言う。デジタル化された資料では、「オリジナルの手稿を手にしたときの、ごく薄い紙の感触を味わうことはできない」からだ。「もしも、その一紙葉の内容について難解なことを探るなら……紙の上でレオナルドの思考がどのように展開されたのかを問うなら、そこにびっしりと書き込まれた文面や、彼が使ったチョーク、またインクの種類から何かしら感じとることができるでしょう。紙葉に書かれている内容が非常に複雑な手順で書き上げられたことを、手で触れることで実感できるでしょう。デジタル版は平坦で、質感が一切ありません。人は往々にして、紙は単にものを書きつけるだけの道具だと考えがちです。しかし実際には、もっと複雑なのです」

手稿の感触と中身以上に肝心なのは、物質としての手応えと緊迫感を味わうことだ。「レオナルドの小さなノートを手に取ったら、それがとても分厚いにもかかわらずポケットに入るほど小さいことを知り、彼が心を突き動かされて無我夢中でペンを走らせる姿が思い浮かぶことでしょう。そして、小さな素描と細かな文字で埋め尽くされた紙葉からレオナルドの熱意を汲み取ることでしょう。あなたは、彼の思考が尽きることなくあふれ出る、その驚くべき感覚を味わうことができるのです。ふたつ折りの大判のノート――レオナルドが屋外で人間や周囲のものを観察するときではなく、アトリエに座っているときに書いたもの――を手にすれば、緩やかで変化に富んだ足取りを見てとれます。手に取って、その大きさを確かめることで物理的な要素を実感することもできます。それはとても意義のあることなのです。とはいえ、最初に感じるのは、物事が大量に書き連ねられたスピード感でしょう」

レオナルドは、あらゆるものを視覚的に検証した。〝見ることは信じることである〟というのは、よく耳にすることわざだが、まさに彼の座右の銘といえるだろう。描くということが彼にとっての、ものを綿密に調べる最も有効な手段だったのだ。視覚的な思考を行なうため、彼は何かを設計するときにはたいてい三次元的な模型を描いた。頻繁に「渦を巻いてもつれあう線画」を描き、時には陰影をつけて立体感を出しながら、紙の上で「仮想の彫刻作品」を彫り上げた。「視覚的な思考と言語による思考が混ざりあって紙の上に描かれたものは、レオナルドの脳内で起きていることの、とてつもなく複雑な混合物なのです」とケンプは取材の席で語った。ケンプが「理論上の装置」と呼ぶ、レオナルドが頭に思い描いた発明品は、レオナルド自身の手で紙の上に寸分たがわず再現される。その「理論上の装置」を設計しているとき、レオナルドの脳はフル稼働の状態にあった。「その〝理論上の装置〟がうまく機能するかどうか、紙の上に描かれたものを見ればわかるときもあります」。レオナルドのスケッチのなかに、人間が水中で空気を取り込むための道具を描いたものがある。パイプが首の後ろから口元の吸い口を通ってまっすぐ上に伸びた形状だ。しかし、自分の描いた絵をつぶさに観察したレオナルドは、うまく機能しないことに気づき、吸い口の部分に線を引いて消してしまった。このように、同じ目的の道具のさまざまなバリエーションを描くこともあれば、文字と図解の両方による問答形式で発明の論点への反証を行なうこともあった。

ケンプがレオナルドの研究に取り組むようになったのは一九六〇年代で、関連する多くの研究課題と平行しながら今も続けている。彼はオックスフォード大学の名誉教授で、専門は美術史、ルネサンスから近代の美術と自然科学を融合させた作品について、執筆活動や放送番組を通して幅広く発信してきた。また、レオナルドの全発明品の実地検証ともいうべき取り組みも行なっている。

二〇〇〇年には、イギリス人スカイダイバーのエイドリアン・ニコラスと協力して、あることに挑戦した。一四八五年のアトランティコ手稿に描かれていた設計図通りに、一五世紀後期に入手できたと思われる材料のみで組み立てたパラシュートで空を飛ぼうという計画だ。六月二六日、パラシュートを装着したニコラスは、熱気球につながれて南アフリカ上空に舞い上がり、高度一万フィートの地点で降下の状態を測定するブラックボックスレコーダーとともに気球から切り離された。木製のポールとロープ、キャンバスによる装具一式の総重量は一八七ポンドで、降下があまりにもなめらかでゆっくりとしていたため、付き添いのふたりのダイバーは、天蓋のようなパラシュートで落ちていく彼の高度に合わせるために、二度もブレーキをかけなければならなかった。そして五分間の滑空ののち、高度三〇〇〇フィートの地点でレオナルド考案のパラシュートのロープを切り離すと、通常のパラシュートで地上まで落下した。単独で落ちていったレオナルドのパラシュートも無事に着陸した。

シェイクスピアのロンドン劇場時代からの親友でファースト・フォリオに賛辞を呈したベン・ジョンソンは、彼が戯曲を書く間は一行たりとも「削ることはなかった」と述べ、「もし何度も書き換えていたら、いったいどうなっていただろう」と語った。シェイクスピア自身のものと立証される自筆原稿が存在しないとなれば、私たちはベン・ジョンソンの言葉を信じるよりほかなく、その比類ない手腕によって、修正の必要などない完全な無韻詩を紙に綴ることのできた彼が、まさに創造の天才であったと思い知るのだ。しかしレオナルドの場合、常に完成されたものを描いていたわけではなかった。彼の時代には鉛筆と消しゴムが発明されていなかったため、ペンとインク、さまざまな色のチョークを使っていたと考えられるが、ケンプいわく、レオナルドのノートには描いたものを消そうとした痕跡があるという。

「彼の素描には、いくつか消した形跡が残っていますが、もし鉛筆と消しゴムのような便利な道具があったら行なったと思われるような、大幅な修正ではありませんでした。しかし、彼がきっぱりと考えを変えた印と見て間違いないでしょう。ちなみに彼は大量の書き込みをするために、色のつかない尖筆《スタイラス》を使っていました。スタイラスとは、目で確認できる程度の溝を紙に残すことのできる先端の尖った道具です。そうすることで幾何学的な図形でも、定規を用いない手書きの線画でも、インクの跡を残さずに、描いたものを確認することができたのです」

レオナルドがノートを他人に読ませることを意図して

いたのではないかという指摘もあるが、彼が出版を考慮していたという証拠は今のところ一切ないとケンプは述べた。「ある意味で、これらのノートは非常に私的なものですが、彼がときとして『読者よ、もし、これが整然とまとまっていなくても、私を責めないでくれ』と記していることから、何らかの形や形式で世間に公表することを考えていたと、私は思っています。実のところ、これは手稿を研究するうえで悩ましい問題のひとつです。彼は、あたかも読者を想定しているかのような、ひどく紛らわしい言い方をするのです」

レオナルドが紙の上で行なったことを説明するのに、ケンプは何度も「ブレインストーミング」という言葉を用いた。どういう意味か説明を求めると、ケンプはこう答えた。「私の言う〝ブレインストーミング〟とは、それなりにしっかりとした形になった状態の着想が、次から次へと湧き上がるままにすることです。誰でもやっていると思いますが、いわば言葉にする前に、物事を映像化するような感覚です。レオナルドの場合も、偶然に浮かんだイメージから別の着想が生まれる可能性に頼っていました。壁の染みから創作につながるイメージを見出したというエピソードもよく知られていますね。紙にさまざまなアイデアをたたきつけると、つまりイメージをぶつけあわせると新たな発想を得ることができるとわかっていたのです。レオナルドは優れた才能や、尽きないアイデアをもっていた一方で、物事を具体化して考えた人でした。対象物を見ることができなかったら、あるいは触れるなり、味わうなり、嗅ぐなり、聞くなりできなかったら、ちっとも興味をもてなかったのです」

そう述べたあと、ケンプは念を押すように言った。紙の登場により、創造的な表現の幅が広がったことは確かだが、紙面上で人間ができることには限界があるという。「三次元的なものを効果的に視覚化できる人や、それを平面に描くことのできる人はめったにいません。ここでケプラー、あるいはアインシュタインを例に取ってみましょう。物事を線画的に視覚化するというよりは、頭のなかで言葉を組み立てて視覚化することを得意とした人物です。彼らは三次元の物体を頭のなかである程度視覚化することができました。この私でも少しぐらいはできますが、彼らにはとてもかないません。アインシュタイン自身が強調しているように、彼は物理的に、とりわけ具体的な言葉を用いて考えることで問題を解決しました。ですが彼は、数式にも取り組まねばなりませんでした。たとえば、$E=mc^2$ といった数式を通して自分のアイデアを人に伝えなければならなかったのです。とはいえ実際のところ、図形記号のような、視覚で認識できる明確な形をつくったのはアインシュタインではありませんでした」

　ケンプは、多元的な記述を行なう際には、紙に記すための約束ごとを考案しなければならないと言う。「二次元上で三次元的なものを表現できるのは大変都合がいいのですが、四次元、あるいはそれ以上のものとなると、次元を減らすか、あるいはそれを表現するための約束ごとを考えるという作業から始めることになります。アインシュタインは、そういった困難な問題にも多少取り組みました。ですが、普通の人は紙の上で相対性を具象化することも、複雑な時空の概念をうまく表現することもできません。ですから、紙に描いてできることには限界があるのです。しかしレオナルドがそういった問題に悩まされることはなかったようです」

　視覚的思考というテーマのなかで、私とケンプが意見を交わさなかったものがある。二次元的な形式で四次元のものを扱うという問題に関わっていることが明確なもの——振り付け《コリオグラフィー》だ。舞踊の創造性は、空間という三次元の要素のみならず、四次元の要素である動きをも含んでいる。コリオグラフィー（choreography）という言葉自体は、ギリシア語の「踊る」や「書く」という言葉に由来するきわめて現代的な造語のひとつで、あるものの革新や発想を示唆する言葉として広く応用されている。例を挙げれば、音響を伝える蓄音機《フォノグラフ》（phonograph）と、画像をそのまま伝える写真《フォトグラフ》（photograph）のふたつがよく知られている。そのほか、リトグラフ（lithograph）、テレグラフ（telegraph）、イデオグラフ（ideograph）、セイスモグラフ（seismograph）、ハイドログラフ（hydrograph）など、同様の言葉はさまざまある。共通する接尾語は「書くこと」を表す「グラフ（graph）」で、どれも紙以外の、それまで存在しなかった新しい媒体に「書く」ことを表している。

　クラシックバレエは、ダンサーがもっぱら動作のみで表現するという点で非常に興味深い。ダンサーは決して言葉を口にせず、舞台の上で芸術的に、純粋な視覚的表現を披露し、手引書に頼るようなことはしない。舞踊は絵による伝達手段は取らず、模倣と口承によって世代から世代へと受け継がれてきた。カナダ人の歴史家、イロ・ヴァラスカキス・テンベックの記述によれば、舞踊という芸術形式は歴史の流れのなかで常に存在している「普遍的な事象」であるが、「歴史から孤立して行なわれてきたと思われがちだ」という。舞踊は「演技をその目で実際に見ることのない」のちの世代が、微細な部分を理解できる「符牒のようなもの」が存在しないという根本的な問題をはらんでいる、と彼女は説いた。舞踊を記録する舞踊譜は一五世紀から存在するものの、踊り手の動作を正確に記録する試みは一八二〇年代後期からわずか数回しか行なわれていないのである。

　一九四〇年にニューヨークに設立されたダンス・ノーテーション・ビューローの設立者、アン・ハッチンソン・ゲストも、ときを隔てて、その問題を指摘した。彼女がいくつか発表した舞踊譜に関する著書は、信頼できる文献として評価されている。舞踊のステップを紙の上に図解で表すための方法はこれまでも何度も考案されてきたが、成功と言えるものはなかった。ハンガリー人の舞踊理論家、ルドルフ・フォン・ラバンの名前を取った、ラバン記譜法による手引書が生まれたのは、二〇世紀に入ってからのことだ。ラバンは、「身体運動の理論的分析（ムーブメントアナリシス）」を行なって記譜法を標準化するための基礎を築いた。ラバンの功績については、ゲストが一九七〇年に出版した『ラバノーテーション——身体運動の理論的分析と記譜法 *Labanotation: The System of Analyzing and Recording Movement*』のなかでつまびらかに述べられている。ゲストはのちに、その内容をさらに発展させたものを、四冊の著書にまとめている。「舞踊は動く建築であるといわれてきたが、その本質は現代の複雑な振り付けの下に隠されていたといってもいい」と、彼女はイェール大学建築学部のために書き下ろしたエッセイのなかで述べている。「紙の上に記録された舞踊譜は、見たところ動作とはかけ離れている（人間の身体を棒で表したような原始的なものは除外する）が、舞踊の型を記すために使われる象徴的な絵の連続のなかには〝建築〟が存在する」

　二〇〇八年春、カリフォルニア大学ロサンゼルス校（UCLA）は、図書館の全資料八三〇万点のうち、独立した書庫で保管していた、まさに宝ともいうべき三三万三〇〇〇冊の稀覯本と三〇〇〇万ページ分の原稿、そして五〇〇万枚の写真の「特別コレクション」の厖大な数のなかから厳選した、とっておきのものだけを一同に集めた展覧会を開催した。展覧会には『アルドゥスからオルダスへ』という洒落たタイトルがつけられた。一五世紀のイタリアの出版業者アルドゥス・マヌティウスと、二〇世紀のイギリスの作家オルダス・ハクスリーの名前を引用したもので、展示ケースには両者の名前が表示された。

　展覧会のキュレーターは、当時、図書館の特別コレクションの管理責任者だったヴィクトリア・スティールだ。スティールは、二〇〇九年五月からニューヨーク公共図書館の新規収蔵戦略の責任者となっている。彼女は私に展示会場を案内しながら、自分が個人的に気に入っているのは一五三三年九月二二日にミケランジェロ・ブオナローティが友人宛に書いた五行の手紙だと語った。手紙は、ミケランジェロがローマ教皇クレメンス七世に謁見してきたことを伝えるものだった。「なぜかといえば、日付がとても正確に書かれていたからです。ミケランジェロが教皇に謁見したというのは、彼がシスティーナ礼拝堂に『最後の審判』の祭壇画を描くことを依頼された面談のことだと、私たちは知っていますからね」とスティールは言った。手紙は一九八〇年代に二〇世紀の一流の書籍販売業者のひとり、ジェイク・ザイトリンから寄贈されたものだ。UCLAには、ほかにも彼が寄贈したさまざまな資料が保管されている。

もうひとつ、この大学に寄贈された重要なものがある。一六段の五線紙に音符が走り書きされた一葉の楽譜だ。私は、あらゆる文化的遺産の内側には、ベールが剝がされるのを待っている物語が存在すると考えている。とりわけ紙の遺産には、ときとして容易に信じがたい、とらえどころのないものが潜んでいるものだが、その楽譜は、そうした思いをいっそう深めるものだった。簡素な譜面には作曲者名の記述や署名は見当たらず、背景や内容を説明する書類もなかった。だからこそこの一枚の楽譜は、一九四七年にウォルター・スレザックがUCLAに寄贈した、さまざまな音楽家の自筆譜の入った箱のなかで眠ったまま忘れ去られていたのだろう。ウォルター・スレザックはオーストリア生まれの俳優で、ある映画に出たことをきっかけに実力を評価され、のちに私がグーグルで検索したときには、実に四万五〇〇〇件以上の検索結果がヒットするほどの著名人だった。

二〇〇六年、ある部下がスティールのもとにその楽譜を持ってきた。「作者不詳の楽譜ではありませんでした。一九四〇年代には〝ベートーヴェンの自筆譜〟と書かれたラベルが貼ってあったのです。蒐集品のなかにすっかり埋もれていましたが、手がかりはあったわけです」と彼女は言った。「私個人で本物だと鑑定することはできませんでした。でもUCLAには、あらゆる知識に精通した専門家たちがいます。ロバート・ウィンターは、一九七〇年代から一九八〇年代にかけて、カリフォルニア大学出版局から出版される本のために、ベートーヴェンの草稿とされる全スケッチを調べ上げた三人のチームのひとりでした。そのウィンターが、今、UCLAの学部にいるのです。彼なら、何千枚にもおよぶベートーヴェンの自筆譜に目を通したことがあります。私が電話をかけると彼はこう言いました。『まず教えてくれ。その楽譜はインクで書かれているのか？』私は、そうだと答えました。『鉛筆で書かれた箇所は？』あると答えると、彼は言いました。『赤鉛筆で書かれた箇所は？』私はまた、あると答えました。彼は、楽譜の紙に関していくつか尋ねたあとで言いました。『すぐ、そっちに行く』。そして、ここにやって来て楽譜にざっと目を通し、こう言ったのです。『間違いない。これはベートーヴェンの自筆譜だ』」

実を言うと、私はウィンターが二〇年前の一九八五年に『ベートーヴェンのスケッチ帳 *The Beethoven Sketchbooks*』という本の執筆にたずさわっていたことを、すでに知っていた。それもあって、マサチューセッツに戻り、さっそくこの教授と連絡を取った。ウィンターはUCLAでミュージック・アンド・インタラクティブアートの学部長を務めるかたわら、卓越したピアニストとしてアメリカン・パブリック・エリアが放送するラジオのクラシック音楽番組でナビゲーターを務め、番組中にピアノ演奏を披露することもある。UCLAに職を得る前は、ベートーヴェンの後期弦楽四重奏曲の自筆譜をテーマにした博士論文執筆のため、三年間ヨーロッパに滞在してリサーチを行なった経験もある。一九七四年、彼はダグラス・ジョンソンとアラン・タイソンとともに、ベートーヴェンの自筆譜とされるスケッチをあらいざらい調べるという一五年にもおよぶプロジェクトに着手した。だが、自筆譜の多くはヨーロッパ中の施設の書庫に散らばっている。ページの大部分はオリジナルのスケッチ帳に綴じられているが、それ以外のものは散逸して長い年月が経っていた。三人の目的は調べたものを整理し、各スケッチが本来収まるべき場所を確定することだった。微細な違いに目を光らせながらベートーヴェンの技法を読み取り、製紙業者の商標の透かし（ウォーターマーク）の入った紙があれば、何千枚もの楽譜を、さながら紙の科学者のごとく考証した。さらに、ベートーヴェンが使用したインクの種類、鉛筆の筆跡の太さ、はては紙を綴じている糸の針目の位置までも調べ上げた。

ウィンターが私に語ったところによれば、UCLAの楽譜がすぐに本物だと確信できたのは、いくつかの要因があったからだという。「ベートーヴェンの楽譜は、彼の手によるものなのか、そうでないか、確実に見分けることができます」と彼は言った。「たとえ抜群の腕前の贋作家であっても、複製することはできないでしょう。まず不可能です」。そして彼は理由を次のように説明した。

ベートーヴェンの作曲の仕方は「とても自由で衝動的で、音符の符頭《ふとう》［黒い「たま」の部分］は五線上に正しく収まらず、楽想は譜面上に、まるで出鱈目と思えるほどに散らばっています。UCLAで見つかった譜面も、かなり独特で混沌としていました。フレーズがきちんとつながっていないので、楽理的に筋が通る箇所を見きわめなくてはなりません」。ウィンターは音符を目で追い、実際にピアノを弾いて音を聴き、考察を重ねた末、ある確信に至ったという。その楽譜には「彼のピアノ曲における金字塔ともいうべきピアノソナタ第二九番作品一〇六『ハンマークラヴィーア』のなかの第二楽章の萌芽が見られたのです」

ウィンターは、いくつかの理由から、楽譜が書かれた年を一八一七年か一八一八年だと断定した。この二年間だけ、ベートーヴェンは大判の五線紙を折りたたんで糸で綴じ、折った部分をカットしていたという。「その時期、ベートーヴェンは大判のスケッチ帳を買わなかったのです」とウィンターは語った。「部屋にあった書き損じの五線紙を使い果たし、少しずつ買い足していたのかもしれません。この独特の楽譜には透かしは見当たりません。二年間、彼はそういった紙を使っていました。一八一九年になると、彼は再び大判のスケッチ帳を買うようになりました。また、それまでの二年間と比べて紙質も良くなりました。その紙が使われていた年代は、紙の白さの程度で特定できます。当時、製紙業者は、ぼろ布から紙をつくり漂白していましたが、まんべんなく色を抜くまでの手はかけていませんでした。ですからベートーヴェンのスケッチを調べていると、緑色の紙が出てきたり、茶色の紙が出てきたりします。時には、職人が手間をかけて漂白した純白の上質紙に出くわすこともあります。UCLAで見つかった楽譜の紙はこの二年の間に使われていたものだと特定できますが、その時期はまさに『ハンマークラヴィーア』を作曲していたと思われる時期とぴったり重なっていたのですから」

たとえベートーヴェンの伝記を読んだことがなくとも、たいていの人は彼が成人後に聴覚を失っていたことや、それにもかかわらず『ハンマークラヴィーア』のような大作を作曲したことは知っている。自分のつくった曲が演奏されても聴くことができないのに五線紙に音符を書くとき、その音を頭のなかで「聴く」ことができたのだろうかという疑問がわくだろう。「音楽家は、紙の上で音を聴いています」とウィンターは言う。「ベートーヴェンは、誰よりも正確に音を聴き分けていました。一八一八年からは臨床的に見て聴力がなかったと考えられて

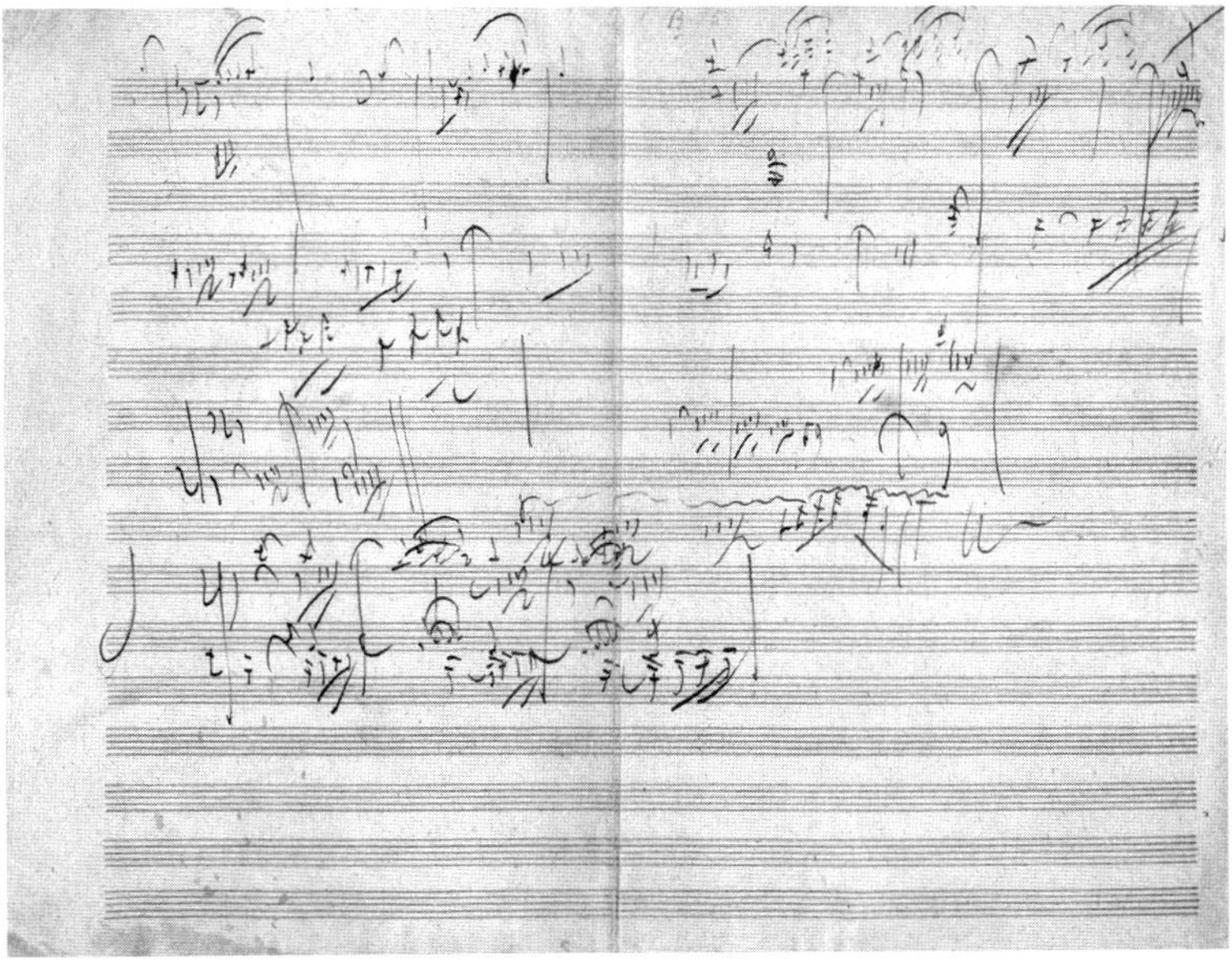

1816年の、ベートーヴェンの自筆によるピアノソナタ第28番イ長調 - 作品101、第３楽章の草稿。

いますが、その時期に作曲した数多くの作品は、驚いたことにきわめて独創性です。つまり彼が生み出した音楽は、それ以前には存在しなかったものなのです。すでに知っている曲なら頭のなかで簡単に再現できますが、彼は弦楽四重奏曲やほかの作品において、誰もつくったことのない音楽を生み出しました。彼自身は決してそれを耳で聴くことはできませんでしたが、内なる耳では聴いていたのでしょう。並外れた創造力と熟練と高度な訓練がなせる技でした」

臨床的な意味でベートーヴェンが聴力を失っていたとされる時期（一八一八年から死亡する一八二七年まで）、彼は友人や音楽関係の仲間との意思疎通は筆談に頼っていた。相手の話が聴こえないため、手帳を常に携帯していた。残念ながら、現存している手帳にはベートーヴェンの返答と思われる記述はなく、ただ質問だけが書き連ねられている。それでも十分に議論のテーマとなるインスピレーションを与えてくれる。現在わかっているだけでも、「会話帳」は一三七冊、計五五二三ページにものぼるという。

ウィンターは、紙がベートーヴェンの曲づくりには欠かせないものだったかどうかという質問に対して、ためらうことなく答えた。「紙は必要不可欠な道具でした。

要するに、ベートーヴェンは楽想を何千ページにもわたってことこまかに書きつけていたのです。あなたや私だったら言うでしょう。『こんなに当たり前で単純明快なことまで、わざわざ書く必要もないだろう』と。ベートーヴェンにとって、書くという行為は創造のプロセスの要であり、ある種の癒やしでもありました。まさに、なくてはならないものだったのです。彼は、何もかも書かずにはいられませんでした。もしベートーヴェンの全作品を書写しようと思ったら、ゆうに八〇〇〇枚は必要でしょう。ましてスケッチまで入れれば、気の遠くなるような枚数になります。いうまでもありませんが、少なくとも、その三分の一は失われています。そして、この興味深い独特の習慣に関する彼自身の言葉は、ただの一言も記録に残っていません」

これが若い頃からの癖であるのは明らかだ。現存する青年期の資料によれば、彼は楽曲に磨きをかけるのに、鍵盤をあれこれ弾いて試すのではなく、五線紙の上で、あたかもゲーム盤のコマを動かすように、音符をあちこちに動かしていたようだ。のちにいくつかの有名な作品を作曲したときには、美しい旋律の断片を六〇段か七〇段書き、ようやく満足のいく主題がひとつつくり上げられるということもあった。だがこういったことも、彼にとってはごく当たり前だった。ベートーヴェンは絶えず厖大な量の五線紙を買い続けた。スケッチ帳を買う余裕がないときには、自分で紙を束ねて綴じていた。「ベートーヴェンは、町に出るときは必ず小さなスケッチ帳を持っており、思いついたことを何でも書き留めていた」と彼の友人のイグナツ・フォン・セイフリードは回想録に記している。「スケッチ帳の話題になると、彼はいつでもジャンヌ・ダルクの台詞［フリードリヒ・フォン・シラーがジャンヌ・ダルクの伝説を題材にして書いた戯曲『オルレアンの乙女』（一八〇一年）のなかの台詞］を引き合いにして、『私の旗がなければ、私は出かけません』と、おどけてみせた」という。

五六歳で死ぬまでの人生の後半の三五年間、ベートーヴェンは頻繁に転居を繰り返した。あちらからこちらへと引っ越しながらもスケッチの量は膨らむ一方で、彼は引っ越すたびにそれも一緒に運ばなければならなかった。一八二七年に死去したときには、綴じられていない状態のスケッチ数百枚とスケッチ帳五〇冊以上（最も古いものは一七九二年に書かれた）が彼の部屋から見つかった。ベートーヴェンの部屋を訪ねたことのある人物は、部屋に足を踏み入れたときのことを、こう記している。「彼の髪のようにめちゃくちゃ」で、「彼が草稿を書くときに使った」鉛筆がアップライトピアノの鍵盤の上に投げ出され、「すぐそばに置いてあった落書きのような楽譜には、いくつもの独創的な楽想が脈絡なく走り書きされており、この上なく乱れた独特の音符の塊が、彼の頭に浮かんだままの状態でひしめきあっていた。それは新しいカンタータの草稿だった」

ひとたび曲を書き上げれば、必ず次の特別な作業が待っていたが、それも紙を必要とするものだった。ベートーヴェンは観客の存在を常に念頭に置いて作曲していたが、演奏者がその通りに演奏できるような楽譜を印刷するためには、まず音符が宙に浮いたような草稿を清書しなければならなかった。ウィンターによれば、ベートーヴェンは優れた技能を持つお抱えの写譜師たちとうまくやっていくために「ベストを尽くした」という。それでも、彼のとりつかれたような仕事ぶりのなかで修正に継ぐ修正がなされ、草稿はたいてい混沌としていたという。現在でも厳しい雇い主だったという伝説が残っているほど、ベートーヴェンは生涯、写譜師たちと、ウィンターがいうところの「終わらない戦争」を続けていた。「写譜師はしょっちゅう入れ替わっていました。彼が酷使したからです。彼はこのような言葉を残しています。『私の人生で、唯一まともに写譜ができたのはシュレンマーだけだった。そして彼は死んだ』。シュレンマーとは、類いまれな技量を備えた一九世紀の写譜師のひとり、ヴェンツェル・シュレンマーのことです。彼は数十年にわたってベートーヴェンの写譜に取り組み、その意図を正確に汲み取ることのできる超人的な能力を備えていました。ですが、ベートーヴェンが彼に謝意を示したことは一度もありませんでした」

そして再びウィンターが強調したのは、ベートーヴェンの仕事のプロセスにとっては、すべてを紙に書きつけるのが不可欠だったという点だった。「たとえば私は『交響曲第九番』についてずいぶん研究を重ねてきました。『ベートーヴェンのスケッチ帳』のなかに『連続性のある草稿』という言葉があるでしょう？　普通は、ちょっとしたメロディーでも、ピアノ譜でも、オーケストラの簡略譜（ショートスコア）でも総譜（フルスコア）でも、曲の出だしから書き始めて、まずはある程度の形にしようとするものですよね。ベートーヴェンなら、ひとつの楽章を書き上げるために、半ダースもの連続性のある草稿を書くかもしれません。そういうとき、普通の作曲家なら二、三の楽器のパートぐらい飛ばしても、まずは主旋律を追いかけようとするかもしれませんね。ところが彼の場合はすべてのパート、すなわち総譜のすべての段を書き上げなければ、その先の部分には取りかかれなかったのです」

これだけおびただしい数のスケッチが残っているにもかかわらず、ウィンターはベートーヴェンが後世に残すために書いていたとは考えていない。「間違いなく自分にとって有用だからだったと、私は確信しています。それなら、どうして彼はほかの人とは違い、書き損じた草稿を捨てなかったのでしょう。それは、彼がときとして以前に書いたものを見直し、そこから着想を得ていたからです。このことは証明済みです。大英博物館に所蔵されている、あの有名な交響曲『田園』の楽想が書かれたスケッチ帳を見てみましょう。そこに書かれている楽想のすべてが『田園』のために書かれたものだと思うかもしれません。ですが、まったく別のスケッチ帳に書かれた楽想がいたるところに挿入され、実に縦横無尽にちりばめられているのです」。ベートーヴェンが、後世の研究者が自分のスケッチをくわしく調べるかもしれないことなど考えてもいなかったという証拠は、ほかにもある。どのスケッチにも日付が書かれていないという点だ。「私たちにしてみたら、困った話ですよ」とウィンターは言った。「ですが、そのぶん楽しませてもらっているとも言えるでしょう。すばらしい音楽に関する議論を交わすことができるわけですから」

私はウィンターに尋ねた。ベートーヴェンが楽想を書きつけることに固執した理由は、そうしなければ忘れてしまうのを恐れたからだとは考えられないだろうか、と。「そうですね。私は、彼が二度と同じ楽想が浮かばないことを心配していたのだと考えています。たとえばフランツ・シューベルトの場合、楽曲はすでにシューベルトの頭のなかで完璧な状態で鳴っています。そんなことを聞くと私たち凡人は気落ちしますよね。そんなふうにアイデアが生まれることなんて一生ないでしょうから。ともかく、ですからシューベルトはめったに草稿を書きませんでした。頭のなかで完成している作品をそっくりそのまま紙に書き写せばいいのですから。そしてベートーヴェンは、音楽の世界の中心に燦然と輝く天才でした。なぜ彼がこんなにも世界中から愛され、尊敬される作曲家なのか――それは彼が、あなたや私でも思いつくようなアイデアから始め、それから、ゆっくりと少しずつ、平凡なものから崇高なものへと磨き上げていったからだと思います。それこそが彼の偉大なる、天与の才能なのです。おかげで私たちは彼のスケッチのなかに、心が浮き立つような旅路を見ることができるのです」

ニュージャージー州ウェスト・オレンジにあるトーマス・エジソン・ナショナル・ヒストリカル・パークをご存じだろうか。観光名所としては、グランド・キャニオンやヨセミテ国立公園、ビッグサー、ナイアガラの滝のような華やかさはなく、息を飲むような自然の驚異は確かに味わえないものの、ガーデン・ステイト・パークウェイから数マイル離れた地味な煉瓦づくりの複合施設の魅力は、大自然の美しい景観にも決して劣らない。探求心旺盛な思索家であり、工学的な才能にも恵まれたひとりの天才が、それまで存在しなかったものを生み出そうと際限なく取り組み続けた創造のプロセスに見られる洞察力が、紙の上に克明に記録されているのだ。

小学校時代に教師から、あまりに学習するスピードが「遅い」といわれたエジソンは、独学で勉強を続け、メンローパークの近くに研究室を設立した。そこで白熱電球を開発した功績により、若くして名声を得た。その研究室が、偉大なる発明家の尽きることない想像力を発揮するには小さすぎるとわかると、自らの発明品を設計図通りに製品化するために、一〇倍の規模の三階建ての煉瓦づくりの建物をウェスト・オレンジに建てた。こうして一八八七年、エジソンの新しい研究室が操業を開始した。エジソンは生涯で一〇九三件の特許を取得したが、『ニューヨークタイムズ』紙によれば、その回数は週に二件の割合という驚くべきもので、そのアイデアの多くが、このふたつの施設で練り上げられたのだ。

一三〇〇万ドル、六年間をかけた修復が行なわれたのち、施設は二〇一〇年に一般公開され、初めて上階と、そのほかの作業スペースや、一部の研究室の見学が許可されるようになった。そこは、かつて新技術の開拓者たちによって、蓄音機やX線透視装置、鉱石から鉄を分離する装置、事務所などで使用するシリンダー形の口述記録機、ニッケルと鉄によるアルカリ蓄電池といった近代的で斬新な製品の開発が行なわれた場所だった。現在の本館一階スペースの半分には、旋盤や滑車、ベルト、さまざまな機械が所狭しと並び、その反対側には一万冊の図書を所蔵する充実した図書室があった。エジソンは、その部屋を自分の正式の事務所として使っていた。アルコーブのふたつの書棚の間には小さなベッドが置かれているが、これは偉大なる思索者が研究の合間に横になれるようにという妻の配慮からのものだった。二階には、化学実験室が数部屋、写真撮影スタジオと暗室、そして彼が急いで書き留めたアイデアをプロの製図工が精密な設計図に書き上げるための静かな場所もあった。蓄音機と一緒に置かれている映画の撮影機は、エジソンがキネ

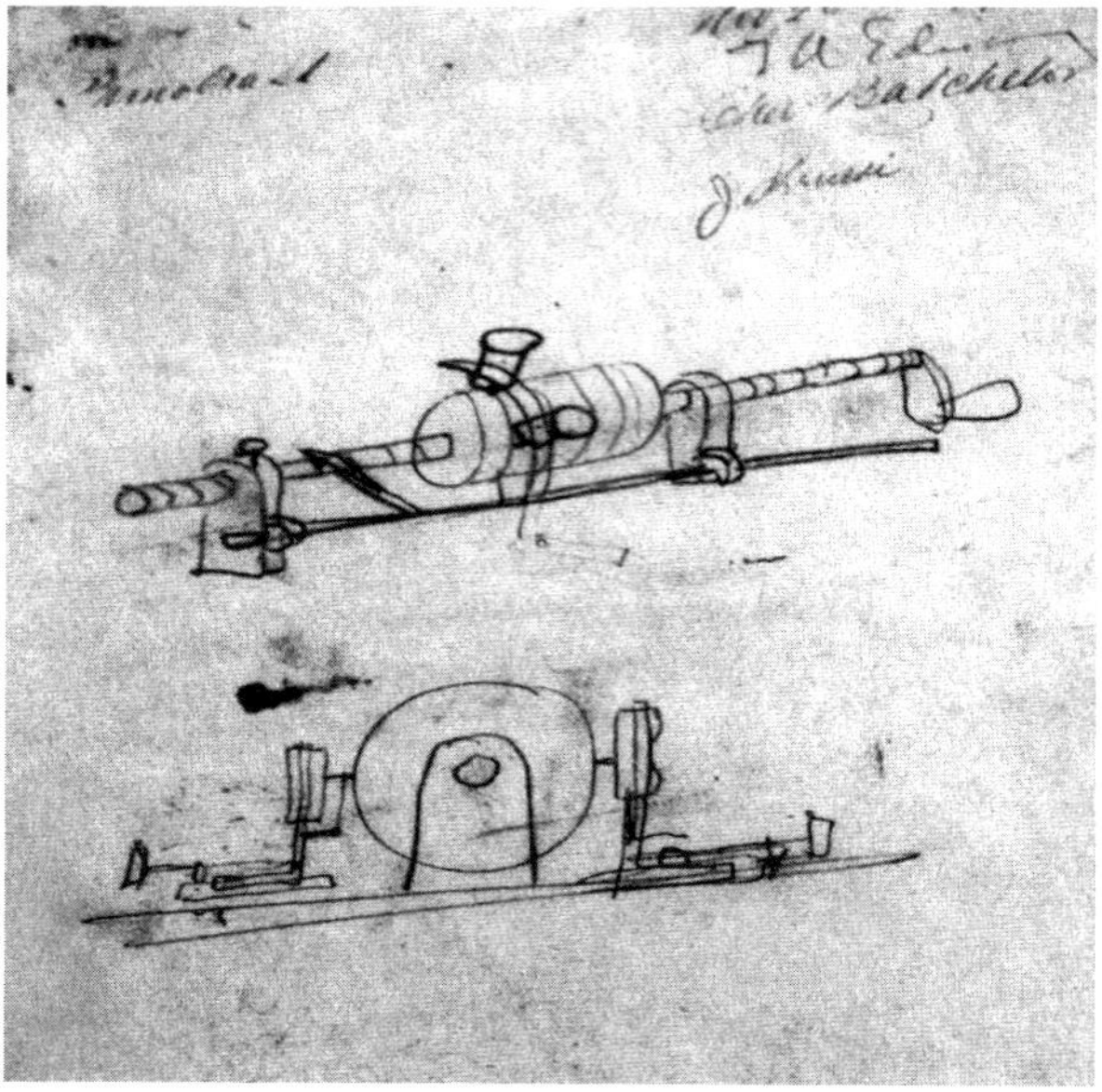

1880年に、トーマス・エジソンが描いた最初の蓄音機のスケッチ。研究室のノートより。

トフォンと呼んだもので、ここに世界で初の映画スタジオが併設されるきっかけとなった製品だ。スタジオのなかには、当時、銀幕スターになることを夢見て訪れた者たちのオーディションに使われたスタインウェイのピアノも置かれている。

いくつかある別館のなかで、一般公開されておらず、研究者しか立ちいることができない棟がひとつある。そこに保管されている無数のファイルのなかには、近代初の職業的な研究開発事業ともいうべき活動を記録した書類が収められている。エジソンはその活動内容を高い水準まで押し上げることに貢献したが、その努力が無数のペーパーワークに見ることができる。特に示唆に富んだ三五〇〇冊のノートには、彼の思索と着想が最初に具現化されたものが書き留められている。大半は不意に浮かんだアイデアを、取りあえず大ざっぱにスケッチしたものだ。私は、そのスケッチを何点か調べる機会があったのだが、最初はいくらか落胆したことを認めねばならない。目を見張るような鋭い洞察がはっきり見て取れることを期待していたためだ。しかし天賦の才能は多くの場合はその過程に表れるものであり、技術的な資料からそれを見抜くのは、研究者でなければ難しい。

そんなわけで、私は二〇マイルほど車を走らせて、ニ

ニュージャージー州ウェスト・オレンジのトーマス・エジソン・ナショナル・ヒストリカル・パークに保管されているエジソンの研究ノートのうちの２冊。

ューブランズウィックのラトガース大学のメインキャンパスを訪ねた。この大学では、一九七九年から研究者のチームがエジソンに関する資料を集めて編纂し、『トーマス・A・エジソンの記録 *The Papers of Thomas A. Edison*』の決定版を刊行するための作業にあたっている。二〇一〇年の時点では七巻まで発行されており、プロジェクトが完了するのは始まってから約半世紀後になると予想されている。五部からなるマイクロフィルム版二八八巻は、原典の三〇万ページ分にあたる。電子版はマイクロフィルム版の三巻までと、ほかの施設の所蔵品の資料を合わせたもので、これもすでにインターネット上で閲覧可能だ。加えて、そこには約二〇万点の画像も含まれている。長く忍耐を要する作業を監修しているのは、ラトガース大学の研究教授、ポール・イスラエルだ。彼は一九八〇年からこのプロジェクトのいくつかの作業にたずさわり、二〇〇二年からは『トーマス・A・エジソンの記録 *The Papers of Thomas A. Edison*』決定版の編集長も務めており、プロジェクトに関連した本も何冊か執筆している。最も注目を集めたのは『エジソン――発明の人生 *Edison: A Life of Invention*』と、同僚のロバート・フリーデル、バーナード・フィンと共同執筆した学術書『エジソンの電灯――発明の技法 *Edison's Electric Light:*

『*The Art of Invention*』の二冊。彼が私に語ったところによると、あらゆる記録保管所が資料の提供を快諾してくれなかったら、まず刊行は不可能だったという。

「発明品はすべて、例外なく紙の記録に基づいていました。もとは、すべて紙だったのです」とイスラエルは語った。「確かに、とんでもない作業に思えます。単なる大量の未分類の書類であれば、怖じ気づいてしまうでしょうが、これはそうではありません」。エジソン・ペーパーズ・プロジェクトが発足した当初、保管所にある資料は、今日現存すると考えられている約五〇〇万ページではなく、一二〇万ページほどだと仮定されていた。「事前に作成された有用な目録など、一切ありませんでした。たぶん、そのほうが良かったのです。もしそのとき、自分たち手がけようとしているものの厖大さに気づいていたら、決してプロジェクトに着手しようなどとは思わなかったかもしれませんからね。でも、いざ始めてみると、自分たちの手にはとても負えないと気づきました。至るところに資料が分散していることがわかったんです。あちこちで歴史的に価値のある書類が見つかりました」。イスラエルによると、事務的な書類の約三分の二がトーマス・A・エジソン社でつくられたものだったおかげで、大いに助かったという。そういった書類は研究分野の範疇外で、入手しづらいからだ。「お役所仕事的な作業が大量に行なわれていれば、書類も大量に生まれます。ですからトーマス・エジソンの発明品に関するものとしては、さほど価値のない書類も数多く存在します。でも、私たちがラトガース大学で進めているプロジェクトは、トーマス・エジソンというひとりの思索者のすべてに関することなのです」。エジソンは根っから、物事の細部を大切にする人であり、「記録を決して怠らない主義の人」だったとイスラエルは言う。それでも資料の一部は、研究室から研究室へと渡り歩く間に災難に遭っていた。「もともとはひとつだったはずなのに散逸してしまった書類もありました。それでもエジソンが、時を経るにつれて自分の記録を慎重に扱うようになっていったのは確かです。ノートの取り扱いに関する決まりごとを決め、全研究員にそれを守らせました」。エジソンは、頭に浮かんだことは取るに足らない些細なことでさえも常に記録していたと考えられている。「このやり方は、のちの蓄電池の開発プロセスのなかで見ることができます。考案と企画について記録されたノートが大量に残っていいます」。秘書たちは、エジソンからノートの保管に関する決まりごとを頭に叩き入れられ、彼が課した手順に従うことを要求された。「資料を選別して整理し、出版するというのは、本当に大変な作業です。資料を選別しながら、つくづく実感したことがあります。それはエジソンの熱意こそが要であり――作業プロセスのなかに見えた彼の熱意――そして、その熱意から生み出されたものが要なのです」

ものを書きつけるという便宜性を超えて、エジソンは紙を機能的な道具として利用した。その最たるものが相場受信機で、ウォール街から送信された株式相場のデータを細い紙のテープに印字し、株式仲買人が主要証券取引所の相場の動向を知ることができるというものだった。一八七六年、エジソンは「自動署名」機の特許を取得した。紙に小さな穴をあけ、その穴からインクを転写することで安価に文字を複写できる、ガリ版方式の装置だった。この装置は改良されたのち、初めて商業的な成功を収め、ミメオグラフという名で知られるようになった。エジソンがアルバート・ブレイク・ディックに特許の使用を認め、A・B・ディック・カンパニー・オブ・シカゴから商品として発売されたのだ。ミメオグラフは長年にわたって何百万個もの販売実績を残し、評判が良かったため、ミメオグラフという名前自体が一般的なものになるほどだった。蓄音機は、始めてエジソンが試行錯誤の末に製品化したもので、彼が録音の媒体として採用したのは、柔軟性に富み、表面に溝を刻むことのできる、パラフィンでコーティングされた紙、つまり蠟紙（ワックスペーパー）だった。また、白熱電球を改良したとき、彼は無数の素材をフィラメントの材料として試したが、初期に実験が成功したもののなかには炭化させた厚紙もあった。エジソンはそれを細いU字の形に切り抜いて使った。そのほかにもさまざまな繊維を試し、最終的に行き着いたのが竹だった。そして竹をフィラメントにした電球は、より寿命が長いことが証明された。

「エジソンは科学技術について、とても創造的な考え方をする人でした。また彼の下で働き、問題を解決するチームをまとめるリーダー役としても優れていました」とイスラエルは述べた。「彼は山ほどの材料や化学薬品を試しましたが、やりすぎることはありませんでした。実験は決して一回で成功に結び付くことはありませんでした。そして、うまくいかないとなれば、すぐに別の方法を試しました」。エジソンの手がけた機械工学的な発明品はあまりに多く、彼の書いた図形やスケッチは素人には理解しづらいものが多い。「彼が発明した電気的な技術の多くが、発電機や電信機など、ものを動かすことと関連していました。なかには電気信号の回路に関するものもありました。そのすべてが絵で表現されました。

彼は、自分の考えた技術を何種類もの違った形に発展させて描くのが、とても得意でした」

エジソンが機械工のために書いた指示書は、いつも「書き込まれた情報と、具象化された知識の興味深い融合体」だったとイスラエルは言う。「私たちは、彼らが何をしていたのか正確にはわかっていないのかもしれません。すでに機械工は指示書を見るまでもなく知識を備えていたわけですから」。イスラエルは、アメリカの特許システムが、世界で初めて申請内容を一般に公開することを正式な手続きの中心に位置づけたことによって、製図工の重要性が高まったと指摘した。「どこかの時点で、組織のなかの誰かが紙にすべてを書きつけなければならないのです。アメリカのシステムでは、出願された特許は公開され、製品として幅広く普及してきました。この国は技術の普及のためなら、特許権も惜しみなく提供していたのです」

もし大量の書類に共通しているものを見出すとしたら、結局のところ、それはエジソン自身の直感の「声」だとイスラエルは言う。「研究室から出てきた書類は、どれも概念図のようなものから始まっています。全プロセスを通して彼はいつも中心にいて、彼が最も有益だと考える方向に向かって研究は進められていきます。そこには、はっきりとした筋道があります。エジソンの持つスタイルは、紛れもなく彼独自のものです。まず初めに彼の頭から、科学技術はどのように企画されるべきなのかというアイデアが次々に飛びだし――それが彼のペンを通して――一片の紙に記されるのです」

第14章

設計図

私は心眼で見ているのと同じようにはうまく言葉で言い表せないからである。だが、絵ならそれを表すことができる。

――グイド・ダ・ヴィジェーヴァノ（イタリアの医師で発明家）『フランス王のための宝典――戦術の書 Texaurus Regis Francie』（一三三五年）より『技術屋《エンジニア》の心眼』［藤原良樹・砂田久吉訳、平凡社、二〇〇九年］

休むこともなしにあらゆる種類の建造物――円形や方形や八角形の神殿、バジリカ、水道橋、浴場、記念門、大劇場、闘技場、さらに煉瓦造りのあらゆる神殿（……）このように非常に熱心に研究した結果、彼の並み外れた才知は、廃墟と化す以前のローマの状態を想像力によって蘇らせることができるほどになった。

――ジョルジョ・ヴァザーリ著『芸術家列伝』（一五五〇年）より「フィリッポ・ブルネレスキ伝」［『ルネサンス彫刻家建築家列伝』篠塚二三男訳、白水社、一九八九年］

さあ、この真白な紙を見られよ。プランの論理を記す用意ができたのである。

――フランク・ロイド・ライト著『自伝』（一九三二年）より［『自伝――ある芸術の形成』樋口清訳、中央公論美術出版、一九八八年］

神は建築を描くために紙を作られた。他のどんな使い方も、少なくとも私には、紙の間違った使い方だ。

――アルヴァー・アールトのエッセイより。ヨーラン・シルツ編『スケッチ Sketches』(一九七八年)〔『アルヴァー・アールト――エッセイとスケッチ』吉崎恵子訳、鹿島出版会、一九八一年〕

言い伝えによれば、紀元前二一二年、才能豊かな科学者で数学者、また技術者でもあった古代シラクサのアルキメデスは、彼を連行しようとしたローマ兵士に背いたことから殺害された。数多く残る古代の記述によれば、この偉大な思索者は数学的探求の最中だったが、兵士に妨げられて「私の円を壊すな」と激昂した。そして、その不敬な態度に腹を立てた兵士の剣の一振るいによって、永遠に沈黙させられたという。このとき年老いたアルキメデスが幾何学的な図形を描いていたのは、堅く締まった土間だったと思われる。確かに何かを書きつけるのには好都合だが、梃子の原理や複滑車、手動揚水機、またπという記号で知られる円周率をも含めた多くの数式を創り出した男が利用できたものといえば、それだけだったということだ。

アルキメデスは、仕事となればそれ以外のものは何も目に入らず、深くのめり込んでしまう人物だという伝説が残っている。最も有名な逸話は、湯船に浸かっているとき、突然浮力の原理をひらめいて、素っ裸のままで「わかったぞ(ユーレカ)!」と叫びながらシラクサの通りを走ったというものだ。あくまでも伝説だが、アルキメデスが突然ひらめいたアイデアを書き留めるために、かまどの灰を使ったり、風呂上がりに精油を塗った身体に爪を立てたりしたことに驚嘆したというプルタルコスの記録がある。当時、アルキメデスが数学的な計算をするときに使っていたのは蠟を塗った木製の板で、書いたものを消せる、今でいえば黒板のようなものだった。パピルス紙を使うこともあったが、結局のところ紙のように実用的なものは存在しなかったのだ。

同様にプルタルコスが書き残したものとして、アレクサンドロス大王がその名を冠したアレクサンドリアという大都市をナイル川の河口に建設しようとしたときの逸話がある。紀元前三三四年、その地を見晴らそうと川岸に立ったアレクサンドロスは、即刻、都市の未来図を頭に描いた。だが、それを地面に描くチョークが手元になかったため、彼は部隊の食糧から穀粒を持ってくるように命じ、その穀粒を川岸に広げた。そして棒で「大きな丸い形」を描き、「その円周から同じ長さの線を何本も、外衣《クラミュス》の形になるように書き入れた」という。

アレクサンドロスが、大通りや桟橋、噴水、神殿を建てる場所を入念に指示し、自らの手並みにしごく満足していると、海辺から鳥の大群が「黒雲」のように舞い上がり、穀粒を「一粒残らず」平らげてしまった。予言者はこれを見てアレクサンドロスがあらゆる民族を「育み、扶養する者」となる吉兆だと告げ、大王の激昂を買うような不吉な啓示は、おいそれと口にしなかった。その言葉に安心したアレクサンドロスは、建築家のディノクラティスに、時代に即した方法で計画を完成させるよう指示した。しかし、ここでまた繰り返すが、それを描くための紙はなかったのである。

パルテノン神殿の設計図も現存していない。ギリシア建築の神髄とも言えるこの神殿を建てるプロジェクトの総監督を務めたのは彫刻家のフェイディアス、彼に指示を与えていた建築家はイクティノスとカリクラテスだというのが有力な説だ。今やその遺跡の骨組みが残っているのみで、彼らが設計図を描くために使った方法や道具、書きつけた素材については推測するよりほかない。一六八七年に武器弾薬の爆発で大部分が破壊されたため、パルテノン神殿の当初の姿を伝えるものは、紙のみだ。爆発事故が起きる一三年前、フランスのトロワから来たジャック・カレーという若い製図工がアクロポリスに二週間滞在し、駐オスマン帝国フランス大使のために、神殿のスケッチを描いた。カレーの描いた精巧なフリーズ［古典建築の柱の上部エンタブラチュアのアーキトレーブとコルニスとの中間の部分］は、その後ヴェネチア軍の砲撃で二割近くが破壊され、さらに一九世紀初頭、第七代エルギン伯爵トーマス・ブルースの指示で持ち去られ、大英博物館に所蔵された。

廃墟となってもいまだ荘厳な姿を保ちつつアテネの街を見下ろすパルテノン神殿とは異なり、紙によって建築の粋を集めた遠い昔の姿が、実物ではないながらも保存されてきた例もある。ロンドン大火で失われた旧セント・ポール大聖堂だ。紙に保存するという奇跡的な偉業を成し遂げた人物は、古物研究家で紋章官のウィリアム・ダグデール卿だ。彼はこの中世の歴史的建造物が一六六六年にロンドン大火で失われる八年前に、著書『セント・ポール大聖堂の歴史 *History of St. Pauls Cathedral*』を出版した。ダグデールは著書のなかで、聖堂のモニュメントの調査を始めたとき、書記官の広間に「荷役夫が一〇人は必要な書類の山が、籠や袋」に入ったまま放置されているのを見つけ、「かびの生えた建築勅許状やら、巻物やら、書類やら」を調べたと記しているが、その広

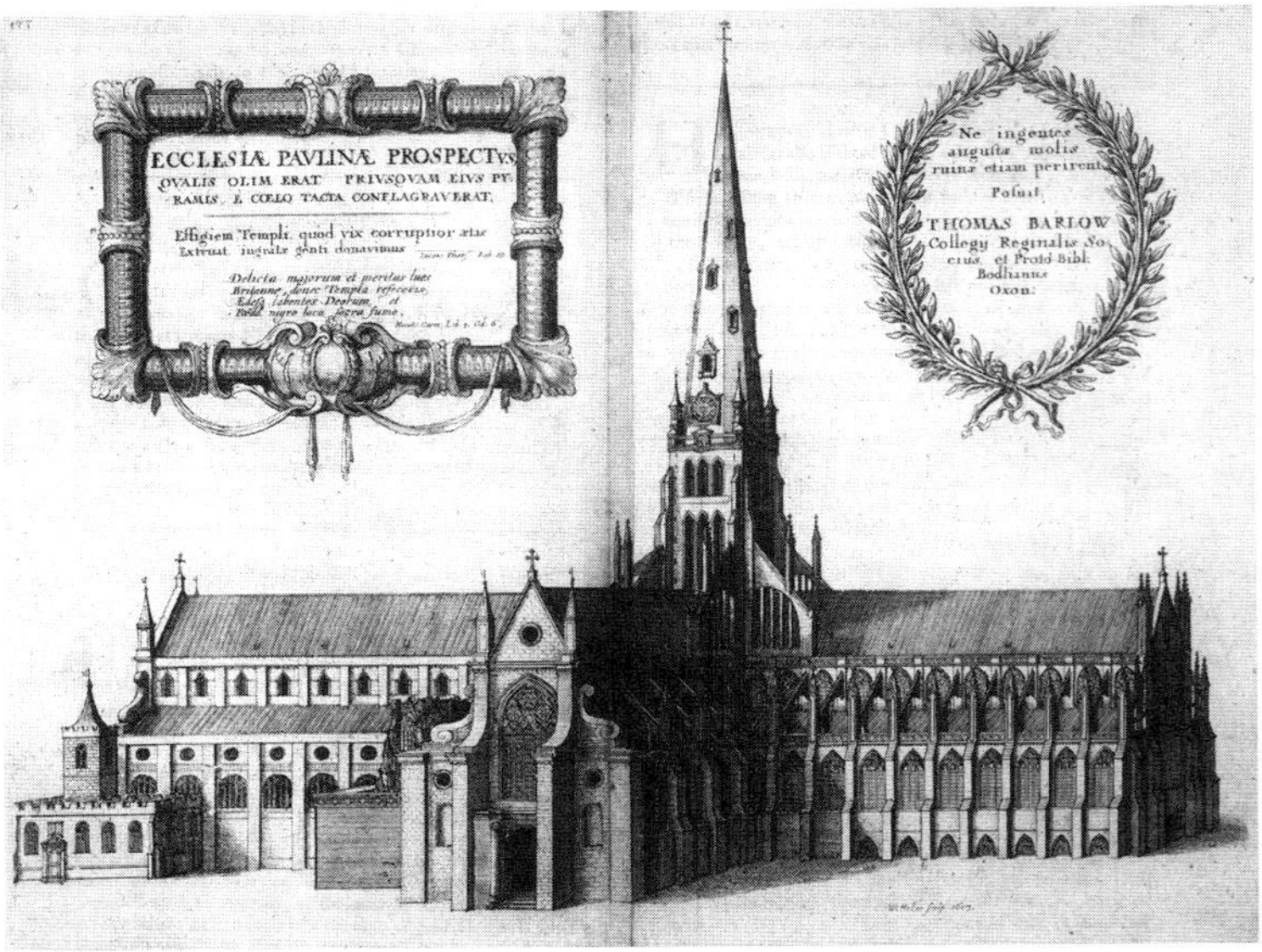

ウィリアム・ダグデール著『セント・ポール大聖堂の歴史 The History of St. Pauls Cathedral in London』（1658年）のなかのヴェンセスラウス・ホラーの挿し絵。

間も大火で焼けてしまった。ダグデールは、一〇八七年から一三一四年の間にノルマン人とその継承者によって建てられた聖堂内のモニュメントと碑文についても詳細な記録を残している。また、大聖堂内の図書室の棚に収められていた書物や写本も、ひとつ残らず鑑定した。さらに、思いがけない贈り物として、一七世紀ロンドンの傑出した挿し絵画家ヴェンセスラウス・ホラーが、大聖堂の当初の姿と、一六三〇年代に建築家のイニゴー・ジョーンズによって改築がなされた部分も含めた姿の計四五枚の素描をダグデールの著書に提供した。

　著書のなかでダグデールは、チャールズ一世の王室会計監査官クリストファー・ハットン卿から「たびたび熱心に勧められ」、宗教改革と清教徒革命の宗教的な大変動の被害に遭い続けてきたモニュメントや会堂を「速やかに調査する」ことを約束したと回想している。彼は「インクと紙」のおかげで、当時、イギリス全土で衰退の道をたどっていた歴史的建造物の「影」だけでも、「後世のために保存できるかもしれない」と書いている。

　ロンドン大火は悲惨な災害だったが、セント・ポール大聖堂が燃えたおかげで、のちのクリストファー・レン［ロンドン大火からの復興の中心人物。セント・ポール大聖堂の再建を担当した］の名声があるといえる。建築設計史におけるレンの画期的な方法については、綿密に練られ紙の上に詳細に描かれた図面が今日まで残っている。新しいスタイルの、より壮大な大聖堂を建てるため、レンは三五年にわたって尽力し、縮小した図面を描くという実用的な分野を切り開いて建築技術の発展に大きく貢献した。二〇〇九年から二〇一〇年にかけてロンドンとコネチカット州ニューヘイヴンで開催された展覧会『コンパスと定規 Compass and Rule』は、レンの功績に焦点を合わせたものだ。このような革新的な技術は、「紙の革命」なくしてありえなかったと、展覧会の目録を書いたアンソニー・ゲルビノとスティーブン・ジョンストンは断言する。「紙の革命」は、一五〇〇年から一七五〇年にかけてヨーロッパ中に広がり、行く先々で建築技術のめざましい進歩を促した。今日、設計と建設は別の仕事として扱われているが、中世の建築術においては密接につながっていた。中世にも、設計図が羊皮紙に描きつけられることはあったものの、「設計者の構想」をパトロンや職人に伝えるための、せいぜい図解程度のものでしかなかった。正確な寸法は、現場で実際に棒やロープを使って測られ、何か問題が持ち上がると、「紙に描かれた線画を消すのではなく、杭を動かしながら」地面の上であれこれ試して解決していたという。

アラブ人が中国から製紙の技術を学び始めた時期とほぼ同じ頃、アッバース朝のカリフ、アブー・ジャーファル・アル＝マンスールが、バグダードのチグリス川西岸に新たな都を建設するという意欲的な計画を立てていた。九世紀の中東史の研究者によれば、七六二年、都市全体の構想図が原寸大で地面に描かれたという。労働者たちの手で、あらゆる施設や道路、城壁、城門の位置が正確に、実際に建設される場所に描かれたのだ。やがては円形都市（円周はゆうに四マイルはあった）として知られることとなる街全体の見取り図が完成すると、外郭にナフサ［原油を蒸留して得られる粗製ガソリン］に浸した綿実と灰で線が引かれ、夜になると火が焚かれた。カリフは街の中心部に立ち、その雄大な構想図を一望したという。

建築術が独自の学問として成熟し、幾何学が発達してくると、設計の手助けとなるさまざまな道具が考案された。その最たるものがコンパスと物差しだが、そのほかにも分度器やディバイダ、三角定規、からす口、直定規などが生み出された。展覧会『コンパスと定規』ではこういった道具も取り上げられ、ニューヨークのコロンビア大学エイヴリー建築・美術図書館に寄贈された道具も展示された。同図書館は、同じ年に、紙に書きつけるた

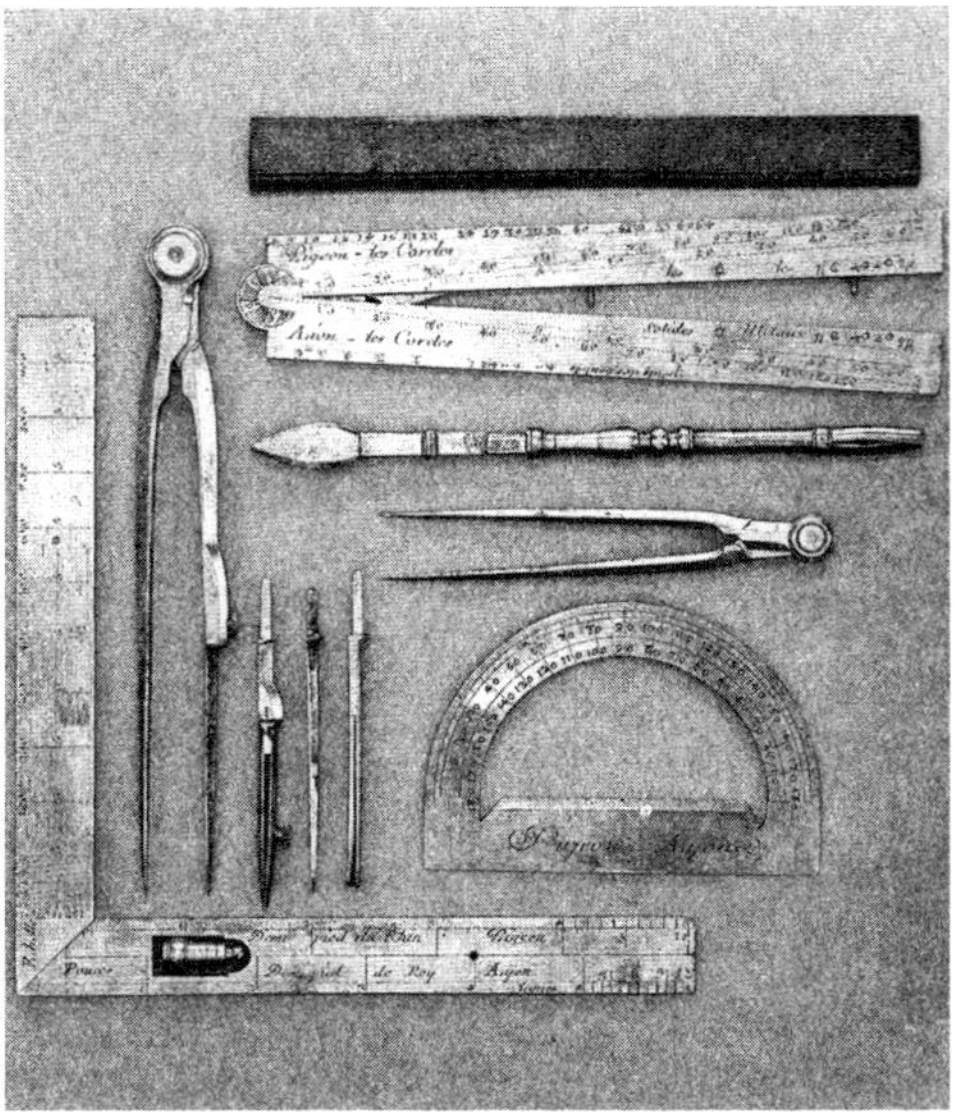

コロンビア大学所蔵のアンドルー・アルパーン・コレクションのなかの、18世紀フランスの建築家の製図用具一式

めの文具として発展してきた製図用具を大々的に展示した。ニューヨークの建築史学者、アンドルー・アルパーンの三〇年にわたる蒐集品のなかには、ヨーロッパやアメリカで過去三〇〇年の間につくられた製図用具が一七〇点含まれている。その大多数が銀や象牙、鋼鉄、真鍮製の優れた手工芸品であり、正確な数字を建築家のイメージから紙の上に置き換えるために考案された精度の高いものばかりだ。

「ある物がつくり出されるとき、それはまずアイデアとして存在する」と提唱するのは、著名な技術史家、ユージーン・S・ファーガソンだ。彼は著書で、物質は非言語的な、漠然としたひとつのイメージとしてとらえられ、初めは明確な言葉ではなく、設計者の「心の眼《マインズ・アイ》」で見たイメージとして生まれると述べている。六〇〇年近くもの間（ヨーロッパに紙が出現してから現代までの期間とほぼ重なる）、そういったイメージを伝える主な手段は紙に描くことだった。コンピューター援用設計（CAD）が複雑な製図を可能にした今日においても、最終的な構想はプリントアウトされて作業関係者たちに配られ、パソコン上のファイルが建築現場で参照されることは、まずない。

「着工する前に完成図を描くという考え方は、中世からルネサンスへと移行する時代に生まれました。これは羊皮紙が使われなくなる頃とちょうど一致します」。ウェルズリー大学の名誉教授で、ソサエティ・オブ・アーキテクチュラル・ヒストリアンズの前会長、ジェイムズ・F・オゴーマンは本書の取材の席で語った。「イタリアでは、一五世紀後半からコンピューターが出現するまで、建物の設計図はたいがい同じ方法でつくられていました。紙に描いていたのです。そして紙は、建築士が自分の構想を業者や施工主に伝えるための一般的なメディアとなりました。言ってみれば建築術における通貨のようなものです。ルネサンス以前は、はっきりとした完成図のないまま工事が始められていました。大聖堂が完成するまで何十年も、時には一〇〇年以上も、ゆっくりと時間をかけながら行き当たりばったりで作業を続け、その時々に修正を加えていたのです」

現在は対照的に、「あらゆるものが、何百枚もの書類に書き込まれます。そして弁護士が関われば法的な文書として扱われるようになります」。オゴーマンは続けた。「すべて、現代の概念です。中世には、そのようなものは一切ありませんでした。あなたはアルキメデスの話をなさいましたね。彼は確か、砂の上に書いていましたね？

それとも土？　いずれにせよ、彼の時代に永久不変の素材はなかったわけでしょう？　となれば、紙が何もかも変えたと言えるでしょう。羊皮紙ではできないことです。皮に絵を描くのは難しいはずですからね。多くの絵が、羊皮紙に描かれることはありませんでした。ただ、石に描かれることはありました。ですからアテネの神殿は、建築的に見るとドバイの超高層ビルとは別物です。要するに、ギリシア人は容器の外側をつくっていたわけです。今日、建築にかかる費用には、すべてのインフラが含まれています。暖房、換気、配管、コンピューター上で必要な無数の作業。そのすべてが、あらかじめ綿密に練り上げられていなくてはなりません。建築士が自分の構想を承認してもらうためには、何か持ち運びの利く固体に記録する必要があります。近世において、それは紙でした」

縮小して精密に描くという技術は、そうした変化とともに生まれ、ニューヨークのコロンビア大学エイヴリー建築・美術図書館に整然と展示されているディバイダやコンパス、物差しといった製図用具の発展に一役買った。「フランク・ロイド・ライトやラルフ・アダムズ・クラムのような建築家は、紙に描く前に自分がつくりたいものの構想を頭のなかで組み立てていると言っています」とオゴーマンは言う。「その構想は、あくまで希望的な、いささか甘い考えかもしれません。ですが、初めは覚え書きのような形で書き留められます。建築家は、ナプキンスケッチと呼ぶことが多いですね。アイデアが浮かぶと手近にあるナプキンや封筒の裏、剝ぎ取り式のマッチなどに書き留めるので。とはいっても実際には、手の届くところに何かしら紙がないと、とっさに思いついたものを大急ぎで書くことはできません」。オゴーマンは、レオナルド・ダ・ヴィンチが建築的な思索に没頭したという話について、こんなことを言った。「そういったアイデアは、雪が降るようなものだったのではないでしょうか？　ひとつのテーマが、自分の望むあらゆる形で、途切れることなく一枚の紙の上に降り積もるのです。たぶん書き上げるのに……そうですね、二五分もあれば良かったのでは？」

オゴーマンは一〇冊以上もの著書を執筆してきた。そのなかに、一九世紀の著名なアメリカ人建築家、ヘンリー・ホブソン・リチャードソンを伝記的に研究した本がある。リチャードソンは、リチャードソニアン・ロマネスクという様式をあみだした建築家だ。作品としては、一八七二年に大胆な即興的手法を用いて設計した、ボストンのコプリー・スクエアのトリニティー教会が最も良く知られている。「リチャードソンは決してナプキンスケッチ以上のことはしませんでした。本当です。彼にはお抱えの製図工が数人いました。その製図工たちが、リチャードソンのちょっとしたスケッチを忠実に再現して清書し、その設計図にリチャードソンが山ほどの修正を書き入れて、また製図工に渡し、完全な設計図に仕上げて提出するように指示していたのです。アイデアを人から人へと運ぶものは、紙です。つまるところ、設計とは視覚芸術なのです。自分の要望を言葉で正確に相手に伝えることは難しいですが、視覚的な方法を使えば伝わるはずです」

オゴーマンは、言葉に束縛されない方法として最も有名な事例はパクストンだろうと言った。一八五〇年、イギリスの建築家で造園家のジョセフ・パクストンが、ハイドパークで翌年に催されるロンドン万国博覧会のために設計をした。当時の多くの資料によれば、ロンドンのミッドランド鉄道の取締役でもあったパクストンは、会社の重役会議に出席した際、社長で下院議員のジョン・エリスに、万博を成功させるアイデアがあると進言したという。エリスは、万国博覧会王立委員会の委員長でもあったからだ。パクストンは、当時、製造技術が進歩していたガラスや鋳鉄を利用した斬新な温室のデザインを発案したばかりで、これにいくぶん改良を加えれば万博に使えるかもしれないと考えていた。エリスはパクストンに、九日以内にアイデアを紙に描いて提出するように求めた。

パクストンは先にやるべき仕事を抱えていたが、ダービーでの会議に出席した際、テーブルの上にあったペンとインクを使って、もっぱら吸い取り紙にデザインの構想を描きなぐることに時間を費やした。そして会議が終わる頃には、最初のスケッチができ上がっていた。こうしてでき上がったのが、のちに『パンチ』誌［一八四一年に創刊されたイギリスの風刺雑誌。一九九二年に廃刊となる］の編集者が「クリスタルパレス」と名付けた建物だ。クリスタルパレスは、一九エーカーの敷地に鋳鉄製の柱で組まれた三階建ての建物で、奥行き一八四八フィート、幅四〇八フィート、両脇にのびるガラスの翼廊は一〇三フィートもあった。モジュール方式の設計とプレハブ工法を用いたため、工事は滞ることなく翌年の万博開催の前に完成した。博覧会の終了後は別の場所に移設されたが、一九三六年に火災の被害に遭って焼け落ちてしまった。一九世紀においてパクストンは、いわばカクテルナプキンスケッチの先駆者だったのだ。そして、当初のデザインが描かれた吸い取り紙はどうなったかといえば、今日ヴィクトリア・アンド・アルバート博物館の所蔵品となっている。

技術史を研究する者のなかには、ルネサンス期のイタリア人建築家で技術者でもあるフィリッポ・ブルネレスキが透視図法の草分け的存在だと考える者もいる。彼の技術は現代の建築設計において標準的なものとなっている。さらにブルネレスキは、労働者が指示通りに作業できるように、その内容を専門的に振り分けた最初の人物でもある。工程技術がこのように進歩したことで、設計者は現場で全工程を監督する必要がなくなり、工程ごとにチームがつくられ、それぞれに責任者が割り当てられるようになった。

ブルネレスキは、当時ほぼ不可能だと思われていたフィレンツェのサンタ・マリア・デル・フィオーレ大聖堂の工事を担い、足場をまったく使わずに巨大な石づくりの天蓋（ドゥオーモ）を完成させた。建築資材を垂直に引き揚げる独創的な巻き上げ機を発明することで、資材を高所に運ぶという一番の難題を解決したのだ。そして独自の技術を外部に盗まれないために、必要とする部品の図面を描くと市外にある別々の作業所に送り、組み立てだけを現場で行なった。計画の全貌を知っているのは、ブルネレスキと直近の部下だけで、工法を開示せずに工事を進めるという考え方は、未来の建築法のあり方を予見するものだった。また、今日では請負として知られる制度も先んじて活用したといえる。

建築術と工学技術は確かに似通ってはいるが、まったく別のものだ。建築（アーキテクチャー）はギリシア語で「建築業者長」または「大工の親方」という意味の「アルキテクトン（architekton）」に由来していて、主に建物の設計に関わる仕事を指すが、橋梁や高速道路、水道橋といった土木建造物を建設する仕事も含む概念だ。当時の技術者とは、レオナルド・ダ・ヴィンチがノートに書いたような投石器や破城槌のような攻城兵器の製造にたずさわったり、アルキメデスが得意とした包囲攻撃に対する防衛技術を開発したりする人のことだった。だからつい一七世紀まで、「技術者《エンジニア》」という言葉は城塞や兵站、とりわけ小火器や火薬の責任者のことを指していた。

しかし工学技術が発達したことでこの言葉はより広い意味を示すようになった。工学技術は産業革命の頃に大きく発達し、さまざまな販売目的の機械や「発動機《エンジン》」の製造が一般的になるにつれ、技術者はさながら機械化の波に乗った科学者として頭角を現し始めた。技術者とはよくいったもので、ラテン語の「ingeniare」（発明する）という動詞に由来するこの言葉は、彼らの存在理由にもつながる「創意に富んだ発明品（an ingenious contrivance）」という言葉とも結び付いていて、まさにプロフェッショナルな技能を有する者を表現する言葉としてはぴったりといえよう。

ユージーン・ファーガソンによれば、工学技術における設計のプロセスは通常、フリーハンドのスケッチから始まり、あまり正確な縮尺に基づくことはない。スケッチを描く主な目的は、新しいアイデアを試し、代替案と比べることだが、最も肝心なのは「つかの間のうちに消え去ってしまうひらめきを紙の上にとどめて」おくことだ。スケッチには三種類ある。ひとつは、ファーガソンいわく「思索のためのスケッチ」で、これはレオナルド・ダ・ヴィンチを見ればよくわかる。「思索のためのスケッチ」は主に「非言語的な思考に集中し、それを導く」ために行なわれる。ふたつ目は、「指示のためのスケッチ」。これは縮尺に基づいて描かれることもあり、最終的な図面を引く製図者への指示のためになされる。三つ目は「討論《トーキング》スケッチ」と呼ばれ、設計者が思うまま自由に描いたもので、アイデアや目的を技術関係の同僚に説明するのに役立つという。

視覚を用いた別の表現方法として、三次元的な模型をつくるというものがある。建築と設計の世界ではルネサンス期から行なわれていたものだ。ファーガソンの指摘によれば、模型を使うことで「アイデアを紙の上にどう描くかを設計者に示し」、模型が完成すれば、作業にたずさわる者たちに「対象となるものをつくるために必要なあらゆる情報」を与えることができるという。建築の専門家が言うところの「プラン」（平面図）とは建物を水平にカットしたイメージであり、「セクション」（断面図）とは通常、垂直にスライスしたイメージだ。「プランとセクションは両方とも、実際には心の眼《マインズ・アイ》でしかとらえることのできない空間的な結び付きに目を向けさせるものなのだ」

　産業芸術とグラフィックが専門のイギリスの歴史学者は、今日、機械製図として知られるものは産業革命の時代に製造業の新たな形式の発展と強化にともない生まれたと主張する。「もとをたどれば軍艦や建造物の製図や、ルネサンスの時代の科学的、工学的なスケッチに行き着くが、機械製図を必要不可欠なものにしたのは、製造業の独特の形式――生産活動の分業化によるところが大きい」とケン・ベインズは、著書『技術者の芸術 *The Art of the Engineer*』のなかで述べている。この主張は文化史家からは相手にされていないものの着想と実体が強固に結び付くことによって「経営と製造の関係が刷新され、設計というプロセスが生産のプロセスから分離した」と、ベインズは断言している。

　『技術者の芸術』を執筆するきっかけは、一九七〇年代後半にカーディフとロンドンで開催されたふたつの展覧会だった。どちらの展覧会もベインズの企画で、産業芸術の様式が工学技術の発展のなかで演じた役割の重要性をテーマにしている。展示される機械製図の大多数が、一九世紀から二〇世紀までの機関車や船舶、自動車、航空機などの輸送機関の図面に絞られた。英国王立芸術大学院大学（ロイヤル・カレッジ・オブ・アート）のデザイン学部の学部長を務めたこともあるベインズは、自身もアーティストでデザイナーでもあり、その分野でも幅広い題材を扱った著作を発表している。本書のために取材を行なった多くの人々と同じく、ベインズも直観的に紙の役割を理解して取り入れはしたが、必要不可欠なものとして考えたことは一度もなかった。

「よくよく考えてみると、産業革命が紙の上に製品をイメージする能力に頼っていたという見方は、確かに当たっているかもしれません。イメージを紙にたくさん描けなかった、それに関する専門的な工学技術を蓄積し、人に伝えるための実用的な方法もなかったでしょうから。それに技術者はまたたく間に特殊な言語を開発するため

——それが彼ら独自の言語であり、その言語を通じて技術者同士で話し合い、また（とても興味深いことに）実際に機械の製造業者や線路や運河の建設業者たちとも意思疎通をはかるのですが——技術者には適切な伝達手段が必要だったのです。要するに、どんなものをつくるのかを伝える方法がなくてはなりませんでした。建築術における職人的な技能、とりわけルネサンスの時代に透視図法を再発見したことは、機械製図の技術にも大きな影響を与えました」

専門家の間でやり取りされる記号や符牒の組み合わせは、一枚の紙の上の言葉として「読み取りやすい」。そういった視覚的な意思疎通の手段がなければ、複雑きわまる機械を組み立てることは不可能だったとベインズは言う。「機関車は、視覚的な意思疎通の手段なしには絶対につくれませんでした」。「おそらく一八世紀の船も、視覚的な意思疎通ができなければつくれなかったでしょうが、型板のようなものを使う造船技術とルーツは近いと思います。トルコで伝統的な船をつくるところを見学したことがありますが、職人たちは何の図面もなしに、地中海を航海する大型帆船のような船をつくっていました。使われていたのは、船の基本的な輪郭の型板でした。職人たちは、ただ型板を地面に置き、その上で船を組み立てていました。今日つくる船が昨日つくった船と同じものであれば、図面など必要などありません。つくり方だけ知っていればいいのです。しかし新しい技術に基づいたものをつくるとなれば、何を置いても図面を引くことが必要になります。一八世紀まで、特に軍艦の建造技術においては、設計図が必要だという切迫感こそが、革新的な変化を生んできたのです」

では、なぜ軍艦建造に紙が欠かせなかったのだろうか。規模の大きなプロジェクトには、どんなものでも（たとえば複雑な地形に敷かれる何百マイルもの長さの線路や、エンジンが複数ある航空会社の飛行機といったものを製造するとなれば）、何千枚もの設計図を描く必要があり、紙以外に、その媒体として使えるものがなかったからだといえるだろう。製図の技法は非常に進歩したため、色づけされた図面もあり、完成した設計図の多くはリトグラフによるもので、ベインズが展示品として集め、本に載せた多くの設計図のことを「工学技術の芸術」として紹介した理由もそこにある。「こういった設計図を描いた人々は、自分が技術の最先端にいて、自分の仕事は高尚で意義深いという強い自負を持っていたと思います。だからこそ疑いの余地なく設計図は美しいのです」とベインズは語った。「そういったことは、これまで一切論点になりませんでした。設計図は機械の本質をとらえるために描かれ、その設計図によって機械が完成したのです」

　機械を製造し完成させるには、関連性のある図面をすべて同じ縮尺で精密に引き、最終的な組み立ての段階で、あらゆる部品が意図した通りにかみあうように改良を重ねることが必要だった。グループの分業によって大規模なプロジェクトが発生するなかで、ひとつの製品を完成させるためには、全員が確実に「同じ紙の上」で作業を進めることが重要だった。技術産業が花開き始めた頃、企業は作業関係者に設計図を配るため、正確な複製を作図できる製図工を数多く抱えていた。

　産業革命時代の初期、イギリスの数学者で発明家のチャールズ・バベッジによって設計図の重要性はさらに高まる。バベッジの設計図に描かれていたものを現代のコンピューターのルーツだと説く歴史家もいる。二一世紀初頭までその機械の全貌は紙の上にのみ存在し、試作品の完成には至らなかった。「バベッジの図面は複雑で精緻だ」。技術者で技術史家、またロンドンの科学博物館（サイエンス・ミュージアム）の企画担当者でもあるドロン・スウェードは、バベッジの設計図を初めて見たときのことを著書のなかで回想している。「設計図によると、その機械は幅が一一フィートで高さは七フィート、奥行き一八インチで、八本のカラムがあり、一本につき三一個の歯車がついている」。スウェードがチームを率いて五年をかけて完成し、見事に成功を収めた冒険的な試みは、過去のひらめきの余波となって実現したのだった。バベッジの「階差エンジンを組み立てるという試みは、単に設計図に描かれた抽象的な理想を具現化することではありませんでした。一八四九年に断念されたまま封印され、一四〇年の間忘れ去られていた実用的な工学技術のプロジェクトを再開することだったのです」

　バベッジは一八三二年に書いた著書のなかで、革新的で非常に複雑な構造の機械の製造における設計図の本質的な役割について、かなりのページを割いて論じている。「各製造工程が工作機械を使用することで簡略化される場合、ひとりの機械工が動かす工作機械をすべて結集して一個の製品が完成する。工作機械を考案し、工程を簡略化するなかでは、おそらく熟練した機械工がいることが成功の鍵だ。だがそれとは別に、多数散在する技術をひとつの機械に集結しなくてはならない。工員が事前に専門的な技能の訓練を受けることが有益なのは間違いない。しかし、ともかく納得のいく形で製品を完成させようとするならば、機械工学の幅広い知識と機械製図の技能が欠かせない。今日では、技術者が知識と製図技能の両方を備えていることは一般的だが、かつては違った。そして、そういった技術者がいなかったことが、製造業の初期の歴史における無数の失敗の要因でもあった」

ケン・ベインズは、取材のなかで次のように語った。

一九世紀初めの大手の技術系企業は、「設計に対して一種の制度的アプローチを発展させた。設計図を描いていたのは大量の製品を同時に設計していたからであり、大勢の関係者にその内容を伝えなくてはならなかったからです。その結果、山ほどの筆耕者が必要になりました。筆耕者は製図の技能に長けているだけでなく、技術者としても熟練した能力を備えていました。図面の内容を把握しなければならなかったからです」

ベインズは、設計図という紙の上の指示が金属の塊、いわゆる加工対象物（ワーク）へと形を変えることに「強く引き付けられる」と述べた。「今話しているのは一九〇〇年代前後のことです。当時は、職工長が工場にやって来て、板金の切断すべき場所に正確に印をつけるというのが一般的なやり方でした。職工長は縮小された図面の内容を実物大に置き換え、チョークでじかに加工対象物（ワーク）に書き込んでいました。そう考えると、職工長とは実に卓越した技能を備えていた者だと思われます。そして、図面を製品に置き換えるという技能が尊重されるべきものでありながら、実際には文献で扱われることはなく、特に褒めたたえられもしないことであったのがわかります。私は、紙と金属には、興味深い関係性があると思っています。たとえば紙と船や機関車、あるいは紙と材料の間には、それらを結び付けるものが存在します。これは、研究し考察するに値するテーマだと思います」

さらにベインズはこう続けた。紙と材料の間には「視覚的なものから実体へ」と変化する過程があり、「その過程を頭のなかで思い描いてきた人間たちがいたことを、私たちは忘れてしまっているのではないでしょうか。私たち人間は、たとえ紙切れに書かれた小さな絵であっても、それを見て『うん、これは機関車だ』とか『町の絵だね』などと見分けることができます。これはすごい能力です。私たちは人類発展のためというよりは、私たち自身にとって都合のよい環境を、善し悪しは別として形成してきましたが、ある意味で、そういった絵は、その成功を説明するためにあるのではないでしょうか。常に良いものばかりつくってきたとは言えませんが。それでも、私たちはつくることができたのです」

印刷術が発明される以前に長年にわたって存在してい

た写本筆写者と同様に、製図工は時として間違いを犯すこともあった。しかし、何よりも精密さと正確さが要求される仕事において、間違いは許されない。その状況を劇的に変えたのが、一九世紀後半に導入された青写真だ。写真技術の時代の幕開けにともなって複写技術が発案され、オリジナルの書類と寸分たがわぬものが複製できるようになった。大革新ともいえるこの実用的な技術をもたらしたのは、ウィリアム・フォックス・タルボットの若き協力者、ジョン・フレデリック・ウィリアム・ハーシェルだ。そして、開発した手法に、自らサイアノタイプ（プリントされた色が紺青色であることからギリシア語の青色を意味する「キュアノス〈kuanos〉」に由来する）と名付けた。一八七〇年代の初めに、商品化するための開発がパリで行なわれ、一八七六年のフィラデルフィア万国博覧会で全世界に紹介された。

「青写真は、まさにコンピューターの先駆けでした」とベインズは語る。「それでもＣＡＤとはまったく違います。近いとさえ言えません。しかし青写真のおかげで、設計図を安く正確に複製できるようになりました。これは正真正銘の前進と言えるでしょう」。青写真の技術は、世界中の工学技術者の設計に欠かせないものとなり、またたく間にそれ自体が慣用表現として使われるようになった。しかしそれが広く世のなかに行き渡り、あらゆる表現と同様に言葉の持つ鮮烈なイメージだけが先行し、何度も繰り返され、ときに的外れな使い方をされるうちに、比喩としてのインパクトを失った。たとえば短く簡潔な文句として、政治家が景気回復のために考えた中身のない計画に対して「失敗の青写真」と言ったり、生命体の遺伝情報を構成するＤＮＡ配列を指して「遺伝子の青写真」と言ったり使ったりするうちに、図面を関係者に配ってミスなく耐久性のある製品をつくるという目的でつくられた技術を指す言葉の本来の意味が、失われてしまったのだ。

ヴェルナー・フォン・ブラウン博士は「近代宇宙旅行の父」とも呼ばれている。常に文書の裏付けを必要とするドイツの根強い文化が輩出した彼が、ペーパーワークを知らないわけはなかった。第二次世界大戦中にドイツが秘密裏に弾道ミサイルの開発を進めていた頃、バルト海沿岸のウーゼドム島にあるペーネミュンデの研究所では、彼が責任者を務める開発チームによってロケット開発の過程が記録されていた。終戦が近づくとフォン・ブラウンは、この最重要機密の青写真と書類を慎重に保管した。こうして彼は、連合国軍の諸国がぜひとも手に入れたいと考える人物となった。

終戦間近、フォン・ブラウン率いる科学者の精鋭チームのひとりが、最後の選択肢を書き連ねていた。「われわれはフランス人を嫌悪する。われわれはソ連軍を死ぬほど恐れている。イギリス人にわれわれの研究を存続させるだけの資金があるとは思えない。ゆえに残るはアメリカ人のみだ」。そしてアメリカ人は少なくとも、きわめて高度な技術をもつチームにとっては確かに妥当な相手だった。トム・ウルフが一九七八年に出版した小説に基づく同名の映画『ライト・スタッフ』のなかには、フォン・ブラウンをモデルにしたとおぼしき人物が、ソ連との宇宙開発競争においてアメリカが優位に立っていることを明確に示唆する忘れられない台詞がある。「わが国のドイツ人は、かの国のドイツ人よりも優秀です」というものだ。もとをたどれば、このような裏切りが生じたのは、フォン・ブラウンとそのチームが、あわせて一四トンにものぼる計画書や設計図、生産報告書などの書類を、アメリカという新たな雇い主の援助を乞うために進んで引き渡したことが大きな要因だった。

ロシア軍が東から、アメリカ軍が南西から迫っていた頃、もはやドイツがいつ陥落するかは時間の問題だった。だが、万にひとつドイツが負けなかったとしても、フォン・ブラウンを始めとする科学者たちは決断しなくてはならなかった。一九四五年四月一日、ドイツが降伏するわずか五週間前、フォン・ブラウンは側近のひとりであるディーター・K・フーツェルに、過去一三年間にわたるV1、V2ロケットの開発の核ともいうべき大量の報告書や設計図の隠し場所を探すように指示した。そして重要な書類の一切合切を三台の小型のバンと二台のトレーラーに積み込み、一〇人の選ばれたクルーが、その貴重なコレクションをブライヒャオーデから四五マイル北にあるゴスラーという村の近くの、閉鎖された砕石場まで運んだ。万が一、輸送の途中でナチスの親衛隊に出くわしても疑いの目を向けられることなく護送できるよう、ブラウンの極秘命令という偽装も施された。一行は砕石場に、おあつらえ向きの貯蔵室(一〇〇〇フィートの長さのトンネルの奥の乾燥した場所で、電動のトロッコが設えてある)を見つけると、夜になるのを待ってトラックで乗り入れ、翌日の昼過ぎまでかかって荷下ろしの作業をした。

トンネルの入り口をダイナマイトで爆破して封鎖したのち、フーツェルはオーストリアとの国境上にあたるバイエルンでフォン・ブラウンと合流し、アメリカ陣営へと向かった。隠されていた書類は即刻アメリカ側に回収され、その後間もなくフロリダのケープ・カナベラル［フロリダ州東岸の砂州に位置し、アメリカ航空宇宙局（NASA）のロケット発射基地（ケネディ宇宙センター）とケープ・カナベラル空軍基地がある］で始まるアメリカのロケット開発研究の基盤となった。そして一九六九年、ついに宇宙飛行士たちが月に下り立ったのである。「これらの書類には、計り知れないほどの価値があった」とフーツェルは、のちに著書のなかで語っている。「書類を受け継いだ者は、われわれの研究結果を受けてロケット開発を始められるのだ。書類には、われわれの過去の実績のみならず、失敗例も含めた実験結果がぎっしりと詰まっている。あれは、革新的な技術を開発するために、われわれが長年にわたって力を注いできたことを象徴するものだ。いつか人類の進む未来に起こるであろう重大な出来事において深遠な役割を果たすと、みなが確信していた」

　私はマサチューセッツ州のローウェルで生まれ育った。一九五〇年代初頭、私の通っていた公立の学校では、「紡錘の町（スピンドル・シティ）」という愛称を、ひとつの信条として受け入れていた。スピンドル・シティは、一八二〇年代に始まった世界初の計画的産業地域社会で、イギリスが躍起になって紡錘技術を流出させまいとしていた時代に、禁を犯してアメリカ合衆国に技術を持ち込んだことにより生まれた都市だった。一七八〇年代初頭のイギリスでは、他国に産業技術を模倣され改良されることを防ぐ措置として、英国とアイルランドから機械を輸出することや、技術的な情報を持ちだすことを厳しく禁じていた。何の機械であろうと図面を複製したりノートに取ったりすることは厳重に禁止されていた。

　一八一〇年から一八一二年、ボストンの起業家フランシス・キャボット・ローウェルは、特権階級の子息として申し分のない紹介状を携えながら、家族とともに外国を旅していた。旅の途中、彼はイギリスとスコットランドに数多くあった織物工場視察の許可を得た。工場主は工場内を見てまわることには寛大だったものの、力織《りきしょく》機《き》［動力で動かす織機］や、綿糸から布ができ上がるまでの工程についてはメモを取ってはならないというのが暗黙の了解だった。しかし、ハーバード大学時代は抜群の数学的才能で知られ、卓越した映像記憶の能力をもっていたローウェルは、アメリカへ帰る船の上で、工場で目にした機械のおおまかな構造を書き出した。そして帰国するとすぐ、ポール・ムーディという――当時の記録によれば――創造的な思考を常とする「周到で、経験豊富な工作機械工」を協力者として雇い入れた。一八四七年に出版された小伝には、ムーディが「当時の綿糸紡績や織物の全般的な知識に精通していた」とある。さらに特筆すべきは、この特質だ。「ムーディは計算の大部分は頭のなかで行ない、ペンと紙はめったに使わないという驚くべき男だった。特異な知性を備えた頭脳の実例といえよう」

ローウェルとムーディが互いの技能を分かちあっていたという記録は残っていないが、ふたりはかなりの短期間で、イギリスの機械を模倣した水力機織り機のシステムをつくり上げた。そしてネイサン・アップルトンという商人に呼びかけてもらい、マサチューセッツ州の富裕な実業家たちから出資金を引き出すと、数か月のうちにウォルサムのチャールズ川沿いの製紙工場として使われていた施設を、アメリカ初の垂直統合生産体制の織物製造工場に改築した。こうして一八一四年にボストン・マニュファクチュアリング・カンパニーが設立され、ひとつの製造工程で綿を糸に撚り上げては続々と織布を織り上げるようになったのである。

しかし、ウォルサムでは水力が不十分だったため、生産量には限界があった。そこでふたりは、すぐにボストンから二五マイル北の郊外にあるメリマック河畔の農村、イースト・チェルムズフォードへと移った。新たに出現した都市はローウェルの名にちなんで名付けられたが、彼は一八一七年に四二歳でこの世を去った。だがネイサン・アップルトンの言葉を借りれば、「画期的な生産体制」によって、「同じ部屋のなかで原綿の段階から織布までを一貫生産」することが可能になった。その原理は、数十年後に木材パルプから紙を生産する工程でも応用されることになる。

ローウェルがムーディと当初行なった共同事業に関する記録はほとんど残っていないが、のちに彼の名を冠することになった都市をつくる計画から、斬新で実験的な産業都市の設計と建設が始まり、その任務を担った技術者や製図工の手で緻密な設計図が作成された。ほぼ一万枚に近い計画書や設計図は今日まで、その計画が遂行された都市に保管されている。彼らは自然を切り開いて先例のない実験的な都市をつくり出し、それを外の社会に目に見える形で知らしめるため、独特の窓を備えつけた。いかにもニューイングランドらしい父親的温情主義（パターナリズム）から生まれたアイデアだが、若い女性を工場の労働力として募ったのだ。そして一八四二年にチャールズ・ディケンズがそこを訪れたとき、その行ないは彼の賞讃を勝ち得たのである。

初期の三〇〇枚の都市設計図は、かつて「女工」の寄宿舎があった場所に位置するマサチューセッツ大学ローウェル校の特別コレクション所蔵図書館、ローウェル歴史センターに保管されている。さらに重要な研究資料は、アメリカ合衆国国立公園局によって、アメリカ連邦議会が一九七八年に設立したローウェル国立歴史公園の文化資源センターに保管されている。こういった資料が現存するのは、プロプライエターズ・ロックス・アンド・カナルズ・オン・メリマック・リバー社（一般にはロックス・アンド・カナルズと呼ばれている）が長く存続してきたことによる幸運の賜物だ。同社は一七九二年に、メリマック川のポータケット滝周辺に運河を建設するために設立された。ポータケット滝はメリマック川がコンコード川に流れ込む地点にある滝で、幅一マイル足らずで三〇フィートの落差があり、ボストンの商人たちはその滝が工場に十分な水力を供給してくれると見ると、さっそくそのあたりの土地を大量に買い占め、一八二一年にロックス・アンド・カナルズ社を買収した。

一八五〇年までに六マイル近い距離の掘削が行なわれ、すでに州で二番目の規模に成長していた都市を蛇行する新たな水路が完成した。そこではロック・アンド・カナルズ社の工作機械工が設計、製作したタービンがまわり、四〇層の煉瓦工場では滑車やベルトが盛んに稼働した。

また、ロック・アンド・カナルズ社の機械工が製作した二二万五〇〇〇本の紡錘と一万台の機織り機も活躍した。これはアメリカの産業の歴史における誇らしいエピソードであり、この時代の丹念な調査はこれまで繰り返し行なわれてきた。とはいえ、同社の全盛期に書かれた技術工学的な図面には、さほど関心が寄せられてこなかった。劇的に縮小したロック・アンド・カナルズ社が本部を移転し、初期の設計図がローウェル・テクノロジカル・インスティテュートに寄贈されたのは一九六〇年のことだ。今日、この学校はマサチューセッツ大学の系列下に置かれている。寄贈品のなかには、ジェームズ・B・フランシスの描いた資料も含まれていた。フランシスは先見の明のあった技術者で、水力タービンや水量を調整する方法など数多くの開発にたずさわった。だが、彼の仕事で何より重要だったのは、それを紙に描いて周囲に知らしめることだった。有能な製図工で測量技師だったフランシスは、一八三四年にローウェルで主任技師のジェームズ・ワシントン・ホイッスラーの助手として働き始めた。ホイッスラーは、画家のジェームズ・アボット・マクニール・ホイッスラーの父親でもある。一八三七年にホイッスラーが、ロシアのモスクワ＝サンクトペテルブルク鉄道の建設の監督を引き受けると、フランシスがホイッスラーのあとを継ぎ、主任技師となった。そして一八九二年に死去するまで、ローウェルの右腕であり続けた。

そして一九八〇年代に、さらに厖大な数の図面がローウェル国立歴史公園に寄贈された。このコレクションには、施工図やプレゼンテーション用の図面、リネン紙などの紙にインクで描かれた図面、青写真、機械の組立図、写真、そして手書きの文書が含まれていた。私が文化資源（カルチュラル・リソース）センターを訪れたとき、書庫の管理者のジャック・ハーリヒィは、一七九二年六月二七日に、会社が法人組織として認可されたときの書類の原本を見せてくれた。そこにはマサチューセッツ州の知事、ジョン・ハンコックの署名がはっきりと記されていた。しかし、その最も華々しい日に授与された大判の紙こそ、その当時イギリスの老舗の製紙会社ワットマン社製高級紙が使われていた証しでもあった。ワットマン社の創業者、ジェームズ・ワットマンは、一七五〇年代に麻や木綿のぼろから手漉きの高級紙をつくる方法を生み出した。堅くてなめらかなワットマン社製の画用紙の表面には鎖線［手漉き紙特有の簀《す》の跡］がなく、二五〇年以上もの間、水彩画家や版画家、石版工に愛されてきた。愛用者のなかでよく知られているのはジョン・ジェームズ・オーデュボンだろう。傑作と名高いオーデュボンの銅版博物画集『アメリカの鳥』には、ダブルエレファントフォリオのワットマン紙が使われた。またウィリアム・ブレイクも、彩色を施した四冊の詩画集にワットマン紙を使用した。ベンジャミン・フランクリンは、アメリカ独立戦争のさなかに全権大使としてフランスに派遣されていたが、ロンドンの仲介者を通して一〇〇〇枚ほどのワットマン紙を手に入れ、パリ郊外のパッシーで自らの印刷機を使って洗練された美しい融資証明書を刷った。ほかにも画家のトマス・ゲインズバラやJ・M・W・ターナー、加えてフランス皇帝ナポレオンやヴィクトリア女王などの目利きがワットマン紙の愛用者だった。

一九九四年、ローウェルの図面のなかでも特に魅力的な二二点が、合同展覧会『製図工たちの芸術――一九世紀の設計図と製図 Art of the Draftsman: 19th Century Plans and Drawings』で展示された。署名があるものや頭文字が記されているもの、またジェームズ・B・フランスが描いたものも含まれていた。大半は署名がなかったが、どれもみな美しく、その多くは手書きの彩色が施されていた。図面には係船ドックや水門、支線運河、用水路、水力タービン、閘門、水車、橋、防水堰が丹念に描かれていた。一八二四年に作成されたローウェル俯瞰図には、計画地に建つ一〇棟の工場と、九〇棟の女工用寄宿舎が描かれている。私は、国立公園局の資源保護保全の専門家クリスティーン・M・ヴィルトと、展示されている図面の精緻な出来栄えについて話しあった。ヴィルトは、マサチューセッツ州のブルックラインにあるフレデリック・ロー・オルムステッド国立史跡で、一五万枚もの風景画や手稿の所蔵品を管理している。「一九世紀に描かれた多くの図面を見たら、まずあなたはなぜこんなに細かく丹念に描く必要があったのかと思うでしょうね」と彼女は言った。「彼らは自分の設計した製品を正確に記録しました。そして自分たちの仕事のために使いました。それを関係者に渡しました。良質な紙に描かれていたために、こうして残ったのです。その多くは非常に美しく仕上げられています。でも何より重要なのは、これを誰も処分しようとは思わないことです」

第15章

折り紙に魅せられて

ニューヨークにナイトクラブがなかった頃は、評判のいい会員制のダイニング・クラブが山ほどあって、「何かおもしろいことができる」客たちでいつもにぎわっていた。ある晩、そこで食事をしていると、アメリカに暮らしてもう長いと思われる日本人の男が、見たこともないやり方で一枚の献立表を折っているのを見た。それが「見えるところ」にいた客たちが少しずつ興味を持ち始めて男を取り囲み、やがて一片の厚紙から実に自然な姿で翼を広げた一羽の小さな鳥ができ上がると、見物人からどっと拍手が湧き上がった。

――ハリー・フーディーニ『フーディーニのペーパーマジック *Houdini's Paper Magic*』（一九二二年）

山あいの土地を訪れて、昔の人が木からどのようにして紙をつくっていたのかを学ぶことが、私のひとつの夢です。そこに折り紙の里をつくり、若い人たちと一緒になって紙をつくったり染めたりしながら、先々までずっと残るものをつくりたいと思います。

――吉澤章、ピーター・エンゲル著『*Folding the Universe*』（一九八九年）

折り紙で、できないものはありません。

――ロバート・J・ラング、著者へのEメール（二〇一一年）

私たちは、紙に純粋な用途以外の使い道があるなどと考えることはめったにない。その使い道が何であれ、予想外の驚きにとらわれるのは、たいてい目の前に紙があることを忘れているときだ。とはいえ、特筆すべき例外がないわけでもない。そのとき、紙はそれ自体の存在を際立たせ、単なる媒体を超えてメッセージの一部となる。そのような事例は、まずブックアートの世界で目にすることができるだろう。凝った装飾が施された書物は中身も外観も美術品となる。そういった工芸品をつくるためには、あらゆる細やかな心配りが、そして何より良質で意のままに操れる柔軟性のある紙がなくてはならない。

ブックアーティストとして名高い人物は何人かいるが、バーモント州ニューアークに住むクレア・ヴァン・ヴリートほど傑出した者はいないだろう。ヴリートは創造的なエネルギーに満ちあふれた女性で、彼女が一九五五年に設立した印刷会社ヤヌスプレスは、これまでに数え切れないほどの水彩画や素描、銅版画、石版画（リトグラフ）、木版画（ウッドカット）、一枚刷りの広告（ブロードサイド）などの商品を世に送り出し、紙という物質の無限の可能性を追求し続けてきた。なかには独特のニュアンスをつくるために、染色したパルプを使って漉いた紙もあり、どれも見たことがないほど独創的なものばかりだ。また印刷業者で教師、製紙業者でもあるウォルター・ハマディーは、マディソンやウィスコンシンで、手製の紙を使い、驚くほど創意に富んだ実験的な試みを行なってきた。ハマディーがつくる「ジャクスタモーフ（juxtamorph）」アートは、彼の文学作品や活版印刷、凸版印刷、製紙、アサンブラージュ［くずや廃品を寄せ集めてつくる現代美術の手法］などの作品とともに高い評価を得ている。彼は「私は生きとし生けるものすべてがコラージュだと思っている」と述べている。個性豊かな作品も、その確信があればこそといえるだろう。

ほかに本来の用途以外で使われている紙といえば、私たちを楽しませてくれるバラエティに富んだ紙製の雑貨や玩具類がある。風に舞い上がる凧、軒下につり下げる美しい提灯、古来の意匠が色鮮やかに描かれた優雅な扇子、ロバート・サブダやデヴィッド・カーターのような、職人的な技を持つ「紙の技師」が考え出した巧妙なしかけ絵本、あるいは未来を占い、何かに挑戦するきっかけを与えてくれるトランプやタロットカード。東アジアでは、仏教や神道の風習で、紙でつくった捧げ物を神や祖先に供える地域もある。また風合いの異なる紙をつくるために、さまざまな植物の繊維を用いて漉くこともあるが、世界中の愛好者が楽しんでいるその技術については、次の章で取り上げる。

わかりやすい一例として、折り紙（origami）がある。折り紙は伝統的な手細工で、紙の形や使い道は同じでありながらも、その魅力は今や年齢や文化の差も越えて世界中の人々を魅了している。ともすれば単なる子供の遊びと思われがちだが、一枚の紙からまるで彫刻のように複雑な作品ができ上がるという点で、幼児も科学者も同じように夢中にさせる力を持つめずらしい文化であり、折る人間の想像力と手先の器用さが続く限りその可能性には果てがない。さまざまな折り方をすることで、はさみや粘着テープ、接着剤などを一切使わずに、平面だった紙から複雑で多面的な物体をつくることができる。そこに挑戦があり、達成感があるのだ。

本書のなかで繰り返し言っていることだが、紙は豊富に存在し、値段も手ごろで、持ち運びにも便利だ。質が良ければ簡単に破れたりせず、小さく折りたためば手渡しも郵送もできるし、工夫して折れば立体的にもなる。こういった魔法が可能なのも、紙のさまざまな特性について論ずるときには見落とされがちな、別の特性があるからだ。それは折れることだ。製紙業界では、折ることが紙の強度を調べる標準的な方法となっている。そしてノンフィクション作家、ニコルソン・ベイカーの著書『ダブルフォールド *Double Fold*』の核心的なテーマも、そこにある。著書のなかでベイカーは、昨今の図書館が、古い新聞を保管スペースの不足を理由に無駄とみなして破棄していることを手厳しく批判している。

『ダブルフォールド』というタイトルは、紙が傷んでいないかを調べるために、図書館員が本や新聞のページの隅を折り、それから反対方向に折ってふたつ折りにするところから来ている。紙が破れるか、破れかけるまで続けられ、無数の繰り返しに耐えられるものが相対的に強度があるとみなされる。二〇世紀末には、多くの図書館で、この方法によって多数所蔵している文化遺物の脆弱性の度合いを調べ、棚に置いておくか廃棄するかの目安にするようになった。古い新聞は、そっくりマイクロフィルムに複写して保存するという方法が取られ、どの分野の研究者たちも実物ではない代用品を調べることに甘んじているのが現状だ。

その慣習にベイカーが憤り、図書館と対決姿勢を取ったことがきっかけで、多くの図書館が、いったん複写した古い資料をごみとして捨てることが分別ある行為か否かを再考するようになったといわれている。「本の一ページは、しなやかな機械といってもいい」とベイカーは主張する。「本は、そっとめくるためにできており、折り紙をするためにできてはいない」。この屁理屈にも取れそうな意見は案外、的を射ている。折り紙の本質は、確かに紙を折ることだ。もっと大きな目的は、でき上がりの美しさに心が満たされることだが、ある場合には複雑な数学的問題を解くためのものにもなる。「Origami」は、日本語の〝折る〟と〝紙〟をつなぎ合わせた言葉だ。実例を挙げれば厖大な数になるが、そのひとつを挙げると、折り紙は児童向けの集団的な教育カリキュラムのひとつである。たとえば、何気なく紙飛行機を折るという遊びに近い形もあり、こういった場合、紙の品質は重要視されない。しかしひとたびその目的が芸術的な作品を生み出すこととなると、品質は非常に重要な要素となり、幾重にもひだを折ることのできる紙独特の柔軟性だけでなく、強度と耐久性も大切な条件になる。

はっきりしたことはわかっていないが、紙を折るという造形行為が最初に行なわれるようになったのは六世紀の日本だとされ、神に捧げる供物を包むためという説が有力だ。とはいえ、折り紙が存在したという確かな記録で最も古いものは一七世紀頃である。折り紙史の研究者たちは正確な年代は特定できないと認めているが、その習慣は海を渡り、あるいは紙の技術の導入によって独自に生まれ、やがて世界各地で見られるようになった。

ドイツの教育学者、フリードリヒ・フレーベルは、自らが提唱する幼児期の建設的な遊びと自主行動のカリキュラムに欠かせないものとして、色紙を折って装飾的なデザインをつくるという遊びを紹介した。フレーベルは、「折り紙」という言葉を一度も使ったことはなく——その言葉を聞いたことがなかったという可能性もあるが——紙を折ることを表すドイツ語の「パピアファルテン（papierfalten）」という言葉を好んで用い、一九世紀初頭に彼が考え出したキンダーガルテン（文字通り「子供の庭」を意味する）で推奨された。同様にイタリアの教育学者のマリア・モンテッソーリも、自ら開発した画期的な幼児教育のカリキュラムに同じ遊びを取り入れ、毎日の日課として折り紙を折ることで実際的な生活の訓練を行なった。これは今でもモンテッソーリの教育理念に不可欠なものとなっている。

二〇世紀の初めに、建築家のヴァルター・グロピウスはバウハウスという、世界に多大な影響をおよぼした商業的な造形デザインの教育機関をドイツに創立し、学生教育のメソッドとして紙を折るという作業を重要視した。美術家で教育者でもあったヨゼフ・アルバースは、身近な材料のあらゆる可能性を学ぶ必要性を説き、アメリカやヨーロッパの大学でバウハウスの教育法を実践した。アルバースは、受け持ったクラスの初めての授業に出るときはいつも、新聞紙をどっさり抱えて教室に入り、学生たちに配った。「その新聞紙から、今ある姿以上のものをつくり出しなさい」。教え子のひとり、ハネス・ベックマンは、当時のアルバースの言葉を回想する。「きみたちには物質に対して敬意を払い、意義ある方法で、物質本来の特性を損なわずに使ってほしいと思っている。ナイフやはさみ、接着剤のような道具を使わずにつくれたら大変結構」

そのほかに折り紙の信奉者として挙げられるのは、かの尊敬すべきチャールズ・ラトウィッジ・ドジソンだ。ドジソンはオックスフォード大学の数学教師だったが、むしろルイス・キャロルというペンネームのほうで知られている。『不思議の国のアリス』のなかで印象的な場面は、ルイスがヒロインの少女に紙のドレスを着せているところだ。スペインの作家で哲学者のミゲル・デ・ウナムーノもまた、折り紙の愛好者だった。ウナムーノが考案したさまざまな動物の折り方は非常に巧妙で、今日でも研究対象になっているほどだ。彼が一九〇二年に書いた『愛と教育 *Amor y Pedagogia (Love and Pedagogy)*』には、彼の折り紙に対するユーモアに満ちた賛美の言葉が添えられている。伝説的な奇術師、ハリー・フーディーニが一九二二年に発表した家庭向けの手品の手引書『フーディーニのペーパーマジック *Houdini's Paper Magic*』には、「破る、折る、組み立てる——紙を使ったパフォーマンスのすべて」というサブタイトルがついている。

このように折り紙が多くの人に支持されているという事実は注目に値するが、佐々木禎子の痛ましい話ほど、紙を折ることへと人を駆り立てるものはないだろう。禎子は広島の原爆の被爆者で、一九五五年、一二歳のときに白血病を発症した。それを知った友人たちは、折り紙で鶴を折って禎子に贈った。「病に冒された者が鶴を一〇〇〇羽折れば、神様が願いを聞き届けて病気を治してくれる」という日本の言い伝えがあるからだ。それがきっかけで、禎子自身も鶴を折るようになった。亡くなるまでの数日間は折り紙を使い果たし、薬や見舞いの品を包んでいた紙まで使って折ったという。一九五五年一〇月二五日、禎子は六四四羽の折り鶴を折ったところで生涯を閉じた。人々は禎子の意志を継いで、一〇〇〇羽になるまで鶴を折り続けた。やがて世界中の子供たちが鶴を折るようになり、広島とシアトルに禎子を偲ぶ像が建てられた。今日、この少女の話はアンネ・フランクの物語と同様、戦争の時代に想像を絶するほどの苦しみを味わった子供たちの象徴となっている。奇跡的に残った日記を通してアンネの記憶が受け継がれていくように、私たちの胸を打つ禎子の願いもまた、紙によって受け継がれていくのだ。

折り紙に魅せられた芸術家は何千といるが、若きマイケル・G・ラフォッセもまた、豊かな想像力さえあれば、たった一枚の紙から何でもつくり出せるという魔法に魅せられて紙を折り始めたひとりだ。今日、同世代のなかでも抜きん出てクリエイティヴな折り紙作家として国際的な評価を得ているラフォッセは紙選びにとてもうるさく、とうとう自分で紙をつくるようになった。ラフォッセは一九七〇年代に折り紙の基礎を学び、失敗を繰り返しながらも努力を続け、のちにマサチューセッツ州ブルックラインのイレーン・コレツキーの工房で技能を習得した。さらに技術を磨いたラフォッセは、独自の作品を満足のいく仕上がりにするためには、パルプの繊維もそれに適したものを選ぶ必要があるという考えに至った。

今日、彼が販売している自家製の紙は、ほかの折り紙作家からも引く手あまただ。ラフォッセに電話取材を申し入れると、彼は私をマサチューセッツ州ハーヴァーヒルの、工場を改造した自分のアトリエ兼ギャラリーに招待してくれた。土曜の朝、特製の紙をつくるところを見せてくれるというのである。試しに折り紙づくりにも挑戦してみないかと誘われ、私はふたつ返事でその申し出を受けた。当日、私は約束の時間よりも早く到着したが、ラフォッセを待つ間、彼のビジネスパートナーのリチャード・L・アレクサンダーが、紙の子犬の折り方を指南してくれた。

「さあ、やりましょうか」アレクサンダーは、意気揚々と言った。「あなたが七歳の子供だと思って教えますからね」。アレクサンダーの辛抱強い指導のおかげで、私の作品は、まずまずの出来に仕上がった。その小さな犬は今でもデスクのかたわらの本棚に鎮座している。だが小学二年生程度の能力に合わせた指導とはいえ、実際に彼らにつくらせれば、私の子犬など足下にもおよばないものができるに違いない。事実、ラフォッセとアレクサンダーが一九九六年に創設した会社オリガミドウ・スタジオが成功を収めたのは、あらゆる年齢層に折り紙を指導してきた成果でもあるのだ。

「五歳のとき、テレビを見ていたら、番組のなかで男性が一枚の紙で紙風船を折るやり方を教えていたんです。それを見て、すっかり虜になってしまいました」。折り紙を始めるきっかけとなった日のことを思い出しながら、ラフォッセは語った。「その頃、ぼくの通っていた学校には移動図書館が来ていました。ぼくは、ありったけの折り紙の本を借りました。そして折ることにのめり込みました。七歳になるまでに、本に載っているものは全部マスターしていました」。ラフォッセは、子供の頃に折り紙の本を見ながら、夢中になって鳥、水爆弾、飛行機、ぴょんぴょんカエル、花を折ったことを語った。そして『リーダーズダイジェスト』誌一九七〇年八月号の記事を見たときに大きな転機が訪れたという。その記事はピューリッツァー賞を受賞したこともあるジャーナリストのリーランド・ストウが書いたもので、日本の折り紙の様式を刷新した吉澤章が豊富な図解とともに紹介されていた。吉澤は現代的な折り紙作品の生みの親として、その世界で知らない者はいないというほどの大家だった。

記事には、元鉄工職人だった吉澤が独学で折り紙の神髄を学んだことや、自然界の動植物を間近に観察することで多くの作品を生み出したと綴られていたという。「吉澤先生は、科学的見地で折り紙に取り組んだ人です」とラフォッセは語った。「先生は解剖学を学び、化学の勉強もしたそうです。そして何年もかかって、その知識から新たな作品を創作しました。あの誰もが知る『セミ』は、完全なものになるまで二〇年を要したそうです。最初のページに先生の写真が載ってて、隣には先生自らが書いた図解があったのですが、見たこともないような絵でしたよ。本当にすばらしかった」。記事は、折り紙を折るときに吉澤が紙を湿らせることにも言及しており、乾燥した紙で折るのが当たり前だと思っていたラフォッセにとっては、新鮮な驚きだったという。

「ぼくは折り紙をクロスワードパズルのようなものだと思っていました。本を入手し、解き方を覚え、実際にやって、完成させる。ですが、あの記事の写真を見て、折り紙を『創作する』人間がいることを知りました。ぼくは、いつも芸術家になりたいと思っていました。そして科学者になりたいとも思っていました。周囲の人たちは言いました。『両方は無理だ。芸術学校に入るか科学者になるために勉強するか、どっちかしか選べないんだ』。でも、ここにいるじゃないか。芸術家でもあり科学者でもある人間が。吉澤先生は科学者の目で生き物や植物を調べ、技術者の目で新たな作品を生み出していました。手漉き和紙を使って丹念に折り上げられた作品は本当に美しく、まさに芸術作品でした。そのときまだ一〇か一一歳だったぼくは言いました。『この人みたいになりたい。ぼくがなりたいのは、こういう人なんだ』。その日、そう、まさにその日、ぼくは折り紙の創作を始めました。そして、ぼくの最初の作品が、このペンギンでした」

そのペンギンは、今日までずっとオリガミドウ・スタジオのとっておきの場所に飾られている。ある日、直観的にひらめいたアイデアをもとに、ラフォッセが二年以上もの月日をかけて試行錯誤を繰り返し、完成させたものだ。アイデアが生まれたのは一九七〇年、マサチューセッツ州の故郷の町フィッチバーグにある教会の日曜礼拝に参列したときのことだった。「一枚のチラシがありました。教会には必ず何かしらのチラシがあるんです。ぼくはそれを折り始めました。広告の表側は淡いミントグリーンでした。折りながら、表の色と裏面の白い色をうまく生かせないだろうかと考えました。そして礼拝が終わるまでには、このペンギンのアイデアが浮かんでいました。これは絶対にいけるぞ、と思いました」。ラフォッセが創作したその大きな鳥を見てまず感心するのは、たった一枚の紙で、その生き物の本来の色を表現することができるということだ。ラフォッセのつくったペンギンの頬や首、胸元、足は白く、頭やくちばし、背中は黒である。

「紙には表と裏があります」ラフォッセは説明した。「それぞれの面が白と黒なら、二色を使い分けて折ることができるわけです。折り紙の工学的な一面といえますよね？何もかも綿密な計算のもとに折り上げられてるんです」。教会でアイデアを得たラフォッセは通信販売で白と黒の両面折り紙を買い求め、やがてゴールにたどり着いた。「最初に完成したペンギンは腹の部分が黒い、真っ白なペンギンでした。それで紙を広げ、折り目を全部逆に折り直すと、意図した通りの色になりました。そのとき、自分は本物のペンギンに限りなく近いものをつくったんだと気づきました」

ラフォッセは折り紙の創作過程をチェスにたとえる。チェスのゲームでは、駒を進める前に、その先の手を何通りも読まなくてはならない。「何度も折ってはは失敗しました。イメージ通りのものに近づけるためには、実際に指を動かさなくてはなりません。折り紙を始めるとなれば、まずは大量の紙があることが必須条件です」。マサチューセッツ州の中北部を流れるナシュア川沿いのフィッチバーグは、労働者階級の人々が多く暮らす地域でもあり、かつてはアメリカの製紙産業の中心地で、多くの製紙会社がその地で事業を始めた。

「祖母が地元の製紙工場で働いていたので、いつも新品の紙を持って帰ってきてくれました。紙を調達する心配をしなくていいというのは、まったくもって幸運でした。きっと、ぼくは折り紙に熱中しながら、何千枚もの紙を使ったのでしょうね」。子供時代を振り返り、ラフォッセはそう語る。高校を卒業すると、彼は海洋生物学者を志してフロリダ州のタンパ大学に入学した。それが折り紙の創作に役立ったと知るのは、まだ数年先のことだ。「でも、いつも折り紙のことが頭から離れませんでした。それで大学生活三年目を終えるとバークシャーに引っ越し、自分が本当にやりたいことは何なのか考え直した結果、そこで修業を始めました」。ラフォッセはウィリアムズタウンの書店で働いたのちコックの仕事に就いたが、その間もずっと折り紙の技術に磨きをかけていた。そして一九九一年、彼はニューヨーク州オシニングの上級者クラスで吉澤と出会う。ふたりは親交を深め、その関係は二〇〇五年に名人がこの世を去るまで続いた。「吉澤先生はとても信心深い人で、たくさんの作品を生み出したことを自分の業績だとは思っていませんでした。自分自身は単なる絵筆にすぎず、神が自分の手を通して創作を行なっていると考えていました。創作に取りかかる前、先生はいつも神に祈りを捧げていました」

一九九六年、環境コンサルタントでラフォッセの作品の大ファンでもあるリチャード・アレクサンダーの提案により、ふたりは事業を始め、それをオリガミドウと名付けた。日本語の「道」を意味する「ドウ (do)」を「オリガミ」につなげた「折紙道」という造語だ。その間もラフォッセは吉澤と連絡を取り合い、吉澤の日本の自宅も何度か訪ね、展覧会にも四度、協力した。ラフォッセは、吉澤から受けた助言のなかで最も重要なのは、常に入手できる最高の素材を使うことだったという。「適切な紙を使うことで、仕上がりに格段の差が出ます。強度や厚み、色、質感、耐久性、そして色持ちといった点で思い通りの結果を得る唯一の方法は、独自の紙をつくることです」。ラフォッセは、木綿とアバカを混ぜた繊維を、製紙の原料として使っている。アバカは、フィリピン諸島を原産地とするバショウ科の植物で、マニラヘンプという名でも知られているが(だがヘンプとは種が異なる)、丈夫で水や湿気にも強く、ウェットフォールディングという手法を用いるラフォッセの作品には理想的だ。熱湯に浸しても溶けないためティーバッグに使われたり、一九世紀には帆船に使われるロープの材料として利用されたりしたほどだ。

ラフォッセは頭のなかにあるイメージ通りのものをつくるために、さまざまな大きさや厚みの紙を試している。「選んだ紙が適切でなければ、いくら指を動かしても、いいものはつくれません。合理的で、しかも満足できるプロセスが必要なのです。紙を折るときの親指の先端の触感が、たまらなく好きです。紙が指に触れる音を聞いていると満ち足りた気分になります。素材を肌で敏感に感じ取るからです。自分で紙をつくるようになって、もう三〇年以上になります。ですから紙の触感には常に細心の注意を払っています。自分は命あるものを生み出しているのだと思っています」

ラフォッセは常日頃から、作品として取り上げる題材を探しているという。そして、マサチューセッツ州トップスフィールドの近くで開催されたカウンティフェア［郡で毎年開かれ、主に農産物や家畜の品評会が行なわれる祭り］に出かけ、お気に入りのひとつとなる作品のヒントを得たときのことを語った。「たくさんの子豚が元気よく走りまわる姿を見て、ぼくは思いました。『よし、あいつを捕まえてやるぞ』。そして、子豚の身体とまったく同じ色の独特な風合いの紙をつくりました。ある程度の枚数をつくってから、一枚一枚の出来を確かめていたとき、おもしろいことが起きたんです。そのなかの一枚に触れたとたん、これだというインスピレーションがわいたのです。ぼくは、その紙を一二インチ角にカットしました。まさに製品を設計する技術者の気分でしたよ。『脚は四本だ。それから尻尾がひとつに鼻もひとつ。耳はふたつ。それを全部、バランスよくまとめなくては』という具合に」

だが技術者には、それがそう簡単に解決する問題ではないことなど知るよしもなかった。「気持ちを切り替えてリフレッシュする必要がありました。それで仕事をいったん中断して一週間放っておきました。そして、できるという感覚がわくと、また作業を再開し、五、六時間かかってようやく思い通りのものができ上がりました。ぼくの秘訣は、適切な紙を手に入れることにありました。ぼくのつくった紙は丈夫で毛羽だっていてやわらかだったので、ふわふわしたやわらかな子豚をつくることができたのです。今、ここにコウモリがあります。これをつくるには、また違った風合いの紙が必要でした。コウモリの翼は薄くてパリッとしていて光沢があります。だから薄くてパリッとした光沢のある紙が必要でした。このふたつの生き物を見てわかることは、永遠に存在するということです。つかの間のはかない命ではなく、いつまでもずっと残り続けるのです」

同じ題材で多くのバリエーションを何年にもわたってつくる間、ラフォッセは同じ作品はふたつとしてできず、まったく同じ複製品をつくることも不可能だという思いに至った。「確かに自分の折ったプロセスをさかのぼることはできますが、それぞれの仕上がりの微妙な差が、いったいどこで生まれたのかはわかりません。たとえば、あの子豚の基本的な形をつくるところまではいっても、その先はスケッチや絵を描くことと似ています。まったく同じものをつくることはできません。つまり、こういうことです。何度も紙を折っているうちに、どこかの時点で作品に命が吹き込まれるのです」

一方、カリフォルニア州の折り紙作家、ロバート・J・ラングの場合は、立体的な作品を創作するにあたって何より重要なのは科学的な分析だった。それが高じて彼は「ツリーメイカー（TreeMaker）」という精巧なソフトウェアまで開発した。それは複雑な作品をつくる際に折り目の展開図をはじき出してくれるもので、二〇年前なら想像もできなかっただろう。ラングは『ニューヨーカー』誌や『スミソニアン』誌のなかで、プロフィール文が延々と続くほどたくさんの功績を残しているアーティストである。テレビで放映されたドキュメンタリー番組『ビトウィーン・ザ・フォールズ Between the Folds』にも、マイケル・ラフォッセとともに主要な人物として出演し、その番組は二〇一〇年に、優れた放送番組に贈られるピーボディ賞を受賞した。そういった名声に加えて、ラングは折り紙の創作に初めてコンピューターを取り入れた先駆者としても賞賛され、その技術は一九九〇年代から科学の一分野として高く評価されている。

カリフォルニア工科大学で物理学の博士号を取得して以来、ラングは八〇本以上もの論文を執筆、または共同執筆してきた。レーザーや光電子工学の技術において五〇件もの特許を取得し、また独自の折り紙の技法に関する著作も一〇冊を超えている。そのうちの『折り紙のデザインの秘密――古来の技巧を数学的メソッドで解く *Origami Design Secrets: Mathematical Methods for an Ancient Art*』では、折り紙をモダンクラシックの手工芸として紹介している。彼の手がけた作品は六〇〇種類におよぶ独自の創作作品を含み、ニューヨークの近代美術館やパリのカルーゼル・デュ・ルーブル、石川県加賀市の日本折紙博物館、そのほか多くの場所に展示されている。

ラングの数多くの画期的な作品のなかでも特に有名な、折り紙の愛好者でなくとも知っているものがある。それは実物大のドイツの伝統的な鳩時計を模したもので、縦一フィート、横一〇フィートの一枚の紙のみで折られている。てっぺんには角のあるシカがあしらわれ、窓の足場には一羽の鳥が止まり、文字盤には時針と分針があり、振り子がついている。その作品のディテールを考えるまでに三か月を要し、折り始めて六時間、粘り強く取り組

折り紙アートの第一人者、ロバート・J・ラング。カリフォルニア州アラモの自宅のアトリエにて。

んで完成させたという。傑作はまだある。ここでもう一度言っておくが、どれも彼がたった一枚の紙から巧みな手さばきで丹念に折り上げたものだ。一〇〇〇片の鱗のあるヘビや、翼を広げた長さが一六フィートの翼竜は、モントリオールにあるマギル大学のレッドパス博物館に展示されている。ラングが折り紙のために開発したアルゴリズムは非常に優れていたため、現在も計画が進行中の宇宙望遠鏡の折りたたみ式レンズや、自動車のエアバッグの設計にも応用されている。

だがラングが人を引き付ける一番の魅力は、少なくとも私の見解では、彼にとって折り紙とは仕事を終えたあとに没頭する趣味や気晴らしではなく、あくまでも本業であり、もとは科学者であるにもかかわらず、今ではそちらのほうが副業のようになってしまったところにある。優先順位が思いがけず逆転したのは、二〇〇一年、レーザーや光ファイバーなどの光通信機器の設計や製造にたずさわる企業、JDSユニフェーズ（今ではシンプルにJDSUと呼ばれている）の仕事でサンノゼに赴任したときだった。それ以前はNASAのジェット推進研究所やレーザーダイオードの研究所で働き、二〇〇七年から二〇一〇年までは、電気電子技術者協会発行の学術誌『アイ・トリプル・イー・量子エレクトロニクスジャーナル『*IEEE Journal of Quantum Electronics*』誌の編集長を務めていた。そして二〇〇九年、ラングは折り紙とコンピューター技術を融合させて新たなシステムを開発した功績により、カリフォルニア工科大学の最も名誉ある賞といわれる「同窓会特別賞」を授与された。

私はラングと、カリフォルニア州イーストベイのアラモにある彼の自宅裏のアトリエで顔を合わせた。そして例によって単刀直入に、媒体のことを尋ねた。なぜ別の何かではなく紙だったのか？「紙は、物質の構造を理解するための、ごくごく単純な手段なのです」と彼は躊躇なく答えた。「知的な挑戦こそが、挑戦したいという思いを駆り立てます。まず、何か折り紙のデザインを思いつくとします。人によって紙は必要なく、コンピュータグラフィックスで画像をつくろうと思うかもしれません。ですが実際に手を動かすことで、紙には質感があり、手で自在に形を変えることができ、曲線もつくれるということを実感します。そういった不安定でとらえどころのない性質こそが、実際に折った作品に個性を与えるのです。ですから折り紙にはふたつの側面があります。ひとつは実在する物質として手で感触を確かめられることで、作品をつくるための助けとなるものです。もうひとつは抽象的な概念です。どんな形にするか、どんなふうに折り目を展開し、どことどこを左右対称にして、どこを折り重ねるかといった幾何学的な思考が要求されます。そして、ひとたび完成すれば、もとは四角い紙の一部にすぎなかったあらゆる面と面が新たな関係性をもって結び付くのです」

ラングは、二〇〇〇年にカリフォルニア州リバモアにあるローレンス・リバモア国立研究所から招かれたときのことを話してくれた。それは開発途中の宇宙望遠鏡の、幅三〇〇フィートのプラスチック製の薄膜レンズを、どのように折りたたんで小型のパッケージに収納するかという難問を解決するためだった。望遠鏡は宇宙空間に打ち上げられ、地球から二万二〇〇〇マイル上空の静止軌道に乗り、そこでレンズが広げられるのという。光学的な仕組みを損なわずにレンズを運ぶためには折り目のパターンを精巧に設計する必要があり、ラングの割り出した展開図をもとにつくられた試作品のレンズは、折りたたむことで幅一六フィートから約五フィートの大きさになる。

「私は一九九六年に、コンピューター科学のある学会のための論文を書きました。当時、望遠鏡の開発に取り組んでいたリバモアの技術者たちは、巨大な薄膜レンズを小さくたたむ必要があるという結論に達していました。

そして折るとなれば、折り紙の技術が役立つのではないかということになったのです。彼らは優秀な技術者として、できることはすべてやりました。さまざまな文献に目を通し、折り紙に関する技術について書いた人物を探しました。そして、私の論文を見つけて連絡してきたのです。私の仕事は、その望遠鏡に適した折り目のパターンを開発することでした。そして、私が作成した数種類の展開図のうちのひとつをもとに、最初の試作品がつくられました」

さらに技術者たちを感心させたものは、ラングが折り紙とレーザー物理学を融合させた技術だった。「私は、おおむね理論家です。レーザーの作用や光学的特性、電子や光子の相互作用など、さまざまな分析を行なっているのですから。私が長年やってきたのは、レーザーを、あるいはレーザーの側面的な要素を数学的に記述することであり、そこに数式を組み入れることで、より高度なレーザーを製造するための方法を解明することでした。ですから折り紙の技術を科学の分野に応用し、折り紙を数学的に記述するという方向に研究分野を広げていったことは、私にとってはごく自然な成り行きでした。折るとはどういうことなのか？　何によって制約され、折るという言葉で表現できる限界はどこなのか？　そして数学的に解明したとしても、それをどう利用すれば斬新でおもしろい折り紙作品を創作できるのか？」。ラングが考案した、望遠鏡のレンズを細いパッケージに収める方法は、折りたたみ傘を折ることによく似ている。彼の展開図に基づいて完成した直径一五フィートの試作品は、すべての予備テストに合格した。望遠鏡自体の全長は一マイルにもおよぶといい、そこまで巨大なものを打ち上げるミッションは、まだ製図板の上にとどまっている状態だ。

早くから数学の分野で頭角を現したラングは、少年時代をジョージア州で過ごし、小学一年生のときに教師に勧められて折り紙を始めた。たちまち折り紙の虜になった彼は一〇代で創作を始め、大学に入学して大学院に進んでからも創作を続けた。「私は常に、ものをつくることに、そしてものがどのように作用するかについて解明することに興味を持っていました。家族は、折り紙なんて単なる趣味のひとつにすぎないと思っていましたがね。趣味としては、折り紙は金のかからない地味なものでした。妻と出会ったのは、そこそこ名前が知られるようになり、傑作といわれる作品をいくつも創作するようになってからです。妻は、私の作品にすっかり心を奪われてしまったんですよ」

幅広い題材を扱っていれば、当然のことながら自分の好みができるものだ。だが、ラングに絶対的なルールはない。「私の好きな題材は鳥と昆虫と野生動物です。まったく実用的ではないもの、ということになりますね。けれども顧客に『小さく折りたたんで携帯できて、広げると平らになり、ものを包むこともできるデザインにしてほしい』なんて言われたら、私は芸術とはまったく関係ない機能的なものを折ります。おそらく、それなりに格好のいいものができるでしょう。平面と角だけの幾何学的な無駄のないデザインですからね。その作品の目的は実用性なのです。実用的であれ、芸術的であれ、誰かに頼まれたら、私はまず頭のなかに思い描くことから始めます。どのように面と面を折り合わせるか、紙のどの部分が題材のどこになるのか、部分部分がどんなふうに互いに結び付いていくのかといったことをね」

ラングは独自の紙をつくることはしないが、マイケル・ラフォッセに教えられて少しだけ試してみたことはある。「私は何度か彼のセッションに参加しました。そこで純粋に彼のレシピに従って、実際に何枚かつくってみました。おもしろかったですよ。だが、これが実に難しいのです。製紙職人たちがどんなに苦心して紙をつくっているのかが身に沁みてわかりますよ。漉き桁で紙料をすくい上げるんですが、もうぼろぼろで、とても紙なんていえる代物じゃないんです。がっかりですよ。『どうしてできないんだ?』。するとマイケルは水に手を入れて、こう言います。『紙料液の濃度が足りないな。成形しやすいように粘剤を足さないと』。彼にはパルプの感触から、そのことがわかるのです。なにせ紙づくりには年季が入ってますからね」

ラングは、私をアトリエのキャビネットの前に連れていった。キャビネットには、さまざまな種類の紙が保管され、その多くが日本製だった。引き出しのひとつには、ラフォッセのオリガミドウ・スタジオ製の紙がぎっしり詰まっていた。「折り紙作家によって紙の選び方はまったく違います。なぜなら、われわれは、みんな違うものを求めているからです。違う風合いのものが必要なこともよくあります。折るためにはその紙に強度がなくてはなりません。そうなると、とても長い繊維を使ったものが必要になったり、繊維が均一に揃っていなくてはならなかったりすることもあります。薄い紙の作品に取り組んでいる場合は、特にそうです。非木材の植物であるアバカやヘンプや亜麻は、折り紙に最適な質のいい紙をつくることができます」。彼は、ぼろ布パルプのみを使った美しい手漉きの紙をいくつか見せてくれた。

モントリオールの紙工房、パペトリー・サンタルマンから買いつけたものだった。「この紙は通常のものよりも重くて、象を折るのにぴったりなんですよ。これまでに二回ほど象を折ってくれと頼まれたことがあるんですが、この紙を使いました――とにかくすばらしい紙です」。彼は、そのパペトリー・サンマルタンに特注の紙を依頼したこともあるという。マギル大学の構内につり下げられている、あの巨大な翼を広げた翼竜をつくるためだ。

「これは木材パルプを使用した、ウィンドストーン・マーブルという商品名の紙です。仕上げにローラーで圧縮されますが、大変重量感があって、私は好んでこれを使います。というのも、湿らせたときにビニールのような質感になり、思い通りの形に折ることができるんです。木材パルプでつくった紙は、衝撃を避けてpHバランスを整えさえすれば長持ちします。それでも少しずつ退色していくでしょうが、少なくとももろくなって崩れることはありません。とても手の込んだ作品には、植物繊維を原料とした紙を使っています。たとえば韓国の伝統的な韓紙《ハンジ》です。これは日本の和紙のように、コウゾの繊維を原料にしています。和紙には独特の風合いがあります。とても濃度の薄い紙料液を使い、それを漉き桁に何度も汲み込んではすくい上げてつくるからです。私は日本に行くたびに、和紙を山ほど買い込んできます。紙のこととなるともう、何でも巣に持ち帰って溜め込むモリネズミみたいですよ、私は」

話題は、彼が手がけた作品へと変わった。「私は何年もの間、昆虫に焦点を絞ってきました。昆虫の脚はまったく同じようにつくるのが非常に難しいからです。ですが、実際に創作意欲をかき立てられるのは鳥です。鳥は、芸術性という点で難しいからです。どの鳥も基本的なパーツは頭、尾、翼や足です。部分的に紙で再現することは少しも難しくはありません。難しいのは、それぞれの鳥の持つ個性をとらえるところにあります」。ラングは、棚の上に飾られている立ち姿の鶴を指し、具体的に説明した。「その鶴は求愛ダンスの真っ最中です。コツは動きをとらえることです。まずは羽や翼、脚など真っ先に目につくもののディテールをつかむことになりますが、あくまでも鶴の優雅なイメージを保たなくてはなりません。ティラノサウルスのように巨大な脚はいりませんからね。優雅な部分は優雅に折る。羽は一枚ずつ折って美しく広げます」。

綿密な計画を立てて折るとしても、必ず即興的に手を加える余地は残っているとラングは言う。「繰り返しますが、それは折るものによります。多くの場合、私は事前に準備しないで取り組みます。パーツが多く非常に手の込んだものなら、あらかじめ計画をしっかりと練るか、ふたつに分けてつくり、あとで組み合わせます。たいがい作品が複雑であればあるほど、より徹底的に計画を練ることになります。折っている最中に、急きょ別の紙でパーツを折って組み合わせることもあります。まず題材の部分部分の折り方を考えて、一枚の紙の折り目を残らず割り出します。作品を折り上げる前に、計画が完全にでき上がっているのです。部分的にソフトウェアの力を借りたものもあります。ですが折る段階で、そこに即興的に手を加えます」

創作折り紙の世界において、ラングはさまざまな提案を発信してきた作家のひとりとして、国際的にも尊敬を集めている。彼によれば、名のある折り紙作家たちが集まる友好的なコンベンションが数多く行なわれているという。「われわれはニューヨークのオリガミUSAコンベンションの協力を仰いで、ある試みを何年も続けています。毎年、自分たちで題材を決めるのです。『来年は一人ひとりがこの題材に挑戦しよう』といったようにね。そして翌年、またみんなで集まって、お互いの作品を見せ合います。ある年はカブトムシを題材に選びました。ヤドカリを選んだ年も植物を選んだ年もあります。結局は競いあうことになりますが、賞も賞品もありません。ただ尊敬する人たちから褒めてもらいたいがために競いあうのです」

カリフォルニアのアトリエを見せてくれた三年後、ラングはマサチューセッツ州ケンブリッジのマサチューセッツ工科大学で一〇日間を過ごし、電気工学コンピューターサイエンス学部の教授、エリック・ドメインと共同研究を行なった。エリック自身もやはり折り紙のアーティストで、独自の技巧を駆使した作品を生み出していた。ケンブリッジに滞在する間、ラングは公開講座も開いた。ひとつはマサチューセッツ工科大学の折り紙クラブ「OrigaMIT」主催の、折り紙上級者のためのワークショップで、もうひとつは一般市民向けの折り紙教室である。私は、そのどちらにも足を運んだ。もちろんラングと会うためであるが、才能ある人物として世に広く知られるエリックにも、少し時間を割いてもらいたいと思ったからだ。「OrigaMIT」のワークショップに参加した教職員や学生たちは、自分たちがやっていることを「究極の折り紙」と呼んでいた。その後、数か月の間彼らのセッションが何度かあり、私も参加させてもらった。日本の公共放送局の撮影クルーがテレビ番組の収録のために訪れた日もあり、撮影クルーはエリックの動きを追い続け、彼が手際よく紙を折る一部始終をカメラに収めていた。どのセッションも一般市民に公開され、ラングがプレゼンテーションをした日には大学生と同じくらい大勢のティーンエイジャーが集まり、手をせわしなく動かしていた。

エリックは二〇〇一年、二〇歳のときにMIT（マサチューセッツ工科大学）の助教授として招かれた。同大学の一五〇年の歴史のなかでは最年少の助教授だった。その二年後にはマッカーサー・フェロー賞［天才賞とも呼ばれ、米国のマッカーサー財団が多彩な分野の優れた人材に贈る賞］を授与された。彼は、MITコンピューター科学・人工知能研究所の一員でもある。二〇一一年には共著も含めて一二冊の著書を発表し、二〇〇以上もの論文を学術雑誌に寄稿したが、その分野は計算幾何学から組み合せゲーム理論まで多岐にわたる。彼が大学で受け持っているクラスのひとつ、「幾何的な折りアルゴリズム――リンケージ、折り紙、多面体」は、物体の再構成に関するテーマを扱っている。クラスは実質的には「折ることにおける未解決の問題を解明する」ための共同プロジェクトで、過去に「有意義な新しい解明がなされ、それについての論文が発表」されたこともある。

エリックもまたラングと同じく、折り紙の幾何学的なアルゴリズムをつくり出したが、彼が手がける作品が注目を浴びている理由は、それが多面体、あるいは蛇腹状のひだを曲げたりひねったりしてつくるものだというところにある。彼は父親のマーティン・ドメインとの共著によって、そのプロセスを解説した著書を発表したが、タイトルの『計算折り紙 *Computational Origami*』は、彼の言葉によれば、「ぼくたちの研究テーマである、紙をさまざまなプリーツ状にするためのひだを数学的に割り出すアルゴリズムに関わるものだ」という。著書によれば、その形状は「紙が自らの意思で曲がった」もので あり、「きつく折り重ねて圧縮されたのち、もとに戻ろうとする力によってできる自然な折り目を割り出すソフトウェアがつくれるかもしれない」という。彼は自身のホームページ上で作品を公開し、そのコンセプトについて解説しているが、三点の紙の作品はニューヨーク近代美術館の常設展示品となっている。それは二〇〇八年のニューヨークでの特別展『デザインと伸びやかな精神 Design and the Elastic Mind』にも出展された。エリックが私に語ったことによれば、彼が折り紙の持つ無限の可能性に引かれたのは大学院時代だったという。「ぼくが博士課程に進んだのは、一五歳のときでした」。折り紙を始める年齢としては、いささか遅いのではないかという私の問いに、彼はそう答えた。「ぼくは、解くのがおもしろそうな問題を探していました。そしてロバート・ラングが折り紙を数学的に解析したことを知って、ぼくも独学で始めたんです」。彼とラングがＭＩＴで取り組んでいた「大きなこと」とは、「折り紙のデザインのためのツリー構造を正式なものにすること」だったという。「それについては多くの人が、長年にわたって開発してきました。しかし、それを正式にコンピューターのソフトウェアとして実用化したのはロバートです。それで、ぼくたちはそのメソッドをさらに整理して完全なものにしようとしているのです」

エリックは、ラングの話を聞こうとＭＩＴの教室に集まった子供たちを示し、「折り紙が多くの人間たちに語りかける」ところが好きだと告げた。「ぼくが折り紙に魅力を感じたのは、自分が数学者だからです。ここにいる子供たちは、折り紙の芸術的な面に魅力を感じています。ぼくもそうです。さまざまな教育レベルの人たちが折り紙の世界に入ってきますが、それが折り紙の魅力のひとつでもあります。工学技術や幾何学に興味がわかないからといって、気にしなくていいのです」。学術的な論文を書き、純然たる知的概念や問題に取り組むことに喜びを求めながらも、エリックには子供のようなひたむきさがある。人工知能という新たな領域にも熱意を持って取り組むに違いなく、自分がしていることに決して飽きるということがない。

エリックの父親のマーティンはガラス職人でもあり、アーティスト・イン・レジデンスとしてＭＩＴの電気工学コンピューターサイエンス学部に籍を置くかたわら、ガラス工房で生徒の指導にもあたっている。エリックは父親と一緒に複雑なパズルを解いたり、ガラスの工芸品をつくったりして楽しんでいる。さらにふたりは、ケンブリッジの即興コメディクラブにコメディアンとして出演するという挑戦もしている。ユーモアのセンスがあるというのは大切なことです――マーティン・ドメインは、私との雑談でそう語った。ふたりは一九八〇年代から一九九〇年代の初めまでカナダに住んでいたが、マーティンはシングルファザーとしてエリックに自宅教育を施しながら、ユーモアのセンスを身につけさせることを怠らなかった。二〇〇四年にＭＩＴの図書館から展示会に出展する家具の製作を依頼されたとき、ふたりが材料として選んだのは中古品セールで売れ残った廃棄図書だった。エリックによれば、それもまたユーモア精神によるものだという。

「それはジョークから始まりました」とエリックは語った。彼もマーティンも、家具の製作やデザインなどまったくの門外漢だった。「ぼくたちは寝室を一部屋まるごとつくりました。本棚やランプシェード、ベッド、上掛けのキルト、何もかもが廃棄図書でできていました。これをやろうと決めた理由は、ひとつには、世界中で山ほどの本がごみになっていることを知ったからです。古くなった本は捨てられ、そのほとんどは再生されません。装幀され接着剤が付着した本のリサイクルは費用がかかるからです。だから、みんな捨てられます。そういった本を、わずかでも救う方法のひとつがこれでした。ぼくも父も本が大好きです。でも、とにかく言いたいことは、本をバンドソーでカットする気になんてなれないってことです。罪悪感でいっぱいになりますよ。いくら仕方がないからって、こんなに貴重なものを切り刻んだら」

エリックは、紙そのものには、さほど関心を抱いていないことを認めた。彼が紙を使うのは、ただ自分がしたいことをするための理想的な媒体だからであり、彼が紙という素材に対して多くの技法を確立しているからにすぎない。別の見方をすれば、紙を使うことで生じる制約も受け入れなければならないということだ。「ここに相反する考え方があります。物事を、できるだけおもしろいものにしたいと考える。だが、お手軽な答えは望まない。そんなものは少しもおもしろくないからだ、という葛藤です。そして、そもそも葛藤する必要もなく、答えがはっきりしていることなら、論文を書くまでもないでしょう? だから精一杯おもしろく、精一杯不可能なことにチャレンジして、こんなことは馬鹿げてるなんて思わずに答えを探すことです」

彼が紙を使う理由は、ほかにもある。それは、さまざまな形で報われるからだという。「折り紙の特別なところは、目で楽しむ満足感と、実際に紙から何かをつくり出すという物理的な満足感です。そういう意味では、ひとつの素材を使って芸術的なことも科学的なことも同時にできるというのは大変すばらしいと思います。それでも紙という様式には限界があります。紙を引きのばすことはできません。これは非常に重要なことです。なぜなら、その裏に潜んでいる幾何学を壊してしまうからです。紙と同じような機能を持つ素材はほかにもありますが、折るということに関しては同じとはいえません。ぼくたちは、鉄やプラスチックを使い、折ることで表面の組織が剥がれたり、素材自体が壊れたりする可能性を調べる実験をしました。ある程度はうまくいきましたが、やはり紙よりはるかに折るのが難しいです」

エリックは、一枚の紙だけで作品をつくるやり方をあくまでも続けると言う。理由は、「そのほうが楽しいから」。楽しむことで、自分の取り組みに夢中になれるからだと語った。「ぼくにとっては、はさみを使わず、折るだけのほうが数学的にはおもしろいんです。しかもそれを、たった一枚の四角い紙でやるのはさらに難しい。ですから、四角い形を折って何ができるだろうと頭をひねることから始めます。この制約が、ぼくは好きです。それに固執したくはないですが、数学的な見地では、とても深い意義を感じます。数学的に見て自分が表現できる一番シンプルな方法を探すとすれば——一枚の紙よりシンプルなものが、ほかにあるでしょうか?」

第16章

紙を漉いて生きる

機械化の時代が私の目前にくり広げられたが、それは私の心を惹きつけるもののない退屈な時代であった。私は長い間手工芸の支持者として大量生産に抵抗してきたが、この努力は石化した森の中で一匹の白アリが必死に努力するのと同様に実りのない努力だった。地下の石油資源の発見がガソリンエンジンを可能とし、これが転機となって、まず自動車、次いで当然のなり行きとして航空機、戦車、爆撃機、誘導弾などが登場した。それらの出現する以前は世の中はもっとのどかだった。機械・科学・工業などに反抗しても何も得られないが、疑問だけは残る。そういったものが世界にこれまで以上の平和と満足をもたらしたことがあるのだろうか。

――ダード・ハンター『紙と共に生きて』（一九五八年）

［樋口邦夫訳、図書出版社、一九九二年］

製紙の歴史研究家でファインプレスの印刷業者、ウィリアム・ジョセフ・〝ダード〟・ハンターの自伝を読むと、二〇世紀という困難な時代を甘んじて受け入れざるをえなかったひとりの人間の思いが痛切に伝わってくる。その半世紀前に時代を憂えたヘンリー・アダムズのように、ハンターは過去の時代への愛着を隠さず、もし生きる時代を選べるなら一八世紀の終わりに生まれて一八三〇年を迎える前に生涯を閉じたかったと言った。生きる時代がちょっとずれてしまったようで、ハンターは世のなかが目覚ましい発展を遂げた産業革命の時代をまるごと飛び越えて生を受けたのかもしれなかった。

「もし居住地も選択できたとすれば、私の祖先が住んでいたスコットランドの片田舎を選んだであろう」と、さらに彼は焦がれるような思いを綴っている。しかし芸術を求めてアメリカやヨーロッパを闊歩した好奇心旺盛なその若者は、やがて青年時代の大半を過ごしたオハイオ州のチリコシーを本拠地として選んだ。そこでの生活は、最も楽天的な批評家でさえ非現実的な夢物語と一笑に付すようなものではあった。というのも、町を見下ろす丘の上の、山の家（マウンテン・ハウス）と名付けた豪奢な邸宅を作業場として、ハンターは一九二二年から一九五〇年までに手漉きの紙づくりに関する限定版の書籍を八冊出版したのだ。今日、それらの本は蒐集家の垂涎の的となっており、それこそが、手漉きの紙づくりにおける世界一流の専門家としてのハンターの地位を不動なものにした。また、彼の取り組みは、アメリカでもはや時代後れの文化としてうち捨てられていた手漉きの製紙業をよみがえらせるという副産物をもたらしただけでなく、今日のブックアート運動を生み出す礎《いしずえ》を築いたのである。

ハンターが生涯にわたって執心する紙づくりに手を染めるまでに、アメリカは新たな生産体制にすっかり適応していた。機械化によって紙の大量生産が一般的なものとなり、木製パルプには無限の有用性が見込めるという期待とあいまって、もはや木綿のぼろ布に頼ることはほとんどなくなっていた。二〇世紀初めにはその流れは決定的なものとなり、アメリカ国内の手漉きの製紙工房はほぼ完全に姿を消した。そして大量生産の宿命として、紙の品質はおおむね低下した。ハンターは印刷出版業者として、また作家として、あるいは貴重な工芸品の蒐集家としても功績を残したが、その多大な影響力は同じ精神を持つ次世代の人々をも感化した。その筆頭が息子のダード・ハンター二世であり、彼は父親の遺したものを存続させることに人生を捧げ、その精神は、多彩な領域で活動する男女さまざまな人々の間にも浸透し、手工芸の世界に新たな風を吹き込んだ。

一八八三年、ハンターはオハイオ州で新聞社を経営する名家に生まれた。父親の新聞社スチューベンビル・ガゼットの植字室に入り浸って「活字組みの美と神秘」を学び、一〇歳になるまでには植字工顔負けの腕を身につけていた。一九〇〇年、ハンター一家は一七〇マイル西のチリコシーに移り住み、同じく新聞社のニュース・アドバタイザー社を引き継いだ。ダード——少年時代からのあだ名は一生続いた——はイラストレーターとして父親の新聞業を手伝うが、やがて放浪の虫が騒ぎだし、プロの奇術師だった兄のフィリップについてアメリカ中をめぐる旅に出た。兄は「オハイオの魔法使い」として、ささやかながらも名声を得ていたのである。ダードは、カリフォルニア州リバーサイドでショーに出演しながら、あるいは優雅な内装が施されたグレンウッドホテル（今日では「ミッション・イン」と呼ばれている）に滞在しながら、美術工芸運動（アーツ・アンド・クラフツ・ムーブメント）に興味を持ち始めた。それは数十年前にケルムズコット・プレス（印刷工房）の伝説的な経営者、ウィリアム・モリスの提唱によってイギリスから広まった運動だった。

一九〇四年、ハンターはニューヨーク州バッファロー郊外にあるイーストオーロラという村を訪れる。夏の休暇の間、ロイクロフト・ショップス［芸術家や職人たちのコミュニティの印刷所と手工芸品店を兼ねた作業場］で働きたいと考えたためだ。ロイクロフト・ショップスは、アメリカの美術工芸運動の草分け的な存在であるエルバート・ハバードによって設立された。それから数年間、彼はたびたびそこを訪れて作業に従事した。その後、ウィーンで石版印刷（リトグラフィー）や本の装幀、カリグラフィーを学んだのち、ロンドンで商業デザイナーの職に就いたが、ある日、科学博物館を訪れて人生が一変する。「ここで初めて手漉き紙をつくるための漉き網を見た。また、何世紀も昔に活字をつくるのに用いられた母型［活字を鋳造するときに用いる金属製の雌型］と父型［活字の母型製作用の型］、それに流し込み型なども初めて見た」と彼は自伝に記している。「個人出版社を持ちたいというのが私の願望だった。鋳造業者や紙メーカーなど外部からの援助なしに私だけの会社にしたかった。アメリカに帰ろう、そして、紙、活字、印刷――すべて私だけの労働によって手づくりの本をつくろう、と思った」

二一世紀初頭に生きる私たちにとって、古き時代への復古を堂々と宣言したダード・ハンターの個人史のなかで何より度肝を抜かれるのは、この大胆不敵ともいえる決意だろう。一冊の本を完成させるまでのあらゆる緻密な作業をすべてひとりで担うなど、一〇〇年前でもさぞかし奇異であったに違いなく、現代ならなおさら変わり者だと思われかねない。いや、同じようなことを口にした者がいなかったとは言えない。しかし、実行したのは彼ひとりだ。未来の出版産業が進む場所をその頃すでに示唆していた者も彼以外にはいない。そして今日、そんな労苦に進んで手を染めようとする者も、やはりいないだろう。

一九一二年、ハンターはニューヨークの街から六〇マイル北にあるマールボローの集落の、一八世紀に建てられた家を購入した。そして「ジューズクリーク（ユダヤ人の小川」（巻末の注釈を見よ）と呼ばれる川のほとりの製粉所を昔ながらの工房に改装し、イギリスで手に入れた骨董品の道具や器具を備えつけ、紙づくりの準備を調えた。また外観をイギリスのデヴォンシャーの農家風《コテージ》にしようと、自ら種をまいて収穫したライ麦のワラで屋根を葺いた。ハンターはその工房をミルハウスと呼び、そこで手漉きによる製紙の技術を身につけ、透かしの実験を試み、自家製の活字を鋳造した。

一九一六年、シカゴ腐食銅版画家協会がメンバーに配るために依頼した記念装飾本『エッチング画集 *The Etching of Figures*』が刊行されるが、それはハンターただひとりだけがもつ技術すべての結集といえた。その出来栄えはかつてないすばらしさだった。同じ年に同様の装飾本が刷られたが、その二冊は出版史上、類を見ない手工芸品とみなされている。一九二一年、ハンターは博物館の知人に宛てた手紙にこうしたためている。「この二冊の書物はすべて、印刷術が生まれた初期の二世紀の間に使われていた道具や器具や原料だけでつくったものです」。一九二九年、グラフィックデザイナーのウィル・ランサムは、私家版印刷運動について行なった書誌学的な調査をまとめた著書のなかで、ハンターの業績は「彼が長年にわたって主張してきた理想の象徴であり、純然たる独力による独自の美術工芸の技能（アーツ・アンド・クラフトマンシップ）だ」と驚嘆している。

ハンターは、ミルハウスの水車を動力源とする伝統的な手法を追求しようとしたが、冬場は必要な水量を見込めないという憂うべき事態によって、結局は一九一九年にその土地や施設を売却する。そしてチリコシーにマウンテン・ハウス・プレス社を設立し、そこを永久的な操業地とした。以後四六年間にわたり、彼はたびたび世界をめぐり、はるかな辺境の地まで足をのばしながら、その国の製紙業者に会って話を聞き、道具や器具や原材料を集め、各地の工芸品や紙の見本を蒐集し、自身の厖大なコレクションに加えた。

一九二七年、ハンターは商業的な紙づくりを行なうことに決め、コネチカット州オールド・ライムの閉鎖された鋳鉄工場を作業場として選ぶと、今度はイギリスから熟練した職人一家を従業員として招き入れた。だが一九二九年には株式市場が暴落、事業を興すタイミングとしては最悪の時期となってしまった。希望もむなしく一九三二年に工場は倒産するが、それまでに生産された大量の手漉きの紙は保管されていた。その紙は一八年後、『アメリカにおける手漉きの紙つくり *Papermaking by Hand in America*』を一八〇冊発行するのに十分な量だった。「もう二度とこんなことをするつもりはありません」と、彼は友人に当てた手紙のなかで思いを吐露している。「アメリカに手漉きの製紙工場ができない理由がよくわかりました」。キャスリーン・ベイカーが、ハンターの生涯をあますところなく綴った伝記のなかで「崇高な実験場」と呼ばれたオールド・ライムの工場は、操業時にはアメリカ国内唯一の商業的な手漉きの製紙工場だった。

ハンターの今も続く功績の多くは、もっと身近なところでは、彼の著書に見ることができる。それは手漉きの紙づくりについて記された一流の文学作品として、時代を超えて評価されている。また彼が一九三八年から一九五四年までに訪れた世界各地で手に入れた厖大な数の製紙の器具は、マサチューセッツ工科大学（ＭＩＴ）に長期の寄託品として展示された。現在、彼が蒐集した紙や工芸品は、アトランタのジョージア工科大学構内の学際的な研究センター、インスティテュート・オブ・ペーパー・サイエンス・アンド・テクノロジーに設けられているロバート・C・ウィリアムズ紙博物館の主要な所蔵品となっている。一〇万点もの資料が保管されたこの博物館では、紙の研究に必要な資料があらゆる形で用意され、紙の分野としては世界で最も多くの資料が揃っているといわれている。しかし、ハンターの蒐集熱は、博物館の所蔵できる範囲をはるかに超えていた。そして、外国産の漉簀や簀桁《デッケル》、漉槽、木槌、ビーター、ダンディロール、そのほか思いつく限り手に入れた器具があればこそ、製紙の知識を網羅した一連の著作が生まれたのだ。

今日、マウンテン・ハウスという社名入りの書籍は稀覯書の市場で何千ドルという値がつき、一般人が目にできるのは図書館のスペシャルコレクションの閲覧室の中でだけだ。ハンターが一般向けの販売を目的として発行した書籍は稀少であり、普通はなかなか手に取ることはできないが、長い年月にわたって多くの影響をおよぼしている。なかでも一九四三年にアルフレッド・A・クノップフによって初版が発行された『紙の製造――古き時代の工芸の歴史と技術 *Papermaking: The History and Technique of an Ancient Crafts*』は、ハンターの工芸品のコレクションを豊富な図解とともに紹介し、文献的にも価値が高く、現在も重版が続いている。ハンターは発言においても行動においても、彼の精神を共有すると信じる者たちの規範となり、ファインプレスの印刷業者として成した偉業が現代までも続いていることが、それを雄弁に語っている。北米に手漉きの製紙業をよみがえらせたのは、ほかでもない、ハンターが書いたこの本なのである。

ペンシルベニア州に住むひとりの男の奮闘が始まったのは、第二次世界大戦が勃発してから数年後のことだった。印刷業を生業とするその男が趣味として、手製のぼろ布パルプ製の紙（ラグペーパー）をつくり始めたのは、何かに挑戦したいという単純な理由だった。「紙づくりを学んだのは、それにすっかり心を奪われてしまったからです」とヘンリー・モリスは、私に言った。フィラデルフィアから四〇マイル北の、ペンシルベニア州ニュータウンにある彼の自宅で、私たちが顔を合わせたときのことだ。紙づくりに魅せられたモリスは一九五八年、のちに世界的に有名な印刷会社となるバード・アンド・ブル・プレス社を設立した。その会社を立ち上げたのは、美しい手製の紙をつくる方法を学んだからには実際にそれを役立てる手段が必要だったからだという。

世界大恐慌のさなかに生まれ、フィラデルフィアの労働者階級が暮らす界隈で母親の女手ひとつで育てられたモリスは、安定した職を得ることが重要だと早くから考えた。一九三九年、一四歳のモリスはマレル・ドビンズ職業訓練高等学校に入学を志願したが、専攻科目は印刷技術だけを希望した。長く働くことを前提にすれば、配管工などの職業よりは「汚れることが少ない」と考えたためだった。基礎的な植字の技能を習得したモリスは一〇年目の年に学校を中退し、週に一八ドルで封筒を印刷する仕事に就いた。第二次世界大戦が開戦して間もなく、彼はウィリアム・クランプ・アンド・サンズ造船所で働き始め、潜水艦と遠洋航海のタグボートの建造に従事した。「時間外も働いて週に四〇ドル稼いでいました。その頃はまだ、母親と暮らしていました。兄のラルフが海軍に入隊したとき、私も同じように海軍に入ろうと決めました。それで出生証明書を手に入れて改竄し、入隊したのです」

彼は一九四六年に軍隊を離れ、幼なじみとふたりで印刷会社を立ち上げた。「私たちはチャンドラー・アンド・プライス社製の小型の印刷機を一五〇ドルで買いました。母はフィラデルフィアでささやかな婦人用下着（コルセット）の店をやっていて、店の地下室にその印刷機を置かせてくれました」。ふたりは事務所用の伝票や名刺、文具、広告などを印刷し、やがて商売敵のシティ・ワイド・プレス社を買収するまでになった。「パールと結婚したのは一九四九年でした。印刷の仕事をしながら、私たちふたりが何とか食べていけるだけの収入は得ていました。妻はビールの醸造所で給与事務の仕事をしていました。それでフィラデルフィアの小さなロードハウスを買い、三〇年そこで暮らしました」

一九五六年、モリスは骨董品のディーラーから古い家具を買った。そのときディーラーは、家具とともに法律書の一紙葉も送ってきた。その法律書は一四九一年にニコラス・ジェンソンの孫息子が印刷したものだった。「しなやかで実にすばらしい風合いの紙でした。印字も申し分なく、まさに紙としては最高の品質でした。古い時代の印刷物があれほど美しいとは思ってもみませんでした。それで私は、その紙を持ってフィラデルフィア公立図書館に行きました。その図書館にはエレン・シェイファーという稀覯書専門の女性学芸員がいたのです。『これは贋作じゃないでしょうか』と私は訊きました。すると彼女は、それを見て言いました。『贋作ではありませんよ。いくつかお見せしましょう』」

エレン・シェイファーは揺籃期本《インキュナブラ》――一五〇一年以前に印刷された本の研究者として有名で、そのキャリアは一九三〇年代、ロサンゼルスのドーソンズ・ブック・ショップで始まり、稀覯書蒐集家仲間の間ではよく知られた存在だった。一九七〇年にフィラデルフィアを離れ、人生最後の二四年間を過ごす地としてカリフォルニアのセント・ヘレナを選び、シルバラード博物館でキュレーター兼司書となった。「その場で釘付けになりました」モリスはシェイファーから見せられたものについて語った。「もう、すぐに宣言していました。『実は、私は印刷屋なんです。ちょうど何か趣味としてやれるものを探していたところでした。これと同じような紙をつくってみようと思います』と。するとシェイファー女史は言いました。『それなら、ダード・ハンターという人がいますよ。その人の本を読んでみてはいかがでしょうか』私はさっそく読みました。それがすべての始まりでした」

モリスが最初につくったパルプでは、最も基本的な手法が取られた。ハンマーと鉄床を使って、紙の販売業者からまとめ買いした亜麻の製紙用パルプ材を叩いたのである。あまりの重労働に辟易とした彼は料理用のミキサーを使ってみたが思うようにいかず、フードグラインダーとハンドミキサーも試してみたものの、結局はうまくいかなかった。「自分勝手な思い込みだけでやっていたんです。最初の段階で、大きな挫折感を味わいました」。モリスは自分の考えの甘さを認め、ハンターの本を腰を据えてじっくり読むことにした。「私は海軍で軍艦の艤装工をしていましたので、その手のことは得意でした」と彼は言った。ハンターの『紙の製造』に載っていた器具の写真を見て研究し、一九五七年に自作の叩解機《ビーター》をつくり上げたのである。「費用を捻出するため、泣く泣く古式拳銃のコレクションを手放しました。それだけ自力で紙をつくるという決心は固かったのです。ビーターに取り付ける電動機だけでも三五ドルしました」。彼は鋼板や工業用の棒鋼を買い、地下室にこもって金属刃を鍛造する作業に取りかかった。あるとき、そうして急ごしらえの機械づくりに必死で取り組んでいる最中に、外に飛び散った火花を見た隣人があわてて消防署に電話をかけたこともあったという。

それから、容量四六ガロンの亜鉛引きのバスタブで漉槽をこしらえた。漉き上げた湿紙の水気を絞るプレス機は、古本屋から買った中古のねじプレス機を改造した。木製の漉簀は、何度かの失敗を重ねてようやく、繰り返し紙料に浸しても壊れそうにないものが完成した。「象だってすくい上げられるくらいの頑丈さでしたよ」と彼は言った。「何もかもが手探りの状態で――ハンターの本だけが頼りでした。あるとき、私は彼に実際に手紙を書いて、わからないことを聞いてみたんです。彼は返事をくれて、それ以来、手紙でいろいろと聞くようになりました。私たちはちょっとした文通仲間でした。ですが、基本的には失敗の連続でした」

当時、モリスはまだ印刷業の仕事を続けていたが、夕方からは紙づくりに没頭した。「週末は準備作業に充てました。自家製の小型ビーターを使って、一回で二ポンドのパルプをつくることができました。私はストップウォッチを使いました。朝の七時に地下室に降り、ビーターを一回につき二時間半動かすのです。一日の目標は八ポンドのパルプをつくること。それだけあれば一週間、毎日、帰宅してから紙づくりができるというわけです。パルプづくりが終わると、外でぼろ布をカットしました。当時、私は三八か三九でしたが、とにかく何かに夢中になりたかったのです。そして縦一一インチ、横一七インチの紙が山ほどでき上がりました。するとこんなことを言う人がいました。『そんなに紙ばっかりつくって、いったいどうするんだ?』。自宅の地下室で紙なんかつくっている人間は、そうそういませんからね。そこで、こう答えました。『私は印刷屋だからね。この紙で何かを印刷しようと思ってるよ』」

奮闘の末に初めてでき上がったものは、シティ・ワイド・プレスの社名が入った『古き時代の料理百科 *Receipts in Cookery*』だった。それはモリスが公立図書館で見つけた一八世紀の料理本の復刻版で、自ら活字を組んで刷ったものだった。「紙だけが取り柄の本でしたね。町の人間は、そんなものを買ってはくれませんでした。それで料理本の出版社のリストを手に入れ、自家製の紙に書いた手紙を全社に送りました。するとみんな、その美しい紙について尋ねてくるようになって。いったい、どこでこんな紙を手に入れたのです？　といった具合ですよ。それで私は、自宅の地下室で紙をつくるファインプレスの印刷屋になったというわけです。それがバード・アンド・ブル・プレスの出発点でした」

一九八〇年、モリスは妻とともにニュータウンに移り住んだ。バード・アンド・ブル・プレスもそれにともない移設した。彼がその社名を選んだ理由は、昔のイギリスの製紙業者が透かしに動物をモチーフとして使っていたことにおもしろみを感じてまねただけのことである。長年にわたって、彼は一枚刷りの広告（ブロードサイド）や書籍などの印刷物を製作したが、その製品は現代のアメリカ国内の個人印刷所の印刷物のなかでも一目置かれている。二〇一一年にバード・アンド・ブル・プレス社が印刷した七八の出版物の大半は、製紙や製本など、紙に関するあらゆるテーマを扱ったものだ。

彼の漉いた紙は目を見張るほど優れた手工芸品だが、あくまでもモリスが自分だけのためにつくったものだった。しかも、バード・アンド・ブル・プレスの社名で発行された本は一一冊しかなかった。それ以外の書籍には、ヨーロッパから輸入した「機械抄きの紙」が使われた。「機械抄きの紙」は、パルプをローラーで巻き上げながら手漉きと同じ工程をたどってつくられる。仕上がった紙は、繊維が不規則に絡みあった状態になる（長網抄《しょう》紙《し》機〈フォードリニアマシン〉の場合は、繊維が縦方向に並ぶ）。彼はフランス製のアルシュ紙やドイツ製のツァーカル、イギリス製のウィギンズを好んで買った。

モリスは、自分の本が世界中の図書館のスペシャルコレクションとして所蔵され、蒐集家がこぞって手に入れたがる稀覯書になっていることを、感慨を持って受けとめている。デラウェア大学には彼のオリジナルのタイプ原稿や活字の見本、金属彫版（エングレービング）、木版（ウッドカット）、剥ぎ取りページ、そしてもちろん紙の見本も多数、資料のコレクションとして保管されている。「こんなことを言うと僭越ですが、私は何かを始めたのだと思っています」。私がブック・アーツ運動のなかで彼が果たした役割について尋ねると、彼はそう答えた。「紙づくりを始めた当時、ファインプレスの印刷はほとんど行なわれていませんでした。私だけが手製の紙をつくっていたのです。間違いなく国内では私だけでした」。バード・アンド・ブル・プレス社の出版物は、確かにすばらしいものに違いない。とはいえ、モリスが胸を張って言ったのは、自家製の紙のことだった。「誰もが心を奪われるものでした。その点は自信をもって言えます」

クラーク夫妻――キャスリンとハワードが、美術家やファインプレスなどのあらゆる顧客のための手漉きの紙づくりの事業を始めてから一二年後、ふたりのそれまでの業績を一般の人々に公開するささやかな展示会が、インディアナ州プレーリー・タウンシップのブルックストンにある夫妻の自宅兼作戦基地の近くで開催された。一九八三年、その展示会は『紙でつくる Making It in Paper』というタイトルがつけられ、石版画（リトグラフ）や彫版、手刷りの活版印刷による書籍、一枚刷りの広告（ブロードサイド）、オリジナルのパルプアート作品、写真、カーボンプリント、カリグラフィーなど、全部で三六点もの息を飲むようなすばらしい作品が並べられたが、その多くが、クラーク夫妻の運営するツインロッカー・ハンドメイド・ペーパー社とアーティストとの共同作業によって制作されたものだった。ツインロッカー・ハンドメイド・ペーパー社は、一九七一年に夫妻が、まさにこういったものをつくりたいという思いから設立されたのだ。

展示会の主旨は、キュレーターのジョン・P・ベグリーの言葉で明確に伝えられた。「アーティストたちは、紙は自在に形づくることができず、最小限どころか、中途半端な作品しかつくれないという思い込みを捨てた」とベグリーは、展示会の目録の序文に記している。そして、「以前は画一的で単なる必需品にすぎなかったものが、今や余分なものは一切加えずともアーティストの意図を存分に表現できるひとつの高雅な媒体として認められるようになった」と続け、ツインロッカーが「アーティストとの対話を始めたことにより、紙に対する新たな認識が生まれた」とも記している。ツインロッカーは、二〇一一年にも創業四〇周年の記念行事としてアトランタのロバート・C・ウィリアムズ紙博物館で展覧会を開いたが、そこに展示された作品も、やはり対話によって媒体の持つ創造的な側面と向きあったアーティストたちの新たな姿勢から生まれた作品だった。

ツインロッカーが設立される前の一九二九年、北米における商業的な手漉きの製紙工場の最後のひとつが閉鎖した。そのため四二年後にクラーク夫妻が手漉きの紙づくりに着手したときにはゼロからのスタートだったと言ってよい。助言をしてくれる者もなく、業務用の設備を販売する業者もなく、参考にできるマニュアルもなかった。ダード・ハンターは一九六六年にこの世を去っていたので、二〇世紀におけるルネサンスの精神の先導者に直接指導を仰ぐことも望めなかった。ヘンリー・モリスは、一九五八年からペンシルベニア州でバード・アンド・ブル・プレス社を操業していたが、彼が使っていたのは自家製の器具で、設備的には個人商店規模のものだった。しかし、モリスが示した実例は、それだけで若いふたりが事業に乗り出すのに十分な原動力となった。

「私たちにとって、ヘンリーは偉大な人です。それが可能だと証明してくれたのですから」。私がモダンムーブメントの「生みの親」である夫妻の経験について話を聞くためにブルックストンを訪ねると、キャスリン・ホー・クラークはきっぱりと言った。「ヘンリーの紙は、誰にもまねができないすばらしいものでした。私たちはヘンリーを心から尊敬していました。彼がこれほどのものを地下室でつくれたのなら、自分たちにも望みはある――そう考えました。けれどもヘンリーがつくっていたのは、ある種の紙だけ、つまり、書籍用紙でした。寸法も標準規格のうちの一種類だけでした。この仕事をやろうと決めたからには、書籍用紙だけでなく、あらゆる顧客が求める紙をつくるつもりでした。それは、私自身が訓練と経験を積んだアーティストで、版画家だからでもあります。ですから最初は、その分野に的を絞って紙づくりを始めました」

キャスリンとハワードは、一九六〇年代、デトロイトのウェイン州立大学の大学院に通っていた頃に知りあった。キャスリンは美術の修士号、ハワードは工業デザインの修士号を目指していた。ハワードはパデュー大学で機械工学の学士号も取得していたが、その技能はのちに製紙の機材を製作するときに役立つことになる。「私はプロの版画家になろうと考え、自分自身の作品を刷る計画を温めていました」とキャスリンは言った。製紙業を生業にするという考えはこれっぽっちもなかったわけだが、大学院で専攻したのは、ロサンゼルスのタマリンド・リトグラフィー工房で修業を積んだマスター・プリンター［最も熟練した刷り師に与えられる称号］、アリス・カトロウリスのコースで、そのカトロウリスから紙づくりの手ほどきを受けることになる。「課題のひとつが、ぼろ布を選んで細かく切り刻み、パルプをつくることでした。色は関係ありませんでした。簡単にいえば、自分で紙をつくり、その紙を引き立てるような版をつくる、そういったものでした」。学生たちがカトロウリスの授業でつくった紙の仕上がりは、それ自体が「ファウンドオブジェ［流木など人の手を加えない美術品］のようなもの」だったという。課題のテーマは、「もちろん、石版印刷《リトグラフィー》はかくあるべきと思われている姿から完全に離れることにありました。けれども、それが紙づくりの出発点でもあったのです。誰も系統だった紙づくりの手順を教えてはくれませんでした。なぜなら誰も実際にその手順を知らなかったからです。私たちが学んでいたのは版画家になる方法でした。けれども、それが私にとっての紙づくりとの出会いでした。ハワードもそうでした。彼はそのとき初めて、紙をつくるための器具を見たからです」

キャスリンがプロの刷り師としての力を発揮する機会は、一九六九年、ハワードが西海岸のコンピュータープログラムの開発にたずさわる新しい会社から誘われたときに訪れた。ハワードがその会社に転職すると、キャスリンはサンフランシスコの版画工房コレクターズ・プレス・リトグラフィーで職を得た。そこは、やはりタマリンド・リトグラフィー工房で学んだアーネスト・F・デ・ソトが設立した工房だった。ふたりがサンフランシスコにやって来た時期は、ちょうどベイエリアが、詩やアーティスト・ブック、ファインプレス・プリンティング、また音楽といった刺激的な文化の発信地として注目され始めた時期でもある。また、多くの視覚芸術に関わる運動が東西両海岸で活発化していた時期でもあり、上質な紙の需要も高まっていた。

その流れをつくったのは、ニューヨーク、ロングアイランドのタチアナ・グロスマンだった。グロスマンはアメリカに亡命したロシア人で、家族はロシアで著名な出版社を営んでいた。一九五七年、ヨーロピアンスタイルの版画術の流儀をアメリカに紹介するという目的で、夫とともにユニヴァーサル・リミテッド・アート・エディションズという版画工房を立ち上げた。そしてラリー・リヴァース、グレース・ハーティガン、ジャスパー・ジョーンズ、ロバート・ラウシェンバーグ、ジム・ダイン、サム・フランシス、サイ・トゥオンブリー、ジェームズ・ローゼンクイスト、エドウィン・シュロスバーグ、ヘレン・フランケンサーラー、バーネット・ニューマンといったアーティストたちとの共同作業により、石版印刷のみに限定したオリジナル作品を世に送り出した。やがてグロスマンも、沈み彫り（インタリオ）と浮き彫り（レリーフ）による木版画で限定版のアーティスト・ブックをつくった。どちらもぼろ布パルプだけでつくられたアーティスト専用の紙を必要としたが、当時、そういった紙はヨーロッパの業者を通して限られたサイズしか手に入らなかった。

そしてグロスマンがニューヨークで名声を築いていたちょうどその頃、タマリンド・リトグラフィー工房を立ち上げようとしていたのがジューン・ウェインだった。一九六〇年、彼女はフォード財団から全面的な資金援助を受けてロサンゼルスにその版画工房を設立したが、その目的についてウェインは、「瀕死の状態」の石版印刷《リトグラフィー》を「救う」ためであると明言した。パリでマスター・プリンターのマルセル・デュラシエと共同で仕事をしていた視覚芸術家のウェインは、アメリカのルネサンスを存続させる唯一の方法は、実践的な指導と厳格なカリキュラムによって熟練した刷り師を養成することだとして、徒弟制度を導入した。その制度は、のちにクラーク夫妻もインディアナで採用することになる。ウェインはロサンゼルスの、その名にちなんだタマリンド通りにある工房の運営に一〇年間たずさわり、その後ニューメキシコ大学の招待を受けてアルバカーキに工房を移転した。一九七〇年、工房はタマリンド・インスティテュートとして生まれ変わり、今日まで多くの刷り師を輩出している。

「版画の限定版という発想は、そもそもフランスの考え方です。そして版画は基本的に、刷ることによって生まれる芸術作品なのです」。キャスリン・クラークは説明する。「版画は、絵画を複製することではありません。事実、絵画とはまったく違います。種類としては、腐食銅版画《エッチング》、木版画《ウッドカット》、石版画《リトグラフ》などがありますが、石版画《リトグラフ》が最も純粋な版画の形といえるかもしれませんね。描いた通りのものがそのまま紙に再現されますし、多色刷りもできますから。重ねる色の数と同じ分だけ石版石も使います。ですが今、版画の世界では、刷り師とアーティストの共同作業によってオリジナルの作品が生み出されています。タチアナ・グロスマンとジューン・ウェインは、蒐集家たちが、壁に飾れて色も褪せることのない版画に価値を見出すことを知っていました。アメリカの現代の手漉きの紙の歴史は、そこに結び付いています」

キャスリンは、タチアナ・グロスマンとジューン・ウェインが「オリジナル版画の巨大な市場」を生み出し、それがビジネスとして急成長を遂げたことに、たちまち衝撃を受けたという。「アーネスト・デ・ソトは、私がまずまずの働きができるという評価を下して——石版画制作には数え切れないほどの力仕事がありますから——私を採用してくれました」。そして石版画の作業場にいたキャスリンが、ウェイン州立大学でつくった紙を使って自分の作品を刷るまで、さして時間はかからなかった。「サンフランシスコに引っ越すときに、自作の紙のなかで一番大きなものを一緒に持ってきていたんです。二四インチ角の紙でした。それで大型の作品を刷りました。もうとても目の詰まった紙で、だいたいのイメージは、もう紙のなかにありました。染色したぼろ布パルプでつくったものだったからです。アーネストはその紙を一目見て言いました。『こんな紙がつくれるなんてすごいじゃないか。もし店を出したら、真っ先に買わせてもらうよ』」

さらなる追い風が吹いたのは、サンフランシスコの芸術祭にキャスリンの版画が出品されたときだった。「誰もがそれを見て言いました。『なかなかいい作品だ。それにしても、いったいどこでこんな紙を手に入れたんです?』」誘惑はそこで終わらなかった。にわかにハワードが協力せざるをえない事態に陥ったのである。「航空宇宙業界の不振で友人が事業に失敗したのです。どこもかしこも失業した技術者だらけでした」とハワードは言った。「私は、何人もの元企業幹部たちと一緒に失業者の列に並んでいました。キャシーには石版画を刷る仕事がありましたからね。だからもう、私がやるしか道はありませんでした」

手始めにハワードは、サンフランシスコ公立図書館でありとあらゆる商業的な製紙に関する本を読みあさった。しかし結局のところ、一番得るものが多かった資料はダード・ハンターの『紙の製造』だった。そこにはハンターの専門家としてのコメントとともに、豊富な写真が掲載されていた。その後ハワードは、長年にわたり、ほかの製紙業者のために約四〇台のビーターと、約六〇台の油圧プレス機をつくることになる。「何もかもに、私の血と汗がしみ込んでいますよ」。未知の領域に最初に足を踏み入れてどんな苦労を経験したのかという問いに、彼はそう答えた。

一九七一年のエイプリルフールの日、サンフランシスコ市からターク・ストリート三一五六において事業を行なうためのライセンスが下りると、ツインロッカー社の操業が正式に始まった。「それはもう、無鉄砲きわまりなかったと思います。でも、まだ若かったし、何よりサンフランシスコという土地で暮らしていましたから。尊敬する人たちも、ぜひやってみろと背中を押してくれました」とキャスリンは言った。「いずれは版画の用紙だけでなく、本の装幀用の上質な紙もつくろうと思っていました。ほかにもたくさんのアート作品が生まれていて、美しい紙の必要性がますます高まっていたからです。実際に、サンフランシスコのファインプレスの書籍の印刷業者からも、製紙の事業を始めるよう熱心に勧められました」

芸術家たちの差し迫った要望に応えたいという思いも、

ふたりが紙づくりを決意した理由だった。「当時、手漉きの紙はすべてヨーロッパからの輸入品で、取りよせられる色も白とクリーム色の二色だけで、寸法も、縦二二インチ横三〇インチの一種類でした。ツインロッカーを立ち上げたとき、大きな工場ではできない、小さな工房ならではのことをやろうと思っていました。いってみれば小規模な地ビール醸造所のような感じでしょうか。おもしろい色をたくさん揃えて、豊富な種類の上質な紙を少量ずつつくろう、そう考えました。端も裁断せずに耳付きのままで販売したいと思いました。そのほうが顧客に手づくりのよさを味わってもらえますからね。手漉きの紙に触れると、機械抄きの紙にはない生命のようなものが伝わってきます」。

一方、ハワードの任務は製紙の器具を製作することにあった。借りていたアパートの地下室にこもりながら、「勘と経験だけが頼り」だったという。「作業台はありましたが、テーブルソーがなかったので安物を買ってきました。ドリルで穴を開けるボール盤は持っていました。それで廃品置き場から金属の板切れを持ってきてビーターを組み立てたのです」。そして、毎年恒例のサンフランシスコ国際芸術祭の第二五回が催された九月、ふたりが設置した出展ブースが一位として表彰された。またウォルナットクリークの近くで開催された別のフェアにおいても、版画家やファインプレスの出版社から大きな反響があった。その成功によって将来への希望を抱いたふたりは、間もなくインディアナ州の二〇エーカーの農場に活動の場を移そうと決心した。そこなら、ささやかな収入でやり繰りしながら、アーティストたちの思いをかなえ、育むことができるからだ。「確かにその通りです」とキャスリンはうなずいた。「でも私たちがここに来た一番の理由は、ハワードのお父さんが亡くなったからでした。ここはハワード家の五代続いた農場だったのです。そして私たちのほうもサンフランシスコで財政的に追いつめられて身動きが取れない状態にありました。ですから、ここに移ることが何より手堅い選択肢に思えました」

一九七二年、ひとたび窮地を切り抜けるとふたりはまた走り始めた。その命運は、まったく対照的なふたつの技能がうまくかみあうか否かにかかっていた。各自が受け持ちの作業に熟練すること、また決して妥協を許さないことが肝心だった。「私は製紙職人で、ハワードは技術屋です」。キャスリンは改めてそう言った。まるで私が夫婦の役割を理解していないので、それを正すかのように。要するに、キャスリンはせっせと紙料を漉いて紙をつくり、夫はせっせとボルトを締めて機械をつくっていたのである。「とにかく、ツインロッカーを立ち上げた当初にやっていたことが何であれ、それは間違っていたということです」とキャスリンは言った。「でき上がった紙だけが、それを教えてくれました」

互いの腕前が上達してきた頃、ハワードは特注品の紙づくりにも協力するようになった。そのひとつが、ヤヌスプレス社のクレア・ヴァン・ヴリートが手がけるオリジナルの作品のための、染色したパルプを使った紙だった。ツインロッカーの透かしはロッキングチェアを背中合わせにした絵柄で、左右対称のデザインは間違いなく紙の両面のどちらから見ても同じに見える。社名に双子《ツイン》という言葉を入れたのは、キャスリンの一卵性双生児のマーガレット・プレンティスへの敬意を表すためだったが、マーガレットは短期間、夫のキット・クヌルとともにこの仕事に関わっていた。「私たちは、もともと事業家タイプではありませんでした」とキャスリンは言った。「それでも、アメリカで手漉きの紙づくりをよみがえらせるという仕事に関わってしまったのです」。その関わりのなかで、ふたりは見習いの実習生を迎え入れ、以来、実習生たちは手漉きの製紙業の存続のために尽力した。

一九八〇年代の終わりに、シカゴの映画プロデューサー、デヴィッド・マガウアンが、ツインロッカー社の短編ドキュメンタリー映画『ザ・マーク・オブ・ザ・メーカー The Mark of the Maker』を製作した。その作品は一九九一年にアカデミー賞にノミネートされた。映画のなかでは、カリグラファーのジャネット・ローレンス、水彩画家のジム・キャントレル、学者で印刷業者のマイケル・ガリックらが、それぞれツインロッカーの工房を訪れて仕事をする姿が収められたが、その映像からは三人とも紙の品質と風合いを大切にしていることが見て取れる。それまでにツインロッカーは、作業場としてより広いスペースが望めるインターナショナル・ハーベスターのトラクターの旧ショールームに移転していた。そして二〇〇五年、ふたりの仕事はトラヴィス・ベッカーに引き継がれた。ベッカーはブルックストン出身で、キャスリンが育てた一流の製紙職人だ。彼の力によって、ツインロッカーは二一世紀に入った今でも安定した操業を続けている。

「手漉きの紙づくりは、ひとつの純粋な手工芸です」。キャスリンは、今後も紙づくりの事業を続けていくと語った。「どんな手工芸も、人がデザインすることで生まれます。紙づくりもやはり、デザインです。でも手を加えるのは微細なレベルで、あくまでも最小限でなくてはなりません。なぜなら紙は、そこに描かれたものを高めるための素材だからです。いわばオーケストラの楽器のようなものですね。音楽を聴いているとき、そのなかからバイオリンの音だけを聴き取ることはできません。それでもバイオリンは、全体のハーモニーをつくるためのひとつの音を奏でています。紙もそうです。ただ、それが目に見えるだけで」

第17章 岐路に立つ

トイレから紙が消えるのなら、世のなかから紙が消えたとしても不思議ではない
――ジェシー・シェラ、『ライブラリー・ジャーナル』誌より（一九八二年）

紙は依然、保管に最適な媒体なのである。そして図書館もやはり、紙に刷られた言葉で棚を満たしておかねばならない。

――ロバート・ダーントン『ザ・ケース・フォー・ブックス *The Case for Books*』（二〇〇九年）

二一世紀を迎え、社会がますますスピードを上げて変わりゆくなかで、製紙業者は市場のニーズにより開かれた態度で対応すること、ニーズを的確にとらえることに目を向け始めた。時代は変わり、製紙産業は否応なくその課題に対処せねばならない状況に追いやられていった。電子書籍の利用率の増加や新聞の発行部数の減少、燃料価格の高騰、古紙リサイクル量の増加、設備の老朽化、外資系企業との競争の激化、不確実な市場経済、環境問題における懸念の高まり、とどまることのない電子記憶媒体への移行も、紙の需要が減り続ける要因のほんの一部にすぎない。現代において事業に成功するためにはチャンスの到来に常に目を光らせておかなければならず、いつまでも古いやり方に固執していると、いずれ競争社会からはじき出されてしまうことがますます明白になりつつある。

この問題に取り組んだのが、ジョージ・H・グラットフェルター二世だ。グラットフェルターは、一九九八年にPHグラットフェルター社の社長兼最高経営責任者に就任した。同社は、彼の高祖父によってペンシルベニア州のヨークから南西に一〇マイル、ゲティスバーグから東に二四マイルの、人口約二〇〇〇人の閑静な自治区スプリング・グローブに創設された。創業してから一〇年あまりの間に、北米で一二〇の製紙工場が閉鎖され、従業員の三分の一が一時解雇となり、アメリカとカナダで合わせておよそ二四万人の失業者が生まれた。「厳しいですが、それが現実です」とグラットフェルターは私に言った。パルプと紙の業界の現実、そして彼がその業界でどんな波乱万丈の人生を送ってきたのかについて尋ねたときに、彼はそう答えたのである。またグラットフェルターがある程度その厳しい現実を予測していたこともわかった。彼への評価の言葉として何度か耳にしていた、いわゆる「先見の明」である。

ジョージ・グラットフェルターが事業を運営する間――彼が好む言い方で表現するならば「傍観」する間に、PHグラットフェルター社の売上高は、ほぼ三倍に跳ね上がった。それは七か国で小さな企業を買収したことによるものだが、その結果、彼が目指していた新たな分野への参入が実現したのである。PHグラットフェルター社は無数にころがっていた「隙間市場《ニッチ》」に入り込み、またたく間に一〇〇〇種類あまりの特殊な紙を生産するトップ企業へと成長した。グラットフェルター社の紙は今や、数え切れないほど多くの製品に使われている。米国郵便庁の郵便切手や優先扱い郵便の専用封筒、ホールマーク社のグリーティングカード、サラダ社、テトリー社、トワイニング社のティーバッグ、クレオラ・クレヨンの巻紙、バンドエイド、リーセス・ピーナツ・バター・カップの包材、ハイネケンやカールスバーグのビール瓶のラベル、ポスト・イットの付箋、コーテックスのサニタリー用品の剝離ライナー。しかし、新たな市場に参入する間も、PHグラットフェルター社は経営基盤となる事業、つまり出版業界向けの上質な書籍用紙の生産を依然として製品リストの最重要項目とし、それが製紙業界における同社の基盤を強固なものにしていた。同社の株はニューヨーク証券取引所においてGLTの名で取り引きされ、二〇一一年度の合算収益は一六億ドルにものぼった。その一一年前には五億七九〇〇万ドルであったことを考えると、同社が二〇〇八年から二〇〇九年にかけての経済危機も乗り越え、ぐんぐん業績を伸ばしてきたことがよくわかる。

私がジョージ・グラットフェルターとヨークの本社で顔を合わせたのは二〇一〇年、彼が五八歳の若さでその地位を退く三か月前のことだった。どう考えてもまだ引退するような年齢には思えなかったが、安心して脇に退くことができるほど経営状態は安定しており、時期的にも後継者のダンテ・C・パリーニにあとを任せるのにちょうどいいタイミングだという。「まったく大変な道のりでした」。グラットフェルターがそう答えたのは、私が次のような質問を投げかけたときだった。最高経営責任者に就任したときに企業の新たな方針を打ち立て、「製紙業の領域を超える」事業に乗り出したのはなぜか？　また、歴史ある老舗という居心地のよい立場に甘んじることなく、大胆に活動範囲を広げたことについてどう考えているのか？

「一九九〇年代の終わりにアメリカの市場を見て気づいたのは、コモディティ・ペーパーの製紙会社が山ほどあるということでした。当社が製造している印刷用紙のようないわゆる非塗工の上質紙については、市場の八五パーセントは大手一五社が独占しています。私の目には、商品ベースで企業の合併が進んでいくであろうことは明らかでした。実際に、あれほど数多く存在したコモディティ・ペーパーの製紙会社が、今では五社に減っています。その間に大手企業――インターナショナル・ペーパーやドムター、ボイシ・カスケード、ジョージア・パシフィックは大きく成長していきましたが、依然としてコモディティ・ペーパーに焦点を絞っていました。ですから、小規模の隙間産業に手を伸ばすような余力はなくなってしまい――そして当社も同じ運命をたどるであろうことが、そのときすでに予測できたというわけです」

製紙業界でいうところの「コモディティ・ペーパー」とは、最低限の加工だけが施されたあらゆる等級の用紙のことで、大型の抄紙機によって大量生産されたのち、巨大なロール状の「巻取」か、スキッド梱包されたシート状の「平判」の状態でさまざまな加工業者に販売される。そういった原材料としての紙が納入先の工場で加工されて、消費者向けの多彩な商品に変身するのである。コピー機や卓上プリンター用のPPC用紙、オフセット印刷用紙、剝ぎ取り式ノートパッド、また頼んでもいないのに次々送られてくる、あの迷惑な「ダイレクトメール」などが、その代表的なものだろう。

ジョージ・グラットフェルターの鋭い予測通り、企業合併の風がそこかしこに吹き荒れるなかで、製紙業界最大手のインターナショナル・ペーパーが競合企業――チャンピオン、フェデラル、ユニオン・キャンプを吸収合併し、メイン州とミシガン州、ミネソタ州に所有していた四か所の古い工場を売却した。その工場では雑誌や高級カタログ、食品包装のための光沢紙が生産されていたが、二〇〇六年にインターナショナル・ペーパーのコート紙部門から別会社として独立したヴェルソ・ペーパーが、その生産を引き継いだ。合併によってインターナショナル・ペーパーの二〇一一年の売上高は総額二六二億ドルにのぼり、過去二年で二〇億ドルの増収となったという。

一世紀半近くの間、PHグラットフェルター社はごく狭い市場をターゲットに上質紙を生産してきた。上製本（ハードカバー）や学術書のための高級書籍用紙——これらは同社にとって安定した主力商品だった。一九七〇年代、PHグラットフェルター社は大手として初めて酸性紙から中性紙に生産を移行し、アメリカの出版業界に中性紙を供給する最大手の企業となった。今日、本書の出版社を含むアメリカ国内のあらゆる大手出版社がグラットフェルターの紙を使用しており、同社が市場をほぼ独占しているような状況である。おそらくすべての出版社の書籍の見返しには、同社のなめらかで厚みのある高級装幀用紙が使われていることだろう。

社長兼CEOに就任する二二年前から、ジョージ・グラットフェルターは主力商品を生産するスプリング・グローブの工場に勤務しながら、製紙業界の動向を注視してきたという。「私は一族の五代目として、この会社のトップに就任しようとしていましたが、正直なところ、この業界の情勢や、そのなかでの自社のポジションに大きな不安を感じていました。歴史的に見るとアメリカの製紙産業は、これまでずっと需要の周期に応じて生産量を調整してきました。需要が高まれば生産能力を上げ、需要が満たされると次の周期までは生産量を落とすのです。また需要が高まれば生産量を増やし、また削減する。一九七〇年代から八〇年代まで、まるで時計のように正確に、そんなやり方を続けていました」

結果的に、すべての製紙会社は、いつ工場の生産能力を上げ、いつ稼働率を下げるかを見きわめなくてはならなくなった。「市場で確固たる地位を築き、生産周期を見きわめながら管理することができれば、経営は安泰でしょう。市場の周期は、紙がどんどん消費されることによって動くので、それを見込んで賭けに出ます。そして消費量の変化に備えて、一億ドルの設備投資を行なうというわけです。ですが一九九〇年代、私は数十年間製造の現場にいて、製紙産業が劇的な変化と生産周期の乱れに対処しきれずに落ち込んでいくのを目の当たりにしました。業界全体が次の周期はすぐにやって来ると願い、一九九〇年代の間、ずっと資本投資を続けました。われわれも多くの企業と同様に、需要の回復を見越して過剰投資するというやり方を取っていましたが、実際に需要が回復することはありませんでした」

グラットフェルターはCEOへの就任を打診され、取締役会で次のように語ったという。「わが社がこれまでとまったく同じ市場に向けて同じ方針で操業を続ければ、経営は間違いなく破綻するでしょう」。そして彼は、PHグラットフェルター社をグローバル企業へと発展させ、一時的ではなく永続的に独占できる隙間市場をターゲットにすることを提案した。また、製紙の事業はこれまで通り続けるものの、従来の生産管理システムを改め、見込み生産は行なわず受注に応じて生産するという方針についても進言したという。「私は特殊な隙間産業に深く切り込むことで、会社が新たなポジションを得られると信じていました。それは単に動向をうかがうのではなく、あらゆる紙を取り扱うスペシャリストになることを意味していました。私は役員たちに、それがCEOに就任する条件だと伝えました。それが当社の大きな転換期だったのです」

ジョージ・グラットフェルターが大規模な改革に乗り出す機会を得るちょうど一〇年前、『フォーブズ』誌にPHグラットフェルター社に対して好意的な記事が掲載された。記事は、ライバル企業を追い抜いて独走を続けるペンシルベニア州の製紙会社の経営手腕を大きく取り上げたもので、何世代にもわたって「単に生き長らえさせたのではなく、繁栄へと導いた」と記している。記事を書いたクリストファー・パワーは、同社が成功した理由は「幸運、優れた経営能力、節約、実直な取り引き」のすべてが揃った結果だと指摘し、何より重要な点は「同族会社にしてはめずらしく、個人経営者の精神を常に忘れず、スプリング・グローブという自治区から目を離さずにひとつの事業を守り続けてきた」ことだとしている。その記事が掲載された一九八六年、当時の社長のフィリップ・ヘンリー・グラットフェルター三世は、大手のライバル会社よりも小さな企業でいることが戦略的には有利だとパワーに語っている。そして一〇年後、甥のジョージ・グラットフェルター二世が舵取りを任されたときに、その予言が正しかったことが証明される。「大企業がどんどん膨れていったらどうなるのかを見てみたいですね。なぜかというと、大きくなればなるほど、体はのび切ってしまうからです。とことんのびてしまったら、もう動くことはできませんからね」

ジョージ・グラットフェルターは熱烈なアウトドア派で、私がコニーと連れ立ってヨークの本社を訪ねると、彼のオフィスの壁一面に北米の原野や川の写真が飾られていた。だが彼が一番のお気に入りとして見せてくれたのは、古いポスターだった。南北戦争の時代のものである。ペンシルベニア州で当時スプリング・フォージと呼ばれていた村の、ある「値打ちものの製紙工場」の競売を告知するものだった。不動産の内訳は、「木造工場建屋」一棟、「最高級の長網抄紙機」一台、「改良型バーナム式水力タービン」二基、ロータリーボイラー「耐荷重量二〇〇〇ポンド」一基、発動機四基、倉庫一棟、宿舎四棟、敷地面積一〇〇エーカー以上と記されていた。その不動産は「孤児裁判所売却物件」で、遺言検認の手続きによって一八六三年一二月二三日に競売が行なわれることも示されていた。日付から察すると、一か月ほど前にエイブラハム・リンカーンが、ゲティスバーグのソルジャーズ国立墓地の開所式に出席するために、そこを通り過ぎたはずだ。もしPHグラットフェルター社の歴史において設立趣意書があるとすれば、まさに、その額に収められた一枚刷りの広告（ブロードサイド）が、それに相当するに違いない。

そのスプリング・フォージ製紙工場は、故ジェイコブ・ハウアーが所有していたもので、一八五一年に創業が始まった。それ以前、工場は製鉄所として使われていた。豊富な水量が見込めるうえ、近隣の丘陵地から鉄鉱石が大量に採掘できるという理由で、一七五四年に出資者たちによって移設されたのだ。アメリカ独立革命の間、製鉄所は大陸軍にマスケット銃の弾丸を供給し、一九世紀中期までに毎年二〇〇トン近くの鋼材を生産していた。その村がスプリング・フォージと呼ばれていたのは、そこがコドラス河畔であるということに加えて、そういった背景によるものだった［フォージ（forge）は「鍛冶場」という意味］。その古い工場を孤児裁判所の競売において一万四〇〇〇ドルで落札したのが、スイスからペンシルベニアに移住した一族の末裔、二六歳のフィリップ・H・グラットフェルターだった。村が正式に自治区スプリング・グローブとなるのは、その一九年後の一八八二年のことだ。

フィリップ・H・グラットフェルターは、メリーランド州ガンパウダー河畔の工場で七年間、その事業について学び、製紙についてはまったくの門外漢というわけではなかった。ガンパウダーの工場は義理の縁者の所有物であったが、彼は自身の工場が持てる絶好の機会を逃さなかったのである。一八八六年に記されたヨーク郡の歴史において、グラットフェルターは「あり余るほどの活力を持ち合わせ、事業家としての適性は生来のものであり、また経営においては常に慎重さを怠らない」人物として描かれ、その資質によって「事業を拡大し続け、同じ業界のなかでどんな事業主にも引けを取らないほどの評価を獲得した」と記されている。

当初、彼は新聞用紙の生産に的を絞り、ライ麦のワラに少量のぼろ布を混ぜてつくったパルプを使用していた。新聞用紙の生産量は、一八六八年までに一日一五〇〇ポンドから四〇〇〇ポンドへと増大した。鉄道がスプリング・グローブに到達する二年前の一八七四年、彼は工場を北側の河畔に移設し、二〇万ドルの設備投資によって新たに八二インチ幅の抄紙機を導入した。一八八〇年までに生産能力は一日一万ポンドに増え、さらに当時では世界最大といわれた長網抄紙機（フォードリニアマシン）も導入し、生産量は一日一一万ポンドに達した。それから数十年の間、近代化と改修が繰り返されたが、その抄紙機は敬意とともに「旧五号」と呼ばれながら、今も特殊加工紙の生産工場のなかで稼働している。私が工場を訪ねた日は、グリーティングカード用の紙を製造していた。

そしてフィリップ・H・グラットフェルター一世（その後、さらにふたりのフィリップ・H・グラットフェルターが会社を率いることになる）は、早い段階で賢明な決断を下すが、のちにそれはきわめて適切な判断だったと判明する。ただし、一〇〇年後にジョージ・H・グラットフェルターが行なった大変革と同じく、その時代としては、おそらく型破りな決断だったに違いない。ぼろ布の不足に業を煮やしたフィリップ・H・グラットフェルター一世は、アメリカ国内の製紙会社で初めてパルプの製造工程にソーダ法を取り入れ、苛性ソーダによる木材チップの処理を実践した。そして一八八一年には、バンクスマツとポプラから自社製のパルプを製造するようになっていた。まさにスプリング・グローブにおける、今で言うところの垂直統合と呼ばれるシステムの始まりである。簡単に言うと工場のラインの端から木材が入り、その反対側から紙が出てくるといったシステムだ。その生産システムによって、グラットフェルター社はパルプの供給を国外に頼っていたライバルの中小企業より優位に立つことができたのである。

私営の森林地から伐採した新鮮な木材を自由市場から仕入れるだけでは足らず、PHグラットフェルター社はペンシルベニア州、メリーランド州、デラウェア州、バージニア州において自社直営の森林を用意し、一九一八年には別会社としてグラットフェルター・パルプ・ウッド・カンパニーを設立した。二〇〇六年には約八万一〇〇〇エーカーの森林が徐々に売却されていくことになるが、その収益はあらゆる方面へと手を伸ばすための資金となった。そして、一八九二年にフィリップ・グラットフェルターはさらなる重大な決断を下す。それは、新聞用紙の製造をすべて中止し、書籍や石版印刷、事務用品のための上質紙のみに生産を絞るというものだった。

一九九八年、CEOに就任したジョージ・グラットフェルターは同様の英断によって、一億五八〇〇万ドルでシェラー・アンド・ヘッシュ・グループを買収した。ドイツのゲルンスバッハを拠点とするシェラー・アンド・ヘッシュ・グループは、ティーバッグ用の紙を生産する世界的な一流企業だった。経営方針を刷新したPHグラットフェルター社は、煙草の巻紙やラベルの金属化紙［表面にアルミニウムなどの薄い金属層を形成した紙］、さらにはオーバーレイ紙［建材などの表面に重ねて用いる透明の素材］をも手中に収めるべく、ヨーロッパの市場に大きく入り込んでいった。その手はフィリピン諸島にまでおよび、マニラ麻をアバカパルプに加工する工場も獲得した。六年後に煙草の巻紙の製造は中止となるが、新たなリーダーは別の手だてを用意することを怠らなかった。

「確かに思うような利益を得られなかったケースでした」とジョージ・グラットフェルターは言う。「煙草の巻紙はすっかりコモディティ化していますが、大企業がほぼ独占している状態でした。ですから煙草の巻紙市場から手を引き、ティーバッグの生産に力を入れたのです」

二〇〇六年、PHグラットフェルター社は、オハイオ州フリーモントにあるニューペイジ・コーポレーションの複写用紙の製造部門を買収した。その複写用紙は裏面に薬品を塗布したもので、ノーカーボン紙の帳票として知られているものだ。八〇〇〇万ドルの取り引きのなかには、オハイオ州チリコシーにある子会社チリコシー・ペーパー株式会社の獲得も含まれていた。そして、それまでウィスコンシン州ニーナのグラットフェルター社の工場に置かれていた上質紙の製造拠点は、パルプの製造設備のある近代的なチリコシーの工場に移され、ニーナの工場は閉鎖された。また、一九八七年に買収したノースカロライナ州のエカスタ工場も閉鎖された。

「一四四年も続いてきた会社ですから、失敗から学ぶことも多少はありますし、消したくても消せないこともあるのです」。私がニーナ工場とエカスタ工場の閉鎖について尋ねると、グラットフェルターはそう答えた。「生産する製品を変えることもあるかもしれません。またターゲットの市場を変えることもあるかもしれません。働く人間を変えることさえあるでしょう。でもそれは、発展のためのプロセスです。価値を生むシステムを変えることはありません。それだけは保持しなければなりません。ですから、一九九八年に事業の改革に乗り出すとき、われわれはふたつの約束をしました。ひとつは、もはや利益を生まないと思われるものがあれば、すべて改変すること。そして利益を生むものは存続すること。それが当社の企業理念でもありました」。そして企業理念の最重要項目は、誠実であることだ、と彼はいう。「私自身がそうやって育てられました。父や祖父、曽祖父の経営方針もそうでした。企業理念として二番目に重要なのは、敬意をもつことです。当社では、組織内のあらゆる階層において互いに尊敬しあうことが大切だと考えられています。組織には財政面の規律も必要です。厳しい事態はいつでも起こりえます。経営者は財政面において厳しい通告ができなくてはなりません。ですが、敬意と誠意を持って行なえば、少なくとも理解はしてもらえるでしょう」

　計画遂行の片腕として、グラットフェルターはエイヴリィ・デニソン・コーポレーションのグローバルテクノロジーマネージャーだったスコット・L・ミンガス・シニアを説き伏せ、研究開発部門長として招いた。そして、私たちがスプリング・グローブを訪問したときに工場を案内してくれたのが、このミンガスだった。ミンガスは、可変《バリアブル》情報印刷と呼ばれるラベルの開発者として知られ、シール式切手や各種バーコードラベル、エイヴリィ・デニソンが製造する米国郵便庁の郵便切手の特許を取得している。グラットフェルター社におけるミンガスの最初の課題は、彼の言葉を借りればアメリカの製紙業界の優秀な人材を集めて「オールスターチーム」をつくることだったという。「私はジョージから、直ちに新しいアイデアを提出せよという難題を与えられました。この会社に来るまでの二三年間、私は顧客として世界各国の七五から八〇か所の工場と接触してきました。ですから、どこに優秀な科学者がいるのかを十分に把握していました。それで各地の工場に出向いて専門的な技術職の経験者をスカウトし、ここに招いたのです」

　会社がじかに末端の消費者と取り引きすることがないため、全世界でPHグラットフェルター社の名前を知るのは、ごく限られた者だけだ。「誰も当社がどういった会社なのかを知りません。それは、われわれの事業が企業間取り引きのみで成り立っているからです」とミンガスは言う。「グラットフェルター社は常に印刷業者や加工業者を相手に取り引きを行なってきました。直接的な関係者以外と接する機会がないと、どうしても取り引き先ばかりに視点が集中してしまいがちです」。社名は一般的には知られてはいないが、ＰＨグラットフェルター社の製品は毎日どこかで誰かしらが使っている。「当社は郵便切手の製造においてトップ企業になりました。ドイツとフランス、イギリスの複合繊維の部門が扱っているティーバッグ用紙は、世界市場の七五パーセントを占めています。一〇年前にはトランプカードの製造も始めました。これも現在ではトップです。ほぼすべてのブランドが当社から紙を仕入れていますので――有名メーカーのホイルとバイシクルも顧客ですよ――北米のどこのカジノのカードも、当社の紙を使ったものです。それからグリーティングカードの市場にも、われわれは目をつけました。ほんの五年から七年のうちに、ホールマーク社は当社を仕入れ先として選びました。ですから〝想いをかたちに〟［ホールマーク社のキャッチコピー］するために、みんながグラットフェルター社の紙を贈っていることになりますね」

製紙における「材料変換プロセス」を説明するには、郵便切手やラベル商品の例が一番わかりやすいとミンガスは言う。「当社は、幅およそ八〇インチ、長さ四万、あるいは五万、または六万フィートの紙をロール状にして、ラフラタックやエイヴリィ・デニソンといった粘着ラベルの大手取り引き先に納入します。先方の工場ではロール状の紙を広げ、裏面に粘着剤を塗工し、そこに剝離ライナーを貼り合せて――ライナーといえば、国内で生産されている切手用剝離ライナーのうちの半分が、当社の製品なんですよ――でき上がった粘着ラベルは印刷会社に販売されます。エイヴリィの場合も、やはり紙の表面に印刷し、仕上げを施し、目打ちをして完成した郵便切手を政府に納入しています」

私は、短期間でこれほど広範囲の市場に入り込むことができた理由をミンガスに尋ねたが、返ってきた答えは、何もないというシンプルなものだった。「紙を利用した商品として目新しいものは、まず見つかりませんでした。見つけたとしても、他社がすでに取り扱っていたものばかりでした。われわれは、ただ改良を加えただけです。ああ、もっといい例がありましたよ。二〇〇七年に、米国食品医薬品局（ＦＤＡ）準拠の紙コップの原紙を扱うトップ企業になることを目標に掲げたのですが――取り引き先はソロ・カップ社とデキシー社です。そのときは、紙を改良するためにずいぶん頭をひねりました。どうすればより安くて、より丈夫な紙が、品質を落とさずにつくれるか。その結果、現在ではカップ原紙の市場においてトップになっています。加工のプロセスは、まず当社が製造した紙をソロ・カップ社とデキシー社に配送します。それから先方の工場がパラフィンか別の塗布剤を塗工し、紙コップに仕上げます」

さらにミンガスは、「スフレ・カップ」なるものの名を挙げた。どこのファストフード・レストランでも出てくる、あのケチャップやマスタードなどの香辛料を入れる小さな容器のことだ。「ネイサンズや移動販売車のホットドッグを買うときに付いてくる、あの小さな白いカップにも当社の紙が使われています。二年ほど前まで、その種の紙は製造していませんでした。われわれは清掃用ワイパーの市場にも参入しました。スイッファーがおそらく最も大きなブランドとして知られていますが、あの使い捨てシートも当社の製品ですよ」

さらなる臨機応変なものづくりの実例として、ミンガスはフリーモントにあるニューペイジ社の、薬品を塗布した複写用紙部門の買収について語った。「すぐにでも消えてなくなる製品だと言われるかもしれません。確かに正しい意見です」と彼は言う。その複写用紙は「ノーカーボン紙」として知られているが、コンピューター化された会計システムのほうが効率的だという理由で、主流から外れつつある。「ですが、まだまだ三枚複写や複数枚綴りの帳票は、世間では相当な需要があるんです。自動車の業界や医療現場でちょくちょく見かけますでしょう？　現在、当社は北米において、どこよりも多くノーカーボンの帳簿用紙を販売しています。利益になる限り、帳簿用紙の製造を続けるでしょう」。そして、いつか需要が減少する日が来たとしても、ほかに追い求めるべき好機は常に存在するのだろう。「ジョージがはっきりとわれわれに示したのは、今後は永久的にＮＰＤ――新商品開発（new product development）から、売上の五〇パーセントを確保するということでした。われわれは、かなりの時間をかけて市場を調査しました。その商品の市場においてトップになれなければ、とても五〇パーセントの目標は達成できないでしょう。当社は大企業と競合できるほどの生産拠点は持っていません。ですから実験はできないのです。ジョージの方針は、ひとたび別の市場に乗り込むのであれば、その市場を独占すべきというものでした。今のところは、かなり成功しているといえるでしょう」

複写用紙と同じ理由でつくり続けているものは、会社の「頼りになる長年の友」ともいうべき出版業界向けの最高級印刷用紙だとミンガスは言う。「大衆小説やコミック誌の紙はつくりません。新聞用紙も、もう一〇〇年以上つくっていません。もし当社の印刷用紙を探すのなら、議会図書館の永久保存資料を見てみてください――一般書籍だけでなく、法律書や医学書、参考書、大学の教科書、小学校の教科書――そういう本に当社の紙が使われています。当社は上製本（ハードカバー）の耐久紙の市場を独占しています。一九二〇年代からずっと市場のトップの座にいます。非常になめらかな印刷用紙でして、どこかしらで目にされていると思いますよ。ペンシルベニア・ダッチ［一七世紀から一八世紀にかけてドイツ語圏から米国のペンシルベニア州に移住したドイツ系移民とその子孫］の古き伝統に守られた工芸品として当社が提供する、高品質の紙です。実にすばらしいものですよ」

PHグラットフェルター社のスプリング・グローブの工場の設備は、過去にその需要に応じて設置されたが、二一世紀において昔の品質を今も守り続ける企業というイメージを保つなかで、工場では現代のニーズに応えるために繰り返し改修が行なわれてきた。「今でも小型の抄紙機でうまくやり繰りができていますが、もとは今つくっているような高級紙をつくるための機械ではありませんでした」とミンガスは言う。その日の生産スケジュールは、つくる紙の種類によって目まぐるしく変わり、機械のローラーが巻き込む紙の種類によって、その生産工程もまったく違ったものになる。「当社が製造する最も薄いシートの重量は一平方メートルにつき一〇グラムもありませんが、厚みのある製品は一平方メートルで三〇〇グラム以上になることもあります」

スプリング・グローブの工場には非塗工用紙の抄紙機が五台、チリコシーの工場には四台あるが、どれも伝統的な長網抄紙機だ。そしてどちらの工場も、自社独自のパルプを製造している。毎日、スプリング・グローブの工場では一〇〇〇トンの紙が、チリコシーの工場では一二五〇トンの紙がつくられている。スプリング・グローブの工場では蒸気をつくり出すための電力は一〇〇パーセント自家発電で、そのうちの七五パーセントは生産工程で出る廃材から抽出したバイオマス燃料によるものだ。石炭もガスもエタノールも使っておらず、余った電力は地元の熱電供給システムを通して売電される。一日に必要とされる約一三〇〇万ガロンの水は、コドラス川の水を引いた自社の貯水池から調達され、そのほか安定した水量の供給と調整のために灌漑用貯水池とダムも用意されている。

ミンガスに導かれて、私たちの工場見学は木材置き場から始まった。そこでは、大型トラックで搬入された丸太を荷解きし、樹皮を剝いでチップ状に破砕したのち、不純物を取り除くためにふるいにかけていた。その一方で、巨大な木材チップの山がふたつ――ひとつは軟材で、もうひとつは硬材――がベルトコンベヤーに送り込まれ、のどかな田舎の風景とは一味違う場所を見下ろしてそびえ立つ小塔へと登っていった。それはバッチ式の蒸解釜で、そのなかで木材チップがパルプへと変わるのだ。でき上がったパルプは工場内に送り込まれ、軟木のマツやトウヒの長い繊維が、オークやカエデの短い繊維、鉱物質の塡料と混ぜられて、あらゆる種類の紙をつくる原料になる。

二台の長網抄紙機に向かって歩きながら、左側で盛大に音を立てている大恐慌時代の抄紙機は郵便切手用紙をつくっており、右側で大きな音を立てている抄紙機は、食品用の樹脂塗工紙をつくっているところだとミンガスが教えてくれた。「仕上がりの巻取の重量は、それぞれ約一・五トンになります」とミンガスは説明した。どの巻取にも製品ラベルが貼られ、仕様と納入先の名が記されていた。複数まとめて置かれた巻取のラベルには「見返し」とあり、書籍出版社に納入されることを示していた。事務用品の卸売業者に納入される「アーカイバル・フォルダー」と記されたものもあった。「レース・ペーパー」と書かれたものは、レストランでテーブルマットとして使われるのだろう。そのそばでは「書籍・ナチュラル色」という委託品の巻取が、ニューヨークの印刷会社に向けて出荷されるのを待っていた。私が、さまざまな淡い色の巻取の山に思わず見とれているとミンガスが、グリーティングカードの封筒の紙ですよ、と言った。

「私にとって、これは製紙産業のすばらしい物語のひとつなのです。率直に言って、エイヴリィ・デニソンの高待遇で居心地のいい椅子を捨てた唯一の理由は、ジョージの先見の明に賭けてみようと思ったからです」。ミンガスは自分のオフィスに戻ると、そう言った。「この業界の誰もが、もしジョージとそのチームがうまくやり通せたら、この会社こそ製紙業界において働くにふさわしい場所になることを知っていたと思います。世界中のどこの企業も、主力となる事業を縮小していました。われわれは、その逆のことをしました。生産を多様化したのです」

二〇〇八年秋のある日、イェール大学出版局の主催により、学術書の出版の未来について語りあう会議が終日にわたって行なわれた。その席でパネリストのひとりが、前もって用意していた論評を語り始めた。自分の書斎にある専門的な研究論文の少なくとも六〇パーセントは「時代後れ」で、近い将来、自分にとってはまったく役に立たなくなるであろうという指摘だった。その発言は別段、何らかの行動を起こそうと呼びかけるものではなかったので、ほかのパネリストはみな沈黙のうちに、考えをめぐらせていた。だがイェール大学の卓越した教授の発言のなかの言外の意は、いつまでも空中に重く漂っていた。要するに指ではじけば最新の選択肢がたちまち目の前に現れる便利なものの出現で、ある種の本は貴重な本棚のスペースを無駄にするだけのものに成り下がってしまったということである。

数分後、聴衆の質疑応答が始まると、イェール大学の学部生と名乗る、やたらと滑舌《かつぜつ》のいい若者が、何とも気が滅入るような所見を語り始めた。スターリング記念図書館の書庫の迷路でやることといえば、女子学生と戯れるか、気の合うクラスメートと目的もなくゲームをするぐらいだというのである。その若者の発言は要するに、最近は真面目に研究しようと思えば、たいがい電子的な手段を選ぶので、分厚い本の出番はないというものだった。「ぼくたちの世代の学生は、観光客がヨーロッパの立派な大聖堂を眺めるのと同じような感覚で図書館を見ています」と若者は続け、さらに追い討ちをかけるような言葉を口にした。「確かにすばらしいとは思いますが――本はめったに利用しません」

その日、ほかにも発言はあったが、その多くは、デジタルという選択肢が学術書を忘却の彼方に追いやろうとしているとき、出版社はどんな手だてを講じればいいのかというものだった。しかし、とりわけ先のふたつの所見は、本が数年先にどのような姿になっているかという問題において、少しずつ明らかになってきた見通しを要約しているように思えた。何より私が当惑したことは、そういった意見が、厖大な数の研究資料を所蔵する世界有数の図書館を持つアイビーリーグの大学構内において公然と発せられたことだった。同大学の図書館には、一三〇〇万点近くもの資料がさまざまな書庫に収められているのである。

私が、この『なぜ今でも本が重要なのか』というタイトルの会議の場にいたのは、あくまでも興味本位の傍観者としてだった。またイェール大学出版局の一〇〇年史をテーマにした作品を依頼され、ちょうどその仕事を終えたところでもあった。イェール大学出版局は世界でも傑出した学術書の出版局であり、当時のアメリカ国内の学術書専門の出版社の九〇パーセントとはまったく異なり、黒字経営が成り立っているめずらしい例であった。

近年、深刻な転換期を迎えて、どこの経営者も事業を縮小するなかで、イェール大学は抜け目なく立ちまわってきた例として実際に注目されていた。そしてその日、数名のパネリストをまとめる司会役を務めていたのが、ロバート・ダーントンだった。ダーントンは研究者で教授、また作家でもあり、書物史の研究分野の開拓者としても知られている。二〇〇七年から二〇一一年にかけて、カール・H・フォーツハイマー大学の教授職とハーバード大学図書館長を務め、二〇一一年には同大学のライブラリアンに任命された。大学図書館のなかで世界一の蔵書数を誇る図書館の管理者として、ダーントンは書物とITの分野において非常に影響力のある立場にあるのだ。ハーバード大学の図書館システムのなかには七三の個別の図書館があり、二〇一二年の時点で所蔵数の総数は一七〇〇万点にのぼる。そして、それだけ厖大な数の蔵書を管理するハーバード大学図書館の運営法は、ほかの図書館の模範とするところでもあるのだ。すべての図書館が今現在抱えている課題といえば、所蔵品の増加、不要とみなされた本や雑誌の廃棄、損傷の恐れがある資料の保存、めったに利用されない資料を保管する外部の書庫、伝統的な所蔵品と最新のテクノロジーとの統合などがある。

「私に課せられた責任は非常に重大です。ハーバード大の学部や学生に対してだけでなく、一般の研究者たちに対しても重い責任を感じています」。イェール大学で行なわれた会議の一年後、ケンブリッジで取材に応じたダーントンは言った。何より私は、文化の伝搬者という立場での紙との関わり合いについて彼に話を聞きたかったのだが、それだけでなく、きわめて貴重なコレクションを管理する最高責任者に任命されたことについて彼がどう感じているかという点にも興味があった。また、一年前にニューヘイブンのイェール大学で行なわれた会議で、例のふたつの辛辣な意見を聞いたとき、彼の胸にどんな思いが去来したかについても非常に興味があり、私たちの会話はそこから始まった。

「あの意見は、まったく受け付けられませんね」。本は時代後れだというイェール大学の教授の指摘について尋ねると、ダーントンはためらうことなくそう答えた。「実利主義的な視点で考えるのでない限り、書物が時代後れになるという考えは理解できません。廃番になった古い型式の芝刈り機を例に取ってみましょう。その場合、使い方が書かれた取扱説明書は、もう役に立ちませんよね。そうなれば、その取扱説明書は時代後れだと言えるでしょう——役に立たないな、もう使えないよ、というふうにね。ですが学術文献の場合、その一冊のなかには、ほかの多くの書物の断片の、そのまた断片の微細なものが書かれているのです。小説が時代後れだなんていう感覚があるでしょうか？　私にとっては、どんな書物も、たとえ内容が薄っぺらなものであっても、それはある人間の物事に対する証言や世のなかの見方、彼あるいは彼女なりの解釈なのです。ですから書物は――ほとんどすべての書物は文化的な生産物だと思っています。そして文化的な生産物は、私たちを取り巻いている文化の情報を与えてくれるのです」

ダーントンは、イェール大学の学生の、図書館の本は利用しないという発言についてもやんわり退けた。「確かに伝統的な図書館には、中世の大聖堂のような偉大な文化の象徴という一面もありますからね。あながち否定はできません」。そう言ってダーントンは、自分が評議員を務めるニューヨーク公共図書館を引き合いにし、そのなかに収められている知的な所蔵品よりも、石づくりの荘厳な姿に大衆の眼がいきがちなことを例に挙げた。「しかし、もしその学生がほかにも何か言うとしたら――おそらく言おうとしたのでしょうが――要するに、もう図書館には行かない、あるいは図書館が提供するサービスを利用しない、ということでしょう。彼にとっては意味がないからです。ですが、私は彼に同情しますよ。このハーバードでは、学生たちの要望に細やかに対応することができます。私たちはずっとその姿勢でやってきました。学内のどの図書館も活気があって、学生たちに適切に利用されています。事実、私たちはそのひとつ、ラモント図書館を平日だけ終日開館することで利用者の要望に応えました。学生たちは午前三時にやって来て、図書館が提供するあらゆる方法を使って――もちろん、本も利用して、調べものをしています」

そのほか、学生同士が集まって学習できるように館内の改装もしたという。「図書館は単なる書物の倉庫ではありません」とダーントンは言う。「これまでも決してそうではありませんでしたし、とりわけ現在はそうだと思います。私たちは学生がアイデアを交換する中枢センターとして、もっと図書館を利用できるようにしたいと考え、そういったスペースをつくろうと模様替えをしています。最近の学生は、グループで学習することが多くなってきています。私がここの学生だった頃は、みんなで集まって勉強なんてしたことはありませんでしたがね。私にとって『グループ学習』は、それ自体が矛盾する言葉でした。本と首っぴきになるのは、ひとりでやることでしたから。ですがグループ学習は、実際にはかなり効果的で、学生にとってはごく当たり前のことだと知りました。それで図書館にいくつかのスペースを設けてグループで使えるようにし、個人のパソコンも持ち込んで使えるよう設備を調えました。とはいえ、彼らは本もちゃんと持ちよって議論してますよ」

ダーントンは、どんな物差しでも測れないほど抜きんでた名誉と業績の持ち主だ。ハーバード大学で三年間学んだのち一九六〇年に「優等」で卒業し、ローズ奨学金とマッカーサー・フェローを獲得した。一九九九年にはアメリカ歴史協会の会長に就任、またフランスのレジオン・ド・ヌール勲章の勲爵士《シュバリエ》も授かり、数多い著作品は評論家から高く評価されている。しかし彼の職務経歴書のどこにも「図書館員」の記述は見当たらない。一六三六年に、書物を寄贈したジョン・ハーバード牧師の名にちなんだ同大学が創立されて以来、大量の書物を管理する裁量を持つ者が就くべきポジションに図書館の外の人間であるダーントンが就任したことは、不思議といえば不思議だった。「夢にも思いませんでしたよ。自分がこれほど巨大な図書館の管理者になることも、こういった改革に着手することも」と彼は言った。「ですから、あなたが疑問を抱くのはごもっともだと思います。私自身、不思議に思うくらいですからね。いったいどうして自分はここにいるんだろう、と」

だが長い歴史を振り返れば、彼が図書館長に任命されたことは、書物がハーバードの歴史のなかで担ってきた役割と少しも矛盾せず、時には積極的に外の世界から専門外の人間を図書館長として招き入れることも十分、理に適っている。それでもダーントンは、自分がハーバードで「まれな立場」にいることを認めた。一般的に図書館長の席は「司書ではなく、ハーバードの上級の研究員に与えられます。私の場合はプリンストンからここに招かれましたが、根本的な方針は同じだったと思いますよ。学問の世界に関心を持つ人物を据えるということです。そういった人物は、図書館と非常に相性がいいのです。私は、現在は書物史と呼ばれている分野を発展させようと、ずいぶん長い間努力してきました。それでハーバードの総長や学長は、私が適任だと思ったのではないでしょうか。とはいえ、やはりこのような立場に適した人物を想像するのは難しいことですが」

いわゆる白亜の塔にならないようにするという方針には、米国議会図書館もならっている。ここ数十年、同図書館の館長として、詩人のアーチボルト・マクリーシュ、歴史学者のダニエル・ブーアスティンやジェームズ・ビリントンらが招かれている。ニューヨーク公共図書館も同様に、学者のヴァルタン・グレゴリアンやポール・ルクレール、アマースト大学の政治学者アンソニー・W・マークスらが館長を務めた。

二〇世紀の初頭、ハーバード大学の図書館の発展に最も積極的に取り組んだといわれるアーチボルド・ケリー・クーリッジは、以下のような言葉を残した人物として知られている。「ハーバードには用済みの書物など存在しない」。その自信に満ちた姿勢は、クーリッジの同僚で著名な文学教授ジョージ・ライマン・キトリッジが、友人に言った言葉に要約されているといえるだろう。もし大災害によってハーバード大学構内の建物が、ハリー・エルキンズ・ワイドナー記念図書館のみを残して全壊したとしても、「まだ大学は無事に残っている」というものだ。

二〇〇七年、ハーバード大学に招かれたダートンは、三九年務めたプリンストン大学の学部から退いてシドニー・ヴァーバのあとを引き継ぎ、大学教授兼図書館長の任務に就いた。当時、彼はヨーロッパ史の教授で、プリンストン大学の書誌学・メディア研究センターの責任者でもあった。その頃も、また二〇〇九年に面談したときも彼が主張していたことだが、書物は少なくとも情報を伝えるだけでなく、あらゆる機能を持つものとして役立てるためにあるという。「書物は経済に帰属します。なぜなら書物は商品であり——売買されるからです」。ダーントンは二〇〇五年の『プリンストン・ウィークリー・ブリティン』紙の記者にそう語っている。「書物は美術史にも帰属します。なぜなら書物は審美的に見て価値のある工芸品だからです。書物は哲学や精神史にも帰属します。それは書物が概念を伝播するからです。また文学の形で英語に帰属します。そして歴史にも帰属します。なぜなら書物は世論を動かし、時には政治的な紛争を解決へと導くからです」

ダーントンは、世界に影響を与えた電子媒体の存在も忘れることなく、率先して新たなテクノロジーを取り入れようと具体的な戦略を練ってきた。一九九九年にアメリカ歴史協会の会長に就任した彼は、博士論文の電子出版のためのプロトコルを開発し、コロンビア大学出版局との連携で『グーテンベルクe』プロジェクトを立ち上げ、インターネット上で無数の研究論文を閲覧できるようにした。そのひとつ、ビン・ヤンの『風と雲の間 *Between Winds and Clouds*』は、本書第1章の巻末の注に挙げている。

私が会ったとき、ダーントンはハーバード大学図書館の現在の最優先課題について次のように語った。「私たちは、この図書館をしかるべき水準に保つことに力を注いでいます。今の世のなかで、それは容易なことではありません。あらゆる製品がデジタル化され、否応なくそういった商品を買わされる時代です。書籍や雑誌類も、電子版と紙というふたつの選択肢が用意され、音楽や映像などの記録媒体は言うまでもありませんが――あらゆるところに電子化の波が押しよせているのです。私はこれまで、さまざまな電子化のプロジェクトに関わってきました。ですから単に古い書物を偏愛するような人間ではありません。新たな媒体が書物そのものを発展させ、新しいタイプの書物を生み出し、古い書物では成しえなかったことを実現する可能性を提供してくれるものと確信しています」。二〇一一年、ダーントンはハーバード大学図書館のライブラリアンに任命され、新たな肩書きによって管理や運営面の業務は減り、一般的な政策を制定する業務に集中できるようになった。彼がEメールで私に伝えた内容によれば、業務の内容が変わったことで、米国デジタル公共図書館（DPLA）の仕事を以前よりも積極的に行なえるようになったという。DPLAは、二〇一〇年にハーバード大学インターネット社会バークマンセンターによって設立された。その全国レベルの共同事業の目的は行動理念によれば、「オンライン上の包括的な情報源の開かれた分散型ネットワークを」をつくることで、「教育に役立てるため、あるいは必要な情報を得るために、国家の生きた遺産をさまざまな図書館や大学、記録保管所、博物館から引き出すことが可能となり、そのシステムは現在と未来の世代において誰もが利用できる」という。そして二〇一三年四月、ダーントンは自ら『ニューヨーク・レビュー・オブ・ブックス』誌の長いエッセイのなかで、DPLAの正式なサービスの開始を発表した。

一方、学者としてダーントンは、一九六〇年代のフランスに蔓延していた、ある情勢について研究を行ない、書物史（histoire du livre）という学問の分野を切り開いた。彼はその分野に関する著書を数多く発表しているが、なかでも注目されたのが一九七九年に出版された『啓蒙運動のビジネス――百科全書の出版の歴史、一七七五年から一八〇〇年 *The Business of Enlightenment: A Publishing History of the Encyclopédie, 1775-1800*』と、『禁じられたベストセラー――革命前のフランス人は何を読んでいたか』だ［新曜社、二〇〇五年］。後者は水面下で取り引きされていた発禁書をテーマにした作品で、一九九六年に全米批評家協会賞を受賞した。ダーントンが書物史の研究を始めたのは一九六五年で、スイスのヌーシャテルの村を訪れ、「紙の海」に紛れていたものを偶然発見したことがきっかけだった。そもそも村を訪れたのは、フランス革命における重要人物をテーマにした本のリサーチのためだったのだが、結局のところ、その本は書き上げられなかった。

「たまたま、ある脚注を見てヌーシャテルの村にジャック・ピエール・ブリッソーという男に関する資料があることを知ったのです」とダーントンは語った。「ブリッソーは恐怖時代以前の、徹底した共和主義者の最後のひとりでした。フランス革命が起きる前は三文文士で、アメリカびいきの自称哲学者でした。当時、私はオックスフォード大学の大学院に留学し、そこで博士号を取り、二六歳のときに短期間、『ニューヨークタイムズ』紙の記者として働いていました。その後、このハーバードのジュニア・フェローに選ばれました。三年間ポスドクとして研究を続けていましたが、そのときに、これはなかなかおもしろいテーマだと思いました」

一八世紀、フランスでは厳しい検閲制度があり、国内で出版できる書物の内容が制限されていたが、その制度を逆手に取って暗躍する出版・印刷会社が数多く存在した。そのうちの、ある会社の本拠地がヌーシャテルだった。出版業者は著作権法のない土地で望みのままに、あらゆる書物を自由に印刷して出荷し、書物は秘密裏に国境を越えてフランスに運び込まれ、愛読者たちに売られていたという。「ここで話しているのは単に手引書や法律書、医学書、神学書だけでなく、現代の文学作品すべてのことです。当時のフランスでは、そういった書物の大半は国外で発行され、国内に持ち込まれてから取り引きされていたのです」とダーントンは言う。その多くは完全な著作権侵害行為だったが、被害を受けた者が何らかの賠償を請求できるような手だてもほとんどなかった。

「かなり大きな市場でしたが、そういった会社も倉庫も、ほとんど跡形もなく消えてしまいました。それでも例外的な事象がヌーシャテルの町で起きていました。関連していたのは三つの組織、そしてその会社――ヌーシャテル印刷協会の三人の幹部でした。そのひとりは広い屋根裏部屋のある大きな家を持っていましたが、最後に会社がなくなると、文書類を屋根裏部屋にしまい込みました。その文書は長い間、ずっとそこで眠っていたのです」。

ダーントンがその町を訪れたのは、あくまでも当時の研究課題――フランス革命における重要人物の若年期についてリサーチするためであり、それ以外は何ら期待していなかった。

「私は屋根裏部屋に上がりました。問い合わせの返事で知らされていた通り、ブリッソーがしたためた一一五通の書簡が残されていました。どれもが、それまで知られていなかった事実を明らかにするものでした。しかし、それとは別に五万通の、書物に関するやり取りがしたためられた書簡を見つけました。大部分は製紙工房と交わされた文書でしたが、そのほかにも活字を組む植字工や、プレス機のハンドルを引く印刷工、でき上がった書物を運搬する荷馬車の御者、また作家はもちろん、モスクワやサンクトペテルブルク、ブダペストも含めたヨーロッパ中の書籍販売業者からの手紙が見つかりました。そこには想像しうるあらゆる趣意、願い、思惑がしたためられていました。そのすべてが誰の目にも触れず、手つかずのまま残っていたのです」

ダーントンはブリッソーの伝記を五〇〇ページほど書いてから途中でやめ、原稿を投げ出した。「書き始めて結局は出版に至らなかったケースです。調べて得た情報は、それだけでも価値のあるものですが、あくまでも一七八九年にブリッソーが重要人物になる頃までの話です。一七八九年はフランス革命が始まった年で、ブリッソーはその流れのなかで重要な役割を演じました。ですから、それを書くためには、ほかの情報源も利用して、さらにリサーチする必要がありました。しかし、私はヌーシャテルで偶然見つけた手紙のほうにすっかり関心を奪われていたのです。私は自問自答しました。『お前の重大関心事はブリッソーの伝記よりも書物じゃないのか？――だったら書物をテーマにすればいいじゃないか』そんなわけで、ブリッソーの残りの人生を書くためにあと五年費やすのはやめにして、書物のテーマに取り組み始めました。以来、ずっとそれが続いているというわけです」

ダーントンは毎年夏をヌーシャテルで過ごし、一九九〇年の夏にようやく作品を書き上げた。「五万通の書簡を全部読みました」。ダーントンは、そのなかで紙に対する価値観が高まったことを告げた。「驚いたことに手紙を書いた人物たちは、たいがい紙のことばかり書いているのです。〝人物〟というのは出版業者や書籍販売者、それに読者もです。どれどれの本に使われているなんとかという紙の質が悪い、といったクレームを書きつけた読者からの手紙が何通もありました。現代の読者にとっては考えられないでしょうね。まったく思いもよりませんでした。本の仕事に関わっている人間――つまり印刷業者や書籍販売者ですが――彼らだけでなく、読者までもが紙に注意を払っているのだ。私はそう確信するようになりました。これにはたくさんの証拠があります。たとえば『最高級紙を使用』などと書かれた宣伝広告も、ちょくちょく目にしました。ですから、紙に対する意識は二、三〇〇年前から存在していたのでしょう。今日では薄れていますがね」

ダーントンによれば、ヌーシャテルの屋根裏には、ほかにも「一〇や二〇の数ではないほどの、おびただしい数の書簡」があったと言う。それは紙の売買に関連したあらゆる業者からの手紙だった。製紙業者や商人、それに「ほうぼうの製紙工房をまわって水質やぼろ布の質を報告する調査員のような仕事をしている者からの手紙もありました。すべての工房がバーガンディ地方のぼろ布を使っていたわけではありませんでした。バーガンディ地方の布は質的には申し分のないものでしたが、たまには粗悪品もありました。ですから、くず拾いのことや、ぼろ布の質についてのやり取りも見られました。とにかく、それればかりです。何を置いても紙、紙の世界ですよ。紙というものは想像以上に奥が深く、また複雑なものなのです。それから、水についても書かれていました。というのはご存じの通り、水は紙にとって重要な条件だからです。たとえばジュラ山脈は、紙づくりに最適の土地です。水が非常にいいからです」。ダーントンは手紙を読みながら、文字を書きつける物質的な素材として、また近世の書物の取り引きで重要な要素と考えられていたものとして、紙に関するあらゆるテーマに興味をそそられたという。「それで、ちょうど『啓蒙運動のビジネス』というタイトルで『百科全書 *Encyclopédie*』の出版の歴史について書いていたので、そこに紙に関する短い章を書き加えようと考えました。ですが、いくら書いても書き足らず、それだけで一〇〇ページの論文ほどの長さになってしまいまして――今でも机の引き出しのなかに、ブリッソーの伝記と一緒に眠っていますよ」

その原稿もやはり日の目を見ることはなかったが、さまざまな面でいい勉強になったとダーントンは言う。「ハーバードの学生だった頃は、本を読んでいても紙に注意を払うことはありませんでした。紙というものの価値を知るまで、特にありがたいとも思いませんでした。一九六五年に初めてあの屋根裏に入り込んだときも、紙にはまったく興味はありませんでした。その当時はまだ書物史の研究という分野も存在しませんでした。そもそも書物史なんていう言葉さえ、なかったんです。だから自分が書物史について書いているという自覚もなかったですね。ただ別の論文を書こうと思っていただけでしたから。ですが調べれば調べるほど、わかってきたのです。自分が人類学的なテーマが好きなら、そしてそのテーマについて書きたいと思うのなら、まずは印刷業者や出版業者が実際に考えていたことを理解すべきだろうと。ええ、実際に彼らは紙のことばかり考えていたとわかりました。とても新鮮な驚きでした。たいがい、経験上理解しがたいものに出くわしたときは、いいものを見つけたぞ、という感覚にとらわれます。そんなときは、とにかくそれを追求してみることにしています」

第18章

九・一一――空から紙が舞い降りた日

そこにはいつも紙、紙、紙なのです。
――ジャック・デリダ、『カイエ・ド・メディオロジー』誌(一九九七年)より

その日、目に焼き付いたさまざまな映像のなかで、これほどまでに衝撃を受けた光景はなかった。二〇〇一年九月一一日、巨大なふたつのビルがさながら雷に打たれたように地に崩れ落ち、そのなかのオフィスの紙という紙が、まるで羽を散らせたように宙に放たれ、やがて鈍い灰色の粉塵に覆い尽くされたのだ。のちにくわしい報道がなされたが、紙片の大半は、ほどなくグラウンド・ゼロという名で知られることになる爆心地に隣接した通りに舞い落ち、それ以外にもおびただしい量の紙がニューヨーク市の五つの自治区全域に降り注ぎ、ハドソン川対岸のニュージャージーまでも達したという。マンハッタン南端部に「紙の雨」が降りしきる光景を目にした者の何人かは、幻想の世界を見ているようだったと表し、残酷にも、すぐ近くにあるキャニオン・オブ・ヒーローズ(英雄たちの峡谷)で前世紀の間行なわれてきたパレードの紙吹雪にもたとえた。細かくちぎれた紙片の多くは縁が焼け焦げていたが、ツインタワーから外の世界に放たれたものとしては、それが唯一、元の姿をとどめるものだった。

この光景を心に強く訴えるような形で映像化したのがブルーマン・グループだった。ブルーマン・グループはニューヨークを拠点に活動する、音楽とパントマイムを

融合させた前衛的なパフォーマンスを行なうアーティストの集団だ。彼らがつくった『イグジビット・13』というタイトルの動画は、テロが発生してから数か月のうちにインターネット上で公開され、その後はライブステージにも使用されて、二〇〇三年に発売されたアルバム『ザ・コンプレックス』の最終トラックにも収録された。「これはニューヨーク、ブルックリンの住宅地キャロルガーデンズに舞い込んだ紙片である」という前置きの一文以外に字幕はなく、音楽が流れるなかで無言のうちに、回収された紙片一五枚が、それに書かれた文字とともに断続的に映し出されていく。映像には日付も説明もなく、短いコメントさえ付加されていない。しかし、断片的な映像がしだいに崇高なメッセージとなって、ひとつの状況を物語り始める。大量の紙片がイースト・リバーを越えて街に舞い降りた、あの日のことを。

映像は、一枚の紙片から始まる。一定のリズムを刻むパーカッションとシンセサイザーによる弦楽の不穏な響きが絶え間なく流れるなか、紙片は黒い背景のなかをひらひらと舞い落ちる。そしてもう一枚、また一枚と舞い、やがて大量の紙が降りしきるクライマックスとなる。回収されたその『イグジビット・13』という二語が記された紙切れは、見たところはビジネス用のプレゼンテーションの書類の表紙のようだが、実際に何であるかは最後まで謎のままだ。そのほか四角いメモ用紙に「きみの外出中に――」と書かれたものや、両端に穴の開いた帳票の断片、日めくりカレンダーの一葉、らせん綴じノートの切れ端、日本の縦書き文字が印刷された書籍のページ、銀行員のための強盗に襲われたときのためのマニュアルもある。テロが起きた日からちょうど一年を迎える頃、『ニューヨークタイムズ』紙の批評欄がその三分半の動画を取り上げ、「詩的かつ写象主義的、また一切無駄のない」表現によって「観るものを引き込みながら、私たちが考えるべきことを、言葉よりもはるかに端的に伝えている」と記している。

テロ攻撃のあとの数週間から数か月の間、ジャーナリストや報道カメラマンが報じたニュースは大衆の心を大きく揺さぶり、街に舞い降りた紙のことを取り上げた報道も至るところで見られた。『ナショナル・ロー・ジャーナル』誌の寄稿編集者、デヴィッド・ホリガンは、「特集記事を組む」ために街の中心部に入った。パーク・プレイスとチャーチ・ストリートの交差点に立った彼は、すぐにわかったのである。「ニューヨークを象徴するこの二棟の高層ビルは、法曹界に属する人々――弁護士、弁護士補助員、弁護士秘書、そのほかさまざまな法のス

グラウンド・ゼロの近くのリバティプラザ公園。ビジネスマンのブロンズ像「ダブルチェック」はジョン・スワード・ジョンソン２世の作品。

ペシャリストの本拠地でもあったことを、地面が証言していた。彼らの商売道具——申立書、質問書、法律上の覚え書き、法情報のプリントアウト——が通りを雪のように白く覆っていた」

そしてホリガンは、撮影した写真に添えて次のように記した。「かつて緊急を要した書類は、もはや急ぐ必要はなくなった。法律事務所のファックスの文書には、〝大至急〟と記されている。給与振込伝票は、銀行に持ち込まれる用意ができていた」。そうした文書にホリガンが目を通していたときも、クイーンズの最高裁判所に提出される用意が調った「代理人変更の同意書」が「宙を舞っていた」。ふとホリガンは、申立書の束が足下に落ちているのに気づいた。「相手方の証言は『過度の憶測以上の何物でもない』ことを主張する文書だった。もう一枚は損傷が激しかったが、どうにか読み取れた内容は、相手方がコネチカット州の不正競争防止法に違反したというものだった」

その日に撮影されたさまざまな写真のなかで特に強く印象に残ったのは、リバティプラザ公園のベンチに座るウォール街のビジネスマンのブロンズ像だった。それは一九八二年に設置されたもので、写真にはブロンズ像と紙しか写っていないと言ってよい。これは、マグナム・

フォトに在籍するニューヨークのカメラマン、スーザン・メイゼラスが撮影したものだった。マグナム・フォトは一九四七年にロバート・キャパや、アンリ・カルティエ＝ブレッソンらによって創設された写真家集団だ。多方面の取材活動で知られるメイゼラスは、これまで多くの賞を受賞し、国際的にも高く評価されている。メイゼラスが本書の取材で語ったところによれば、彼女は最初のビルが崩落した直後に自転車でグラウンド・ゼロまで行き、日が暮れてもその場所にとどまっていたという。「あの日撮影した写真のなかで一番長く手元に置いているのがこの写真です。それはこの写真が、あの日の混乱のすべてを、そして同時に奇妙な静けさをもとらえて、多くの人の心に深刻な傷を残す事件が起きたことを伝えているからです」

「あの日、目にできるものといえば、もうもうと漂う粉塵とおびただしい数の紙切ればかりでした。至るところを紙が飛び交っていました。あの公園をカメラに収めたのは、ちょうど粉塵や紙がすっかり地面に落ちて視界が開けてきたときでした。そして誰もが、自分たちが目撃した事件のむごたらしさを共有し始めました。私は、悲惨な現場で作業に取り組む大勢の消防士や警察官の写真を撮りました。その写真のどれを見ても、あらゆる場所に紙が散らばっています。でも私にとっては、この一枚がどれよりも、あのときの頭のなかが真っ白になったような感覚をとらえていると思えるのです。これは直前に起きた大惨事の混乱を理解しようとするときの、時間と時間の間に生まれた一瞬の静寂を切り取ったものなのです」

やがて清掃作業が始まり、瓦礫はスタテン島の広大なごみ埋立地、フレッシュキルズへと運ばれた。そして、すぐに瓦礫に紛れた個人の所有物を記録する作業が始まったが、ほんのわずかな遺留品以外は、瓦礫から回収された消火器や、エレベーターの扉の標示のよせ集め、山のようなオフィスの鍵、パソコンの残骸といったものばかりで、出処や持ち主が容易に判別できるものはほとんどなかった。オルバニーにあるニューヨーク州立博物館の館長、マーク・シャミングは、テロ攻撃の日から数日のうちに、破壊による残骸や遺留品を収集する計画をスタッフとともに進めていたと私に語った。

「これはアメリカという国に対する攻撃が、ニューヨークで起きたということなのです。もちろん、何を集めるのか、粉塵が収まるのを待ってから始めるべきか、というふたつの大きな問題がありました。そして私たちは、すぐに取りかかるべきだという意見で一致しました。た

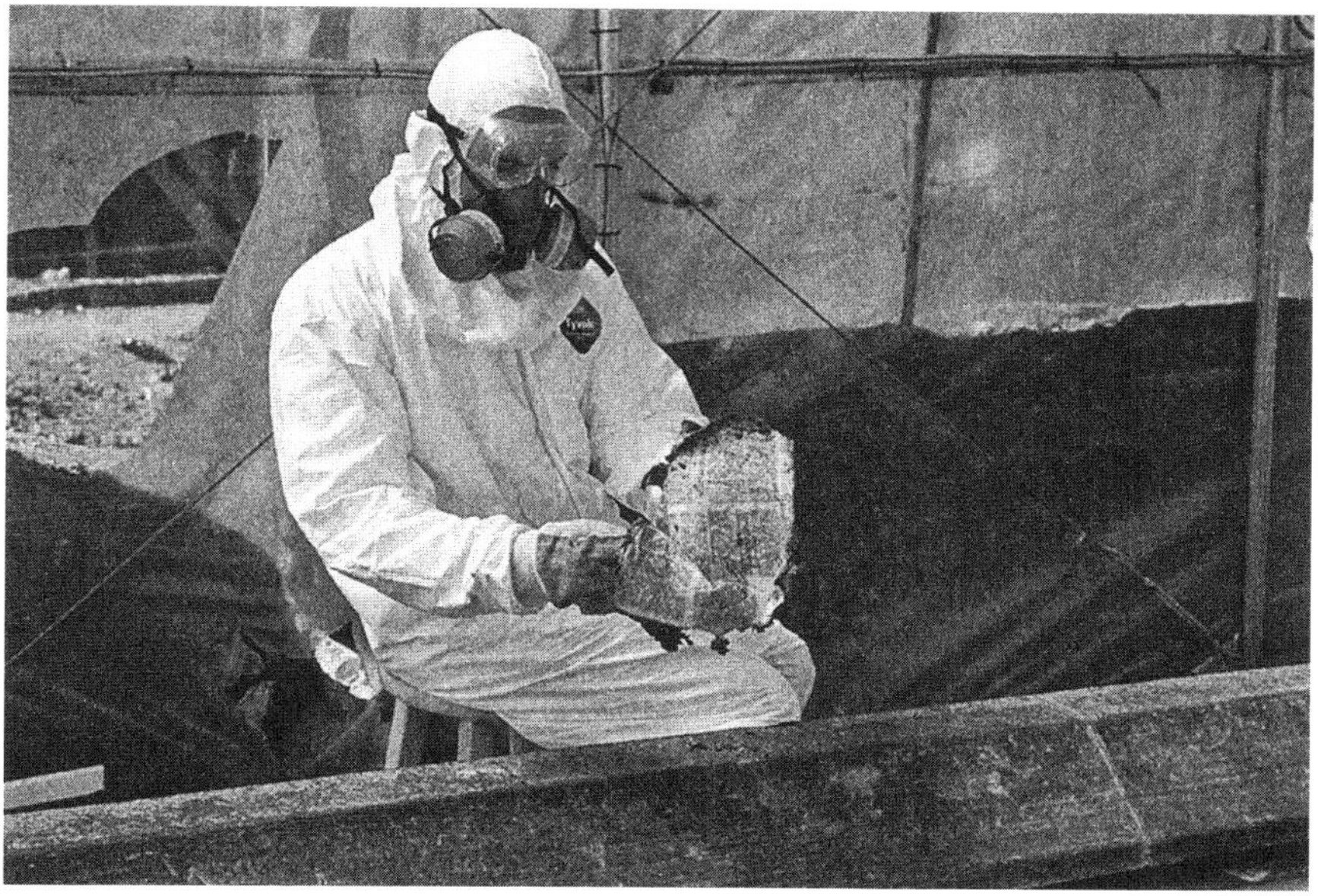

ツインタワーの瓦礫のなかから収集された印刷物を調べるフレッシュキルズごみ埋立地の修復作業員

とえば行方不明者の情報を求める貼り紙が、あっという間にそこらじゅうに貼られましたが、それは重要なものになるだろうと考えました。大勢の人が街の至るところに尋ね人の顔写真を貼り、数週間後に生存者の捜索が無意味だという判断が下されると、写真の多くはそのまま遺影になりました。始めは遠くからその写真を撮影していたのですが、そのうち市が貼り紙の撤去を勧告すると、私たちはブロードウェイやリバティストリートのフェンスすべてに貼られていたものを残らず回収しました。また、ピア94に貼られていた紙も回収することにしました。おそらく故人の写真の所蔵品としては最も数の多い収集品になるでしょう」

尋ね人の貼り紙の回収は、ほんの始まりにすぎなかった。九月一二日に瓦礫の受け入れを開始したフレッシュキルズごみ埋立地では集中的に瓦礫の選別が行なわれ、おびただしい数の遺留品が回収されるのを待っていた。市は、二〇〇一年三月に閉鎖していたその埋立地を復活させた（ただし立ち入りは犯罪現場なみに規制され、適正な許可書がない限り報道関係者でも許されなかった）。その後一〇か月にわたって一八〇〇万トンの瓦礫がはしけで輸送され、一往復につき六五〇〇トン、一日一七隻分もの瓦礫が搬入された。一七五エーカーの敷地は、瓦礫の選別やふるいがけのために使われた。調査員たちの最優先事項は三つだった。遺体や遺骨を探すこと、個人の所有物を収集すること、そして連邦捜査局（ＦＢＩ）の捜査のための物的証拠品を集めることだ。

瓦礫の山からは七万六三一八ドル四七セントの現金が見つかり、その多くは紙幣だった。調査員によって五万四〇〇〇個の私物が回収され、オフィスのデスクに飾ってあったと思われる四〇〇〇枚の写真はコダックのラボに送られて洗浄され、可能な限り遺族のもとに返された。発見された約三〇〇〇枚の身分証明書は、その多くが犠牲者の身元を知る唯一の手がかりとなった。

「あの場所で四〇日過ごし――一〇か月の間週に二日行きました」とシャミングは言う。「初日に確認できたものは、フェデックスの封筒一枚だけでした。次の週にまたスタッフと行き、警察官やＦＢＩの捜査官と一緒に作業をしました。彼らは遺体と証拠品を捜していたんです。驚いたのは、どれにも紙が絡みついていたことでした――鉄屑、乗り物、何もかもにです。私たちが収集し、展示を決めた品は二〇〇〇個になりましたが、そのなかには紙もありました――火災保険会社の元帳や便箋、新聞紙といったものが、車のなかにも入り込んでいたのです。乗り物も何台か回収し、飛行機の残骸も五〇片ほど引き取りました。写真も大量に撮影しました」。そして博物館の三つ目の紙の所蔵品は、「世界中からニューヨークに届けられた厖大な数の悔やみ状」だったという。

オルバニーの博物館の展示品のなかでも特に心を揺さぶられるのは、「ファミリー・トレーラー」だとシャミングは言う。それはニューヨーク・ニュージャージー港湾局が遺族のためにワールドトレードセンターの跡地に設置していたコンテナハウスだ。「遺族はそこに入って窓越しにグラウンド・ゼロを見ることができました。そして供え物や故人の写真、メッセージを書いた紙などをそこに残していきました。壁一面に、そういったものがびっしりと貼られていました。たとえば、『パパ、お誕生日おめでとう』といったものが。博物館では、そのトレーラーをまるごと展示しています。そこに立てば、いかに重大な事件が起きたのかを実感できるでしょう。写真のなかで何千人もの人々が、こちらを見返しているのです。今では、遺族が多くの人々と思いを分かちあう非常に神聖な場所になっています」

いうまでもなく、ニューヨーク州立博物館は国家の歴史と文化に関する約一五〇〇万点の所蔵品をも含め、九・一一の収集物をはるかに上まわる数の資料を保管する施設だ。その一方で、歴史的な事件とその後を記録することを目的として、グラウンド・ゼロに国立九・一一記念博物館を建設する計画が二〇〇三年から動き出した。二〇〇六年にはジャン・セイドラー・ラミレスが所蔵品の責任者およびチーフキュレーターに任命され、テロ事件に関わる収集物を集めて展示するという計画が着々と進んでいた。ラミレスは、ニューヨーク市立博物館で副館長およびチーフキュレーターを務め、ニューヨーク歴史協会ではバイスプレジデントとディレクターを務めたという経歴の持ち主だった。

国立九・一一記念博物館のコンセプトは、大規模な博物館としては異例といえるものだろう。同博物館の役割は、瓦礫のなかから発見されたさまざまな収集物から「物語」をすくい上げ、事件の日とその後の成り行きを記録として残し、それを人々に伝えることにあった。二〇〇九年二月のある朝、私はワン・リバティ・プラザの二〇階に設けられた仮設オフィスで、ラミレスや、アソシエイト・キュレーターのエイミー・ワインスタインと初めて顔を合わせた。眼下には塀に囲まれたグラウンド・ゼロがトラクターやクレーンの騒音のなかでぽっかりと口を開け、彼女たちの新たな拠点ができあがるのはまだ数年先であることを示していた。

「とても理解しがたい事件でした」とラミレスは言った。「大勢の人から聞いた話では、一〇秒か二〇秒の間、誰もが自分の見たことを理解できなかったそうです。あの日、大勢の人が澄みきった青空を見上げ、紙片が日の光を反射しながら宙を舞っているのを目にしました。地下鉄を降りて職場に着いたばかりの従業員たちは『パレードの紙吹雪かな？』『鳥の群れかしら？』と思ったそうです。真珠色に輝く虹のようだったと言った人もいます。あのふたつのビルは現代の建築技術の粋を集めたものでした。それがどうでしょう。無残な姿で、しきりに何かを放出しているのです。それは紙でした――紙が噴き上げられて空中を漂っていたのです」

ラミレスによれば、キュレーターたちは博物館の計画を練るなかで展示空間のデザインにも趣向を凝らし、来館者が建物に足を踏み入れたとき、テロ攻撃の日の感覚――目の前の現実がとても信じられないという感覚を体験できるようにしたという。「どこを見ても紙ばかり」というあの日の光景を、デザイン全体に反映させたのだ。「私たちはビルの屋上やバルコニーから収集した紙や、街じゅうから拾い集めた非常に興味深いものを保管しています。博物館入口から展示室内部までの経路には、ツインタワーから吹き出した紙を展示しようと考えています。そのほか航空機のなかにあったものも保管しています。それにワシントンDCの米国国防総省や、ユナイテッド航空九三便が墜落したペンシルベニア州のシャンクスビルの遺留品も入手するために働きかけているところです」。ペンシルベニアの瓦礫からは先任客室乗務員のロレイン・G・ベイの業務日誌と乗務員マニュアルが回収された。そのマニュアルには、ハイジャックのような緊急事態が起きたときの行動規範が記されており、手書きの注意書きも添えられていた。

マサチューセッツ州エセックス郡からカリフォルニア州の企業に宛てて郵送された請求書が、建物から避難したひとりの法科の男子学生によって拾われた。封筒の消印は九月一〇日だったという。「その学生は地面に落ちていた紙を何枚か拾い、家に持ち帰りました――あのときは、多くの人が同じことをしていました――持ち帰ったもののなかに、未開封の封筒がありました。その日の朝、ボストンから離陸した飛行機に積み込まれた郵便袋に入っていたものです。学生は、私たちにその封筒を委ねました。私たちが宛先の住所に連絡したところ、その会社はこちらが保管することを快諾してくれました」。ラミレスによれば、所蔵品の多くはそういった人々からの善意の寄贈であり、ぜひ展示したいと思うものの大半は紙だという。「たとえばこの紙の名札は、事件の現場で働いていたコンピューター技師の男性の襟元に付いていたものです。男性はコーヒーを飲むためにエレベーターで下に降りたところでした。そのおかげで命拾いしたのです。彼はその名札を寄贈してくれました」

奇跡的に命が助かったという貴重な物語には、こんなものもある。ニューヨーク市消防局の副隊長ミッキー・クロスが、第一六ポンプ車隊を引き連れて炎に包まれたツインタワーに向かったときのことだ。クロスが北棟の階段で女性を下ろすのに手を貸していたまさにその瞬間にビルが崩壊して、崩落した四階の床下のわずかな隙間に一〇人以上の人々とともに五時間のあいだ閉じこめられたのだ。なぜ彼らが生きのび、なぜほかの何百という人々が命を落としたのかは永久に答えの出ない問いだ。だが、外から漏れ来る一条の光が逃げ道を示していたという。数ある収集品のなかでクロスが国立九・一一記念博物館に寄贈したものは、トランプカード――クラブの札二枚だった。それは、閉じこめられた人々を安全な場所に連れ出すときに、クロスが最初に目にしたものだったという。彼はそのほかに「図書館の貸し出し請求票」も寄贈した。その日ポケットに入っていたもので、彼とともにポンプ車に乗り込んだ四人の男――みな無事に生還した――の名前が書き込まれている。さらにクロスは、恋人に宛てて書いた短い手紙も寄贈した。自分は無事だから心配はいらないという内容を綴ったものだった。

ニューヨーク州立博物館のシャミングと同じく、ラミレスとワインスタインもまた、尋ね人の貼り紙を最優先事項にした。「これは、真っ先に貼られたとされているものです」。ワインスタインは、九月一一日の午後に貼られた紙を見せながら語った。「夕方までに、何百という数の尋ね人の紙が貼られていました。これも、あの日の紙の物語のひとつです」とラミレスは言う。「時が経つにつれて、遺族たちが何を書こうかとあれこれ思いあぐねたようすが見えてきます。あの日、彼女はどんな服を着ていただろうか？　彼女の傷跡やタトゥーはどこにあっただろうか？　いてもたってもいられない気持ちで何かしらの紙を手に取って思うままに書き綴ったのです。彼らは手紙を書いて貼りました。電話や電気系統が完全に遮断されている状態で、紙だけが迅速で効率的な連絡の手段だったのです。これは社会学的にも興味深い現象ではないでしょうか。紙というのは何とありがたいものだろう、とつくづく思います。私たち人間は、いつだって紙に頼って生きてきたのです」

あの事件において、FBIはもはや必要とせず、博物館はその行方を気にかけながらも手に入れていない収集物がある。それはテロリストのひとりの焼け焦げたパスポートだ。ツインタワーが崩壊する前にリバティストリートで拾われた。「紙を拾った人が、それをどうにかして見ず知らずの持ち主に返そうとしたという意外な物語がいくつかあります」とラミレスは言った。「それは犠牲者名簿に載っている人物が署名した業務書類のようなものかもしれませんね。時として何も言葉のないところから友愛のような感情が生まれることもあるのです」

そしてラミレスは、パブロ・オルティスという名前が記された名刺のコピーを見せてくれた。その男性は、ワールドトレードセンターを所有するニューヨーク・ニュージャージー港湾局の工事検査官だった。名刺はひどく汚れており、端にもわずかに焦げ跡があった。それを博物館に郵送してきた人物の手紙によれば、九月一一日の夕方、ブルックリンのパーク・スロープにある自宅のアパートの窓の「外の窓台の上に乗っていた」のだという。送り主の男性は次のように書いていた。「想像もできませんでした。一枚の名刺がいったいどうやってこんなに遠くまで運ばれて、わが家の窓台に落ちもせずに乗ったのでしょう」。その男性は、「この名刺の永遠の住処を探してやりたいという思いで」六年間、保管していたという。

ラミレスによれば、博物館側は名刺を受け取って間もなく、パブロ・オルティスに何が起きたのか調べたという。グーグルで名前を検索してみると驚愕すべき事実が判明した。「この男性が、あの日、偉大な行ないをなした名もなき英雄だとわかったのです。このオルティスという男性は、ワールドトレードセンターの八〇階で新人研修をしていました。ビルが崩れ始めたとき、彼は同僚のフランク・デ・マルティーニと一緒にわずかな道具を手にして、部下全員に階段から下りるように指示しました。そして自分たちは上階に上がり、ドアをけ破って大勢の人々を救い出したのです。とてつもなくすごいことです。その彼の名刺がブルックリンにたどり着いたことにも、とにかく驚いています」

その後、私が大手オンライン・データベースで検索したところ、オルティスとデ・マルティーニの英雄談をつぶさに伝える新聞記事の全文が画面に現れた。ふたりの行動は、彼らが救った人々の証言や、二〇〇三年に港湾局によって公開された緊急電話九一一番の録音記録によって立証されていた。「ふたり――建築技師のフランク・デ・マルティーニと工事検査官のパブロ・オルティス――はいくつかの道具を手にして、死が待ち受ける罠のなかに果敢にも飛び込んでいった。そこには航空機の衝突から逃れながらも、逃げ道を塞がれて脱出できずにいる人々がいた」とジム・ドワイヤーは二〇〇三年八月二九日の『ニューヨークタイムズ』紙で報じている。「北棟の八八階と八九階に閉じこめられていた、少なくとも五〇名の生存者がビルから脱出することができたが、それはデ・マルティーニ氏とオルティス氏、そのほか数名が瓦礫をかき分け、ドアをけ破り、無線で外部に助けを求め、逐一連絡を取りあったからだった。だが、その上の九一階にいた人々は全員死亡した」。そしてデ・マルティーニとオルティスもまた帰らぬ人となった。

それからラミレスは、一枚の写真を私に見せた。あのマグナム・フォトのカメラマン、ラリー・トーウェルが撮影したもので、ビジネススーツ姿の男性が通りに立ち尽くし、拾い上げた一枚の紙を一心に読んでいる姿が写っていた。ラミレスによれば、紙を拾う人たちの写真はまだほかにもあるという。みな、北棟が崩れ落ちる前に「何が起きているのか理解しようとしていた」のだ。それからラミレスは一枚のコピーをデスクに置いて、私に示した。それは、ありふれた上質のコピー用紙を写したもので、紙はほぼ原形をとどめているが、左の隅に暗褐色の染みがにじんでいた。私が訪問する数か月前に博物館に寄贈されたもので、オリジナルの紙は、発見された

報道カメラマンのラリー・トーウェルは当時の街のようすを回想し、大勢の人々がその惨状を「見つめ、ただ呆然と立ち尽くしていた。また、散らばったものをかき分けて調べる人もいた」と記している。

瞬間から厳重に保管されているという。紙には、ペンによる走り書きで七つの言葉が書かれていた。「八四階、西側のオフィス、一二人が閉じこめられている」(84th floor west office 12 people trapped.)。ラミレスとワインスタインは、ビルの窓から手紙を投げた人たちがいたという話を耳にしていたが、その紙こそ実際に投げられて拾われたものだった。

「この染みは血液だと思われます。これを書いた人は紙を風に乗せて飛ばすために窓ガラスを割ったのでしょう」とラミレスは言った。「ある女性が現場から避難する途中、リバティストリートでこれを拾いました。彼女は連邦準備銀行の前にいた警備員に紙を渡しました。警備員の男性がビルを見上げたとき、南棟が崩れ始めました。ですから、人々が目の前で起きていることを理解したときにはもう、どちらのビルの八四階もなくなっていたのです。要するに、ある人物が助けを乞う手紙を通りで拾い、制服姿の男に手渡したということです。つい最近まで、その紙は連邦準備銀行の貸金庫に保管されていましたが、博物館のほうが保管場所にふさわしいということになって、私たちに引き渡されたのです」

ラミレスによると、その一二人の犠牲者を特定するために大がかりな捜査が行なわれたという。その結果、彼

10年間、ニューヨークの連邦準備銀行の貸金庫で保管されていた〝84階の手紙〟。現在は国立9.11記念博物館の長期寄託品となっている。

らは南棟の八四階で働いていたヨーロッパの証券会社の従業員だと推測されたが、私が訪問した時点では、まだ結論は出ていなかった。「おそらく血液の染みからDNAが採取できるかもしれないと期待しています。そうすれば身元が判明するかもしれません。私たちは検死官のオフィスを訪ね、その件について話し合いました。彼らは今も犠牲者の身元の確認作業を続けていますが、近い将来、その染みについても調べることを快諾してくれました。そのほか、手紙の筆跡鑑定についても検討しているところです」

二〇〇九年二月にラミレスがその紙を初めて見せてくれたとき、それを書いた人物を特定できるかもしれないという考えにはあまり気持ちが動かなかったが、それでも可能性は十分にあると感じた。だが、たとえその人物の名前が永久にわからなくても、それでもいいと私は思っていた。その紙は、何の罪もない人々がテロリストによって命を奪われたことを示すものにほかならない——何よりその思いが、私の胸を強く締めつけていたのだ。

「その紙は亡くなった方たち全員の思いを語り、また、何も伝えることができなかった方たちの思いも語っています」とラミレスは言った。「私は時々、知らないということも、知ることと同じように意義深いと感じることがあります」

二〇一一年の秋、私が博物館のその後の情報を得るためにラミレスに連絡をしたところ、少し前にすばらしい寄贈品が加わったことを知らされた。とりわけ注目すべきはふたつの品だ。どちらも九月一一日の出来事を受けて一般大衆が取った行動の記録ともいえるものである。

両者は根本的に異なる手法をとりながらも、互いを補うような展示品であった。ひとつはマイケル・ラグズデールが一四か月にわたって集めたもので、「マイケル・ラグズデール・九／一一・アフターマス・ペーパー・エフェメラ・コレクション［「九・一一直後にあふれた紙モノ・コレクション」の意］」と名付けられていた。ラグズデールはコロンビア大学の映像カメラマンで、テロ攻撃の翌日から行動を起こしたという。「ラグズデールが集めようと考えたのは、チラシやポスター、パンフレットなど、無料で手に入るものでした」とラミレスは言う。

「ラグズデールは三つの州で、九月一一日に関連したチラシの類いを集められるだけ集めました。ただ、尋ね人のビラやビルが崩壊したときの写真、また一般の大衆向けでないものや、持ち去ることができないものは除外しました」。集めた数は二八〇〇枚となり、そのなかには赤十字社のリーフレットや、修道士や修道女、また国連がテロ攻撃を受けて大衆に平和と寛容を呼びかけ、悲しみに暮れる人に手を差し伸べて助言を与えようという主旨の文書もあった。「流行り物がそうであるように、こういったものも、あっという間に街から消えてしまいます。ですから、とても貴重なものを寄贈していただけて心から嬉しく思います」

博物館が受け取ったもうひとつの寄贈品は、ラミレスが言うには地球規模のもので、オハイオ州シンシナティのタニア・ホガードが八年にわたって収集した、その名も「ディア・ヒーロー・コレクション・オブ・コレスポンデンス［「ヒーローへの手紙コレクション」の意］」だ。ホガードはデルタ航空の客室乗務員だったが、復旧作業が始まった数か月のうちに勤務の日程を調整し、マンハッタン南端部の救世軍［一八六五年に創設された国際的な軍隊式のキリスト教団体。貧者の救済などの社会事業に重点を置く］の活動に参加して街の復旧作業を手伝い、救護隊にも協力した。ホガードは休憩用のテントでボランティアとして働いていたが、やがてそのテントに子供たちから受け取った励ましのカードや手紙をピンで留めるようになった。そして親しくなった大勢の消防士たちと言葉を交わすうちに、世界中から届いた同様の手紙が、消防署に山積みになっていることを知った。そういった手紙をできる限り集めて、永続的な保管場所が見つかるまで自分が保管しよう。ホガードはすぐに決断した。

　ホガードは、その感動的な手紙の受け取り手たちの許可を得て、手紙の管理人となった。航空会社の同僚たちはホガードの力になろうと、使っていないスーツケースを少しずつ持ちよってくれた。やがて彼女は三トンにものぼるその手紙を、無料の保管庫を提供する業者のいるシンシナティに移した。一通ごとに目録をつくり、蓋付きの大箱八〇個に手紙を詰め込んだ。その贈り物が世間の知るところとなると、ホガードを手伝っていたニューヨークの消防士がリポーターのインタビューに答え、手紙を受け取った消防士全員が心から喜んでいると語った。「われわれにとって非常に辛い時間でした」とジョー・ティスベは語った。ティスベは第四〇ポンプ車隊と、第三五はしご車隊が所属する消防署の隊員であり、九月一一日に一二人の死を目の当たりにした。「感情的にも精神的にもこたえました。肉体的にも疲れ切ってました。でも大勢の人が応援してくれていると知り、子供たちが書いた手紙を読んで、まるで光が差したような気持ちでした。皆さんが送ってくれた手紙を保管するというのは、言ってみれば自分の子供が初めて描いた絵を大切に取っておくようなものでしょうね。紙にインクで書かれていること以上に大きなものがそこに込められているんです」

　それから、私はラミレスに尋ねた。二年半前に見せてくれた、あの助けを求める手紙を法医学的に鑑定できたのかどうかについてだ。「検死官に分析を依頼しました――そしてある人物とDNAが一致しました。その男性は、南棟の八四階にある金融サービス関係の会社の従業員でした」。長い沈黙のあとで、彼女は答えた。「検死官は近親者と連絡を取りました。犠牲者の妻の女性です。ですが、その女性の気持ちを最優先に考えるべきですので、今回判明した身元をいつ、どのようにして公にするかは彼女自身に決めてもらうことにしています。この事実は適切な時期に、適切な方法で世間に公表されるでしょう」。しかしながら、その簡素な一枚の紙には以前とはまったく違う新たな背景が生まれ、そしてその秘密を誰にも知られることなく一〇年の間抱えて眠っていたということになる。私の言葉にラミレスは同意し、その背景について語った。

「ひとりの女性がいます。彼女は事件の現場から避難しようと恐怖におびえながらリバティストリートを走り、連邦準備銀行の前にやって来ます。銀行の前には、逃げ惑う人々を助けようとしている警備員の男性がいます。女性はその男性に駆けより、一枚の紙を手渡します。『こんなものを見つけました――どうかこの人たちを助けてあげてください』。男性は紙を広げ、その場所が南棟だと推測し、銀行へ向かいます。彼が建物に入ろうとしたちょうどそのとき、ビルが崩れ落ちます。その瞬間、手紙を書いて窓から放った八四階の男性は、一緒に閉じこめられた人々を必死で救おうとしながらも命を落とすのです。これは以前とは、まったく別の物語です。今はもう彼の名前がわかっているのですから。そしてこの一枚の紙は私たちに、あの日、この世を去ったすべての犠牲者たちの物語を語っているのです」

エピローグ

二〇〇一年九月一一日、ユナイテッド航空一七五便は、南西の方角からワールドトレードセンターに接近し、ハドソン川上空を高度一〇〇〇フィートで通過したのち左に急旋回し、午前九時三分、激しい勢いで南棟に衝突した。航空機がビルに突入した瞬間の降下率は、何と毎分一万フィートにも達し、衝突時の速度は時速五八七マイルだった。燃料を満載したボーイング７６７の飛行経路をレーダーで追っていた航空管制官は、画面で目にしたぞっとするようなその状況を、一一〇階の高層ビルへの「動力急降下《パワーダイブ》」だとのちに語った。

北東に続くA階段が、煙に包まれながらもかろうじて通れるほどに原形をとどめていた理由について、捜査官たちは、ハイジャックされた航空機が、その一七分前に北棟に激突したアメリカン航空一一便のように真正面からではなく、斜めから突っ込んだことによるという結論を下した。そのおかげで上階にいた四名と、階下の入り口付近にいた一四名の生存者が脱出することができたのだが、その情報がビルに閉じこめられていたほかの生存者たちにも届いていれば、状況がたちどころに悪化する前に、その階段が逃げ道となって彼らの命を救ったのかもしれなかった。

九・一一独立調査委員会の正式な報告によれば、南棟の少なくとも一〇〇名の犠牲者の直接的な死因は、航空機の衝突によるものだと推測された。さらに委員会は、南棟の五九九名の死亡者のうち二〇名を除く人々が不運にも、航空機が突入した七七階から八五階までのフロア、あるいはその上階にいたことが判明したと公表した。多くの企業が痛ましい損失をこうむり、そのうちの五社は半数近い従業員の命を失ったという。そしていうまでもなく、衝突の被害区域とされる八四階にオフィスをかまえていた、あの国際的な証券会社ユーロ・ブローカーズもまた、六一名の社員を失ったのである。

午前九時五九分に南棟が崩壊する直前にビルから脱出した最後の人間は、ユーロ・ブローカーズ金融市場部門のトレーダー、ロン・ディフランチェスコだった。ディフランチェスコは二機目の航空機が南棟に突っ込む数分前に、避難指示を待たずに脱出しようと決めたが、それが生死を分ける決断となった。そのときディフランチェスコは八四階のロビーにいたが、航空機の右翼が真上に切り込んだ瞬間、エレベーターシャフトのなかの頑丈な機械室が盾となり、九死に一生を得た。それから手探りでA階段にたどり着き、バイスプレジデントのブライアン・クラークと合流した。すでにクラークは従業員にビルから避難するように指示を出していた。このふたりの男がそれぞれ別の行動を取りながらも安全な逃げ道を見つけた経緯については事件のあとでくわしく報じられたが、航空機が衝突した瞬間、ふたりがデスクから離れていたことが生存につながった大きな理由だと考えられている。だが同社の従業員で、コネチカット州スタンフォードから通っていた四八歳のランドルフ・スコットの場合は違った。スコットは、ユナイテッド航空一七五便がユーロ・ブローカーズ社のオフィスに突っ込んだ瞬間に即死したと思われていた。

北棟が攻撃を受けた直後、南棟にいたランディ・スコットはスタンフォードのスプリングデール小学校に電話をかけている。教師をしている妻のデニースが、その小学校で一年生を教えていたからだ。スコットは、デニースを安心させるために自分は無事だという伝言を残して電話を切った。その日の朝、南棟にいた多くの人と同様に、スコットはその決定的瞬間にデスクについていたと考えられている。港湾局が拡声器を通して、このビルは安全だという内容の指示を与えていたのだ。事件から数か月のうちにスコットの死亡が確認され、その後も遺骨の一部が間を置いて何度も見つかり、二〇一一年の秋までに三〇片が確認されたという。

「ランディが即死だったという話がいくらかの慰めになっていました。少なくとも苦しまずにすんだのだと思うことで」。二〇一二年八月、デニース・スコットは私に言った。私が彼女の自宅を訪ねたのは、お互い、ほぼ同時期に知ったまれに見る展開について話を聞くためだった。南棟が崩壊する直前に、現場から逃げようとしていた人が拾った紙――そのリバティストリートを走っていた人が拾った紙――その紙に助けを求める文字を書き連ねた人物が、血痕のDNA鑑定により、彼女の夫だと判明した事実についてだ。

「一〇年間、何があったのかを知らないまま……事実を知らずにという意味ですが……主人が苦しむことなく天に召されていてくれたらと願っていました」とデニースは語った。「飛行機が衝突した場所が、主人のいたフロアだと知らされました。それで思いました。飛行機がぶつかって、すぐに終わったんだと。私の望みは……正直に言えば彼が一瞬のうちに逝ってくれていたらということでした。三人の娘は父親を失いました。もう、どうすればいいかわかりませんでした。子供のためにも、とにかく普通の生活を取り戻そうと、ただそれだけを考えて気を張っていました。ええ、ですからささやかな幻想を抱くことで自分の気持ちを楽にしていたんです。少なくとも、主人はぞっとするような恐ろしい目に遭わずにすんだのだと信じることで」

デニースは、ニューヨーク市検視局の局長で、犠牲者の遺留品の法医学鑑定を行なっているバーバラ・ブッチャーが電話をかけてきて、夫のDNAが紙に残された血痕と一致したと知らされたときのことについて語った。

「最初は、また遺骨の一部が見つかったのかと思いました。でもブッチャー先生はこう言いました。『いいえ、実は手紙のようなものです』。手紙？　一〇年も経ってから？

ずいぶん戸惑いました」。数日後、デニースは亡くなった夫の親友のスティーブ・アーンストとともに、ニューヨークに向けて車を走らせた。その「手紙」を自分の目で確かめ、DNA検査の結果について説明を聞くために。「ランディの筆跡のサンプルも持っていきました。いざとなれば反論できるように。でもその文字を一目見て、すぐにわかりました。何も疑いようがありませんでした。彼の字でした。もちろん、そういったものを見れば、いろいろな考えがいっぺんに浮かんで混乱してしまうものです」

そして夫が書いた言葉「八四階、西側のオフィス、一二人が閉じこめられている」――が彼女に告げていたのは、そのとき夫がまだ生存していたということだけでなく、彼と一緒にいた人たちも生きていて、夫がその人たちを生きてそこから連れ出そうと懸命に努力していた事実だった。「これを娘たちに見せたとき、娘のひとりが言いました。『お父さん、きっとすごく怖かったでしょうね』。私は答えました。『いいえ、お父さんは怖がったりしなかったわ。みんなを助けようとしていたのだもの』。今の私にとって、ランディが仲間を救おうとしていたと知ったことはひとつの慰めです。その紙はあの日、ふたつのビルのなかに閉じこめられていた人たち全員のために語っているのだと思います。主人は決して望みを捨てなかった。最後まで闘ったのです。それでも、彼が帰ってきてくれたらどんなにか良かったでしょうに」

デニースは初めのうち、身元が判明したからといってすぐに世間に公表することは気が進まなかったという。ちょうどテロがあった日から一〇周年を迎える数週間前のことだった。「当時、娘たちにはそのことを話す気になれませんでした。それでなくても、もうあの子たちは十分、心に深い傷を負っていたからです。それに感謝祭やクリスマスの休暇の最中に、ちょっと話があるから座ってちょうだいなんて言って、そんなものを見せたくはありませんからね。ですから娘たちには一月になってから話をしました。それがすむと、自然にこんなことを言っていました。『さあ、娘たちには話したわ。だからもう、これは秘密でも何でもないのよ』」。デニースは、私と会った一か月後に、地元の地方紙『スタンフォード・アドヴォケート』紙の取材に応じた。そして紙に文字を書いた人物が特定されたことを知らせる記事が出たのは、テロ攻撃から一一周年を迎える時期とちょうど重なり、その物語はまたたく間に全国民の知るところとなった。

デニースとスタンフォードの自宅で会ったとき、彼女は国立九・一一記念博物館のスライドショーで使われる画像に最後の仕上げを施しているところだった。博物館には、テロの犠牲者として確認された二九八二名の冥福を祈るためのさまざまな展示品が置かれている。その犠牲者のなかには、あの日、国防総省やペンシルベニア州シャンクスビルで命を落とした人の数も含まれている。ランディ・スコットのスライド写真の一枚は、ニューヨークのブルックリンで暮らしていた子供時代の写真だ。また一九七九年に夫妻が結婚した日のものや、娘たち、レベッカ、ジェシカ、アレクサンドラと一緒に写っているものもある。最も新しいものは、二〇〇一年九月九日の日曜日（テロリストの攻撃の二日前）に撮られたものだ。その写真のなかでランディは妻から結婚二〇周年の記念に贈られたホンダのオートバイにまたがっている。

九・一一の遺族が犠牲者を追悼するために設けられたファミリールームを訪ねるとき、デニースは壁一面に貼られた写真の犠牲者すべてに黙禱を捧げるという。「あの部屋に行くと必ず来客ノートを探して椅子に座り、ランディに短い手紙を書きます。こんなふうに。『娘たちは元気よ。あなたがいなくて、みんな寂しがっているわ』。そんなことは、あの部屋でしかできません。なぜなのかはわかりませんけれど。でも、いつも娘たちのようすを主人に知らせています」。デニースは「八四階の手紙」を博物館に寄託することに同意はしたが、その紙はあくまでも家族の所有物だという。「博物館側が展示品として置きたいと望む限り、いつまで置いてもらってもかまわないのですが。でも、あの紙は私のものではありません。娘たちのものです。父親があの子たちに遺した遺産なのです」

謝辞

本書を書き上げるのに要した数年間は、私にとって未知の出来事の連続だった。筆を進めるなかで大勢の方から助言を得ることができ、それによってゴールまでの道のりが快適なものになった。

まず、二〇〇二年にアイオワ大学書籍センターを訪れた私を温かく迎えてくれた、マッカーサーフェローのティモシー・バレットの名を挙げたい。手漉き紙づくりへのバレットの熱意と深い造詣が、本書執筆につながる発想をもたらしてくれた。また、同僚の専門家を紹介してくれたことで貴重な情報を得ることができた。彼はモルガン図書館のジョン・ビドウェルとともに、ヴァージニア大学レアブック・スクールで講師を務めているが、私も同スクールのコースを受講し、めったに味わえない体験をさせてもらった。ふたりが本書の草稿に目を通してくれたこともありがたく、的を射た指摘によって大いに磨きがかかったと思っている。またレアブック・スクールの有能な校長で、書物という工芸品の偉大な擁護者マイケル・スアレスにも心からお礼を申し上げる。

ノースカロライナ州立大学の生物材料《バイオマテリアル》科学の教授で著名な科学者でもあるマーティン・H・フッベにも格別の謝意を表したい。フッベは電子ピアレビュー・ジャーナル『バイオリソーシス』誌の創設者であり、共同編集者も務めていて、製紙工場における抄紙工程や化学について丁寧に確認してくれた。

二〇〇八年にフェローシップを受けた国家人文基金にも感謝したい。同フェローシップのおかげで本書の執筆に専念することができた。またバンクーバーの慈善家ヨセフ・ウォスクの心遣いにも感謝したい。ウォスクは独自のスカラシップで文学界に貢献する、熱意ある文芸の擁護者であり、ブリティッシュコロンビア大学での講演を手配し、本書執筆のための資金的な援助もしてくれた。

第一章「共通の絆」を書き上げることができたのは、二〇〇七年に出かけた三週間の中国旅行によるところが大きい。旅の道連れに私を誘ってくれたイレーヌ・コレッキー、夫のシドニー・コレッキー、また夫妻の娘でニューヨーク・ブルックリンのキャリアージュ・ハウス・ペーパーのオーナーであるドナ・コレッキーにも心からお礼を申し上げる。さらに昆明植物園を案内してくれた管開雲、そして雲南省のビルマ公路や四川省のバンブーシーにおける長時間のドライブのあいだ楽しい気分にさせてくれた友人たち――イギリスのリンカンシャー出身の紙の歴史研究者クリスティン・ハリソン、コペンハーゲンのインターナショナル・アソシエイション・オブ・ペーパー・ヒストリアンズの会長アンナ＝グレーテ・リシェルにも感謝したい。

日本への旅は、亜細亜大学で和紙づくりの技術を教えているポール・デンホードが手配してくれた。そのおかげで実り多い快適な時間を過ごすことができた。デンホードの妻の山下牧、アメリカから日本に帰化した和紙作家リチャード・フレイビン、越前和紙作家の青木里菜、表装と修復の達人である三島信明の各氏には、旅のあいだなにかと助けてもらった。

一〇年近く政府の情報部員を務め、現在はニューヨークで弁護士として個人事務所を営む義理の息子マイケル・P・リクターは、私が中央情報局（CIA）と国家安全保障局（NSA）を訪ねる際の調整役を引き受け、また本書の草稿に目を通してくれた。マイケルの国家情報大学在学中の指導教官で、元上級情報部員ジョン・A・ワイアントからは、情報収集活動における紙の役割について示唆に富む見解を聞くことができた。また、CIAで三五年にわたって諜報員を務め、二〇〇二年にワシントンDCに国際スパイ博物館を創設して理事を務めるピーター・アーネストは、「アルゴ」と呼ばれる秘密作戦を大衆が知る何年も前に、アントニオ・〝トニー〟・メンデスと連絡が取れるよう取り計らってくれた。皆さんに心から謝意を伝えたい。

カリフォルニアのレーザー物理学者で創作折り紙作家のロバート・ラングからは、「魔法のごとく」の章を書き上げるのに欠かせない情報を得ることができた。さらにテリー・ベレンジャー、ジョナサン・ブルーム、スコット・ブラウン、ポール・イスラエル、ベン・カフカ、マーティン・ケンプ、フランクリン・モリー、ジェームズ・オゴーマン、プラディープ・セバスチャン、ロバート・ウィンターには、本書の各箇所をそれぞれ検討してもらった。また、クラーク大学の地理学の教授で、中東と北アフリカの土壌研究の権威でもあるダグラス・ジョンソンからは、メソポタミアの粘土についての貴重な知識を得た。

本書では、四つのまったく異なる製紙業界の営みについて紹介している。執筆にあたっては以下の方々から情報を得た。マサチューセッツ州クレイン社のピーター・ホプキンズ、コネチカット州キンバリー・クラーク社のダン・ラックマンとビル・ウェルシュ、ペンシルベニア州PHグラットフェルター社のスコット・ミンガスとヒース・フライ、ニュージャージー州マーカル・ペーパー・ミルズ社のランドール・スリガ。ツインロッカー・ハンドメイド・ペーパー社のキャスリン・クラークとハワード・クラークは、私がインディアナ州ブルックストンの夫妻の自宅を訪ねたときに手厚くもてなしてくれた。ダード・ハンター三世には、オハイオ州チリコシーにある、彼の祖父の伝説的な住居かつ工房〝マウンテン・ハウス〟の見学を快諾していただき、実りある時間を過ごすことができた。

調査のためにさまざまな図書館や資料の保管所、また編纂所に足を運んだが、調査を首尾よく進めることができたのは、次に述べる方々の助力があればこそだと思っている。マサチューセッツ州ウスターにあるアメリカ古文書協会のエレン・S・ダンラップとジョージア・バーンヒル、ニューヨーク公共図書館のヴィクトリア・スティール、ヴァージニア・L・バートウ、マイケル・インマン、アトランタにあるインスティテュート・オブ・ペーパー・サイエンス・アンド・テクノロジー内のロバート・C・ウィリアムズ紙博物館の前館長シンディー・ボウデン、デラウェア大学の図書館長スーザン・ブリンテソン、ニュージャージー州ウェストオレンジにあるトーマス・エジソン・ナショナル・ヒストリカル・パークのレオナルド・デグラーフ、マサチューセッツ歴史協会のピーター・ドラミー、フォルジャー・シェイクスピア・ライブラリーのスティーブン・エニス、フィラデルフィア図書館会社のジェームズ・N・グリーン、マサチューセッツ州ローウェルにあるローウェル・ナショナル・ヒストリカル・パークのジャック・ハーリヒィ、アメリカ国立公文書記録管理局のミリアム・クレイマン、マサチューセッツ大学ローウェル歴史センターのマーサ・メイヨー、ニューヨークの国立九・一一記念博物館のジャン・セイドラー・ラミレスとエイミー・ワインスタイン、ロサンゼルスのゲッティ・リサーチ・インスティテュートのマーシャ・リード。

また、私のために時間を割いて貴重な情報を授けてくれた次の方々にも謝意を表したい。紙の歴史研究家でダード・ハンターの伝記の著者であり、ミシガン州アナーバーでレガシー・プレスを営んでいるキャスリーン・A・ベイカー。写真家で印刷業者、またイェール・スクール・オブ・アートの元学部長リチャード・ベンソン。古代の製紙技術とその伝播をテーマとする有意義な会議の司会を務めたハーバード大学ラドクリフ高等研究院のアン・ブレアとリーア・プライスは、調査のためにケンブリッジのワイスマン・プリザベーション・センターを訪問できるよう手配してくれた。シカゴのジョン・チャーマーズは、どこにあるのかわからない参考文献を探すことに手を貸してくれた。アルバータ州エドモントンの手漉き製紙業者エヴリン・デイヴィッド、アルバータ大学のリサーチとスペシャルコレクション担当のアソシエイト・ライブラリアンであるメリス・ディスタッド、カリフォルニア州オークランドにあるマグノリア・エディションズの創設者および経営者のドナルド・ファーンズワース、その同僚で手漉き製紙職人のデイヴィッド・C・キンブル。またシアトル公共図書館のスペシャルコレクション担当ジョディ・フェントンは日数を割いて、私を製紙会社パシフィック・ノースウエスト・ペーパーに紹介してくれた。ニューヨークのロチェスターにあるイーストマン・コダック社の製紙部門の前代表者で紙の歴史研究家キット・N・ファンダーバーク、ミシガン大学の元図書館員ウィリアム・A・ゴズリング、『ファイン・ブックス・アンド・コレクションズ』誌の発行者ウェッブ・ハウエル、ボストンのアンティークの印画紙の収集家ポール・メシエ、ウォーターマークについて丁寧に個人指導をしてくれたアルバータ・カレッジ・オブ・アート・アンド・デザインのブライアン・クイーン、フロリダ州デイニア・ビーチのブック・アーティストおよび立体芸術家クレア・ジャニーン・サタン、ミシガン州アナーバーの紙の技術者《エンジニア》ことマシュー・シュリアン。ワシントンDCのアーティストで製紙職人のリン・シュアズは、二〇〇三年にイタリアのファブリアーノとアマルフィへの調査の旅を手配してくれた。そして「ピーター・ペーパーメーカー」として知られるカリフォルニア州サンタクルーズのピーター・トーマスにも謝意を伝えたい。

　ボストン・アシニアムのジェームズ・P・フィーニー・ジュニア、カレッジ・オブ・ザ・ホーリークロスのディナンド図書館のジェームズ・ホーガンとパティ・ポーカロ、クラーク大学ロバート・H・ゴダード図書館のメアリー・ハートマン。彼らはいつも、私が求めている資料をたちどころに見つけてくれた。

　私の著作権代理人、ライターズ・リプレゼンタティブズ社のグレン・ハートリーとリン・チューは、これまで二五年間、常に私の利益を最優先に考えてくれた。ふたりが本書刊行のためにアルフレッド・A・クノップフという素晴らしい出版社を選んでくれたことをとりわけ嬉しく思う。また、担当する作家から最高の作品を引き出すことで有名な敏腕編集者のヴィクトリア・ウィルソンに出会えたのもふたりのおかげだと思っている。原稿整理編集者《コピー・エディター》のウィル・パーマーが草稿に厳しく目を光らせてくれたことも心からありがたく思う。またヴィッキーの有能なアシスタントのダニエル・シュウォーツ、シャーロット・クロウ、オードリー・シルバーマン、カバーデザイナーのジェイソン・ブーハーとブックデザイナーのカサンドラ・パパス、販売促進のスペシャリストのガブリエル・ブルックスとエリカ・ヒンズリーにも感謝したい。

娘のバーバラ・バスベインズ・リクターの巧みな色づけのおかげで、本文の多くが優雅なニュアンスに彩られた。また次女のニコール・バスベインズ・クレアは私の司書役となって、引用文献やインターネットのリサーチで活躍してくれた。ふたりの娘を非常に誇りに思う。またビリー・クレア、ニッキ・リチャードソン、ジョージ・バスベインズらが、たえず励ましてくれたこともありがたく思っている。

過去五〇年にわたって揺るぎない友情を持ち続けてくれた「空母オリスカニー」時代の仲間たちに心からの敬意を表したい。とりわけカリフォルニア州トーランスのユージーン・O・ヘスター、フロリダ州ブルックスビルのジョセフ・M・メイソン・ジュニア、ヴァージニア州オークトンのトーマス・N・ウィレスに。われら少数、されど幸福な少数なり。

本書の完成があと二年早ければ、私の母のジョージア・K・バスベインズも手に取ることができただろう。とはいえ執筆を始めた当初から、母は私の仕事の猛烈な擁護者となり、定期的に進捗状況にチェックを入れることを決して怠らなかった。これで親たちはすべて、私のもとを去ってしまった。私は彼らを心から恋しく思っている。

あらゆる船旅には安定した舵取りが必要だ。それがホメロスの叙事詩級の知的探求の長旅となれば、なおさらである。その役目をいつも担ってくれた妻のコニーに本書を捧げたい。どのページにも彼女の穏やかなる英知と強い精神力が内在しているはずだ。私たち夫婦の旅がいつまでも順風満帆でありますように。

訳者あとがき

「書く」という行為に使われる道具の主流がコンピューターとキーボード、あるいはスマートフォンに移ってしまい、電子書籍が浸透しつつある昨今、紙と筆記具の組み合わせはすでに、何かひどく郷愁をかき立てる骨董品的な事物と化しているのかもしれない。それでも、いやだからこそ、紙の手触り、美しさに、ほっと心なごむときがないだろうか。個人的には、きれいな紙は昔から大好きだ。ふっくらとした見るからに上質な紙を使った便箋。ぱりぱりと繊細な紙に薄く罫線が引かれた、手にしっくりと収まる手帳。名刺をいただいたときなど、風合いのいい紙が使われていたりすると、指紋を付けるのもはばかられて、そっと両端だけを捧げ持つような格好になってしまう。だから、本書の邦訳のお話しをいただいたときは、喜んでお受けした。

そして読んでいくと、本書は単に紙の話というだけにとどまらず、いい意味で予想を裏切られた。もちろん、紙の話だから、序文で書かれているように通史にもきちんと目配りはされていて、古代の中国で製紙法が確立されてから、東は朝鮮と日本、西はアラブ世界からヨーロッパへと広まっていく物語を存分に楽しませてくれる。だが、本書の著者はアメリカ人なので、手漉き紙の製法がヨーロッパから植民地時代のアメリカに伝わったのち、南北戦争後に機械化され、巨大産業となっていく経緯もくわしく描いている。紙の歴史に焦点を当てた類書ではなかなか見られない点だろう。さらに著者の筆致が俄然熱を帯びるのはそこからあとだ。

ものとしての紙自体に魅せられる人は多い。本書には、現在過去を問わずそうした人々が多く登場し、紙の魅力が熱っぽい口調で語られる。アメリカを代表する製紙会社、クレイン社の社長は、「紙に囲まれていると幸せになります」と話すほどだ。紙の何がこれほど人を魅了するのか。なぜ、著者自身もその不思議な魅力の虜になったのか。そんな謎が著者にとって本書を執筆する第一の動機となったことは、文中で語られている通りだ。

一方、紙はそこに記録され、書かれたことによって、存在意義が決まる媒体でもある。この世に生きた証を何らかの形で残したいというのは、人間の根源的な欲求であり、人は紙の上に自分の行為や日常生活、思考の過程を記録する。だから紙には、書いた人の姿がそのまま残る。また、紙の質感や状態からは、書かれた当時の背景事情も伝わってくる。紙は損傷しやすい物質でありながら、偶然が働いて何十年、何百年と保存され、読み込まれ、引き継がれていくことがある。機密書類は厳重に保管される。不要と判断されれば廃棄される。存在自体が忘れられ、長年にわたり放置されるかと思えば、歴史的な事件の表舞台に引きずり出されることもある。そんな千差万別な紙の運命とのかかわりに生涯をかける人々もいる。紙と人が関われば、どんな種類の関わりであっても、そこには必然的にドラマが生まれる。著者はそこにスポットを当てた。

本書は「アンドリュー・カーネギー賞」二〇一四年ノンフィクション部門ショートリストにノミネートされたが、そのとき「紙の製造技術に簡潔に触れつつ、その二千年の歴史をひもとき、現代のさまざまな側面を生き生きと描き出しながら、著者は紙がつまりは人そのものであることを語っている」と評価されている。まさしくその通りだ。

紙は、生活に深く浸透した実用品であるという観点も、著者は忘れていない。日用品、衛生用品として重宝されるようになり、現在では毎日、使い捨て製品が消費されるとなれば、当然、環境問題にも目が向けられる。紙は、製造工程からして、環境負荷が高い製品だ。森林を伐採し、大量の水を使い、パルプの精製と漂白のため化学薬品にも頼る。現在では、再生原料の利用が進み、薬品による水資源汚染を防ぐためのリサイクル手法も確立されているとはいえ、アメリカ人の紙使用量は世界のどの地域よりもはるかに多い。紙についての著作で環境問題にも注目しているのは、アメリカ人の著者ならではの視点かもしれない。

最後の章はやはりアメリカ人でなければ書けない。二〇〇一年九月一一日の同時多発テロ事件では、家族の安否を知るために書かれた尋ね人の紙、自分の無事を伝えるために貼られたメモ、事件の瞬間を伝える紙など、あの日にまつわるあらゆる種類の紙が、人々の心を深く揺さぶるものとして大事に保管されているという。人が生きた証しとして紙が残された事例の最たるものだろう。

それにしても、よくこれだけと思うほど労を惜しまず世界中を歩いて回り、綿密で根気強い取材を敢行しているものだと脱帽してしまう。こんなにパワフルな本を書き切ったバスベインズという人は、いったいどんな人物なのだろうか。

ニコラス・A・バスベインズは、アメリカ本国では本の歴史や文化に関する著作をこれまでに九作発表しており、日本には、九作目の本書（原題 *On Paper: The Everything of Its Two-Thousand-Year History* 二〇一三年刊）により初めて紹介されることとなった。未邦訳の八作は、いずれも本に対する愛情、言葉の力を熱く語ったものばかりのようだ。現在は、アメリカの詩人、ヘンリー・ワーズワース・ロングフェローの伝記を執筆中らしい。ウェブサイトで写真を拝見すると、大柄でなかなかたくましそうな人物が穏やかに微笑んでいる（http://www.nicholasbasbanes.com/）。ご参考までに、これまでの著作を挙げておこう（日本語のタイトルは仮訳）。

『静かな狂気——愛書家と愛書狂と本への永遠の愛について *A Gentle Madness: Bibliophiles, Bibliomanes, and the Eternal Passion for Books*』（一九九六年）

『忍耐と不屈の精神——本にまつわる人々、場所、文化の放浪年代記 *Patience & Fortitude: A Roving*

Chronicle of Book People, Book Places, and Book Culture*』（二〇〇一年）

『静かな狂気にとりつかれて――二一世紀の猟書《りょうしょ》家のための展望と戦略 *Among the Gently Mad: Perspectives and Strategies for the Book-Hunter of the 21st Century*』（二〇〇二年）

『文字の輝き――永遠ではない世界で永久不滅の本について *A Splendor of Letters: The Permanence of Books in an Impermanent World*』（二〇〇三年）

『すべての本に読者あり――印刷された言葉が世界を動かす力 *Every Book Its Reader: The Power of the Printed Word to Stir the World*』（二〇〇五年）

『本が出版されるとき、そしてそのときの所感――本にまみれて二〇年 *Editions & Impressions: Twenty Years on the Book Beat*』（二〇〇七年）

『文字の世界 *A World of Letters*』（二〇〇八年）

『著者について――著者たちが語る創作プロセス *About the Author: Inside the Creative Process*』（二〇一〇年）

なお、本書は三名の共訳であり、冒頭から4章までを市中、5章と7章から12章を尾形、6章と13章以降を御舩が訳出した。末筆ながら、本書の邦訳に携わる機会を与えて下さった方々に、心からの感謝を申し上げます。

二〇一六年五月一二日

市中芳江

198 Storage alcoves, National Archives II, College Park, Maryland. Author photograph.
212 Scrap paper, Marcal Paper Mills, Elmwood Park, New Jersey. Author photograph.
217 Productive use for worthless Weimar reichsmarks, 1923. Deutsches Bundesarchiv, Bild Io2-ooIo4/Pahl, Georg/CC-BY-SA/ Wikimedia Commons.
219 A 100-trillion-dollar Zimbabwe banknote, 2006. Author's collection.
230 A Dunlap copy of the Declaration of Independence. Records of the Continental and Confederation Congresses and the Constitutional Convention, 1765-1821, National Archives and Records Administration.
238 Letter from William Bradford to John Winthrop, 1638, and Winthrop's reply. Massachusetts Historical Society. Author photograph.
242 A volume of John Quincy Adamss diary. Author photograph.
252 Harvard College Library Charging Book for 1786, being restored at Weissman Preservation Center, Cambridge, Massachusetts. Author photograph.
257 Leonardo da Vinci's drawing on paper, "Vitruvian Man," c. 1487. Galleria dell' Accademia, Venice/ Wikimedia Commons.
271 Piano Sonata in A Major, Opus IOI (Allegro), manuscript sketch in Beethoven's handwriting, 1816. The Moldenhauer Archives at the Library of Congress.
276 Thomas Edison's first drawing of a phonograph apparatus, 1880, Thomas Edison National Historical Park, West Orange, New Jersey. Author photograph.
277 Two of Thomas Edison's laboratory notebooks, Thomas Edison National Historical Park, West Orange, New Jersey. Author photograph.
284 Wenceslaus Hollar illustration, William Dugdale's *The History of St. Paul's Cathedral in London* (1658). Thomas Fisher Rare Book Library/Wenceslaus Hollar Digital Collection, University of Toronto/ Wikimedia Commons.
286 Eighteenth-century French architectural drawing instruments, Andrew Alpern Collection at Columbia University. Photograph by Dwight Primiano, reproduced courtesy of Andrew Alpern and the Avery Architectural and Fine Arts Library.
313 Origami master Robert Lang, Alamo, California. Author photograph.
365 Liberty Plaza, near Ground Zero, September 11, 2001. Copyright Susan Meiselas/Magnum Photographs.
367 Paper recovered from Twin Towers, Fresh Kills Landfill. Courtesy Mark Schaming, New York State Museum, Albany.
373 A man near Ground Zero. Copyright Larry Towell/Magnum Photographs.
374 The eighty-fourth-floor note safeguarded for ten years by the Federal Reserve Bank of New York. (IL.2012.I.1): Collection of the family of Randolph Scott, photograph courtesy of the 9/11 Memorial & Museum.

図版一覧と出典

7 Statue of the poet Xue Tao. Author photograph.
13 Wood cut image from *The Diamond Sutra*. The British Library/Wikimedia Commons.
23 Duan Win Mao, outside Tengchong. Author photograph.
23 Wife of Duan Win Mao. Author photograph.
24 Papermaking, village of Longzhu. Author photograph.
28 Papermaking, village of Ma. Author photograph.
31 The Japanese technique of papermaking by Tachibana Minko, Tokyo, 1770. Author's collection.
33 The Shinto shrine of Kawakama Gozen, Echizen, Japan. Author photograph.
36 Schematic drawing of design for paper bombs. Smithsonian Institution.
37 A Japanese mulberry paper balloon reinflated. U.S. Army photograph/ Wikimedia Commons.
42 Papermaker Ichibei Iwano IX. Author photograph.
46 The Joy of Living with Paper." Ichibei Iwano IX. Author photograph.
63 Paper mill of Ulman Stromer. *Nuremberg Chronicle*, 1493. Wikimedia Commons.
65 Early German paper mill, by Jost Amman. *Book of Trades*, 1568. From a facsimile copy in the author's collection.
67 A stamping mill for preparing paper pulp, *Novo Teatro di Machine*, by Vittorio Zonca, 1607. From a facsimile copy in the author's collection.
69 Jacob Christian Schäffer's experiments with papermaking fibers. Robert C. Williams Paper Museum/ Institute of Paper Science and Technology. Author photograph.
83 Embossed duty stamps from the Stamp Act of 1765. Massachusetts Historical Society. Author photograph.
87 William Bradford's Pennsylvania Journal of October 31, 1765, at the Library Company of Philadelphia. Author photograph.
100 Zenas Crane testing waters of the Housatonic River, Dalton, Massachusetts. Nat White. Courtesy Crane and Company.
102 A public appeal for rags, 1801. Courtesy Crane and Company.
115 U. S. currency paper, Crane and Company mill, Dalton, Massachusetts. Author photograph.
128 Seth Wheeler's 1891 patent for rolled toilet paper. United States Patent and Trademark Office.
139 A group of sepoys, Lucknow, India. *Illustrated London News*, October 1857. Wikimedia Commons.
144 A soldier with paper cartridge pouch, drawing, Alfred A. Waud, 1864. J. P. Morgan Collection of Civil War Drawings, Library of Congress/Wikimedia Commons.
173 British gunners with propaganda leaflets, Holland, January 1945. Imperial War Museums (IWM) London/Wikimedia Commons.
182 The Law for the Safeguard of German Blood and German Honor that barred marriage between Jews and other Germans. National Archives and Records Administration Gift Collection.
182 Hitler's signature on the Law for the Protection of German Blood and German Honor. National Archives and Records Administration Gift Collection.
191 Nineteenth-century political petitions, the National Archives and Records Administration preservation laboratory in College Park, Maryland. Author photograph.

参考文献

Ackerman, Phyllis. *Wallpaper: Its History, Design, and Use.* New York: Tudor Publishing Co., 1923.
Adams, Clinton. *American Lithographers, 1900–1960: The Artists and Their Printers.* Albuquerque: University of New Mexico Press, 1983.
Allen, Gerald, and Richard Oliver. *Architectural Drawings: The Art and the Process.* New York: Whitney Library of Design, 1981.
Ambrosini, Maria Luisa, with Mary Willis. *The Secret Archives of the Vatican.* Boston: Little Brown, 1969.
American Tobacco Company. *"Sold American": The First Fifty Years.* New York: The American Tobacco Company, 1954.
Andés, Louis E. *The Treatment of Paper for Special Purposes.* Trans. from German by Charles Salter. London: Scott, Greenwood & Son, 1907.
Baker, Cathleen A. *By His Own Labor: The Biography of Dard Hunter.* New Castle, DE: Oak Knoll Press, 2000.
———. *From the Hand to the Machine: Nineteenth-Century American Paper and Mediums: Technologies, Materials, and Conservation.* Ann Arbor, MI: The Legacy Press, 2010.
Baker, Nicholson. *Double Fold: Libraries and the Assault on Paper.* New York: Random House, 2001.
Baldassari, Anne. *Picasso: Working on Paper.* London: Merrell Publishers Ltd., 2000.
Balston, John. *The Whatmans and Wove Paper: Its Invention and Development in the West: Research into the Origins of Wove Paper and of Genuine Loom-Woven Wire-Cloth.* West Farleigh, Kent, UK: J. N. Balston, 1998 [privately printed].
Bambach, Carmen C., ed. *Leonardo da Vinci, Master Draftsman.* New York: The Metropolitan Museum of Art; New Haven and London: Yale University Press, 2003.
Barkan, Leonard. *Michelangelo: A Life on Paper.* Princeton and Oxford: Princeton University Press, 2010.
Barrett, Timothy. *Japanese Papermaking: Traditions, Tools, and Techniques.* With an appendix on alternative fibers by Winifred Lutz. New York: Weatherhill, 1983.
Basbanes, Nicholas A. *A Gentle Madness: Bibliophiles, Bibliomanes, and the Eternal Passion for Books.* New York: Henry Holt, 1995.
———. *A Splendor of Letters: The Permanence of Books in an Impermanent World.* New York: HarperCollins, 2003.
———. *A World of Letters: Yale University Press, 1908–2008.* New Haven, CT: Yale University Press, 2008.
———. *Patience & Fortitude: A Roving Chronicle of Book People, Book Places, and Book Culture.* New York: HarperCollins, 2001.
Baynes, Ken, and Francis Pugh. *The Art of the Engineer.* Woodstock, NY: The Overlook Press, 1981.
Bender, John, and Michael Marrinan. *The Culture of Diagram.* Stanford, CA: Stanford University Press, 2010.
Bennison, Amira K. *The Great Caliphs: The Golden Age of the 'Abbasid Empire.* New Haven,

CT, and London: Yale University Press, 2009.
Benson, Richard. *The Printed Picture.* New York: Museum of Modern Art, 2008.
Billeter, Jean François. *The Chinese Art of Writing.* New York: Rizzoli International Publications, 1990.
Bliss, Douglas Percy. *A History of Wood Engraving.* London: Spring Books, 1964. First published 1928.
Bloom, Jonathan M. *Paper before Print: The History and Impact of Paper in the Islamic World.* New Haven, CT: Yale University Press, 2001.
Blum, André. *On the Origin of Paper.* Trans. from French by Harry Miller Lydenberg. New York: R. R. Bowker, 1934.
Bower, Peter. *Turner's Later Papers: A Study of the Manufacture, Selection and Use of His Drawing Papers 1820–1851.* London: Tate Gallery Publishing, 1999.
———. *Turner's Papers: A Study of the Manufacture, Selection and Use of His Drawing Papers, 1787–1820.* London: Tate Gallery Publishing, 1990.
Bozeman, Barry. *Bureaucracy and Red Tape.* Upper Saddle River, NJ: Prentice-Hall, 2000.
Brothers, Cammy. *Michelangelo, Drawing, and the Invention of Architecture.* New Haven, CT, and London: Yale University Press, 2008.
Browning, B. L. [Bertie Lee]. *Analysis of Paper.* New York: Marcel Dekker Inc., 1977.
Buisson, Dominique. *The Art of Japanese Paper: Masks, Lanterns, Kites, Dolls, Origami.* Trans. from French by Elizabeth MacDonald. Paris: Éditions Pierre Terrail, 1992.
Bytwerk, Randall L. Introduction in *Paper War: Nazi Propaganda in One Battle, on a Single Day, Cassino, Italy, May 11, 1944.* No author given. West New York, NJ: Mark Batty Publisher, 2005.
Carter, Thomas Francis. *The Invention of Printing in China and Its Spread Westward.* New York: Columbia University Press, 1931. First published 1925.
Churchill, W. A. *Watermarks in Paper in Holland, England, France, etc. in the XVII and XVIII Centuries and Their Interconnection.* Amsterdam: Menno Hertzberger & Co., 1935.
Clapperton, R. H. *Paper: An Historical Account of Its Making by Hand from Its Earliest Times Down to the Present Day.* Oxford, U.K.: Oxford University Press, 1934.
———. *Modern Paper-Making.* 3rd ed. Oxford, U.K.: Basil Blackwell, 1952.
———. *The Paper-Making Machine: Its Invention, Evolution and Development.* Oxford: Pergamon Press, 1967.
Clayton, Martin, and Ron Philo. *Leonardo da Vinci, Anatomist.* [London:] Royal Collection Publications, 2012.
Dalrymple, William. *The Last Mughal: The Fall of a Dynasty, Delhi, 1857.* New York: Alfred A. Knopf, 2007.
Darnton, Robert. *The Case for Books: Past, Present, and Future.* New York: PublicAffairs Press, 2009.
David, Saul. *The Indian Mutiny.* New York: Viking Press, 2002.
Davies, Glyn. *History of Money: From Ancient Times to the Present Day.* Cardiff, UK: University of Wales Press, 2002.
Décultot, Elisabeth, ed., with Gabriele Bickendorf and Valentin Kockel. *Musées de Papier: L'Antiquité en Livres, 1600–1800.* Paris: Gourcuff Gradenigo/Musée du Louvre, 2010.
Dodge, Charles Richard. *A Descriptive Catalogue of Useful Fiber Plants of the World, Includ-*

ing the Structural and Economic Classifications of Fibers. Washington, DC: Government Printing Office, 1897.
Dugan, Frances L. S., and Jacqueline P. Bull, eds. *Bluegrass Craftsman: Being the Reminiscences of Ebenezer Hiram Stedman Papermaker 1808–1885*. Frankfort, KY: Frankfort Heritage Press, 2006.
du Toit, Brian M. *Ecusta and the Legacy of Harry H. Straus*. Baltimore: PublishAmerica, 2007.
Engel, Peter. *Folding Universe: Origami from Angelfish to Zen*. New York: Vintage Press, 1989.
Entwistle, E. A. *The Book of Wallpaper: A History and an Appreciation*. London: Arthur Barker, 1954.
Evans, Joan. *The Endless Webb: John Dickinson & Co., Ltd. 1804–1954*. Westport, CT: Greenwood Publishing Co., 1978. Reprint of 1955 edition published by Jonathan Cape, Ltd., London.
Farnsworth, Donald. *A Guide to Japanese Papermaking*. Oakland, CA: Magnolia Editions, 1997.
Ferguson, Eugene S. *Engineering and the Mind's Eye*. Cambridge, MA: MIT Press, 1992.
Ferguson, Niall. *The Ascent of Money: A Financial History of the World*. New York: Penguin, 2008.
Field, Dorothy. *Paper and Threshold: The Paradox of Spiritual Connection in Asian Cultures*. Ann Arbor, MI: The Legacy Press, 2007.
Fox, Celina. *The Arts of Industry in the Age of Enlightenment*. New Haven, CT, and London: Yale University Press, 2010.
Freely, John. *Aladdin's Lamp: How Greek Science Came to Europe through the Islamic World*. New York: Alfred A. Knopf, 2009.
Gardner, Howard. *Creating Minds: An Anatomy of Creativity Seen through the Lives of Freud, Einstein, Picasso, Stravinsky, Eliot, Graham, and Gandhi*. New York: Basic Books, 1993.
Gerbino, Anthony, and Stephen Johnston. *Compass and Rule: Architecture as Mathematical Practice in England*. New Haven, CT, and London: Yale University Press, 2009.
Gillispie, Charles Coulston. *The Montgolfier Brothers and the Invention of Aviation*. Princeton, NJ: Princeton University Press, 1983.
Gilreath, James, ed. *The Judgment of Experts: Essays and Documents about the Investigation of the Forging of the "Oath of a Freeman."* Worcester, MA: American Antiquarian Society, 1991.
Gipson, Lawrence Henry. *The Coming of the Revolution: 1763–1775*. New York: Harper & Row, 1962.
Glaser, Lynn. *America on Paper: The First Hundred Years*. Philadelphia: Associated Antiquaries, 1989.
Glassner, Jean-Jacques. *The Invention of Cuneiform: Writing in Sumer*. Trans. and ed. by Zainab Bahrani and Marc Van De Mieroop. Baltimore: The Johns Hopkins University Press, 2003.
Goff, Frederick R. *The John Dunlap Broadside: The First Printing of the Declaration of Independence*. Washington, DC: Library of Congress, 1976.
Green, James N. *The Rittenhouse Mill and the Beginnings of Papermaking in America*. Philadelphia: Library Company of Philadelphia and Friends of Historic Rittenhouse Town,

1990.
Green, James N., and Peter Stallybrass. *Benjamin Franklin: Writer and Printer.* New Castle, DE: Oak Knoll Press; London: British Library, 2006.
Greysmith, Brenda. *Wallpaper.* London: Studio Vista/Casell & Collier Macmillan, 1976.
Griffin, Russell B., and Arthur D. Little. *The Chemistry of Paper-Making: Together with the Principles of General Chemistry; A Handbook for the Student and Manufacturer.* New York: Howard Lockwood & Co., 1894.
Groebner, Valentin. *Who Are You? Identification, Deception, and Surveillance in Early Modern Europe.* Trans. from German by Mark Kyburz and John Peck. New York: Zone Books, 2007.
Haggith, Mandy. *Paper Trails: From Trees to Trash—The True Cost of Paper.* London: Virgin Books/Random House, 2008.
Handcock, Percy S. P. *Mesopotamian Archaeology.* London: Macmillan and Co. Ltd. and Philip Lee Warner, 1912.
Harris, Theresa Fairbanks, and Scott Wilcox. *Papermaking and the Art of Watercolor in Eighteenth-Century Britain: Paul Sandby and the Whatman Paper Mill.* Essays and contributions by Stephen Daniels, Michael Fuller, and Maureen Green. New Haven, CT: Yale Center for British Art; London: Yale University Press, 2006.
Harris, Whitney R. *Tyranny on Trial: The Trial of the Major German War Criminals at the End of World War II at Nuremberg, Germany, 1945–1946,* rev. ed. Dallas: Southern Methodist University Press, 1999.
Haskell, W. E. *News Print: The Origin of Paper Making and the Manufacturing of News Print.* New York: International Paper Company, 1921.
Hawes, Arthur B. *Rifle Ammunition: Being Notes on the Manufactures Connected Therewith, as Conducted in the Royal Arsenal, Woolwich.* London: W. O. Mitchell, 1859. Reprinted by Thomas Publications, Gettysburg, PA, 2004.
Heinrich, Thomas, and Bob Batchelor. *Kotex, Kleenex, Huggies: Kimberly-Clark and the Consumer Revolution in American Business.* Columbus: The Ohio State University Press, 2004.
Helfand, Jessica. *Scrapbooks: An American History.* New Haven, CT: Yale University Press, 2008.
Henderson, Kathryn. *On Line and On Paper: Visual Representations, Visual Culture, and Computer Graphics in Design Engineering.* Cambridge, MA, and London: MIT Press, 1999.
Herring, Richard. *Paper and Paper Making, Ancient and Modern,* 3rd ed. London: Longman, Green, Longman, Roberts & Green, 1863.
Hess, Earl J. *The Rifle Musket in Civil War Combat: Reality and Myth.* Lawrence: University Press of Kansas, 2008.
Hibbert, Christopher. *The Great Mutiny: India 1857.* New York: The Viking Press, 1978.
Hidy, Ralph H., Frank Ernest Hill, and Allan Nevins. *Timber and Men: The Weyerhaeuser Story.* New York: Macmillan, 1963.
Hills, Richard L. *Papermaking in Britain 1488–1988.* London and Atlantic Highlands, NJ: The Athlone Press, 1988.
Hoffman, Adina, and Peter Cole. *Sacred Trash: The Lost and Found World of the Cairo Geniza.* New York: Shocken, 2011.

Hofmann, Carl. *A Practical Treatise on the Manufacture of Paper in All Its Branches.* Philadelphia: Henry Carey Baird, 1873.
Hogg, Oliver Frederick Gillilan. *The Royal Arsenal: Its Background, Origin, and Subsequent History.* 2 vols. London: Oxford University Press, 1963.
Holcomb, Melanie, ed. *Pen and Parchment: Drawing in the Middle Ages.* New York/New Haven, CT: Metropolitan Museum of Art; London: Yale University Press, 2009.
Hughes, Sukey. *Washi: The World of Japanese Paper.* Tokyo and New York: Kodansha International, 1978.
Hull, Matthew S. *Government of Paper: The Materiality of Bureaucracy in Urban Pakistan.* Berkeley and Los Angeles: University of California Press, 2012.
Hunter, Dard. *My Life with Paper: An Autobiography.* New York: Alfred A. Knopf, 1958.
———. *Papermaking in Pioneer America.* Philadelphia: University of Pennsylvania Press, 1952.
———. *Papermaking: The History and Technique of an Ancient Craft,* 2nd ed., rev. and enlarged. New York: Alfred A. Knopf, 1947. First published 1944.
———. *Papermaking through Eighteen Centuries.* New York: William Edwin Rudge, 1930.
Isaacson, Walter. *Benjamin Franklin: An American Life.* New York: Simon & Schuster, 2003.
Jackson, Paul. *The Encyclopedia of Origami and Papercraft Techniques.* Philadelphia: Running Press, 1991.
Jamieson, Dave. *Mint Condition: How Baseball Cards Became an American Obsession.* New York: Atlantic Monthly Press, 2010.
Jay, Robert. *The Trade Card in Nineteenth-Century America.* Columbia: University of Missouri Press, 1987.
Johnson, Douglas, Alan Tyson, and Robert Winter. *The Beethoven Sketchbooks: History, Reconstruction, Inventory.* Berkeley and Los Angeles: University of California Press, 1985.
John-Steiner, Vera. *Notebooks of the Mind: Explorations of Thinking.* Albuquerque: University of New Mexico Press, 1985.
Jones, H. G. *The Records of a Nation: Their Management, Preservation, and Use.* New York: Atheneum, 1969.
Kahn, David. *The Code-Breakers: The Comprehensive History of Secret Communication from Ancient Times to the Internet,* rev. and updated. New York: Scribner, 1996. First published 1967.
Kafka, Ben. *The Demon of Writing: Powers and Failures of Paperwork.* New York: Zone Books, 2012.
Karabacek, Joseph von. *Arab Paper.* Trans. by Don Baker and Suzy Dittmar, additional notes by Don Baker. London: Archetype Publications, 2001.
Kaufman, Herbert. *Red Tape: Its Origins, Uses and Abuses.* Washington, DC: The Brookings Institution, 1977.
Kemp, Martin. *Leonardo.* Oxford and New York: Oxford University Press, 2004.
———. *Leonardo da Vinci: Experience, Experiment and Design.* Princeton, NJ: Princeton University Press, 2006.
———. *Leonardo da Vinci: The Marvellous Works of Nature and Man.* Cambridge, MA: Harvard University Press, 1981.
Klein, Richard. *Cigarettes Are Sublime.* Durham, NC: Duke University Press, 1993.
Kluger, Richard. *Ashes to Ashes: America's Hundred-Year Cigarette War, the Public Health,*

and Unabashed Triumph of Philip Morris. New York: Alfred A. Knopf, 1996.
Kobayashi, Makoto. *Echizen Washi: The History and Technique of the Ancient Japanese Craft of Papermaking with Stories of Great Handmade Paper Makers.* Fukui-ken, Japan: Imadate Cultural Association, 1981.
Koops, Matthias. *Historical Account of the Substances Which Have Been Used to Describe Events and to Convey Ideas, from the Earliest Date, to the Invention of Paper.* London: T. Burton, 1800.
Koretsky, Elaine. *Killing Green: An Account of Hand Papermaking in China.* Ann Arbor, MI: Legacy Press, 2009.
Kostof, Spiro. *A History of Architecture.* Ed. Greg Castillo, illustrations by Richard Tobias. New York and Oxford: Oxford University Press, 1995.
Krill, John. *English Artists' Paper: Renaissance to Regency.* London: Trefoil Publications Ltd., 1987.
Labarre, E. J. *Dictionary and Encyclopaedia of Paper and Paper-Making with Equivalents of the Technical Terms in French, German, Dutch, Italian, Spanish and Swedish.* London and Toronto: Oxford University Press, 1952.
Laird, Mark, and Alicia Weisberg-Roberts. *Mrs. Delaney and Her Circle.* New Haven, CT: Yale University Press, 2009.
Lancaster, F. W. *Toward Paperless Information Systems.* New York: Academic Press, 1978.
Lehmann-Haupt, Hellmut, with Lawrence C. Wroth and Rollo G. Silver. *The Book in America: A History of the Making and Selling of Books in the United States,* 2nd ed., rev. and enlarged. New York: R. R. Bowker, 1951.
Lindsey, Robert. *A Gathering of Saints: A True Story of Money, Murder, and Deceit.* New York: Simon & Schuster, 1988.
Lipper, Mark. *Paper, People, Progress: The Story of the P. H. Glatfelter Company of Spring Grove, Pennsylvania.* Englewood Cliffs, NJ: Prentice-Hall, 1980.
Lloyd, Martin. *The Passport: The History of Man's Most Travelled Document.* Stroud, Gloucestershire, UK: Sutton Publishing Ltd., 2003.
Lloyd, Seton. *Foundations in the Dust: The Story of Mesopotamian Exploration,* rev. and enlarged. New York: Thames and Hudson, 1980.
Lovell, Stanley P. *Of Spies & Stratagems.* Englewood Cliffs, NJ: Prentice-Hall, 1963.
Macfarlane, Alan, and Gerry Martin. *Glass: A World History.* Chicago: University of Chicago Press, 2002.
Maddox, H. A. *Paper: Its History, Sources, and Manufacture.* London: Sir Isaac Pitman & Sons Ltd., [1916].
Malkin, Lawrence. *Krueger's Men: The Secret Nazi Counterfeit Plot and the Prisoners of Block 19.* New York: Little, Brown, 2006.
Marks, Leo. *Between Silk and Cyanide: A Codemaker's War, 1941–1945.* New York: The Free Press, 1998.
Massey, Mary Elizabeth. *Ersatz in the Confederacy: Shortages and Substitutes on the Southern Homefront.* Columbia: University of South Carolina Press, 1952.
Mayor, A. Hyatt. *Prints and People: A Social History of Printed Pictures.* New York: Metropolitan Museum of Art, 1971.
McGaw, Judith A. *Most Wonderful Machine: Mechanization and Social Change in Berkshire Paper Making, 1801–1885.* Princeton, NJ: Princeton University Press, 1987.

McWilliams, Mary, and David J. Roxburgh. *Traces of the Calligrapher: Islamic Calligraphy in Practice, c. 1600–1900*. Houston: The Museum of Fine Arts, 2007.
Mendez, Antonio J., and Matt Baglio. *Argo: How the CIA and Hollywood Pulled Off the Most Audacious Rescue in History*. New York: Viking Penguin, 2012.
Mendez, Antonio J., with Malcolm McConnell. *The Master of Disguise: My Secret Life in the CIA*. New York: William Morrow, 1999.
Mihm, Stephen. *A Nation of Counterfeiters: Capitalists, Con Men, and the Making of the United States*. Cambridge, MA: Harvard University Press, 2007.
Mikesh, Robert C. *Japan's World War II Balloon Bomb Attacks on North America*. Washington, DC: Smithsonian Institution Press, 1973.
Montagu, Ewen. *The Man Who Never Was: World War II's Boldest Counterintelligence Operation*. Annapolis, MD: Naval Institute Press, 2001. First published 1953 by Oxford University Press, New York.
Morgan, Edmund S., and Helen M. Morgan. *The Stamp Act: Prologue to Revolution*. Chapel Hill: University of North Carolina Press, 1953. Published for the Institute of Early American History and Culture, Williamsburg, VA.
Munsell, Joel. *Chronology of the Origin and Progress of Paper and Paper-Making*, 5th ed., with additions. Albany, NY: J. Munsell, 1876.
Myers, Robin, and Michael Harris, eds. *Fakes and Frauds: Varieties of Deception in Print and Manuscript*. Winchester, UK: St. Paul's Bibliographies; New Castle, DE: Oak Knoll Press, 1989.
Narita, Kiyofusa. *Japanese Paper-Making*. Tokyo: Hokuseido Press, 1954.
Needham, Joseph, with Ho Ping-Yü, Lu Gwei-Djen, and Wang Ling. *Science and Civilisation in China*. Vol. 5, part 7: *Military Technology; The Gunpowder Epic*. Cambridge, UK: Cambridge University Press, 1986.
———. *Science and Civilisation in China*. Vol. 5, part 1: *Paper and Printing*. By Tsien Tsuen-Hsuin. Cambridge, UK: Cambridge University Press, 1985.
Neufeld, Michael J. *The Rocket and the Reich: Peenemünde and the Coming of the Ballistic Missile Era*. Cambridge, MA: Harvard University Press, 1995.
Ogborn, Miles. *Indian Ink: Script and Print in the Making of the English East India Company*. Chicago: University of Chicago Press, 2008.
Oswald, John Clyde. *Printing in the Americas*. New York: Gregg Publishing Co., 1937.
The Paper Maker. Wilmington, DE: Hercules Powder Co., 1932–1970.
Parkinson, Richard, and Stephen Quirke. *Papyrus*. London: British Museum Press, 1995.
Pauly, Roger. *Firearms: The Life Story of a Technology*. Westport, CT: Greenwood Press, 2004.
Pedersen, Johannes. *The Arabic Book*. Trans. from Danish by Geoffrey French, ed. with introduction by Robert Hillenbrand. Princeton, NJ: Princeton University Press, 1984.
Pettegree, Andrew. *The Book in the Renaissance*. New Haven, CT, and London: Yale University Press, 2010.
Pierce, Wadsworth R. *The First 175 Years of Crane Papermaking*. [Dalton, MA]: Crane, [1977].
Pollard, Hugh B. C. *Pollard's History of Firearms*. Ed. Claude Blair. Feltham, UK: Country Life Books, 1983.
Polo, Marco. *The Travels of Marco Polo*. Trans. with an introduction by Ronald Latham.

New York: Abaris Books, 1982.
Posner, Ernst. *Archives in the Ancient World.* Cambridge, MA: Harvard University Press, 1972.
Prager, Frank D., and Gustina Scaglia. *Brunelleschi: Studies of His Technology and Inventions.* Mineola, NY: Dover Publications. First published 1970 by MIT Press, Cambridge, MA.
Price, Lois Olcott. *Line, Shade, and Shadow: The Fabrication and Preservation of Architectural Drawings.* New Castle, DE: Oak Knoll Press; Winterthur, DE: Winterthur Museum & Country Estate, 2010.
Proudfoot, W. B. *The Origin of Stencil Duplicating.* London: Hutchinson & Co., 1972.
Radkau, Joachim. *Wood: A History.* Trans. from German by Patrick Camiller. Cambridge, UK: Polity Press, 2012.
Rendell, Kenneth W. *Forging History: The Detection of Fake Letters and Documents.* Norman: University of Oklahoma Press, 1994.
Roseman, Will. *The Strathmore Century: The 100th Anniversary Issue of the Strathmorean.* Westfield, MA: Strathmore Paper, 1992.
Rosenband, Leonard N. *Papermaking in Eighteenth-Century France: Management, Labor, and Revolution at the Montgolfier Mill, 1761–1805.* Baltimore: The Johns Hopkins University Press, 2000.
Rudin, Max. *Making Paper: A Look into the History of an Ancient Craft.* Trans. from Swedish by Robert G. Tanner. Vällingby, Sweden: Rudins, 1990.
Rumball-Petre, Edwin A. R. *America's First Bibles: With a Census of 555 Extant Bibles.* Portland, ME: The Southworth-Anthoensen Press, 1940.
Schaaf, Larry J. *Out of the Shadows: Herschel, Talbot, and the Invention of Photography.* New Haven and London: Yale University Press, 1992.
Schlesinger, Arthur M. *Prelude to Independence: The Newspaper War on Britain 1764–1776.* New York: Alfred A. Knopf, 1958.
Schlosser, Leonard B., ed. *Paper in Printing History: A Celebration of Milestones in the Graphic Arts.* Designed by Bradbury Thompson. New York: Lindenmeyr Paper Corp., 1981.
Schreyer, Alice. *East-West: Hand Papermaking Traditions and Innovations.* Newark: University of Delaware Library, 1998.
Schweidler, Max. *The Restoration of Engravings, Drawings, Books, and Other Works on Paper.* Translated from German and ed. by Roy Perkinson. Los Angeles: The Getty Conservation Institute, 2006.
Sellen, Abigail J., and Richard H. Harper. *The Myth of the Paperless Office.* Cambridge, MA: MIT Press, 2002.
Sickinger, James P. *Public Records and Archives in Classical Athens.* Chapel Hill: The University of North Carolina Press, 1999.
Sider, David. *The Library of the Villa dei Papiri at Herculaneum.* Los Angeles: Getty Publications, 2005.
Smith, Adam [George J. W. Goodman]. *Paper Money.* New York: Summit Books, 1981.
Soteriou, Alexandra. *Gift of Conquerors: Hand Papermaking in India.* Middletown, NJ: Grantha Corporation; Ahmedabad, India: Mapin Publishing Pvt. Ltd., 1999.
Spector, Robert, and William W. Wicks. *Shared Values: A History of Kimberly-Clark.* Lyme, CT: Greenwich Publishing Group, 1997.
Spicer, A. Dykes. *The Paper Trade: A Descriptive and Historical Survey of the Paper Trade*

from the Commencement of the Nineteenth Century. London: Methuen, 1907.
Standish, David. *The Art of Money: The History and Design of Paper Currency from Around the World.* San Francisco: Chronicle Books, 2000.
Staubach, Suzanne. *Clay: The History and Evolution of Humankind's Relationship with Earth's Most Primal Element.* New York: Berkley Books, 2005.
Stuart, Sir Campbell, K.B.E. *Secrets of Crewe House: The Story of a Famous Campaign.* London: Hodder and Stoughton, 1920.
Swasy, Alecia. *Soap Opera: The Inside Story of Procter & Gamble.* New York: Times Books, 1993.
Talbott, Page, ed. *Benjamin Franklin: In Search of a Better World.* New Haven, CT, and London: Yale University Press, 2005.
Taylor, Philip M. *Munitions of the Mind: War Propaganda from the Ancient World to the Nuclear Age.* Willingborough, Northamptonshire, UK: Patrick Stephens Ltd., 1990.
Thomas, Isaiah. *The History of Printing in America, with a Biography of Printers,* 2nd ed. 2 vols. New York: Burt Franklin, 1874.
Thomas, James E., and Dean S. Thomas. *A Handbook of Civil War Bullets and Cartridges.* Gettysburg, PA: Thomas Publications, 1996.
Thomas, P. D. G. *British Politics and the Stamp Act Crisis: The First Phase of the American Revolution, 1763–1767.* Oxford, U.K.: Oxford University Press, 1975.
Thompson, Claudia G. *Recycled Papers: The Essential Guide.* Cambridge, MA: The MIT Press, 1992.
Tsuen-Hsuin, Tsien. *Written on Bamboo and Silk: The Beginnings of Chinese Books and Inscriptions.* Chicago: The University of Chicago Press, 1962.
Tyrrell, Arthur. *Basics of Reprography.* London: Focal Press, 1972.
Van Kampen, Kimberly, and Paul Saenger, eds. *The Bible as Book: The First Printed Editions.* New Castle, DE: Oak Knoll Press; London: The British Library, 1999.
Von Hagen, Victor Wolfgang. *The Aztec and Maya Papermakers.* New York: J. J. Augustin, 1944.
Voss, Julia. *Darwin's Pictures: Views of Evolutionary Theory, 1837–1874.* New Haven, CT, and London: Yale University Press, 2010.
Wagner, Susan. *Cigarette Country: Tobacco in American History and Politics.* New York: Praeger Publishers, 1971.
Weeks, Lyman Horace. *A History of Paper-Manufacturing in the United States, 1690–1916.* New York: The Lockwood Trade Journal Company, 1916.
White, Lynn, Jr. *Medieval Technology and Social Change.* Oxford, UK: Oxford University Press, 1967.
Whitfield, Roderick, Susan Whitfield, and Neville Agnew. *Cave Temples of Mogao: Art and History on the Silk Road.* Los Angeles: The Getty Conservation Institute and the J. Paul Getty Museum, 2000.
Wilkinson, Norman B. *Papermaking in America.* Greenville, DE: The Hagley Museum, 1875.
Willcox, Joseph. *The Willcox Paper Mill (Ivy Mills): 1729–1866.* Philadelphia: American Catholic Historical Society, 1897.
Williams, Owen, and Caryn Lazzuri, eds. *Foliomania! Stories Behind Shakespeare's Most Important Book.* Washington, DC: Folger Shakespeare Library, 2011.

Wiswall, Clarence A., with Eleanor Boit Crafts. *One Hundred Years of Paper Making: A History of the Industry on the Charles River at Newton Lower Falls, Massachusetts.* Reading, MA: Reading Chronicle Press, 1938.

Wood, Frances, and Mark Bernard. *The Diamond Sutra: The Story of the World's Earliest Dated Printed Book.* London: The British Library, 2010.

Wroth, Lawrence C. *The Colonial Printer.* New York: The Grolier Club, 1931.

Zhang, Wei. *The Four Treasures: Inside the Scholar's Studio.* San Francisco: Long River Press, 2004.

原注

◉序言

［3］ **「紙の博物館」**：2010年9月25日から2011年1月3日まで，パリのルーブル美術館で開催された展覧会『Musées de Papier』のカタログより，Décultotの記述を参照。

［5］ **J・D・ドリュー**：ダン・ショーネシー，「Sox Are for Real . . . But Nothing in Sports Is Certain」，Boston Globe，2011年4月1日より。

［5］ **「憎い敵同士」**：Willian Wan，「U.S., Vietnam Build Trust Through Exchange of Tender Relics」，Washington Post，2012年6月4日より。

◉第1章　中国の紙漉き工房

［8］ **「皇帝の造幣局」**：マルコ・ポーロ，『東方見聞録』，第2巻，第24章（皇帝フビライ・ハンの紙幣）より。

［8］ **「紙は強い」**：フランシス・ベーコン，『ノヴム・オルガヌム』，第2巻，箴言31より。

［9］ **火薬，印刷術，磁気コンパス**：カール・マルクスもこの3つには特に注目して「この三大発明がブルジョワ社会の到来を招いた。火薬は騎士階級に壊滅的な打撃を与え，コンパスはヨーロッパ社会の目を世界の市場に向けさせて植民地建設のきっかけを与え，印刷機はプロテスタント主義と科学的革新の道具として，知的作業の最も強力な推進役を果たすことになった」と言及している。『Economic manuscripts of 1861-63, Division of Labour and Mechanical Workshop, Tool and Machinery（1861～1863年の経済学草稿，労働の分離と機械に支配される仕事場，道具および機械について）』（XIX-1169）より。

［9］ **「キープ」**：個人的収集や施設の収蔵品により，約600種類の結縄の現存が知られている。キープの歴史と機能に関する包括的研究については，Gary Urton，『Signs of the Inka Khipu（インカ帝国のキープが表す結縄の意味）』（Austin：University of Texas Press，2003年刊）を参照。

［9］ **粘土**：英語のclay（粘土）の語源はドイツ語のklebenであり，「くっつく，粘着する，固まる」などを意味する。メソポタミアでの粘土の多様な利用法については，Handcockを参照。

［10］ **粘土板**：2003年の米国によるバグダッド侵攻の余波で，イラク国立博物館からは，楔形文字が刻まれた何百枚もの粘土板が略奪された。紀元前6世紀からの収集品すべてが集められたシッパル・ライブラリーと呼ばれる一群（バグダッド南部の遺跡から出土した）は，現存する世界最古のコレクションと考えられている。拙著『A Splendor of Letters』の終章を参照。

［11］ **「我々は物事を知る」**：銭存訓，『Bamboo and Silk』，viページ（邦訳は『中国古代書籍史──竹帛に書す』，法政大学出版局，1980年刊）に引用された墨子の言葉より。

［11］ **「この世に生を受けた人類の文明は」**：プリニウス，『博物誌』，第3巻，第21章，「パピルス」，13ページ（邦訳書として，『プリニウス博物誌《植物篇》』，八坂書房，2009年刊などがある）より。カミガヤツリ（Cyperus Papyrus）はカヤツリグサ科の植物であり，現代の研究から浮力を有することが証明されている。なかでも，ノルウェーの冒険家トール・ヘイエルダールが1970年，古代の方法をまねてパピルスだけで作った舟に乗り，太平洋を横断したのは有名だ。ヘイエルダール，『The Ra Expeditions』（Garden City，NY：Doubleday，1971年刊）を参照（邦訳は『葦舟ラー号航海記』，草思社，1971年刊）。この

ほか，Parkinson and Quirke の共著や，John J. Gaudet，「When Papyrus Ruled: The Versatile Plant That Strengthened Pharaohs of Egypt」，Washington Post，1999 年 4 月 8 日を参照。

［11］ **「パピルスの茎を」**：Donald P. Ryan，「Papyrus」，The Biblical Archaeologist 51，第 3 号（1988 年 9 月刊），132～140 ページに引用された，テオプラストス，第 4 巻，第 8 章，第 4 節より。

［11］ **大リニウス**：プリニウスが死去したときの状況や，ヘルクラネウムで発見された巻物の再生と調査の詳細についてはSider を参照。J・ポール・ゲティ美術館は，ヴィラ・デイ・パピリ（Villa dei Papiri，Papyri とも表記）の影響を受けて設計された。カリフォルニア州マリブにあるこの美術館には現在，ギリシャ・ローマ時代の彫刻や土器，陶器が収蔵されている。

［12］ **「樹皮，……から紙をつくる方法」**：前掲［11］『中国古代書籍史――竹帛に書す』，136 ページに引用された范曄の言葉より。

［12］ **シルクロード**：この名前は，19 世紀のオーストリアの地理学者・探検家であるフェルディナント・フォン・リヒトホーフェン（1833～1905 年）が Seidenstrasse（絹の道）と名付けたことによるもの。

［13］ **五万巻**：Wood and Bernard，Whitfield et al. より。

［13］ **「廃物の繊維を薄くのばしたもの」**：前掲［11］『中国古代書籍史――竹帛に書す』，35 ページ。

［14］ **カッシオドルスは，パピルスを……として賛美している**：カッシオドルス，『Variae（雑録）』（第 11 巻，383～386 ページ）より。パピルスについての記述はこう続く。「筆記面に黒インクをまとい，そこに言葉の麦畑を生い茂らせて，この上なく甘い実りを，何度でも望むだけ読む者の心に届ける。また，それは人の行いの忠実な証言者であり，過去を語る忘却の敵である。人の記憶は，過去の出来事をとどめても，言葉を書き換えてしまう。だが，パピルスが伝える言葉は安全に守られ，いつ耳を傾けても，その言葉は永遠に変わらない」

［14］ **パピルスのシート**：前掲［11］『博物誌』，第 4 巻，第 8 編より。ダード・ハンターは『History and Technique』（邦訳は『古代製紙の歴史と技術』，勉誠出版，2009 年刊）の 19～23 ページに，この部分をそっくり写している。Pedersen，57 ページも参照。

［15］ **「ペルガモンより」**：拙著『A Gentle Madness』の 64～65，68 ページと，同じく拙著『Patience & Fortitude』の 23～30 ページを参照。

［15］ **水素結合**：前掲［14］『古代製紙の歴史と技術』のなかで，ダード・ハンターがこのプロセスを詳細に説明している。ほかに秀逸な概要として，Martin A. Hubbe and Cindy Bowden,「Handmade Paper: A Review of Its History, Craft, and Science」，Bio Resources 4，第 4 号（2009年刊），1736～1792 ページ（http://ojs.cnr.ncsu.edu/index.php/BioRes/article/viewFile/BioREs_04_4_1736_Hubbe_Bowden_Handmade_Paper_Review/482）や，F. Shafizadeh,「Cellulose Chemistry: Perspective and Retrospect」，Pure Applied Chemistry 35，第 2 号（1973 年刊），195～208 ページ（http://dx.doi.org/10.1351/pac197335020195）を参照。

［16］ **竹簡の書籍**：前掲［11］『中国古代書籍史――竹帛に書す』，30 ページ。

［16］ **動物の毛を使った毛筆**：材料として主に使われたのは，白山羊，黒兎，黄色の鼬（いたち）だが，狼，馬，鼠もよく使われた。山羊毛の筆は柔らかく，しなやかで，墨をよく吸う。兎毛の筆は太く，力強い線が書けるので書道に最適である。

［16］ **「学者が所有する書籍は」**：前掲［11］『中国古代書籍史――竹帛に書す』，11 ページ，同書の脚注も参照。

［16］ **彼の行政判断を求めて運ばれてくる**：Carter，2 ページ。

［16］ **石に刻んだ仏教の聖典**：銭存訓著『Paper and Printing』，13，28，48，42，112，115 ページ

を参照（邦訳は『中国の紙と印刷の文化史』，法政大学出版局，2007年）。

［17］ **たちまち広く流通した**：明王朝（1368〜1644年）に設立され，最も大きな権力を持っていた官職のひとつである通政司は，政府内でやり取りされる大量の公的情報の交通整理を役目とする独立機関であった。「紙の流れを作り出すあらゆる文書が，入るものも出るものも，このひとつの役所を通ることになっていた」と，F. W. Mott は『Imperial China: 900-1800（皇帝支配下の中国：900〜1800年）』（Cambridge，MA：Harvard University Press，1999年刊）の642〜646ページに書いている。「紙は力であり，ここは紙の流れを一手に握る役所だったからだ」

［17］ **ビルマ公路**：Patrick Fitzgerald，「The Yunnan-Burma Road」，The Geographical Journal 95，第3号（1940年3月刊），161〜171ページを参照。

［18］ **「都市革命」**：Thomas J. Campanella，『The Concrete Dragon: China's Urban Revolution and What Is Means for the World（コンクリート・ドラゴン：中国の都市革命とその世界における意味）』（New York：Princeton Architectural Press，2008年刊），14ページ。

［18］ **道路網**：Thomas Fuller，「In Isolated Hills of Asia, New Roads to Speed the Trade of an Empire」，New York Times，2008年3月31日を参照。

［18］ **最も多様化が進んだ省**：雲南には雲南民族博物館がある。

［19］ **雲南省には……が栽培されている**：Bin Yang，『Between Winds and Clouds: The Making of Yunnan, Second Century BCE to Twentieth Century CE（風と雲の間に：雲南省の2000年史，紀元前2世紀から紀元20世紀まで）』（New York：Columbia University Press，2008年刊）を参照（http://www.gutenberg-e.org/yang/index.html）。

［27］ **「すぐ後ろに」**：イレーヌ・コレツキー，「Along the Paper Road」，Hand Papermaking Newsletter，第84号（2008年10月刊）より。同誌の第83号（2008年7月刊）に掲載された同タイトルの記事も参照。これらは私の「The Paper Trail: Hand Papermaking in China」，『ファイン・ブックス・アンド・コレクションズ』，2008年3月／4月号へのお返しとして掲載されたものだ。四川省の旅からちょうど6カ月後に大地震が起きて，私たちが訪ねた場所を中心とする一帯が壊滅的な被害を受け，9万人もの人々が亡くなった。震源地は成都市の北西，マグニチュード7.9であった。

◉第2章　和紙

［31］ **「文化財」**：工房の数は『Current Handmade Papers of Japan』（原著は『平成の紙譜』全3冊，高知市，全国手すき和紙連合会，1992年刊）の小林良生，久米康生，宮崎謙一による記述を参照した。本章冒頭に引用したフリードリヒ・アルブレヒト・ツー・オイレンブルク伯爵の記述も同書が出典である。

［32］ **敷居であるという考え**：ドロシー・フィールド，『Paper and Threshold: The Paradox of Spiritual Connection in Asian Countries（紙と敷居：アジア諸国の精神的つながりにみる矛盾）』（Ann Arbor，MI：Legacy Press，2007年刊）を参照。

［32］ **「まるで自然の産物であるかのような」**：ヒューズ，35〜36ページ。

［33］ **川上御前**：前掲［14］『古代製紙の歴史と技術』，55〜56ページにダード・ハンターが書いている紙祖（しそ）神の話は，ここに引用した話とはいくつかの点で異なっている。ハンターは，この女性は実は人間に姿をやつした神だったのではないかと考えているらしく，川上御前の逸話を「大昔から伝えられている空想的な言い伝え」だとしている（だが，岡太神社は何度か建て替えられながら，千年以上前から存在している）。私が本章の冒頭とともに引用の出典としたのは，小林誠の『Echizen Washi: The Ancient Japanese Art of

Papermaking』([Imadate-cho], Japan : Imadate Cultural Association, 1981年刊) である(『越前和紙』[今立町] 福井県, 今立町文化協議会, 1981年刊の本文英語版)。多くの見本が挿入された美しい箱入りの大著で, 2008年に越前を訪ねたときに手に入れた (販売部数のうち, 残り最後の一冊だと言われた)。

[33] **「神と紙のまつり」**: ポール・デンホウド, 「The Echizen Washi Deity and Paper Festival」, Hand Papermaking 26, 第2号 (2011年冬号), 10〜13ページを参照。

[34] **「一心に祈りを繰り返す者は」**: Carter, 36〜38ページの引用文より (「『陀羅尼』から力を得たいと願う者は」も同じ)。

[35] **二〇〇八年のブルームズベリー・オークション**: 2008年4月5日のニューヨーク, ブルームズベリー・オークションにおける出品番号, ロット24B。

[35] **透明な板ガラス**: Macfarlane and Martin, 74, 112ページを参照。

[36] **太平洋を横断する気球**: ミケシュを参照。このほか, 「Balloon Bombs Hit West Coast in War」, New York Times, 1947年5月29日や, Stan Grossfeld, 「An Air of Reconciliation Over 51 Years, Japanese Balloon Bombing in Oregon Changed Lives」, Boston Globe, 1996年12月8日も参照。

[38] **ティモシー・D・バレット**: Mark Levine, 「Can a Papermaker Help to Save Civilization?」, New York Times Magazine, 2012年2月17日を参照。バレットのウェブサイトはhttp://paper.lib.uiowa.edu/

[47] **「日本人より日本人らしい精神」**: Miya Tanaka, 「American Artisans Try to Help Japan Appreciate Its 'Washi'」, Japan Times, 2007年1月6日に引用された, 東京のアートギャラリーのオーナー, イシハラ・キョウコ氏の言葉。

◉第3章 長い旅路

[51] **タラス河畔の戦い**: この川の名は, 当時はTalasであったが, 現在はTharaz Riverとして知られている (日本語ではどちらの綴りでも「タラス川」)。

[52] **製紙所がひとつ, またひとつとできていくにつれて**: Miriam Rosser-Owen, 『Islamic Arts from Spain (スペインのイスラム美術)』(London : V&A Publishing, 2010年刊), 14ページ。

[52] **表記するという方法**: Ann Blair, 「Note Taking as an Art of Transmission」, Critical Inquiry 31, 第1号 (2004年秋号), 85〜107ページ。この時代の紙の伝播に関する詳細については, ブルーム, 第2章を参照。

[52] **アブー・ジャアファル・アル=マンスール**: Freely, 72〜73ページ。

[52] **「本市場」**: 「本市場」を意味するアラビア語〝warraqs〟は, 標準的アラビア語で〝紙〟を意味するwaraq (〝葉〟を意味する語に由来) を語源とする。カラバツェクの41ページ, ブルームの47ページ, Pedersenの52ページ。

[52] **九七〇年に筆写された**: ブルーム, 87ページ。

[53] **最初に編纂されたとき**: Pedersen, 54ページ。

[53] **サマルカンド**: Roya Marefat, 「The Heavenly City of Samarkand」, The Wilson Quarterly (1992年夏号), 16, 第3号, 33〜38ページ。Michael T. Dumper and Bruce E. Stanley, 『Cities of the Middle East and North Africa: A Historical Encyclopedia (中東と北アフリカの都市 : その歴史の百科全書)』(Santa Barbara, CA : ABC-CLIO, 2007年刊), 318〜323ページ。Trudy Ring, Robert M. Salkin, Sharon La Boda, 『International Dictionary of Historic Places (世界の史跡事典)』, 第5巻, アジアとオセアニア (Chicago : Fitzroy

Dearborn Publishers，1996 年刊），718～722 ページ。

［54］ **「紙はサマルカンドの特産品のひとつだ」**：ブルームが引用した『A Book of Curious and Entertaining Information（興味深い事物の本）』の文章。

［54］ **イブン・ハルドゥーン**：ブルームの 49 ページに引用された文章。

［55］ **透かし**：13 世紀のイタリアで用いられるようになった透かしは，製紙業者を特定し，パスポートや紙幣といった文書の信憑性を証明する方法となっている。伝統的な技法では，何らかの模様を針金でつくり，金網のカバーで覆う漉具の表面に固定する。すると，紙葉に薄くへこんだ模様が残り，乾いた紙を日光にかざすと模様が透けて見える。そのうち，漉具の表面に取り付ける前の金網に薄い浮き彫り模様をプレスした〝光と影〟の透かしが作られるようになった。浮き彫りの盛り上がりとへこみが紙に凹凸部分を残して〝光と影〟の透かし模様を浮かび上がらせるのだ。機械化された製紙工程では，非常に細い針金で織ったガーゼのような金網のローラー（ダンディロール）に透かしを作り，機械のローラーを通る前の湿紙に押しつける。英語で透かしを意味する watermark という語が登場したのは近代に入ってからであり，最初に使用されたのは 18 世紀初期であったことが判明している。ドイツ語では wasserzeichen，フランス語では filigrane，オランダ語では papiermerken，イタリア語では filigrana と呼ばれる。イタリア，ファブリアーノの紙と透かしの博物館（Museo della Carta e della Filigrana，http://www.museodellacarta.com）では，透かしの厖大なコレクションを見ることができ，本書のための本格的な調査も，2003 年にここを訪ねたときから始まったと言える。イタリアでは，アマルフィの紙の博物館（Museo della Carta，http://www.museodellacarta.it）も一見の価値がある。この博物館と同じ川沿いのすぐ近くには，15 世紀からアマトゥルーダ家が代々所有し，操業するアマトゥルーダ製紙工場もある（La Carta di Amalfi，http://www.amatruda.it）。透かしに関する詳細については前掲『古代製紙の歴史と技術』の 258～308 ページを参照。

［55］ **スペインで編纂された法典**：カスティーリヤ王アルフォンソ 10 世の『七部法典』

［55］ **「布の羊皮紙」**：『ブリタニカ百科事典』（1888 年刊），218 ページ。

［55］ **一〇万点ものパピルス文書**：カイロ・ゲニザ文書という，このコレクションの詳細については，Hoffman and Cole のほか，拙著『Splendor of Letters』51～53 ページを参照。

［56］ **「六〇〇年の間に」**：『Das Arabische Papier』（1887 年刊）を Don Baker と Suzy Dittmar が英語に翻訳した『Arab Paper（アラビアの紙）』（London：Archetype Publications, 2001 年刊）より。

［56］ **「紛れもなくアラブ人の発明」**：カラバツェク，41～42 ページ。

［56］ **ぼろ布でできている**：A・F・ヘルンレ「Who Was the Inventor of Rag Paper?（ぼろ布でできた紙を発明したのは誰か？）」，Journal of the Royal Asiatic Society of Great Britain and Ireland（1903 年 10 月刊），663～684 ページ。

［57］ **タージ・マハル**：Wayne E. Begley，「The Myth of the Taj Mahal and a New Theory of Its Symbolic Meaning」，The Art Bulletin 61，第 1 号（1979 年 3 月刊），7～37 ページ。この文中で，著者は主任建築家を務めたのはウスタッド・アフマドであった「らしい」と述べている。「タージ・マハルの建築構想には，これを天国と神の王座の寓意と解釈して初めて説明できる特徴がある……カリグラファーのアマナト・カーンが重要な役割を果たしたのは間違いない。碑文を考案したのはおそらく彼だからだ」（30 ページ）。

［59］ **「イスラムの国々では」**：ブルーム，x ページ。このほか，Hand Papermaking，27，第 2 号（2012 年冬号）は，この号全体でイスラムの製紙業を特集しており，ジョナサン・ブルームは同号 66～67 ページで「Paper in the Islamic Lands」と題して詳細な概要を執筆している。

［60］ **印刷を一切禁止にする法律を布告した**：ブルーム，219～222ページ。
［60］ **シチリア国王ルッジェーロ二世**：『ブリタニカ百科事典』，第11版，725ページ。
［60］ **カスティーリャ王国国王アルフォンソ一〇世**：Robert I. Burns, S.J.,「The Paper Revolution in Europe: Crusader Valencia's Paper Industry - A Technological and Behavioral Breakthrough」，The Pacific Historical Review 50，第1号（1981年2月刊），1～30ページ。
［61］ **製紙技術が伝わった経路**：製紙技術の伝播がさまざまな文化に及ぼした影響の考察については，Margaret T. Hodgen，「Glass and Paper: An Historical Study of Acculturation」，Southwestern Journal of Anthropology 1，第4号（1945年冬号），466～497ページを参照。
［61］ **シャティバ**：Burns，『The Paper Revolution in Europe（ヨーロッパにおける紙革命）』を参照。
［62］ **カンソン&モンゴルフィエ**：モンゴルフィエほど古くはないが，カンソンも1577年にさかのぼる歴史を誇る。現代も各種の高品質な製品を生産する同社の製紙所のひとつは1492年に建てられたもので，ここではフランスの有名な紙製品であるアルシュ紙が製造される。
［62］ **「聖人たちの名にかけて」**：「A Fourteenth-Century Business History」，The Business History Review（Harvard University）39，第2号（1965年夏号），261～264ページ［著者不明］，70ページを参照。
［64］ **サイジング剤にゼラチンが**：Gesa Kolbe，「Gelatin in Historical Paper Production and as Inhibiting Agent for Iron-Gall Ink Corrosion on Paper」，Restaurator: International Journal for the Preservation of Library and Archival Material（2004年刊），26～39ページを参照。このほか，バレットも参照。
［65］ **「思いがけない顛末」**：リン・ホワイト・ジュニア，「Technology Assessment from the Stance of a Medieval Historian」，The American Historical Review 79，第1号（1974年2月刊），1～13ページ。
［66］ **猛威を振るった伝染病**：前掲［58］，「Glass and Paper」より。
［66］ **「いかなる者も」**：James Thomas Law 編，『The Ecclesiastical Statutes at Large, Extracted from the Great Body of the Statue Law, and Arranged Under Special Heads（英国国教会における適用法全般――制定法全文より抜粋，専門家が編集）』，第1巻（1847年刊）より。
［67］ **「汚れ放題のリネンのぼろ布を材料にしてつくった」**：Joshua Calhoun，「The Word Made Flax: Cheap Bibles, Textual Corruption, and the Poetics of Paper」，Papers of the Modern Language Association（PMLA）（2011年刊），327～344ページに引用された，トマス・デッカーとジョージ・ウィルキンスの『Jests to Make You Merry（陽気な戯れ）』（1607年刊）の言葉。
［67］ **「あいつの半ズボンも」**：エイブラハム・カウリー，『The Guardian』，第1幕，第5場より。
［67］ **「王様とは，やはりぼろ布だ！」**：ホフマン，10ページ。
［67］ **シフォニア（chiffonier）**：ヘンリー・バーナード，『Our Country's Wealth and Influence（わが国の富と影響）』（Hartford，CT：L. Stebbins，1882年刊），178ページ。
［68］ **「もしこの技術で……高品質の紙ができるのなら」**：R・R・バウカー，「Great American Industries: A Sheet of Paper」，Harper's New Monthly Magazine，1887年7月刊（第75巻，第445号），118～119ページ。
［68］ **一八世紀の記録**：ヤーコブ・クリスティアン・シェーファー，『Versuche und Muster, Ohne Alle Lumpen Oder Doch Mit Einem Geringen Zusatze Derselben, Papier Zu Machen』（Regensburg：［Zenkel］，1765～1771年刊），全6巻。
［70］ **「多くの製紙所で操業を停止せざるをえなくなっている」**：すべてクープスの著作からの引用。ワラを原料にした紙の最初の試作品が作られたのは，ジョエル・マンセルによると，

1756年のドイツであった。ぼろ布が不足するなかの試みであったが，製品は質が悪く，事業は失敗に終わった。

［71］ **壁紙**：その歴史については，Ackerman，Entwistle，Greysmithによる秀逸な3つの記述を参照。

［72］ **「同じ原理が適用されている」**：前掲［14］，ハンター著『古代製紙の歴史と技術』，345ページ。

［72］ **ジョン・ビドウェル**：『Fine Papers at the Oxford University Press: A Descriptive Catalogue, with Sample Pieces of Each of the Papers（オックスフォード大学出版局の美しい手漉き紙：全紙の見本付きカタログ，製作背景も付記）』（Lower Marston Farm，UK：The Whittington Press, 1998年刊）。同著者による『American Paper Mills, 1690-1832: A Directory of the Paper Trade with Notes on Products, Watermarks, Distribution Methods and Manufacturing Techniques（アメリカの製紙工場，1690～1832年：紙取引に関する商工人名録とその製品，透かし，流通方法，製造技術）』（Hanover，NH：University Press of New England and the American Antiquarian Society，2013年刊）も参照。

◉第4章　ぼろ布から巨万の富

［76］ **アメリカ大陸で初めての英語を扱う印刷所**：スペインは，イギリスからの入植者より丸々1世紀も早く，北米に印刷術と製紙技術を持ち込んでいた。新世界で最初の印刷業者は，ジョバンニ・パオリというイタリア人であったが，現在のメキシコ・シティーで1539年に印刷屋を開業したときはホアン・パブロと名乗った。当初は，スペインで大手の印刷会社を経営していたドイツ人移民の息子，セビリアのホアン・クロムベルゲルの代理人という立場であり，同年，パブロはクロムベルゲルの名前で新世界における最初の印刷書『Doctorina Chistiana en la Lengua Mexicana e Castellana（メキシコのスペイン語と標準スペイン語によるキリスト教の教え）』を出版した。この本は1冊も現存していない。ニューヨーク公共図書館の収蔵図書には，パブロがクロムベルゲルの名前で1543～1544年に印刷した小さな四つ折版の宗教書があり，これは『Doctrina Breve』という短いタイトルで知られている。パブロは1548年に印刷所の完全な所有権を手に入れ，1560年に死去するまで自身の名前で数多くの印刷物を発行した。ダード・ハンターによれば（前掲［14］『古代製紙の歴史と技術』，479ページ），アメリカ大陸で最初の製紙所は1575年から1580年までの間にカルファカン（現在のメキシコ・シティー）に設けられたが，その事業についてはほとんど知られていない。1600年までの南北アメリカ大陸におけるスペインの印刷業者については，Antonio Rodríguez-Buckingham，「Change and the Printing Press in Sixteenth-Century America」にまとめられた概要が秀逸である。これは，Sabrina Alcorn Baron，Eric N. Lindquist，Eleanor F. Shevlin 編，『Agent of Change: Print Culture Studies After Elizabeth L. Eisenstein（変化をもたらしたもの：印刷文化に関するエリザベス・L・アイゼンステイン以後の研究）』（Amherst，MA：University of Massachusetts Press，2007年刊），216～237ページ（第10章）に収載されている。このほかに，Edwin Wolfe 2nd，「The Origins of Early American Printing Shops」，The Quarterly Journal of the Library of Congress，第35巻，第3号（1978年7月刊），198～209ページ，Luis Weckmann，『The Medieval Heritage of Mexico（メキシコ中世の遺産）』（New York：Fordham University Press，1992年刊），512～514ページ，Dorothy Penn，「The Oldest American Book」，Hispania，第22巻，第3号（1939年10月刊），303～306ページを参照。

［76］ **『マサチューセッツ湾詩篇集（Bay Psalm Book）』**：この本は11部が現存している。その

うち2部は，植民地の稀覯本収集家トーマス・プリンス（1678〜1758年）の収集品だったものを，1866年に当時の所有者オールド・サウス教会がボストン公共図書館に委託した。2012年12月2日，教会の信徒団の多数決により，そのうち1部がオークションに出品された。Jess Bidgood,「Historic Boston Church's Decision to Sell Rare Psalmbook Divides Congregation」, New York Times, 2012年12月23日。翌年4月，サザビーはこの本を2013年11月26日にニューヨークで売りに出すと発表した。オークションの事前予想落札価格は1500万〜3000万ドルであり，印刷本の落札価格としては記録に残る史上最高の価格帯である。この本のことを私が最初に『A Gentle Madness』（138〜142ページ）で書いた頃は，教会幹部が1991年に2部のうち1部を売りに出す提案をしたが全会一致で否決されていた。当時の予想価格は150万〜400万ドルであった。同書の製作事情については，George Parker Winship,『The Cambridge Press 1638-1692（ケンブリッジの印刷業，1638〜1692年）』（Philadelphia：University of Pennsylvania Press, 1945年刊）に詳しい。

［77］**「偉大な仕事に協力する」**：アイザイア・トーマス,『The History of Printing in North America（北米における印刷の歴史）』, 38ページ。

［77］**ジョン・エリオット**：『Dictionary of National Biography（オックスフォード英国人名事典）』の伝記を参照。エリオットのインディアン用聖書の製作については，前掲［74］『The Cambridge Press』を参照。また，Gray Griffin,「A Discovery of Seventeenth-Century Printing Types in Harvard Yard」, Harvard University Library Bulletin XXX, 第2号（1982年4月刊），229〜231ページも参照。フィラデルフィアの独学稀覯本愛好家，ジェイムズ・ローガン──ロンドンの書籍商に「本は私の病気です」と書き送った男性（拙著『A Gentle Madness』, 129〜135ページ）──は，おそらくエリオット本人を除いて，大西洋の東岸または西岸で彼の聖書の原本を読むことができた現代唯一のイギリス人男性だと言われている。印刷されたインディアン用聖書の大部分は火事で焼失したため，初版本の現物はきわめてまれにしか発見されない。

［77］**ニプマック族の男性**：ハーバード大学の設立勅許状には，清教徒の入植者に協力するアメリカ原住民を教育することという条件が記されている。ワンパノアグ族の卒業生，ケイレブ・チェーシャートームックは，ピューリッツァー賞受賞作家ジェラルディン・ブルックスの『Caleb's Crossing（ケイレブの越境）』（New York：Viking, 2011年刊）という小説の題材となった。

［77］**「読書を愛する者たちは」**：ベンジャミン・フランクリン,『Franklin: Writings』（New York：Library of America, 1987年刊），1379ページ（邦訳は『フランクリン自伝』, 中央公論新社, 2004年刊）。

［78］**『パブリック・オカレンシズ』**：ライマン・ホレス・ウィークス, Edwin Monroe Bacon編,『An Historical Digest of the Provincial Press（植民地における印刷業の歴史的概要』（Boston：The Society for Americana, 1783年刊），第1巻, 24〜32ページ［複写を含む］。ベンジャミン・ハリスは1694年か1695年にイギリスへ帰国し，〝虚偽のニュースを発行した〟罪で再逮捕され，晩年は〝天使の丸薬〟などの商標名で薬を売り歩いて騒動を巻き起こしつづけたと伝えられている。前掲［77］『オックスフォード英国人名事典』を参照。2008年，現存するたった1部の『パブリック・オカレンシズ』がワシントンDCのニュージアムで展示された。

［78］**『ボストン・ニュースレター』**：「1719年2月16日月曜日から2月23日月曜日まで」の第775号が，Robert E. Lee,『Blackbeard the Pirate（黒髭と呼ばれた海賊）』（Winston-Salem, NC：John F. Blair, 1974年刊），226ページと，Clarence Brigham,『Paul Revere's Engravings（ポ

ール・リビアの版画)』(Worceser，MA：米国古書協会，1954年刊)に引用されている。

［78］ **ウィリアム・ブラッドフォード**：前掲［77］『オックスフォード英国人名事典』を参照。

［79］ **「一九〇〇年だったら」**：ウィークス，『History of Paper-Manufacturing(製紙業の歴史)』，15ページ。

［79］ **ウィリアム・リッテンハウス**：Green，『The Rittenhouse Mill(リッテンハウスの製紙所)』を参照。

［81］ **〝グリーンバック〟**：〝グリーンバック〟という通称は，アメリカン・バンク・ノート・カンパニーが紙幣の印刷に緑色のインクを使ったことにちなんだものだ。ウィルコックスの製紙所は，1775年には植民地政府が使う紙の製造を一手に引き受けるまでになっており，独立革命が起きたときは，その生産量が独立戦争の鍵を握ると考えられていた。孫のジョゼフ・ウィルコックスは，1897年に出版した回顧録のなかで，祖父のトーマス・ウィルコックスが「フランクリン博士のために紙を製造した」ことや，フランクリンが「製紙所をたびたび訪れた」ことを書いている。

［81］ **コモン・ロー上の婚姻による妻**：前掲［77］『フランクリン自伝』，1381〜1382ページ。

［81］ **「間違いないと思われる」**：グリーンとスタリーブラス，40〜41ページ。Talbott，55〜90ページのジェームズ・N・グリーン，『Benjamin Flanklin, Printer(印刷業者ベンジャミン・フランクリン)』(第2章)も参照。

［82］ **「ほかのいかなる者も……してはならない」**：前掲［79］『History of Paper-Manufacturing』，16ページに引用されたウィリアム・ブラッドフォードの言葉。

［82］ **印紙法**：5 George III，c. 12.「アメリカにおけるイギリスの植民地および新開拓地で，これらの防衛，保護，安全確保に必要な費用をまかなうことを目的として，さらに，当該植民地および新開拓地の商取引および収益に関するいくつかの議会制定法を一部改正し，そこに言及された罰金および科料の決定方法および回収方法を修正するために，一定の印紙税およびその他の税金課金を許可し，適用するための法律」

［82］ **イギリスの債務**：Morgan and Morgan，『Stamp Act(印紙法)』，21ページによる数字。印紙法では条項ごとに羊皮紙やヴェラム紙にも周到に言及していたが，公的文書の記録に，保存処理した動物の皮が用いられることは非常に少なくなっていたため，法案は明らかに紙を標的としたものだった。この妙策は，ノースカロライナ州に10万エーカーの土地を所有していたロンドンの投機家ヘンリー・マッコーラが，もともとはオランダの税制を参考にして1694年にイギリスに導入された税金をヒントに発案したのだろうと，一般には言われている。David Lee Russell，『The American Revolution in the Southern Colonies(南部植民地におけるアメリカ独立戦争)』(Jefferson，NC：McFarland & Company，2000年刊)，27ページ，Robert W. Ramsey，『Carolina Cradle: Settlement of the Northwest Carolina Frontier, 1747-1762(カロライナ州の誕生：北西カロライナ地方への移住と開拓，1747〜1762年)』(Chapel Hill：University of North Carolina Press，1984年刊)，93ページを参照。

［84］ **印紙は……刻印され**：Adolf Koeppel and John Boynton Kaiser，『New Discovery from British Archives on the 1765 Tax Stamps for America(1765年のアメリカ印紙法に関するイギリスの保存資料からの新たな発見)』(Boyertown，PA：American Revenue Association，1962年刊)，Alvin Rabushka，『Taxation in Colonial America(植民地アメリカにおける徴税法)』(Princeton, NJ：Princeton University Press，2008年刊)，754〜755ページを参照。フィラデルフィア州で税徴収代理人に任命されたジョン・ヒューズが保存し，現在はペンシルベニア州歴史協会(Historical Society of Pennsylvania)に収蔵された資料のうち，ヒューズ・ペーパーB-116は，印紙法に備えて税徴収代理人のために発行された手引きである。『Instructions to be

Observed by Each Distributers [sic] of Stamped Parchment and Paper, etc. in America, and Collector of His Majesty's Duties Arising Thereon（アメリカにおいて印紙を刻印した紙・羊皮紙などの販売および税徴収を行う者が読むべき指導書）』（London：J and R Tonson，1765 年刊）。

［85］ **ロンドンに到着した**：シュレジンジャー，69 ページ。

［85］ **雄弁な論説**：Isaacson，222〜230 ページを参照。Edmund S. Morgan，『Benjamin Franklin（ベンジャミン・フランクリン）』（New Haven，CT：Yale University Press，2002 年刊）のヒューズに関する記述，153 ページ。

［85］ **「アメリカの自由」**：デービッド・ラムゼイ，『The History of the American Revolution（アメリカ独立戦争の歴史）』（Trenton，NJ：James J. Wilson，1811 年刊），85 ページ。この部分は，シュレジンジャー，69 ページと，Jill Lepore，「The Day the Newspaper Died」，The New Yorker，2009 年 1 月 26 日にも引用されている。

［86］ **「イギリスにおける新聞戦争」**：シュレジンジャー，47 ページ。

［86］ **ニューヘイブンでは**：ここに引用した新聞記事の事例については，シュレジンジャー，75 ページのほか，Ralph Frasca，「Benjamin Franklin's Printing Network and the Stamp Act」，Pennsylvania History 71，第 4 号（2004 年秋号），403〜419 ページを参照。印紙法の失敗に関する詳細については，Jack P. Greene，「A Dress of Honor: Henry McCulloh's Objections to the Stamp Act」，The Huntington Library Quarterly 26，第 3 号（1963 年 5 月刊），253〜262 ページを参照。

［87］ **新たな製紙所が設けられ**：ウィークス，35〜40 ページ。

［88］ **スカイラー将軍は……詫びている**：前掲［79］『History of Paper-Manufacturing』，46 ページのフィリップ・スカイラー将軍に関する記述より。

［88］ **「製作と調整」**：ウィルコックス，10 ページのネイサン・セラーズに関する記述より。

［88］ **「薬莢聖書（Gun Wad Bible）」**：この問題については見解が分かれている。Rumball-Petre，51〜63 ページと，『Proceedings of the American Antiquarian Society（米国古書協会の活動）』，New Series，第 31 巻，第 1 部（1921 年 4 月 31 日〜1921 年 10 月 19 日），147〜161 ページを参照。

［88］ **第三版**：ザウアーの聖書の第三版は，アメリカで製造された紙に印刷されただけではなく，ザウアー自身が設計，製造したパンチ法による金属活字で印刷されたという点でも特筆すべきものである。

［89］ **「聖書の一部は」**：アイザイア・トーマス，84 ページ。

［89］ **「フィラデルフィアに入ったわれわれに対して」** Samuel Hazard 編，『Hazard's Register of Pennsylvania: Devoted to the Preservation of Facts and Documents, and Every Kind of Useful Information Respecting the State of Pennsylvania（ハザード編集によるペンシルバニア州の記録：事実，資料，有用な情報のすべてを掲載）』，第 2 巻（Philadelphia：W. F. Geddes，1828 年刊）に引用されたリチャード・ピーターズ・ジュニアの記述。

［90］ **ジ・オールド・ユニオン・オイスター・ハウス**：現在の 2 階のダイニングルームが，アイザイア・トーマスの最初の印刷所であった。

［90］ **製紙所は一九五**：John Tebbel，『A History of Book Publishing in the United States（アメリカ合衆国における出版業の歴史）』，第 1 巻（New York：R. R. Bowker，1972 年刊），67 ページ。

［90］ **二〇〇万ポンドほどのぼろ布**：1843 年については前掲［79］『History of Paper-Manufacturing』，20 ページを参照。1857 年についてはマンセル，134 ページを参照。

［90］ **ミイラ**：S. J. Wolfe，with Robert Singerman，『Mummies in Nineteenth Century America: Ancient Egyptians as Artifacts（19 世紀のアメリカにおけるミイラ：発掘された古代エジプト人）』

(Jefferson, NC：McFarland & Co., 2009年刊）を参照。

［91］ **南北戦争が始まった頃**：前掲［79］『History of Paper-Manufacturing』，270ページ。

［91］ **「こだわらずに」**：Susan Campion,「Wallpaper Newspapers of the American Civil War」，Journal of the American Institute for Conservation, 34，第2号（1995年夏号），132ページに引用された『ニューオリンズ・コマーシャル・ブレティン』より。このほか，James Melvin Lee,『History of American Journalism（アメリカにおける報道の歴史）』（Boston：Houghton Mifflin, 1917年刊），305〜307ページも参照。

［91］ **マンチェスター郊外の製紙所**：前掲［79］『History of Paper-Manufacturing』，269ページ。

［91］ **褐色，ピンク，オレンジ**：Massey, 139〜144ページ。

［92］ **ビックスバーグで発行された『デイリー・シチズン』**：前掲［91］「Wallpaper Newspapers of the American Civil War」，129〜140ページを参照。

［92］ **メアリ・ボイキン・チェスナット**：メアリ・チェスナットの日記は1905年以後に4つの版が出版されている。C・ヴァン・ウッドウォードが〝復元版〟としてまとめて1981年にイエール大学出版局から出版した『Mary Chesnut's Civil War（メアリ・チェスナットの南北戦争）』もそのひとつだ。日記の原本は，現在はサウスカロライナ大学の図書館で特別収蔵品として保管されている。日記の出版の歴史については，Augusta Rohrbach,「The Diary May Be from Dixie, But the Editor Is Not: Mary Chesnut and Southern Print History」，Textual Cultures: Texts, Contexts, Interpretation 2，第1号（2007年春号），101〜118ページに詳しい。南北戦争中の南部における物資不足全般については，Mary Elizabeth Massey,「The Effects of Shortages on the Confederate Homefront」，The Arkansas Historical Quarterly 9，第3号（1950年秋号），172〜193ページを参照。未刊行の〝レシピ〟本については，Frances M. Burroughs,「The Confederate Receipt Book: A Study of Food Substitution in the American Civil War」，The South Carolina Historical Magazine 93，第1号（1992年1月刊），31〜50ページを参照。1863年にバージニア州リッチモンドのウエスト＆ジョンソン社による編纂で出版された『Confederate Receipt Book（南部料理の本）』については，現在は復刻版がいくつか刊行されている。ジョージア州アセンズのジョージア大学出版局から1960年に出版された復刻版のE・マートン・コールターによる序文を参照。ノースカロライナ大学が運営するDocumenting the American South（http://www.docsouth.unc.edu）からは，このレシピ本の全文を入手できる。

［93］ **「使われた繊維の大半が」**：『ペーパー・トレード・ジャーナル』，1876年3月11日。

［94］ **「ほぼすべての新聞が」**：デービッド・C・スミス，「Wood Pulp and Newspapers, 1867-1900」，The Business History Review 38，第3号（1964年秋号），328〜345，388ページ。

［95］ **クラーク・W・ブライアン**：Charles H. Barrows,『The Poets and Poetry of Springfield in Massachusetts: From Early Times to the End of the Nineteenth Century（マサチューセッツ州スプリングフィールドの詩人と詩作品：初期から19世紀終わりまで）』（Springfield, MA：Connecticut Valley Historical Society, 1907年刊），116ページの紹介文を参照。

［95］ **「年間生産量は」**：『ペーパー・ワールド』，1880年2月号，10ページにまとめられた数字。

［95］ **トウモロコシが試験的に使われたり**：前掲［94］「Wood Pulp and Newspapers」のほか，同著者による「Wood Pulp Paper Comes to the Northeast, 1865-1900」，Forest History，1966年4月刊，12〜25ページを参照。

［95］ **「二〇〇〇から三〇〇〇コード」**：同前「Wood Pulp Paper Comes to the Northeast」，19ページ。

［96］ **アメリカ国税調査**：前掲［94］，スミス著「Wood Pulp and Newspapers」のほか，Jack P. Oden,「Charles Holmes Herty and the Birth of the Southern Newsprint Paper Industry, 1927-1940」，

Journal of Forest History 21，第 2 号（1977 年 4 月刊），76～89 ページ。

［96］「概算で」：ハスケル，9 ～10 ページ。

［97］「アメリカ国民は」：『West Coast Hemlock Pulp: A Product of American Pulp Mills（太平洋沿岸地域のアメリカツガのパルプ：アメリカのパルプ工場における生産量）』，Weyerhaeuser Timber Company，pulp division（Minneapolis，1937 年刊），32 ページ。

［97］太平洋沿岸：W. Claude Adams，「History of Papermaking in the Pacific Northwest: I」，Oregon Historical Quarterly 52，第 19 号（1951 年 3 月刊），21～37 ページ。

［98］「おそらく製紙産業ほど」：同前，22 ページ。

◉第５章　紙幣

［101］「ウースターの印刷業者，トーマス氏が使用するために四連の紙を直ちに注文すること」：『Proceedings of the American Antiquarian Society, New Series, vol. 13 』（1901 年 4 月）434 ページ。アイザイア・トーマスが出版した『オールド・ナンバー・ワン』は，マサチューセッツ州ウスターのアメリカ古書協会に保管され，北アメリカに現存する最も古い英語の一般紙である。より詳しいクレイン家の古い歴史については，Pierce を参照。また Peter Hopkins，「The Colonial Roots of Crane & Co., Inc.」，『Hand Papermaking 16, no. 2』（2001 年冬）および Frank Luther Mott，「The Newspaper Coverage of Lexington and Concord」，『The New England Quarterly 17, no. 4』（1944 年 12 月）489～505 ページも参照。

［101］軍馬：Clarence Brigham，『Paul Revere's Engravings』，「Paper Money」141～63 ページ

［102］「昨晩遅く，トロイから貨物が到着した。……」：ゼナス・クレイン。Pierce，17 ページに引用される。

［102］丸網抄紙機：ハンター，『Papermaking』547 ページ。

［103］バークシャーとハンプデンのふたつの郡：McGaw を参照。

［103］〝紙の街〟：ホールヨークがこの肩書きを主張しているが，マサチューセッツには 2 種類の自治体，すなわち市と町が存在する。フーサトニック川に面した町リーは，二世紀以上にわたるさまざまな点で，25 の製紙業者が拠点を置き，この町も自分たちを紙の町と称している。リーで最後の製紙業者はシュバイツァー・モデュイが運営するイーグル社で，2008 年に閉鎖した。http://www.papertownprojects.org/history.html を参照。

［108］紙幣偽造者を出し抜く：並々ならぬ背景については，Stephen Mihm，『A Nation of Counterfeiters: Capitalists, Con Men, and the Making of the United States』（Cambridge，MA：Harvard University Press，2007 年）を参照。

［109］一万を超える種類：Richard Doty，『Pictures from a Distant Country: Seeing America Through Old Paper Money』（Atlanta：Whitman Publishing Co.，2013 年）を参照。

［109］収容されていたユダヤ人たち：Lawrence Malkin『Krueger's Men: The Secret Nazi Counterfeit Plot and the Prisoners of Block 19』（New York：Little Brown，2006 年）を参照。この出来事に着想を得た映画『ヒトラーの贋札』は，2008 年アカデミー賞外国語映画賞を受賞した。紙そのものの製造については，Peter Bower，「Operation Bernhard: The German Forgery of British Paper Currency in World War II」，Peter Bower 監修，『The Exeter Papers: Proceedings of the British Association of Paper Historians Fifth Annual Conference, Hope Hall, University of Exeter, 23-26 September 1994; Studies in British Paper History II (1994)』（London：Plough Press，2001 年）43～64 ページを参照。

◉第６章　使うたびに捨てる

［118］クリアカット：http://www.k1eercut.net/en/theissues を参照。

［119］繊維を調達する森林の区域：http://www.kimberly-clark.com/sustainability/reporti ng.aspx を参照。

［119］二〇一一年度には：http://investor.kimberly-c1ark.com/releasedetail.cfm?ReleaseID=683471 を参照。

［119］同社は優良企業として：Jim Collins,『Good to Great: Why Some Companies Make the Leap ... And Others Don't』(New York: HarperBusiness, 2001 年刊)。

［120］「抱きしめたくなるような株券」：Heinrich and Batchelor, 206 ページ。

［122］ガスマスクのフィルターとしても使用された：同書, 41〜43 ページ。

［124］身体の自然のリズムに「対処」：Lara Freidenfelds, The Modern Period: Menstruation in Twentieth-Century America (Baltimore: Johns Hopkins University Press, 2009), I, 32 ページ。

［125］ジョニー・カーソン：See Andrew H. Malcolm, "The 'Shortage' of Bathroom Tissue: A Classic Study in Rumor," New York Times, 1974 年 2 月 3 日。

［126］うっかり者の兵士：Reprinted in Ernie Pyle and Orr Kelly,『Here Is Your War: Story of G.I. Joe』(Lincoln: University of Nebraska Press, 2004 年刊), 149 ページ。

［126］イギリス陸軍：Lee B. Kennett,『G.I.: The American Soldier in World War II』(Norman: University of Oklahoma Press, 1997 年刊), 96 ページ。Scott Paper Company については以下を参照されたい。Catherine Thérèse Earley, "The Greatest Missed Luxury," published online by the Pennsylvania Center for the Book (http://www.pabook.libraries.psu.edu), 2010 年秋。

［126］近代的な下水処理システム：Walter T. Hughes, "A Tribute to Toilet Paper,"『Reviews of Infectious Diseases』10, no. I（1988 年 1-2 月）:218〜222 ページ。

［127］物理的なバリアー：同前, 218 ページ。

［127］時間のやり繰りに長けた紳士がいる：Philip Dormer Stanhope Chesterfield,『The Letters of Philip Dormer Stanhope, Earl of Chesterfield』, vol. I (Philadelphia: J. B. Lippincott Company, 1892 年), 99〜100, 139 ページ。

［128］ジョセフ・C・ガエティ：『New England Stationer and Printer』, vol. 15, 1901, 70; Seth Wheeler, U.S. Patent 117, 355, 1871 年 7 月 25 日刊行。

［129］七〇億ロール：トイレットペーパー製造のトップメーカーとしては，シンシナティを本拠とし，「アイボリー」石鹸，「タイド」洗剤，「コメット」クレンザー，「ジレット」ひげそり，「クレスト」歯磨き粉などで知られ，1950 年代以降業界のトップを走るプロクター＆ギャンブル（P＆G）社，そして 1927 年に広葉樹挽材のメーカとして創業し，現在はパルプ，紙，包装材，化学製品，建材の大手製造業者として知られるジョージア・パシフィック社（「エンジェル・ソフト」「キルティッド・ノーザン」「ソフト・アンド・ジェントル」ブランドのトイレットペーパーを製造）がある。1978 年，R・H・ブルースキン・アソシエイツ・マーケット・リサーチ社は，アメリカにおいてリチャード・ニクソン，ビリー・グラハムに次いで有名なディック・ウィルソン演じる「ミスター・ウィップル」をP＆Gのコマーシャルに起用した。2005 年，ジョージア・パシフィック社は 210 億ドルでコーク・インダストリーズに買収され，完全な子会社となった。子会社となる前，ジョアージア・パシフィック社の株式はニューヨーク証券取引所において GP という略称で取引されていたが，2004 年に同社が財務情報を最後に開示したとき，その売上高は 196 億ドルに達していた。

［130］紙に柔らかさ：Leslie Kaufman, "Mr. Whipple Left It Out: Soft Is Rough on Forests," New York Times, 2009 年 2 月 25 日 ; Bernice Kanner, "The Soft Sell," New York, 1981 年 9 月 27 日, 14〜19 ページ。

◉第７章　銃　戦争　煙草

［135］工程が四二から二六にまで：Max Boot,『War Made New: Technology, Warfare, and the Course of History, 1500 to Today』（New York：Gotham Books, 2006 年）85 ページ。

［135］〝気まぐれな混合物〟：ホーズ，v ページ。

［135］火薬が使用された最も古い記録：Needham,『Science and Civilisation in China, vol. 5』，7 部；Boot,『War Made New』21 ページ；Hans Delbr?ck,『The Dawn of Modern Warfare: History of the Art of War, vol. 4』（Lincoln：University of Nebraska Press, 1990 年）2 章を参照。硝石（saltpeter）という語は，〝石の塩〟を表す中世ラテン語 sal petrae から来ている。

［136］「一二使徒」：植民地時代のアメリカでは，開拓者の多くが空洞になった野生動物の枝角でできた角製火薬入れと呼ばれる容器に入れて火薬を運んだ。

［136］火打ち石式発火（フリントロック）装置：Clair Blair, Pollard より，62 ページ；H. L. Peterson, Pollard より，106 ページ。

［136］施条：発展の概説および，弾道に関する科学的説明については，Mark Denny,『Their Arrows Will Darken the Sky』（Baltimore：Johns Hopkins University Press, 2011 年）を参照。

［137］三〇年戦争：輸入物の紙の高値に刺激を受け，グスタフ・アドルフは 1612 年，即位した翌年にスウェーデンで最初に成功した製紙工場をウプサラに建設し，その功績を称えられている。もうひとつ，スウェーデンの工場がレッセボに建てられ，増大する薬莢用紙の需要をまかなった。ただし，ここでの特産品は速やかに上質の筆記用紙に移行していった。Rudin, 34〜38 ページを参照。

［137］「彼らは紙の薬莢を用いて，銃に火薬と銃弾を同時に装填している」：サー・ジョン・スマイズ,『Certain Discourses, Written by Sir Iohn Smythe, Knight: Concerning the Formes and Effects of Diuers Sorts of Weapons, and Other Verie Important Matters Militarie, Greatlie Mistaken by Diuers of Our Men of Warre in These Daies; and Chiefly, of the Mosquet, the Caliuer and the Long-Bow; as Also, of the Great Sufficiencie, Excellencie, and Wonderful Effects of Archers: With Many Notable Examples and Other Particularities, by Him Presented to the Nobilitie of This Realme, & Published for the Benefite of This His Natiue Countrie of England』（London：Richard Johnes, 1590 年），Early English Books Online(EEBO) に写しがある。

［138］ジョン・ヴァーノン：ジョン・ヴァーノン,『The Young Horse-Man, or, The Honest Plain-Dealing Cavalier Wherein Is Plainly Demonstrated, by Figures and Other-Wise, the Exercise and Discipline of the Horse, Very Usefull for All Those That Desire the Knowledge of Warlike Horse-Man-Ship』（London：Andrew Coe, 1644 年）。

［139］「セポイを利用することには，三つの利点があった」：G. J. Bryant,「Asymmetric Warfare: The British Experience in Eighteen-Century India」，The Journal of Military History 68, no. 2（2004 年 4 月）434 ページ。

［140］ミニエー銃：ミニエーによる改良については，Hess, 24〜29 ページを参照。

［140］「我々はバラックポール［西ベンガル州の地名］の……」：J・B・ハーシー少将。G. W. Forrest,『A History of the Indian Mutiny: Reviewed and Illustrated from Original Documents』（Edinburgh, London：William Blackwood, 1904 年）vol. 1, 6 ページに引用される。

［141］脂の壺に浸さなくてはならない：『Instruction of Musketry』（London：Parker, Furnival, and Parker Military Library, Whitehall, 1854 年）；紙製薬莢製造の説明は 26〜29 ページ。

［141］「陸と海だけでなく，紙の上でもつくりだされた」：Ogborn,『Indian Ink』xvii ページ。3 章が特に興味深い。

［142］「男たちに足枷をはめ」：キャニング卿。Frederick Sleigh Roberts,『Forty-one Years in India:

From Subaltern to Commander-in-Chie』（New York, Longmans, Green, & Co., 1914年）45ページに引用される。

［142］「強大な力をもつイギリス人は――」：バハドゥール・シャー二世。David, 19ページに引用される。伝記的事実についてはDalrympleを参照。翻訳にはさまざまな種類がある。

［143］エドウィン・M・スタントンが提出した報告書：『Annual Report of the Secretary of War』1866年11月14日，39th Congress, Second Session, 657ページ（Washington, DC, 合衆国政府印刷局）。

［143］常に深刻な物資不足にあえいでおり：Masseyを参照。

［144］「組成が均質であること，……」：ホーズ，34〜56ページ。

［145］砲手たち：Henry J. Webb,「The Science of Gunnery in Elizabethan England」, Isis 45, no. 1（1954年5月）10〜21ページを参照。

［145］「軍艦や軍隊の歴史は，……」：William Jones,「Memoir on Leaden Cartridges」,『Transactions of the American Philosophical Society, New Series, vol. 1』（1818年）137〜45ページ。

［146］「私の発明の本質は――」：「Patent for Making Cartridge Paper」,『The Repertory of Patent Inventions and Other Discoveries and Improvements in Arts, Manufactures, and Agriculture, vol. 14, Second Series』（London：T & G Underwood, 1808〜09年）より，83〜85ページ。

［146］最初の工場を開き：Evans, 12ページ。

［146］「ミニエー銃の紙製薬莢への新規需要」：同書，100ページ。

［146］トマス・フログナール・ディブディン：同書，21ページ。

［147］「資金を送ってもらえないのなら――」：ジョージ・ワシントン。Wagner, 21ページに引用される。

［147］「あなたは，この戦争に勝利するには何が必要かを私に問われた。……」：大将ジョン・J・〝ブラック・ジャック〟・パーシング。Klein, 142ページに引用される。

［148］高級な紙巻き煙草：クルーガー，12〜13ページ；Relli Shechter,「The Rise of the Egyptian Cigarette and Transformation of EgyptianTobacco Market 1850-1914」,『International Journal of Middle East Studies3, no. 1』（2003年2月）51〜75ページを参照。

［148］紙巻き煙草には，また別の誕生物語がある。：アメリカン・タバコ・カンパニー，「Sold American」14ページ。

［148］ジグザグという巻紙製造会社：ジャック・ブラウンシュタインの死後，ジグザグはボロレグループとライバルのＪＯＢによる合資会社に売却された。2000年にはリパブリック・テクノロジー社の傘下となる。

［151］ジョージ・アレンツ：Jerome E. Brooks,『The Library Relating to Tobacco Collected by George Arents』（New York:：New York Public Library, 1944年）を参照。

［151］「どれだけの命が失われたのか，すでにある情報から推測する以上のことは誰もできない」誰もできない：クルーガー，序文。

［151］火災による死亡事故：2006年には，アメリカで142900件の喫煙に関連する火災があり，780人の死亡と，1600人の負傷に繋がったと推定される。

［151］「白熱灯に適したフィラメント」：Henry Ford,「The Case Against the Little White Slaver」（Detroit, 個人出版，1914年）より。

［152］「紙巻き煙草の紙は，……」：Legacy Tobacco Document 103280324；http://legacy.library.ucsf.edu。

［152］前払い金：Time, 1940年4月8日。du Toitも参照。

◉第８章　証明と偽造

［156］「他者に自身をどう定義してもらうかを制御する試みということになる。……」：グレブナー，257ページ。

［156］携帯できる肖像画：この習慣についての概略は Diana Scarisbrick,『Portrait Jewels: Opulence and Intimacy from the Medici to the Romanovs』（London：Thames & Hudson, 2011年）を参照。

［157］「そうした文書は……」：オグボーン，37ページ。

［157］「礼儀と思いやり」：『Proceeding of the American Philosophical Society』, vol. 100, no. 4（1956年）405ページ。

［158］「彼らの代理人，使用人のため，……」：パスポートについては，Oxford English Dictionary,「Registrum Secreti Sigilli Regum Scotorum: 1488-1529」。Martin Lloyd, 25ページも参照。

［158］ルイ一六世：N. W. Sibley,「The Passport System」,『Journal of Comparative Legislation and International Law』（London：Society of Comparative Legislation, 1970年）26〜33ページ，および Karl E. Meyer,「The Curious Life of the Lowly Passport」,『World Policy Journal 26, no. 1』（2009年春）73ページを参照。根拠の確かな書類を提示するだけでは足りないということはよくある。私が1990年に，そこの図書館を訪れる目的でアトス山の修道院に入ったとき，ギリシアの街 Ourinopoulos の〝巡礼者事務所〟で発行された diamonitirion という名の許可証を所持していた。その許可証を手に持っていたにもかかわらず，ギリシア正教の二人の僧がフェリーから下りてくる訪問者全員の喉仏を確認していた。これは，神政のコミュニティーに女性が紛れ込むことを防ぐ目的である。ここは1000年以上，男性のみで運営されていたのだった。

［159］身分証明書を偽造する方法を解説したマニュアル：Sheldon Charrett,『Secrets of a Back Alley ID Man: Fake ID Construction Techniques of the Underground』（Boulder：Paladin Press, 2001年）。

［159］それぞれの偽名は，：Shelley Murphy and Maria Cramer,「Whitey Bulger's Life in Exile」, Boston Globe, 2011年10月9日，および Kevin Cullen and Shelley Murphy,『Whitey Bulger: America's Most Wanted Gangster and the Manhunt That Brought Him to Justice』（New York：W. W. Norton & Co., 2013年）を参照。

［159］アメリカ初のパスポート：William E. Lingelback,「B. Franklin, Printer- New Source Materials」,『Proceedings of the American Philosophical Society, vol. 92, no. 2』;「Studies of Historical Documents in the Library of the American Philosophical Society」（1948年5月5日）79〜100ページ。独立戦争当時のフランスのベンジャミン・ランクリンの印刷所については Ellen R. Cohn,「The Printer at Passy」（7章），Talbott より235〜69ページを参照。

［160］「これだけ絶大な力を発揮する書類はほかにない」：マイヤー,「The Curious Life of the Lowly Passport」71ページ。

［161］「統制された警察国家」：ヨハン・ゴットリープ・フィヒテ。グレブナー，229ページに引用される。

［162］「私がまず手を付けるべきは——」：ロベル，24ページ。

［163］『ある死体の冒険』：モンタギュー。

［169］『アルゴ』：テヘランでの作戦のさらなる詳細については Mendez and Baglio および Mendez and McConnell を参照。諜報のプロのために用意された専門書類に関してはアントニオ・Ｊ・メンデス,「A Classic Case of Deception: CIA Goes Hollywood」,『Studies in Intelligence』, CSI Publications, 1999〜2000年冬, https://www.cia.gov/library/center-for-the-study-of-intelligence/csi-publications/csi-studies/studies/winter99-00/art1.html を参照。

［173］「新しい戦場兵器作戦」：スチュアート，4～5，47，60，93ページに引用がある。

［174］「あれは新しい兵器だった。……」：陸軍元帥パウル・フォン・ヒンデンブルク，『Out of My Life』（1920年）。スチュアート，95ページに引用がある。

［174］ポーランド侵攻の後の八か月：1939年9月5日 The Telegraphにて報じられた。Philip M. Taylor「"If War Should Come": Preparing the Fifth Arm for Total War 1935- 1939」，『Journal of Contemporary History, vol. 16, no. 1』，「The Second World War: Part 1」（1981年1月）27～51ページも参照。

［175］「個人的な見解を述べるなら，……」：サー・アーサー・ハリス，『Bomber Offensive』（London：Collins，1947年），36～37ページ。

［175］マーク・W・クラーク司令官：John A. Pollard，「Words Are Cheaper Than Blood」，『The Public Opinion Quarterly 9, no. 3』（1945年秋）283～304ページに引用がある。

［175］モンテカッシーノ：バイトワーク。

◉第９章　プリントアウト

［177］赤いリボンを扱う奴は……：チャールズ・ディケンズ「レッドテープ」Household Words より，1851年2月15日。

［177］ああ，私は失敗した……：サー・フランシス・バーティ。Zara Steiner，「The Last Years of the Old Foreign Office, 1898- 1905」，『The Historical Journal 6, no. 1』(1963年）80ページに引用される。

［177］我々は重力に打ち勝つことはできても，……：ヴェルナー・フォン・ブラウン。Chicago Sun Times，1958年7月10日に引用される。

［180］「われわれが不注意だったと書かれても仕方ない」：この事件に関する同時代の最もすばらしい記事のひとつについてはHoward Kurtz, Michael Dobbs, and James V. Grimaldi，「In Rush to Air, CBS Quashed Memo Worries」，Washington Post，2004年9月19日を参照。Dan Rather with Digby Diehl，『Rather Outspoken: My Life in the News』（New York：Grand Central Publishing，2012年）32～67，256～83ページも参照。ラザーによるＣＢＳに対する訴訟は2009年に却下された。

［180］ＭＫウルトラ計画：『U.S. Congress, Senate Select Committee to Study Governmental Operations with Respect to Intelligence Activities. Final Report. 94th Cong., 2d sess. S. Report no. 94- 755, 6 vols.』（Washington, DC，合衆国政府印刷局，1976年）を参照。

［181］「当時はこの種の詳細な記録は保管しないことが慣例でした」：『Project MKULTRA, the CIA's Program of Research in Behavioral Modification, Joint Hearing Before the Select Committee on Intelligence and the Subcommittee on Health and Scientific Research of the Committee on Human Resources, United States Senate, 95th Cong., 1st sess.』（August 3, 1977年8月3日），9，14ページ。

［181］「不要文書センター」：同書，5ページ。

［181］「ニュルンベルク法」：Greg Bradsher，「The Nuremberg Laws: Archives Receives Original Nazi Documents That 'Legalized' Persecution of Jews」，『Prologue Magazine 42, no. 4』（2010年冬）および Michael E. Ruane，「Huntington Library to Give Original Nuremberg Laws to National Archives」，Washington Post，2010年8月25日を参照。

［183］「誰も知らない二〇世紀で最も重要な公人」：William E. Leuchtenburg。Robert H. Jackson,『That Man: An Insider's Portrait of Franklin D. Roosevelt, ed. by John Q. Barrett』（New York：Oxford University Press，2003年）viiページより。Jeffrey Hockett，「Justice Robert H. Jackson,

The Supreme Court, and the Nuremberg Trial」,『The Supreme Court Review 1990 』(1990 年) 257〜99 ページも参照。

［183］「アメリカ合衆国が裁判所に提訴する件は，……」：ロバート・ジャクソン，「Opening Address for the United States」,『Nazi Conspiracy & Aggression, vol. I』7 章，Office of United States Chief of Counsel for Prosecution of Axis Criminality (Washington, DC：合衆国政府印刷局, 1946 年) より。『Trial of the Major War Criminals before the International Military Tribunal, Nuremberg, 14 November 1945- 1 October 1946 』(Nuremberg, Germany : International Military Tribunal, Nuremberg, 1947〜1949 年) 全 42 巻も参照。日々の裁判の手続きや，検察側と被告側双方から証拠として示された書類の記録も含まれる。

［184］「提出した四〇〇〇通近いもののうち，わずか二，三例にすぎません」：ロバート・H・ジャクソン，「The Significance of the Nuremberg Trials to the Armed Forces: Previously Unpublished Personal Observations by the Chief Counsel for the United States」,『Military Affairs 10, no. 4 』(1946 年冬) 2 〜15 ページ。

［184］さらなる見解を述べている：ロバート・H・ジャクソン。Whitney R. Harris, xxxv 〜 xxxvi ページより。

［184］「外交官，実業家，軍の指導者に対する裁判で提示され……」：テルフォード・テイラー，「The Nuremberg War Crimes Trials: An Appraisal」,『Proceedings of the Academy of Political Science 23, no. 3』,「The United States and the Atlantic Community」(May 1949 年 5 月) 19〜34 ページ。Erich Haberer, 「History and Justice: Paradigms of the Prosecution of Nazi Crimes」,『olocaust and Genocide Studies 19, no. 3』(2005 年冬) 487〜519 ページも参照。すなわち「証言や物証や弁論に頼る通常の犯罪の裁判とは違って，戦争犯罪を裁く場合は，犯罪の事実を証明し，証言の信頼性を確実にする，書類の証拠に大いに依存する。したがって，証拠が争われる場合には，法廷は，歴史の実物——すなわち書類——と，それを扱う歴史家に頼るのである」(490 ページ)。Jeffrey D. Hockett, 「Justice Robert H. Jackson, the Supreme Court, and the Nuremberg Trial」,『The Supreme Court Review 1990』(1990 年) 257〜99 ページも参照。「ニュルンベルクはナチスの侵犯，迫害，暴虐を記録し，ナチスが権力を獲得し保持した方法論に光を当てた。これは世界で初めて行われた，全体主義体制の検死解剖である」(261 ページ)。

［184］「ヒトラー政権の犯罪性を証明する，驚くほど厖大な文書」：ロバート・G・ストーリー，Whitney R. Harris, xi 〜 xii ページより。

［185］家内工業の商品：Jeff Gottlieb, 「Searching through Soviet Archives Chaotic as Rules Change on Whims」, Dallas Morning News, 1993 年 3 月 26 日（初掲載は San Jose Mercury News）を参照。

［185］『共産党紙（Annals of Communism)』：バスベインズ，『A World of Letters』(New Haven, CT : Yale University Press, 2008 年) 149〜59 ページを参照。

［185］「今，私たちはポーランド国民への……」：レフ・ワレサ。John-Thor Dahlburg, 「Yeltsin Tells of Soviet Atrocities」, Los Angeles Times, 1992 年 10 月 15 日に引用される。Benjamin B. Fischer, 「The Katyn Controversy: Stalin's Killing Field」,『Studies in Intelligence』(2009〜2010 年冬) も参照。殺害された人たちの中には，軍人，医師，弁護士，技師，教師，作家がいたとされる。

［186］「信用と機密保持に基づいて外交関係を築くこと」：ポール・ハインデッカー，「Keeping Secrets Too Safe」, The Globe and Mail（トロント版), 2010 年 12 月 7 日。

［187］『トップ ・シークレット・アメリカ（Top Secret America)』：デイナ・プリースト，ウィリアム・M・アーキン，「Top Secret America」, Washington Post, July 19, 20, 21, 2010 年 7

月 19，20，21 日および 2010 年 12 月 20 日。

［187］**国防総省秘密報告書（ペンタゴン・ペーパーズ）**：David Rudenstine，『The Day the Presses Stopped: A History of the Pentagon Papers Case 』（Berkeley/ Los Angeles：University of California Press，1996 年）を参照。

［188］**「私が知る限り，何千ページもの極秘文書をリークした人は，それまでいなかった」**：ダニエル・エルズバーグ，『Secrets』（New York：Penguin，2003 年）304 ページ。

［189］**「あそこに侵入しろ」**：リチャード・M・ニクソン。「Tapes Show Nixon Ordering Theft of Files」，New York Times，1996 年 11 月 22 日に引用される。スキャンダルが報じられたことに対する考察は，Carl Bernstein and Bob Woodward，「Woodward and Bernstein: 40 Years after Watergate, Nixon Was Far Worse Than We Thought」，Washington Post，2012 年 6 月 8 日を参照。

［190］**「紙の時代の記録保管係が直面する問題と似ていた」**：ポスナー，76 ページ。

［191］**「今もメトローンに残っている」**: 同書，93 ページ。Sickinger，132,，189～90 ページも参照。

［192］**首相府オスマン文書館**：情報へのアクセスに関する対照的な考え方については Jeremy Salt，「The Narrative Gap in Ottoman Armenian History」，『Middle Eastern Studies 39, no. 1』（2003 年 1 月）19～36 ページおよび Bernard Lewis が引用された Yücel Güçlü，「Will Untapped Ottoman Archives Reshape the Armenian Debate? Turkey, Present and Past」，『Middle East Quarterly 16, no. 2』（2009 年春）35～42 ページを参照。

［193］**「戦いを好むカール五世から，……」**：J・H・エリオット，『Imperial Spain, 1469- 1716 』（New York：St. Martin's Press，1990 年）161 ページ。

［194］**「権力をかさに着た小人」**：オノレ・ド・バルザック，『Bureaucracy』，Marco Diani 監修，Charles Foulkes 翻訳（Evanston:：Northwestern University Press，1993 年）xii，78 ページ。

［194］**チャールズ・ディケンズ**：「赤いリボン（Red Tape）」，『みんなのことば（Household Words）』1851 年 2 月 15 日より。ディケンズは，官僚的形式主義の書類仕事への攻撃を『リトル・ドリット』においても続けた。

［194］**「終わりのない訴訟において，一万通りの手順のひとつと漠然とかかわり」**：チャールズ・ディケンズ，『荒涼館（Bleak House）』（London：Bradbury & Evans，1853 年），2，615 ページ。

［195］**「ファイルとインクで窒息しかけていた」**：Count Erich Kielmansegg。Stanley Corngold and Jack Greenberg 監修，『Franz Kafka: The Office Writings』（Princeton，NJ：Princeton University Press，2009 年）29～30 ページに引用される。

［195］**「この事務所こそ本物の地獄だ」**：フランツ・カフカ。Jeremy D. Adler，『Franz Kafka: Illustrated Lives』（New York：Overlook，2002 年）46 ページに引用される。

［195］**業務改革部門**：www.kafka.be を参照。

［196］**「セネガル人女性が医師の治療を必要としていても」**：ベン・カフカ，「筆記という名の悪魔（The Demon of Writing: Paperwork, Public Safety, and the Reign of Terror）」，『Representations 98』（2007 年春）1 ～24 ページ。

［197］**「政府の冗長な書簡と規則は怠慢の表れだ。簡潔さがなければ統治は不可能だ」**：同書，3 ページ。

［197］**「危機が去ったとき」**：フランクリン・D・ルーズベルト。Steve Vogel，『The Pentagon: A History』（New York：Random House，2007 年）96～97 ページに引用される。

［197］**生来の愛書家であった**：バスベインズ，『Patience & Fortitude』516～17 ページを参照。

［198］**ファイル一〇〇億点**：Tara E. C. McLoughlin，「Ready Access: NARA's Federal Records Centers Offer Agencies Storage, Easy Use for 80 Billion Pages of Documents」，『Prologue, vol. 40, no. 1』

（2008 年春）。

［199］「明文化された法律と構造のうえに成り立つ国家が，……」：H・G・ジョーンズ，3 ページ。

［200］フロリダ州の有権者：Frank Cerabino，「Ten Years Later, Infamous 2000 Election Ballot Recount Still Defines Palm Beach County to Many」，Palm Beach Post，2010 年 11 月 6 日；Abby Goodnough and Christopher Drew，「Florida to Shift Voting System with Paper Trail」，New York Times，2007 年 2 月 2 日；Linda Kleindienst，「Voters in Florida Will Get a Paper Trail」，South Florida Sun-Sentinel，2007 年 4 月 29 日；Ian Urbina，「Ohio to Delay Destruction of Presidential Ballots」，New York Times，2006 年 8 月 31 日；Thomas C. Tobin，「When Ballots Go Bad」，St. Petersburg Times，2008 年 10 月 5 日をそれぞれ参照。

◉第 10 章　機密書類とリサイクル

［203］「一インチあたり四〇〇の結び目をつくるということを……」：マルコム・バーン。Douglas Heingartner，「Picking Up the Pieces」，New York Times，2003 年 7 月 17 日に引用される。

［203］シュレッダー：ホースシュー社，アボット・オーガスタス・ロウ，New York，US Patent 929,960，1909 年 8 月 3 日発行。

［204］「彼らが彼らの仕事をしているうちに」：オリバー・ノース。David E. Rosenbaum，「Iran-Contra Hearings; North Says His Shredding Continued Despite Presence of Justice Department Aides」，New York Times，1987 年 7 月 10 日に引用される。

［204］最大の「失敗」：Dan Morgan and Walter Pincus，「Hall Testifies of Necessity “To Go Above Written Law”，Washington Post，1987 年 6 月 10 日。

［204］会計事務所アーサー・アンダーセン：有罪判決は，担当判事による陪審員に対しての曖昧な誘導があったという理由で，後に最高裁で取り消された。

［205］サーベンス・オクスリー法：Douglas Heingartner，「Back Together Again」，New York Times，2003 年 7 月 17 日を参照。

［205］〝恐怖のファイル〟：Stephen Kinzer，「East Germans Face Their Accusers」，New York Times，1992 年 4 月 12 日。

［206］「イーパズラー」：Andrew Curry，「Piecing Together the Dark Legacy of East Germany's Secret Police」，Wired，2008 年 1 月 18 日；Kate Connolly，「“Puzzlers” Reassemble Shredded Stasi Files, Bit by Bit」，Los Angeles Times，2009 年 11 月 1 日；Chris Bowlby，「Stasi Files: The World's Biggest Jigsaw Puzzle」，BBC News Magazine，2012 年 9 月 13 日をそれぞれ参照。http://www.ipk.fraunhofer.de/en/pr. も参照。

［208］「ＣＩＡ，国務省，ペンタゴン，その他すべての政府機関を合わせたよりも……」：ジェイムズ・バムフォード，『Body of Secrets: Anatomy of the Ultra-Secret National Security Agency』（New York：Doubleday，2001 年）516 ページ。

［208］「彼らは縦横に罫線の入った紙に色鉛筆で何やら書き込んでは，……」：カーン，724〜25 ページ。高度な職場における，途切れることのない紙への信頼は，国家安全保障局の暗号解読班だけのものでは決してない。認知心理学者アビゲイル・セレンと社会科学者リチャード・H・R・ハーパーが，『The Myth of the Paperless Office』（Cambridge，MA：MIT Press，2002 年）で述べているのは，航空管制室などの高度な技術を要する職場で，いかに紙が存続し，「考えや計画を表し，あるいは報告をまとめるに当たって最適なものとしていかに重要な役割を担っているか」（63 ページ）が，調査によってはっきりしたということだった。彼らの発見に関するさらなる議論は，Malcolm Gladwell，「The Social Life of Paper」，The New Yorker，2002 年 3 月 25 日，92〜96 ページを参照。

［210］張茵（チャン・イン）: David Barboza,「Blazing a Paper Trail in China: A Self-Made Billionaire Wrote Her Ticket on Recycled Cardboard」, New York Times, 2007 年 1 月 16 日を参照。

［211］マーカル製紙工場 : 2009 年 7 月，ランドール・スリガは，メリーランド州ヘイガーズタウンを拠点とする，新規企業ナショナル・ゴールデン・ティッシュ社の社長兼開業責任者に任命された。

［211］「彼は，ニューヨークをコンクリートの森林だと考えていました」: Joan Verdon,「No Pulp Fiction: Color This Company Green: Turning Waste Paper into New Products at Marcal」, The Record（Bergen County, NJ）, 2002 年 5 月 19 日。

◉第 11 章　額面の価値

［216］紙くず同然の : 紙くず同然の（be not worth the paper it is written on）という言い方にはさまざまな変化がある。動詞に written を使う者も printed を使う者もいる。

［217］「かくして印刷機が稼働した。ひとたび動き出せばそれを止めるのは困難だった」: アダム・スミス，58 ページ。

［217］ライヒスマルク紙幣を自宅の壁紙に : ワイマール紙幣のさらに有効な使い方については，John Willett,『The Weimar Years』（London : Thames & Hudson, 1984 年）を参照。

［218］一〇〇京の五〇〇倍 : Niall Ferguson, 105 ページ。William Guttman,『The Great Inflation: Germany 1919』（London : Gordon & Cremonesi, 1976 年）23 ページも参照。現在，ワイマール紙幣は比較的数が少なく，著名な原稿の販売業者であるケネス・レンデルは，恐ろしいほどの数の紙幣を防護ガラスに入れ，マサチューセッツ州ネイティックに個人で建てた第二次世界大戦博物館に集めた品物の一つとして飾っている。

［218］「荷車に満載した紙幣を使っても，かろうじて同じく荷車一杯分の食料が手に入るだけ」: ジョージ・ワシントンからジョン・ジェイへ，1779 年 4 月 23 日，『The Writings of George Washington from the Original Manuscripts』（Washington,, DC : 合衆国政府印刷局，1936 年）vol. 14, 435〜37 ページより。アメリカの植民地および初期の共和国における貨幣に関する優れた概要は，O. Glenn Saxon,「Commodity and Paper Dollars 1619- 1792」,『The Analysts Journal 9, no. 2 』（1953 年 5 月）35〜40 ページを参照。

［219］「ここでは，ほかのあらゆる品物と同じようにトイレットペーパーの値段が，……」: マイケル・ワインズ，「How Bad Is Inflation in Zimbabwe?」, New York Times, 2006 年 5 月 2 日。

［219］「ロバート・ムガベの失政により，……」: Sebastien Berger,「Zimbabwe to Cut Ten Zeros from Banknotes in Fight Against Inflation, 」The Telegraph（London）, 2008 年 7 月 30 日。

［221］『北京晩報』: 新聞は 120 万部が流通したが，その一部が販売業者から廃品業者に販売された。解説については，Michael Meyer,『The Last Days of Old Beijing: Life in the Vanishing Backstreets of a City』（New York : Bloomsbury, 2008 年）82〜87 ページを参照。

［221］形ばかりの借用証書 : 2009 年に資金繰りが悪化したカリフォルニア州は，納税者，債権者，地方自治体に向けて，小切手の代わりに〝支払い証書〟を発行した――州の会計係は政府が認可したこの借用書を〝困惑の種〟と呼んだ。

［221］インターナショナル・スター・レジストリー（国際星名登録）社 : http://www.starregistry.com を参照。

［221］「詐欺行為に等しい」: スワースモア大学の天文学者 Wulff Heintz。Frederic Golden and Philip Faflic,「Stellar Idea or Cosmic Scam?」, Time, 1982 年 1 月 11 日に引用される。Patrick Di Justo,「Buy a Star, But It's Not Yours」, Wired, 2001 年 12 月 26 日も参照。

［223］「ホフマンにはだまされた」: チャールズ・ハミルトン。Robert Lindsey,「Dealer in Mormon

Fraud Called a Master Forger」, New York Times, 1987年2月11日に引用される。ホフマンについてのさらなる詳細は, Nicolas Barker, 「The Forger of Printed Documents」, Robin Myers and Michael Harris 監修, 『Fakes & Frauds』(Winchester,, UK : St. Paul's Bibliographies, 1989年) より, 109〜23ページを参照。

［223］ホフマンは……何も書いていない紙を数枚持ち去ったことを認めた。: ホフマンによる証言の抜粋は, Gilreath, 230〜367ページを参照。Lindsey, 『A Gathering of Saints』369ページも参照。

［224］ホイッスラー : オットー・H・バッヒャー, 『With Whistler in Venice』(New York : Century, 1909年) 128〜29ページ。

［225］〝極めて先進的で洗練された東海岸のコレクター〟: Heritage Auction Galleries の館長, Greg Rohan。「Art Collector Pays $ 2.3M for $ 1,000 Bill from 1890」, USA Today, 2006年12月12日に引用される。

［225］T 206 シリーズのホーナス・ワグナー : Dave Jamieson, 『Mint Condition: How Baseball Cards Became an American Obsession』(New York : Atlantic Monthly Press, 2010年); Josh Wilker, 『Cardboard Gods: An All-American Tale Told Through Baseball Cards』(New York : Seven Footer Press, 2010年) を参照。

［226］「印字が施され, 切り離しのできる, およそ一インチ四方の小さなラベル……」: Sir Rowland Hill and George Kirkbeck Norman Hill, 『The Life of Sir Rowland Hill and the History of Penny Postage, vol. 1』(London : Thomas de la Rue Co., 1880年) 346〜47ページ。

［226］漫画本 : Michael Cavna, 「Batman, Superman Comic Books Set Records for Sale Price」, Washington Post, 2010年2月27日 ; AP通信, 「Superman's Debut 1938 Comic Sells for a Record $ 1.5 million」, Daily News (New York), 2010年3月30日 ; Andy Lewis, 「Nicolas Cage's Superman Comic Nets Record $ 2.1 Million at Auction」, Hollywood Reporter, 2011年11月30日を参照。

［227］ブルース・コフナー : Daniel J. Wakin, 「Juilliard Receives Music Manuscript Collection」, New York Times, 2006年3月1日 ; James R. Oestreich, 「For Sale: Beethoven's Scribbles on the Ninth」, New York Times, 2003年4月7日 ; Maev Kennedy, 「Beethoven's Ninth Manuscript Could Fetch £ 3m」, The Guardian (London), 2003年4月8日を参照。コフナーはコレクションには自身の名をつけず, ジュリアード原稿コレクションと呼ぶように指示をした。収蔵品の完全な目録は, http://www.juilliardmanuscriptcollection.org を参照。

［227］エイブラハム・リンカーンがホワイトハウスで行なったスピーチ : Christie's sale 2263, Lot 51, 2009年2月12日。340万ドルの値がついた。

［227］ジョージ・ワシントンが合衆国憲法の承認について書いた手紙 : Christie's sale 2227, Lot 257, 2009年12月4日。Michael E. Ruane, 「1787 Washington Letter Sells for $ 3.2 Million」, Washington Post, 2009年12月5日を参照。

［227］カサノヴァ : 二〇一一年一一月, フランス国立図書館が三か月間, 日記の展示を行った。Elaine Sciolino, 「Saluting a Serial Seducer and His Steamy Tell-All」, New York Times, 2011年11月28日を参照。展示品のカタログは, Chantal Thomas and Marie-Laure Prévost with Corinne Le Bitouzé and Frédéric Manfrin, 『Casanova, La Passion de la Liberté』(Paris : Bibliothèque Nationale de France/ Seuil, 2011年)。

［228］ラファエロ : Christie's sale 7782, Lot 43, London, 2009年12月8日。Adam Gabbatt, 「Rembrandt and Raphael Works Sell for Record £ 49m」, The Guardian (London), 2009年12月9日を参照。由来や解説の全容については, Christie's Sale Catalog 7782, 『Old Master & 19th

Century Paintings, Drawings & Watercolours Evening Sale』, London, 2009年12月8日, Lot. 43を参照。四年後に, 紙に描かれた別のラファエロのデッサン『使徒の頭部』(1519年から20年) が, ロンドンで2970万ポンド (4780万ドル) の値をつけた。ある人の計算によれば, 1平方インチ当たり, 20万ポンドとなる。Sotheby's sale catalog, 『Old Master & British Paintings Evening Sale Including Three Renaissance Masterworks from Chatsworth (L12036)』, 2012年12月5日, Lot 52を参照。

[228] **特別に加工された用紙**:Reese V. Jenkins, 『Images and Enterprise: Technology and the American Photographic Industry 1839- 1925』(Baltimore : Johns Hopkins University Press, 1975年); Kit Funderburk, 『History of the Papermills at Kodak Park』(Rochester, NY : 自費出版, 2006年), (同書には1919年にJohn M. Shepherdが, 1932年と1946年にGerould T. Laneが, 1976年にWesley W. Billsがそれぞれ記した, Eastman Kodak Co.における製紙の手法が掲載されている); Kit Funderburk, 『Kodak Fiber Based Black and White Papers』(Rochester, NY : privately printed, 2007年) を参照。

[228] **エドワード・スタイケン**:Roger Tooth, 「At $ 2.9m, Pond-Moonlight Becomes World's Most Expensive Photograph」, The Guardian, 2006年2月14日。

[229] **ジョン・グロスマン**:http:// www.johngrossmancollection.com およびhttp:// www.winterthur.org を参照。

[231] **「アメリカの団体にこの紙片を借りたいと言われれば, 貸し出しを検討するだろう」**:Tom Kelly, 「Rare Copy of the U.S. Declaration of Independence Found Gathering Dust in Britain's National Archive」, Daily Mail, 2009年7月2日。

[231] **「実に刺激的な発見だ」**:The Guardian, 2009年7月2日。

[232] **「その晩, ダンラップ印刷所がどれほど切迫していたか」**:ゴフ, 10ページ。

[232] **「我らの団結の尊い絆」**:トマス・ジェファーソン, Dr. John Measeへの手紙, 1825年, 9月26日。Paul Leicester Ford監修, 『The Writings of Thomas Jefferson, vol. 10』(New York : G. P. Putnam's, 1899年) 346ページより。Julian P. Boyd, 「The Declaration of Independence: The Mystery of the Lost Original」, 『The Pennsylvania Magazine of History and Biography, vol. 100, no. 4』(1976年10月) 438〜67, 257ページも参照。

[233] **古書や古文書マニアの世界**:http:// www.museumofworldwarii.com を参照。レンデルの所有物の選り抜きの目録には, 多数の複製が掲載されている。ケネス・W・レンデル, 『World War II: Saving the Reality, A Collector's Vault』(Atlanta : Whitman Publishing Co., 2009年) を参照。誰もが認める二十世紀最大の書店経営者であるフィラデルフィアの故A・S・W・ローゼンバッハも, 自身の所有する本や原稿を図書館や博物館に寄贈した。バスベインズ, 『A Gentle Madness』4章およびhttp:// www.rosenbach.org を参照。

◉第12章　日記と手紙

[235] **「底に宝石があるかもしれないとなれば, 私は家畜の糞の山だって喜んでかき回すだろう」**:ジェレミー・ベルナップ。『Collections of the Massachusetts Historical Society, vol. 2, 5th series』(Boston : Massachusetts Historical Society, 1877年), 178ページに引用される。

[236] **「読者はベルナップのなかに, ……」**:アレクシ・ド・トクヴィル, 『Tocqueville: Democracy in America』(New York : Library of America, 2004年) 849ページ。

[236] **「アメリカのプルタークである」**:ノア・ウェブスター。Sidney Kaplan, 「The History of New-Hampshire: Jeremy Belknap as Literary Craftsman」に引用される。『The William and Mary Quarterly, 3rd Series, vol. 21, no. 1』(1964年1月) 19ページより。

［236］**「牡蠣の養殖場のようにただ潮が流れてくるのを待つのではなく，……」**：ジェレミー・ベルナップからEbenezer Hazardへ，1795年8月21日，American Historical Association，『Writings on American History, vol. 1』（Washington，DC：Smithsonian Institution Press，1913年）258ページ。

［236］**「兵士として戦争に送られた人間の感情を伝える最も意義ある文書」**：Stephen T. Riley，「Manuscripts in the Massachusetts Historical Society」，『Proceedings of the Massachusetts Historical Society, 3rd Series, vol. 92』（1980年）100～116ページ。

［240］**「この一連の原本は，初期のアメリカの……」**：リチャード・S・ダン，「John Winthrop Writes His Journal」，『The William and Mary Quarterly, 3rd Series, vol. 41, no. 2』（1984年4月）186～212ページ。

［241］**アメリカに向かう壮大な旅**：同書，190ページ。

［242］**「これだけの歴史的な記録が，……」**：L・H・バターフィールド，「The Papers of the Adams Family: Some Account of Their History」，『Proceedings of the Massachusetts Historical Society, 3rd Series, vol. 71』（1953年10月～1957年5月）328～56ページ。

［243］**「木製の義足をつけて馬と競争するようなものだ」**：ジョン・クインシー・アダムズ，1844年3月25日の日記。チャールズ・フランシス・アダムズ監修，『Memoirs of John Quincy Adams, vol. 11』（Philadelphia：J. B. Lippincott，1876年）542ページより。

［247］**フォルジャー・シェイクスピア図書館**：死が近づいたとき，エミリー・ジョーダン・フォルジャーは，最初の構想は，図書館そのものを建築におけるファースト・フォリオにすることだったと語った。Owen and Lazzuriを参照。

［247］**「真正の原本に沿って」**：シェイクスピアは遺言で，形見の品をヘミングスとコンデルに残した――シェイクスピアが自身の戯曲の出版を彼らに託した証拠であるとされる。

［248］**ポール・G・アレン**：Christie's sale 9878, Lot 100，New York，2001年10月8～9日，「The Library of Abel E. Berland」。Peter W. M. Blayney，『The First Folio of Shakespeare』（Washington, DC：Folger Shakespeare Library，1991年）も参照。

［248］**アベル・E・バーランド**：バスベインズ，『Patience & Fortitude』155～62ページを参照。

［248］**「シェイクスピアの真の原典」**：Owen and Lazzuri，51ページ。

［249］**スティーヴン・エニス**：2013年4月，テキサス大学オースティン校が，トマス・F・スティリーの後継として，ハリー・ランサム・センター（かつてはヒューマニティーズ・リサーチセンターと称した）の館長にエニスを指名したと発表した。ランサム・センターは，20世紀の文学や文化財をアメリカやヨーロッパから集め，世界でも傑出した収蔵物を誇る。4200万枚の原稿，100万冊の稀覯本，500万枚の写真，10万点の美術が含まれる。ハリー・ランサムについて，また1960年代から70年代にかけてセンターの収蔵物が激増した背景については，バスベインズ，『A Gentle Madness』，「Instant Ivy」（9章）を参照。

［249］**エモリー大学**：レイモンド・ダノウスキ詩学図書館は2004年に75000冊の本を新規収蔵した。http:// marbl.library.emory.edu/ collection-overview/ raymond-danowski-poetry-libraryを参照。

［250］**J・フランクリン・モワリー**：優れた製本家でもあるモワリーの仕事は，1982年にニューヨーク，メトロポリタン美術館で開かれた単独展示にて紹介された。彼はその後もフォルジャー図書館に貴重な装丁の専門家として留まっている。

［251］**ノルマンディー地方から入ってきたものと考えられている**：Blayney，5ページ。

［251］**『トレヴェリオン雑記集（Trevelyon Miscellany）』**：保存チームが直面した多くの問題は，2007年，フォルジャー図書館の設立75周年記念に出版された縮刷版の序文に詳述されている。

［252］**縦方向にふたつに分かれた紙片に対して**：バスベインズ，『Splendor of Letters』262〜65 ページを参照。

◉第 13 章　天才たちのスケッチ

［256］**「さまざまな表現形態のなかで……」**：Claude Marks，2 ページ。

［258］**「にもかかわらず……」**：Adrian Searle 著「Leonardo da Vinci: Experience, Experiment and Design」，The Guardian，2004 年 9 月 14 日。2012 年にバッキンガム宮殿の王室美術館で開催されたレオナルド・ダ・ヴィンチの解剖図の展覧会については，Martin Clayton と Ron Philo の図録『Leonardo da Vinci, Anatomis』（London：Loyal Collection Publications，2012 年）を参照。

［258］**誰ひとりいなかった**：Martin Kemp 著『Experience, Experiment and Design』（Princeton，NJ：Princeton University Press，2006），2 〜 3 ページ。

［259］**「鍵は間違いなく，現存する彼の素描と……」**：Carmen C. Bambach 編，『Leonardo da Vinci, Master Draftsman』（New York：The Metropolitan Museum of Art; New Haven and London：Yale University Press，2003），5 ページ。

［259］**カルトン**：同前，109 ページ。

［260］**レスター手稿**：カリフォルニア大学ロサンゼルス校アーマンド・ハマー美術館の所蔵品だった頃，この手稿はハマー手稿と呼ばれていたが，1994 年 11 月 11 日にクリスティーズのオークションにおいて 3080 万 2500 ドルで落札した現所有者のビル・ゲイツにより，レスター手稿と名を改められた。『The Leonardo da Vinci Codex Hammer』（New York：Christie, Manson & Wood, Inc. 1994 年）に，この手稿の全内容が収められている。落札については拙著『A Gentle Madness』，227〜228 ページを参照。

［261］**紙を手に入れて，これほど多くのものを**：Carmen C. Bambach の前掲書，116 ページ。

［261］**絵を描くことや彫刻をすることをやめたことはなく**：Giovani Vasari 著『The Lives of the Most Excellent Painters, Sculptors, and Architects』（Gaston du C. de Vere 翻訳，Philip Jacks 編，New York：Modern Library/Random House，2006 年），229 ページ。［ジョルジョ・ヴァザーリ『ルネサンス画人伝』田中英道訳，白水社，1982 年］

［261］**柔軟な発想ができる者は……ほかになく**：Martin Kemp 著『Experience, Experiment and Design』，97 ページ。

［261］**視覚化できる偉大な人物のひとり**：Martin Kemp，in Gary M. Radke 編『Leonardo da Vinci and the Art of Sculpture』（Atlanta：High Museum of Art，2009 年），63 ページ。

［263］**「理論上の装置」**：Martin Kemp 著『Experience, Experiment and Design』，117 ページ。

［266］**「普遍的な事象」**：Iro Tembeck 著「The Written Language of Dance or Preserving Dance on Paper」，『SubStance』，no. 33/34（1982），66〜83 ページ。

［266］**舞踊は……と彼女は説いた。**：Ann Hutchinson Guest，「Dance Notation」，『Perspecta』26（1990），203〜214 ページ。ラバン記譜法の導入により，1952 年になってようやく舞踊譜の著作権がアメリカで認められるようになった。ハンヤ・ホルトの振付けによる『キス・ミー・ケイト』の舞踊譜がその第 1 号とされている。

［271］**「会話帳」**：Alan Tyson 著「Conversations with Beethoven」，『The Musical Times』III，no. 1523（1970 年 1 月），25〜28 ページを参照。

［272］**「町に出るときは……持っており」**：イグナツ・フォン・セイフリードの言葉として，Barry Cooper 著『Beethoven and the Creative Process』（Oxford，UK：Oxford University Press，1992），7 ページのなかで引用されている。

［273］**写譜師**：Alan Tyson 著「Notes on Five of Beethoven's Copyists」,『Journal of the American Musicological Society』23, no. 3（1970年秋）, 439〜471ページを参照。

［275］**トーマス・エジソン・ナショナル・ヒストリカル・パーク**：トーマス・エジソン・ナショナル・ヒストリカル・パークは，アメリカ合衆国国立公園局が所有する3つの施設のひとつで，手書きの書類を含む大量の記録が保管されている。そのほかのふたつは，マサチューセッツ州ケンブリッジにある詩人のヘンリー・ワーズワース・ロングフェロー邸と，ブルックライン郊外のボストンにある造園家のフレデリック・ロー・オルムステッド邸。

［278］**エジソン・ペーパーズ……**：Kathleen McAuliffe,「The undiscovered World of Thomas Edison」, The Atlantic（1995年12月）を参照。

◉第14章　設計図

［281］**私は……言い表せない**：Guido da Vigevano,『Texaurus Regis Francie』（1335年）, Eugene S. Ferguson 著『Engineering and the Mind's Eye』（Cambridge, MA：MIT Press, 1992年）のなかで引用されている。［ユージーン・S・ファーガソン著『技術屋の心眼』藤原良樹・砂田久吉訳，平凡社，2009年］

［281］**休むこともなしに**：Giovani Vasari 著『The Lives of the Most Excellent Painter, Sculptors, and Architects』（Gaston du C.de Vere 翻訳, Philip Jacks 編, New York：Modern Library/Random House, 2006）, 113ページ。［ジョルジョ・ヴァザーリ『ルネサンス彫刻家建築家列伝』篠塚二三男訳，白水社，1989年］

［281］**さあ，この真白な……**：Frank Lloyd Wright 著『An Autobiography』（Petaluma, CA：Pomegranate Publishers, 1943年）, 156ページ。［フランク・ロイド・ライト『自伝　ある芸術の形成』樋口清訳，中央公論美術出版，1988年］

［281］**神は……紙を作られた**：Alvar Aalto 著『Sketches』（Cambridge, MA：MIT Press, 1978年）, 104ページ。［ヨーラン・シルツ編『アルヴァー・アールト　エッセイとスケッチ』吉崎恵子訳，鹿島出版会，1981年］

［282］**「わたしの円を壊すな」**：Archimedes, in Livy（Titus Livius）,『The History of Rome』（XXV, 31）。アルフレッド・ノース・ホワイトヘッドは『An Introduction to Mathematics』（London：Williams & Norgate, 1911年）, 40〜41ページのなかで，殺されたアルキメデスについて「第一級の重要性をもつ世界の変革を象徴している。抽象科学を愛した理論的ギリシャ人に代わって実用的なローマ人がヨーロッパ世界の主導権を握ったのである」と表し，さらに以下のように述べている。「ローマ人は偉大な民族であったが，実用性に奉仕する不毛さに悩まされた。彼らは祖先たちの知識を改善することはなかったし，彼らの進歩というのはすべて工学上の，重要でない技術的な細部に限られていた。彼らは，自然の力をより基本的に統御することを可能にした新しい視点に到達するのに十分な夢想家ではなかった。ローマ人は一人として，数学的図形の瞑想に没頭していたがゆえに自らの生命を失うことはなかったのである」［アルフレッド・ノース・ホワイトヘッド著『数学入門』大出晁訳，松籟社，1983年］

［282］**「大きな丸い形」**：「Alexander」, A. L. Clough 編『Plutarch's Lives: The Translation Called Dryden's』vol. 4（Boston：Little Brown, 1863年）, 192ページ。

［283］**ジャック・カレー**：ジャック・カレーの神殿のスケッチとギリシャ建築の歴史については，Theodore Robert Bowie 著『The Carrey Drawing of the Parthenon Marbles』（Bloomington：Indiana University Press, 1971年）を参照。神殿建築の工法についいは，調査と推測が解説されている Manolis Korres 著『The Stones of the Parthenon』（Los Angeles：Paul Getty Museum,

2000年）を参照。

［283］**ウィリアム・ダグデール卿**：『Dictionary of National Biography』を参照。

［284］**「たびたび熱心に勧められ」**：William Dugdale 著『The History of St. Pauls Cathedral in London from Its Foundation Untill These Times Extracted out of Originall Charters, Records, Leiger Books, and Other Manuscripts: Beautified with Sundry Prospects of the Church, Figures of Tombes and Monuments』（London：Thomas Warren，1658年）の全編のファクシミリ版が Early English Books Online（EEBO）にて閲覧可能。

［285］**「紙の革命」**：Anthony Gerbino and Stephen Johnston 著『Compass and Rule: Architecture as Mathematical Practice in England』（New Haven，CT，and London：Yale University Press，2009年），31〜44ページを参照。

［285］**消すのではなく……解決していた**：同前，24ページ。

［285］**バグダード**：Amenn Ghazarian and Robert Ousterhout，「A Muquarnas Drawing from Thirteenth-Century Armenia and the Use of Architectural Drawings During the Middle Ages」，『Muqarnas: An Annual on the Visual Culture of the Islamic World』18（2001年），141〜154ページを参照。

［286］**「ある物がつくり出されるとき……」**：Eugene S. Ferguson 著『Engineering and the Mind's Eye』（Cambridge，MA：MIT Press，1992年），3ページ。［ユージーン・S・ファーガソン『技術屋の心眼』藤原良樹・砂田久吉訳，平凡社，2009年］

［288］**ロンドン万国博覧会**：水晶宮（クリスタルパレス）は，初めて大規模な公衆トイレが設置された施設でもあった。博覧会の開催中，82万7280人の来場者がトイレの利用時に1ペニーを支払った。

［289］**フィリッポ・ブルネレスキ**：Frank D. Prager and Gustina Scaglia 著『Brunelleschi: Studies of His Technology and Inventions』（Mineola，NY：Dover Publications. First published 1970 by MIT press, Cambridge，MA）；Ross King,『Brunelleschi's Dome: How a Renaissance Genius Reinvented Architecture』（New York：Walker & Co.，2000年）を参照。［ロス・キング『天才建築家ブルネレスキ――フィレンツェ・花のドームはいかにして建設されたか』田辺希久子訳，東京書籍，2002年］

［290］**「つかの間のうちに消え去ってしまう閃きを紙の上に留めて」**：Eugene S. Ferguson 著『Engineering and the Mind's Eye』（Cambridge，MA：MIT Press，1992年），96〜97年。［ユージーン・S・ファーガソン『技術屋の心眼』藤原良樹・砂田久吉訳，平凡社，2009年］

［291］**「アイデアを……どう描くかを設計者に示し」**：同前，5ページ。「心眼」という言葉は何世紀にもわたって，しばしば引き合いにされるが，最も有名な例はシェイクスピアの戯曲「ハムレット」において，殺害された父親の霊を心の眼で見たとハムレットが言う場面である。

［293］**「バベッジの図面は複雑で精緻だ」**：Doron Swade 著『The Difference Engine: Charles Babbage and the Quest to Build the First Computer』（New York：Viking，2000年），221〜251年（上記の引用は227ページと238ページ），また，Anthony Hyman 著『Charles Babbage: Pioneer of the Computer』（Princeton，NJ：Princeton University Press，1982年）も参照。

［293］**「各製造工程が……」**：Charles Babbage,『On the Economy of Machinery and Manufactures』3rd ed.，vol. 2（London：Carey & Lea，1833年），174〜175ページ。

［295］**青写真**：Jeffrey S. Murray，「Blueprinting in the History of Cartography」，『The Cartographic Journal』46，no. 3（2009年8月），257〜261ページ，および Mike Ware 著『Cyanotype: The History，Science and Art of Photographic Printing in Prussian Blue』（London：Science Museum and National Museum of Photography，Film & Television，1999年）を参照。

［296］「われわれは，フランス人を嫌悪する。……」：終戦直後，フォン・ブラウンのロケット開発チームの技師が言ったとされているが，その人物の名前は公表されていない。Michael J. Neufeld 著『The Rocket and the Reich: Peenemünde and the Coming of the Ballistic Missile Era』（Cambridge, MA：Harvard University Press, 1995 年），258 ページ。

［297］「これらの書類には……」：ディーター・K・フーツェル博士の言葉は，Frederick I. Ordway III and Mitchell R. Sharpe 著『The Rocket Team』（New York：Crowell, 1979 年），261 ページのなかに引用されている。また，Gardner Soule,「History's Wildest Game of Hide and Seek」,『Popular Science』（1962 年 12 月），67〜69 ページも参照。坑道に隠していた記録文書のオリジナルは 1959 年にドイツに返還され，現在はミュンヘンのドイツ博物館とフライブルクのドイツ連邦軍事文書館に分割して収められている。マイクロフィルムに保存された資料は，ヴァージニア州シャンティリーにあるスミソニアン航空宇宙博物館のスティーブン・F・ユードバー・ハジー・センターに所蔵されている（Michael J. Neufeld の上掲書，333 ページ）。ロケット開発チームの科学者たちをアメリカに移送する計画は，非常に複雑な問題をはらんでいた。その極秘の移送作戦は，最終的に選びぬかれた 118 名の科学者をクリップで留めた重要文書に例えて，ペーパークリップ作戦と呼ばれた。スミソニアン航空宇宙博物館の初期のロケット開発記録文書のコレクション担当のキュレーターで，『The Rocket and the Reich』の著者であるマイケル・ニューフェルドは，わたしとの E メールのやり取りで以下の点を強調した。アメリカが宇宙開発計画を進めるためには「書類のみでは不十分」であり，「ドイツのロケット工学の技術を手に入れるためには，記録文書の内容を理解して，それを物質化できる科学者が何より必要でした。素人の見方では，単純に文書さえあれば実物をつくり出せると思いがちです。ですが実際には，紙の上の情報を現実に役に立つ情報へと転換する人間の助けが必要であり，とりわけ言語や技術的な文化が異なれば，なおさら不可欠な要素となってくるのです」

［297］禁を犯してアメリカ合衆国に技術を持ち込んだ：David J. Jeremy,「Damming the Flood: British Government Efforts to Check the Outflow of Technicians and Machinery, 1780-1843」,『The Business History Review』51, no. 1（1977 春），1〜34 ページを参照。

［297］フランシス・キャボット・ローウェル：F. Dalzell Jr. 著『Enterprising Elite: The Boston Associate and the World They Made』（Cambridge, MA：Harvard University Press, 1987 年）の第 1 章「Yankee Abroad: Francis Cabot Lowell in Scotland」を参照。また，Robert B.Gordon and Patrick M. Malone 著『The Texture of Industry: An Archaeological View of the Industrialization of North America』（New York：Oxford University Press, 1997 年）も参照。

［298］知識に精通していた：Charles C. P. Moody 著『Biographical Sketches of the Moody Family』（Boston, S. G. Drake, 1847 年），145〜157 ページ。また，John N. Ingham,『Biographical Dictionary of American Business Leaders』vol. 2（Westport, CT：Greenwood Publishing Co., 1983 年），951〜953 ページも参照。

［298］チャールズ・ディケンズ：ディケンズがローウェルを訪れたときの詳細については，Charles Dickens 著『American Notes for General Circulation』vol. 1（London：Chapman & Hall, 1842 年），145〜165 ページを参照。

［299］ロック・アンド・カナルズ：Nathan Appleton 著『Introduction of the power Loom and Origin of Lowell』（Lowell, MA：B. H. Penhallow, 1858 年）を参照。

［299］ジェームズ・B・フランシス：Patrick M. Malone 著『Waterpower in Lowell: Engineering and Industry in Nineteenth-Century America』（Baltimore：Johns Hopkins University Press, 2009 年）；Theodore Steinberg 著『Nature Incorporated: Industrialization and the Waters of New England

（Amherst：University of Massachusetts Press，1991 年）を参照。

［300］ワットマン社製高級紙：John Balston 著『The Whatmans and Wove Paper: Its Invention and Development in the West: Research into the Origins of Wove Paper and of Genuine Loom-Woven Wire-Cloth』（West Farleigh，Kent，UK：J. N. Balston，1998 年）［自費出版］を参照。J. M. W. ターナー（1775〜1851）がワットマン社の紙を愛用していたことについては，Peter Bower 著『Turner's Papers: A Study of the Manufacture, Selection and Use of His Drawing Papers, 1787-1820』（London：Tate Gallery Publishing，1990 年）および『Turner's Later Papers: A Study of the Manufacture, Selection and Use of His Drawing Papers 1820-1851』（London：Tate Gallery Publishing，1999 年）を参照。アメリカ独立革命の頃にフランスに駐在していたベンジャミン・フランクリンが，イギリスからワットマン社の紙を買いつけたことについての詳細は，Ellen R. Cohn，「The Printer at Passy」，『Talbott』，254〜255 ページを参照。

◉第 15 章　折り紙に魅せられて

［302］ナイトクラブがなかった頃は：Harry Houdini 著『Houdini's Paper Magic: The Whole Art of Performing with Paper, Including Paper Tearing, Paper Folding, and Paper Puzzles』（New York：E. P.Dutton，1922 年），117 ページ。

［302］わたしのひとつの夢です：吉澤章の言葉は，Peter Engel 著『Folding Universe: Origami from Angelfish to Zen』（New York：Vintage Press，1989 年），36 ページに引用されている。

［302］できないものはありません：ロバート・J・ラングが著者に宛てた，2011 年 10 月 23 日付の E メールより抜粋。わたしたちの折り紙に関するメールのやり取りのなかには，2008 年に東京大学の航空宇宙工学科の教授が提案した実験に関する短い議論も含まれていた。その実験とは，大量の紙飛行機を折ってアメリカのスペースシャトルに積み込み，それを軌道上で飛ばして再び大気圏に送り込み，無事に地球に戻るかどうかを確かめるというものだった。その実験は真剣に考慮されたにもかかわらず，実際にはおこなわれなかった。わたしはレーザー物理学者で航空学についても幅広い知識を有するラングに，このアイデアをどう思うか尋ねた。「アイデアとしては，しごく筋が通っています」とラングは返信のメールで答えた。「理論的には可能です。小さくて軽い物質なら大気圏に突入する時に断熱圧縮による熱の影響も受けにくく，無事に地球に帰還できるでしょう」この実験の科学的根拠については，Anna Davison，「Origami Spaceplane Aims for Space Station Descent」，『New Scientist』（2008 年 1 月 21 日）を参照。また，2012 年 2 月 26 日，それよりも地上に近い場所でジョー・アヨーブが紙飛行機を飛ばし，飛距離 226 フィート 10 インチの世界記録を打ち立てた。アヨーブは，アメリカンフットボールのカレッジリーグの元クォーターバックで，カリフォルニア大学バークレー校の選手時代にワンシーズンで 1700 以上のパスヤードを獲得した。詳しくは，John Letzing，「Paper Plane Champ Watches His Record Fly, Fly Away」，『Wall Street Journal』（2012 年 5 月 17 日）を参照。2013 年 2 月 24 日，ウォルト・ディズニー・アニメーション・スタジオ製作の『紙ひこうき』（Paperman）がアカデミー賞短編アニメ映画賞を受賞した。その 6 分間のロマンスの物語には，ニューヨークのコンクリートの谷間を紙飛行機が通り抜ける映像が含まれている。

［303］クレア・ヴァン・ヴリート：Ruth Fine 著『The Janus Press, Fifty Years: Catalogue Raisonné for 1991-2005, Indexes for 1955-2005』（Burlington：University of Vermont Libraries，2006 年）を参照。

［303］ウォルター・ハマディー：Walter Hamady 著『Papermaking by Hand: A Book of Suspicious』（Perry Township，Dane County，WI：Perishable Press，1982 年）を参照。

［304］「本のーページは……」: Nicholson Baker 著『Double Fold: Libraries and the Assault on Paper』（New York：Random House，2001年），157ページ。ベイカーの言う「図書館の行動主義」については，拙著『Patience & Fortitude』の392〜402ページと『Splendor of Letters』の224〜228ページを参照。

［306］「その新聞紙から…………をつくり出しなさい」: Eckhard Neumann 編『Bauhaus and Bauhaus People（New York：Van Nostrand Reinhold，1970年），196ページの Hannes Beckmann の記述「Formative Years」を参照。

［306］「病に冒された者が……」: Eleanor Coerr 著『Sadako and the Thousand Paper Cranes』（New York：G. P. Putnam's Sons，1977年），36ページ。改訂版には鶴の折り方の図解も掲載されている。

［307］マイケル・G・ラフォッセ：http://www.origamido.com を参照。

［308］吉澤章：創作折り紙の第一人者である吉澤章の略歴については Peter Engel,『Folding Universe: Origami from Angelfish to Zen』（New York：Vintage Press，1989年），33〜40ページを参照。

［312］ロバート・J・ラング：Susan Orlean，「The Origami Lab: Why a Physicist Dropped Everything for Paper Folding」，『The new Yorker』，2007年2月19日；Beth Jensen，「Into the Fold: Physicist Robert Lang Has Taken the Ancient Art of Origami to New Dimensions」，『Smithsonian』（2007年6月）。ラングについては以下のホームページを参照。http://www.langorigami.com

［318］エリック・ドメイン：http://erikdemaine.org を参照。

◉第16章　紙を漉いて生きる

［323］機械化の時代が：Dard Hunter 著『My Life with Paper: An Autobiography』（New York：Alfred A.Knopf，1958年），3ページ。［ダード・ハンター『紙と共に生きて』樋口邦夫，図書出版社，1992年］

［324］「もし居住地も選択できたとすれば……」：同前。

［325］「ここで初めて……を見た」：同前，51〜52ページ。

［326］ジューズクリーク：「ユダヤ人の小川」（Jew's Creek）の名は，1714年，アメリカに移住したスペイン系ユダヤ人，ルイス・モーゼス・ゴメス（1660〜1740）が，先住民の持ち寄る毛皮とさまざまな道具を交換するための交易所を設置した場所にちなんでいる。ゴメスが自然石を使用して建てた家は，今日ではゴメス・ミル・ハウスという博物館として運営されており，北米で最古のユダヤ人の住宅として，アメリカの国家歴史登録財に登録されている。www.gomezorg を参照。

［326］「この二冊の書物はすべて…………だけでつくったものです」：ダード・ハンターがスミソニアン博物館のリュエル・パーディ・トールマンに宛てて書いた1921年9月17日付の手紙。Helena E. Wright，「Dard Hunter at the Smithsonian」，『Printing History』28，『Journal of the American Printing History Association』vol. 14，no. 2（1992年）のなかで引用されている。

［326］理想の象徴であり：Will Ransom 著『Private Presses and Their Books』（New York：Philip C.Duschness，1929年），113ページ。

［327］「もう二度とこんなことをするつもりはありません」：キャスリーン・ベイカーの伝記『By His Own Labor: The Biography of Dard Hunter』（New Castle，DE：Oak Knoll Press，2000年），139ページにおいて引用されている。オールド・ライムの工場で作られた紙で，わずかに残ったものは，1958年に出版されたハンターの自伝『My Life with Paper』［『紙と共に生きて』］のなかに1ページずつ使用された。

［328］ヘンリー・モリス：Howell J. Heaney and Henry Morris 著『Thirty Years of Bird & Bull: A Bibliography, 1958-1988』（Newtown, PA：Bird & Bull Press, 1988 著）; Sidney E. Berger and Henry Morris 著『forty-four Years of Bird & Bull: A Bibliography, 1958-2002』（Newtown, PA：Bird & Bull Press, 2002 著）を参照。

［329］エレン・シェイファー：拙著『A Gentle Madness』, 455〜457 ページを参照。

［334］タチアナ・グロスマン：Calvin Tomkins, 「The Art World: Tatyana Grosman」, The New Yorker, 1982年8月9日, 82ページ, およびRiva Castlemanch著『Tatyana Grosman: A Scrapbook』（Bay Shore, NY：Universal Limited Art Editions, 2008年）を参照。また http://www.ulae.com も参照。

［335］ジューン・ウェイン：Garo Z. Antreasian and Clinton Adams,『The Tamarind Book of Lithography: Art & Techniques』（Los Angeles：Tamarind Lithography Workshop, 1971 年）, および Marjorie Devon, Bill Lagattuta, and Rodney Hamon 著『Tamarind Techniques for Fine Art Lithography』（New York：Harry N. Abrams, 2009 年）を参照。また http://tamarind.unm.edu も参照。

◉第 17 章　岐路に立つ

［341］二四万人の失業者が生まれた：モントリオールに拠点を置くパルプ・アンド・ペーパー・プロダクツ・カウンシル（PPPC）の 2000 年の発表によれば, パルプ製紙産業にたずさわる従業員はアメリカ国内で 60 万 4700 人, カナダで 9 万 6909 人だった。2010 年までにその数はアメリカで 39 万 6818 人, カナダで 6 万 638 人となり, それぞれの全労働者数は 20 万 7882 人（34 パーセント）と 3 万 6273 人（37 パーセント）減じた計算になる。各数値については, アメリカはアメリカ労働統計局, カナダはカナダ統計局の統計に基づく。

［343］ヴェルソ・ペーパー：ヴェルソ・ペーパーと, 同社がメイン州において製紙産業を活性化させて功績については, Henry Garfield, 「Rooking with the Changes」,『Maine Ahead』（2011 年 1 月）を参照。

［344］「単に生き長らえさせたのではなく……」：Christopher Power, 「Six Score and Two Years Ago」,『Forbes』（1986 年 3 月 10 日）。

［346］「あり余るほどの活力を持ち合わせ……」：J. G. Gibson 著『History of York County, Pennsylvania』（1886 年）については, Mark Lipper 著『Paper, People, Progress: The Story of the P. H. Glatfelter Company of Spring Grove, Pennsylvania』（Englewood Cliffs, NJ：Prentice-Hall, 1980 年）, 37 ページで引用されている。一族の全年代記と縁戚関係についても彼の著書に記述がある。

［352］イェール大学出版局：拙著『World of letters』を参照。

［354］所蔵数の総数：毎年, 図書館の蔵書や新規購入図書, 職員数等の統計をまとめているアソシエイション・オブ・アメリカン・ライブラリーズ（ARL）の数値による。http://www.arl.org/stats/annualsurveys/arlstats を参照。

［356］これほど巨大な図書館の：『Report of the Task Force on University Libraries: Harvard University November 2009』を参照。ハーバード大学の 73 の図書館の全リストは巻末の付録に記載されている。全文は, http://www.provost.harvard.edu/reports/Library_Task_Force_Report.pdf

［357］アーチボルド・ケリー・クーリッジ：クーリッジとキトリッジの言葉は, 拙著『Patience & Fortitude』, 475〜476 ページより引用。

［357］「書物は経済に帰属します。……」：Jennifer Geenstein Altmann 著「Books Reveal Volumes About Times Past」,『Princeton Weekly Bulletin』（2005 年 3 月 28 日）。

［358］開かれた分散型ネットワークを：John Palfrey, 「Building a Digital Public Library of America」,

『Library Journal』(2012 年 11 月 26 日；Robert Darnton,「The National Digital Library Is Launched」,『New York Review of Books』(2013 年 4 月 25 日)。

◉第 18 章　九・一一——空から紙が舞い降りた日

［363］**そこにはいつも紙……**：マルク・ギヨームとダニエル・ブーニューによるインタビューのなかの，ジャック・デリダの発言。《Le Papier ou moi, vous savez……（nouvelles speculations sur un luxe des pauvres)》,『Les Cahiers de Médiologie』, no. 4, 1997 年（Paris, Gallimard)。全文については，http://www.jacquesderrida.com.ar/frances/papier.htm を参照。

［363］**オフィスの紙**：米国証券保管振替機構（DTCC）によれば，DTCC は 2013 年の時点でアメリカ合衆国とそのほか 121 カ国によって発行された 360 万枚以上の証券の保管と資産管理をおこなっていて，その価値は 36 兆 5000 億ドル相当になるという。そして世界貿易センタービルの崩壊によって失われた 160 億ドル相当の株券を再発行する費用は，約 3 億ドルにものぼった。現在ではほとんどの証券取引口座が，証券を電子的に管理しているが，DTCC は今でも紙に印刷された資本証券を数ヶ所で保管している。そのうちマンハッタン南端部の『55 ウォーターストリート』［ニューヨーク市の金融街にある超高層ビル］の本部で保管されていた約 130 万枚が，2012 年 10 月のハリケーン・サンディが引き起こした洪水で甚大な被害を被った。Nina Mehta,「Stock, Bond Certificates Held by DTCC Damaged by Sandy Flood」Bloomberg News（www.bloomberg.com/news/), 2012 年 11 月 15 日 および www.dtcc.com を参照。

［364］**「詩的かつ写象主義的，また一切無駄のない」**：Caryn James,「Television's Special Day of Pain and Comfort」,『New York Times』(2002 年 9 月 6 日)。

［364］**「ニューヨークを象徴するこの二棟の高層ビルは……」**：David Horrigan,「A Sea of Paper」,『Law Technology News』(2001 年 10 月)。Horrigan に同行したカメラマンも同じ話題について書いている。Monica Bay,「Fiat Lux」を参照。

［366］**スーザン・メイゼラス**：http://www.susanmeiselas.com を参照。

［366］**ニューヨーク州立博物館**：http://www.nysm.nysed.gov を参照。

［370］**ミッキー・クロス**：Maria Janchenko,「Ground Hero」,『The Globe and Mail』(2002 年 9 月 7 日）を参照。

［371］**パブロ・オルティス**：Kevin Flynn,「Fresh Glimpse in 9/11 Files of the Struggle for Survival」,『New York Times』(2003 年 8 月 29 日）を参照。

［371］**「想像もできませんでした。……」**：John Johnson,「9/11 Items Head to Museum」,『Cincinnati Enquirer』(2009 年 12 月 29 日)。2013 年，ボストンマラソンのゴール付近で圧力鍋を使用したふたつの爆弾が爆発し，3 人が死亡し 260 人が負傷するという事件があったが，その 3 週間後の 5 月 6 日，天気予報で雨が降りそうだとわかると，公文書保管人のチームがコプリー広場に向かい，世界じゅうの人々が訪れて供えていった大量の供物を大急ぎで回収し，市の保管施設に移した。そこで目録が作成され，写真が撮られたのち，供え物はすべて中性紙のフォルダや箱に収められた。その日，現場で取材をおこなったエヴァン・アレンとアンドリュー・ライアンは，『ボストン・グローブ』紙に次のように記している。「その供え物はボストンシティの強さの証ではあるが，その大半は紙で作られている」

◉エピローグ

［379］**ユナイテッド航空一七五便**：『The 9/11 Commission Report: Final Report of the National Commission on Terrorist Attacks upon the united States』(Washington, DC：Executive Agency

Publication，2004）の第 9 章を参照。全文は http://www.gpo.gov で見ることができる。」Flight Path Study: United Airlines Flight 175」，（National Transportation Safety Board，2002 年 2 月 19 日）も参照。

［380］**ロン・ディフランチェスコ**：Andrew Duffy，「Tower of Pain for Canadian Who Survived 9/11: Last Man Out of the South Tower Feels Guilty About His Survival」，『The Gazette』（Montreal），2004 年 6 月 5 日（first published in the『Ottawa Citizen』，2005 年 6 月 4 日）を参照。

［380］**ブライアン・クラーク**：Dennis Cauchon，「Four Survived by Ignoring Words of Advice」，USA Today（2001 年 12 月 18 日）；Eric Lipton，「Accounts from the South Tower」，New York Times（2002 年 5 月 26 日）を参照。

［382］**『スタンフォード・アドヴォケート』紙**：John Breunig，「Father's Note Changes Family's 9/11 Account」，Stamford Advocate（2012 年 9 月 10 日）を参照。

⦿著者

ニコラス・A・バスベインズ（Nicholas A. Basbanes）

マサチューセッツ州在住のノンフィクション作家。1943年生まれ，ペンシルバニア州立大学，ベイツ大学で学ぶ。ウスター・サンデー・テレグラム紙の編集者を経たのち，本の歴史や文化について執筆を始める。古今東西の愛書家や本泥棒について書いた1996年発表の『静かな狂気 ── 愛書家と愛書狂と本への永遠の愛について A Gentle Madness: Bibliophiles, Bibliomanes, and the Eternal Passion for Books』は特に高い評価を受けている。本書は，大人向け作品を対象とする「アンドリュー・カーネギー賞」2014年ノンフィクション部門ショートリストにノミネートされた。

⦿訳者

市中芳江（いちなか・よしえ）

1967年，兵庫県生まれ。神戸市外国語大学英米学科卒業。翻訳家。訳書にデイヴィッド・ヴァイン『米軍基地がやってきたこと』（原書房），ヨースト・カイザー他『僕はダ・ヴィンチ』（パイインターナショナル）がある。

御舩由美子（みふね・ゆみこ）

1962年，神奈川県生まれ。ピアノ教師などを経て，書籍翻訳に携わる。

尾形正弘（おがた・まさひろ）

1979年，奈良県生まれ。洋楽の歌詞など，音楽関係の翻訳を多く手がける。

紙《かみ》　二千年《にせんねん》の歴史《れきし》

●

2016年5月30日　第1刷

著者…………ニコラス・A・バスベインズ
訳者…………市中芳江《いちなかよしえ》／御舩由美子《みふねゆみこ》／尾形正弘《おがたまさひろ》

装幀…………佐々木正見

発行者…………成瀬雅人
発行所…………株式会社原書房

〒160-0022 東京都新宿区新宿 1-25-13
電話・代表 03（3354）0685
http://www.harashobo.co.jp
振替・00150-6-151594

印刷…………新灯印刷株式会社
製本…………東京美術紙工協業組合

ISBN978-4-562-05322-3, Printed in Japan